职业教育课程改革项目成果
工程造价专业系列教材

U0182413

建筑工程计量与计价

顾 娟 主编

叶晓容 郭晓松 杨劲珍
参编
杜丽丽 吴庆军 李 芬

危道军 主审

科学出版社

北 京

内 容 简 介

本书依据 2018 年湖北省最新定额和 2013 版规范《建设工程工程量清单计价规范》(GB 50500—2013)、《房屋建筑与装饰工程工程量计算规范》(GB 50854—2013)、《建筑工程建筑面积计算规范》(GB/T 50353—2013)编写,全面系统地介绍了建筑工程清单计价的基本理论和方法,重点介绍了清单计价法在实践中的应用,体现了我国当前工程造价管理体制改革中的最新精神,反映了本学科的最新动态和教研成果,同时,书中对定额计价也做了简要介绍,使读者全面理解工程造价编制中清单计价与定额计价两种不同方法。

本书可作为职业高等教育工程造价专业、工程管理及土建类相关专业的工程量清单计价、建筑工程计量与计价或建筑工程定额与预算课程的教材,也可作为工程造价人员岗位培训教材,还可供相关工程造价管理人员参考。

图书在版编目(CIP)数据

建筑工程计量与计价/顾娟主编. —北京:科学出版社,2020.3
职业教育课程改革项目成果 工程造价专业系列教材
ISBN 978-7-03-064552-4

Ⅰ. ①建… Ⅱ. ①顾… Ⅲ. ①建筑工程-计量-高等职业教育-教材
②建筑造价-高等职业教育-教材 Ⅳ. ①TU723.32

中国版本图书馆 CIP 数据核字(2020)第 039818 号

责任编辑:万瑞达 宫晓梅/责任校对:王万红
责任印制:吕春珉/封面设计:曹 来

科学出版社 出版
北京东黄城根北街 16 号
邮政编码:100717
http://www.sciencep.com

三河市骏杰印刷有限公司 印刷
科学出版社发行 各地新华书店经销

*

2020 年 3 月第 一 版 开本:787×1092 1/16
2020 年 3 月第一次印刷 印张:25 插13
字数:614 000
定价:59.00 元
(如有印装质量问题,我社负责调换〈骏杰〉)
销售部电话 010-62136230 编辑部电话 010-62135120-2005

前　言

本书根据 2018 版湖北省最新定额和 2013 版《建设工程工程量清单计价规范》（GB 50500—2013）、《房屋建筑与装饰工程工程量计算规范》（GB 50854—2013）、《建筑工程建筑面积计算规范》（GB/T 50353—2013）进行编写。教材立足建筑工程清单计价的方法、特点，结合建筑工程的多个项目实例，逐步、详细地讲解了建筑工程清单编制、招标控制价及投标报价的编制原则、方法及要点。本书强化实际操作能力，通过工程实例以实际施工图纸完成建筑工程清单和清单计价编制的整套内容，符合清单计价方法的实际工程需要。此外，本书还讲述了施工图预算的方法，并详细介绍了工程实例定额计价的编制内容，便于读者学习和掌握清单计价及定额计价这两种工程造价编制的方法。

本书的教学为 114 学时，包括 78 学时的理论教学和 36 学时的实践教学。具体分配如下。

项目	课程内容	总学时	理论	实践
课程导入　建筑工程计价概述	建筑工程计价概述及费用构成	2	2	
项目 1　工程量清单计价	工程量清单计价及编制	6	6	
项目 2　建筑面积计算	建筑面积计算规范	4	4	
	建筑面积计算应用	2		2
项目 3　土石方工程	工程量清单编制	3	2	1
	工程量清单计价	3	2	1
项目 4　地基处理与边坡支护工程	工程量清单编制	1	1	
	工程量清单计价	1		1
项目 5　桩基工程	工程量清单编制	2	2	
	工程量清单计价	2	1	1
项目 6　砌筑工程	工程量清单编制	6	4	2
	工程量清单计价	4	2	2
项目 7　混凝土及钢筋混凝土工程	工程量清单编制	24	14	10
	工程量清单计价	6	4	2
项目 8　金属结构工程	工程量清单编制	1	1	
	工程量清单计价	1		1
项目 9　木结构工程	工程量清单编制	1	1	
	工程量清单计价	1		1
项目 10　门窗工程	工程量清单编制	1	1	
	工程量清单计价	1	1	
项目 11　屋面及防水工程	工程量清单编制	5	3	2
	工程量清单计价	3	2	1
项目 12　保温、隔热、防腐工程	工程量清单编制	2	2	
	工程量清单计价	2	1	1
项目 13　单价措施项目清单计价	工程量清单与计价工程量	9	7	2
	工程量清单与综合单价分析表的编制	9	6	3

项目		课程内容	总学时	理论	实践
项目 14	总价措施项目清单计价	工程量清单编制	2	1	1
		工程量清单计价	1	1	
项目 15	其他项目及规费、税金清单计价	工程量清单编制	2	1	1
		工程量清单计价	1	1	
项目 16	合同价款调整	合同价款调整的内容及方法	2	2	
项目 17	施工图预算编制	施工图预算的基本理论和编制方法	4	3	1
合计			114	78	36

本书由湖北城市建设职业技术学院工程造价专业团队倾力编写，其中课程导入、项目1 的任务 1.1～任务 1.3、项目 2、项目 3、项目 4、项目 7 的混凝土工程、项目 8、项目 9、项目 10、项目 13 的任务 13.2 及相关综合实训由顾娟编写；项目 1 的任务 1.4，项目 5，项目 6，项目 13 的任务 13.1、任务 13.3～任务 13.6 及相关综合实训由叶晓容编写；项目 7 的钢筋工程由杨劲珍编写；项目 11、项目 12 由杜丽丽编写；项目 14、项目 15、项目 17、附录由郭晓松、金幼君编写；项目 16 由吴庆军编写；项目 8、项目 9 的图纸由李芬提供。本书由顾娟主编，湖北城市建设职业技术学院校长危道军担任主审。

本书在编写过程中，湖北城市建设职业技术学院华均教授、武汉瑞兴项目管理咨询有限公司资深专家吴庆军给予很多支持和指导，在此致以诚挚的谢意。同时希望广大读者提出宝贵意见，以便再版时修订，在此一并致以诚挚的谢意！

目　　录

■ 课程导入 ■

建筑工程计价概述

▌学习提示 工程造价的直意就是工程的建造价格。工程造价是指进行某项工程建设所花费的全部费用,其核心内容是投资估算、设计概算、修正概算、施工图预算、工程结算、竣工决算等。量、价、费是工程计价的三要素。广义上工程造价涵盖建设工程造价(土建专业和安装专业)、公路工程造价、水运工程造价、铁路工程造价、水利工程造价、电力工程造价、通信工程造价、航空航天工程造价等。工程造价的主要任务是根据图纸、定额以及清单计价规范,计算出工程中所包含的分部分项工程费、措施项目费、其他项目费、规费和增值税等。

▌能力目标 1. 能确定工程造价的计取方法。

2. 能按照《湖北省建筑安装工程费用定额》(2018)取费程序和方法计算工程造价的全部费用。

▌知识目标 1. 掌握工程造价的概念、特点。

2. 熟悉工程造价的计价特征和确定方法。

3. 掌握《湖北省建筑安装工程费用定额》(2018)工程造价的取费程序、内容和方法规范标准。

▌规范标准 1.《湖北省建筑安装工程费用定额》(2018)。

2.《建设工程工程量清单计价规范》(GB 50500—2013)。

3.《房屋建筑与装饰工程工程量计算规范》(GB 50854—2013)。

导入 *0.1* 概述

【知识目标】　1. 熟悉工程造价的概念。
　　　　　　　　2. 掌握建设工程项目的划分与建设工程造价的组合。
　　　　　　　　3. 熟悉工程造价的计价特征。
　　　　　　　　4. 熟练掌握工程造价的确定方法。

【能力目标】　1. 能对建设工程项目进行正确的分解。
　　　　　　　　2. 能按照建设程序正确对应工程造价的计价类型。
　　　　　　　　3. 能对两种工程造价的确定方法进行对比分析。

基本建设是指影响国民经济的各部门为发展生产而进行的固定资产的扩大生产，即国民经济各部门为增加固定资产而进行的建筑购置和安装工作的总称。

工程造价是某项基本建设项目建设所花费的全部费用，由于研究对象不同，工程造价有建设工程造价、单项工程造价、单位工程造价以及建筑安装工程造价等。

0.1.1　工程造价概念

工程造价的基本理论

1. 工程造价的含义

工程造价从不同的角度理解，有两种含义。

第一种含义：工程造价是指建设一项工程预期开支或实际开支的全部固定资产投资费用。即一项工程通过建设形成相应的固定资产、无形资产所需一次性费用的总和。这一含义是从投资者——业主的角度来定义的。在这个意义上，工程造价就是工程投资费用，建设项目工程造价就是建设项目的固定资产投资。

第二种含义：工程造价是指工程价格。即为了建成一项工程，预计或实际在土地市场、设备市场、技术劳务市场以及承包市场等交易活动中所形成的建筑安装工程的价格和建设工程总价格。这种含义是以社会主义商品经济和市场经济为前提的，它以工程这种特定的商品形式作为交易对象，通过招投标、承发包或其他交易方式，在进行多次预估的基础上，最终由市场形成的价格。

工程造价的第二种含义通常认定为工程承发包价格。它是从承包商的角度来定义的，是在建筑市场上通过招投标，由需求主体投资者和供给主体建筑商共同认可的价格。

建设工程造价的这两种含义是从不同角度把握同一事物的本质。从建设工程投资者的角度来看，面对市场经济条件下的工程造价就是项目投资，是"购买"项目要付出的价格；同时也是投资者在作为市场供给主体时"出售"项目时讨价的基础。从承包商、供应商和规划、设计等机构的角度来看，工程造价是他们作为市场供给主体出售商品和劳务的价格总和，或是特指范围的工程造价，如建筑安装工程造价。

2. 工程造价的特点

1）工程造价的大额性

能够发挥投资效用的任一项工程，不仅实物形体庞大，而且造价高昂。动辄数百万、数千万、数亿元人民币。工程造价的大额性使它关系到有关各方面的重大经济利益，同时也会对宏观经济产生重大影响。这就决定了工程造价的特殊地位，也说明了造价管理的重要意义。

2）工程造价的个别性、差异性

任何一项工程都有特定的用途、功能、规模。因此对每一项工程的结构、造型、空间分割、设备配置和内外装饰都有具体的要求，所以工程内容和实物形态都具有个别性、差异性。产品的差异性决定了工程造价的个别性差异，而每项工程所处地区、地段的不相同，又使这一特点得到了强化。

3）工程造价的动态性

任何一项工程从决策到竣工交付使用，都有一个较长的建设周期，而且由于不可控因素的影响，在预计工期内，许多影响工程造价的动态因素，如工程变更，设备材料价格，工资标准以及费率、利率、汇率会发生变化。这种变化必然会影响到造价的变动。所以，工程造价在整个建设期中处于不确定状态，直至竣工决算后才能最终确定工程的实际造价。

4）工程造价的层次性

造价的层次性取决于工程的层次性。一个工程项目往往含有多项能够独立发挥设计效能的单项工程（车间、写字楼、住宅楼等）。一个单项工程又是由能够各自发挥专业效能的多个单位工程（土建工程、电气安装工程等）组成。与此相适应，工程造价有三个层次：建设项目总造价、单项工程造价和单位工程造价。如果专业分工更细，单位工程（如土建工程）的组成部分——分部分项工程也可以成为交换对象，如大型土方工程、基础工程、装饰工程等，这样工程造价的层次就增加了分部工程造价和分项工程造价而成为五个层次。即使从造价的计算和工程管理的角度看，工程造价的层次性也是非常突出的。

5）工程造价的兼容性

造价的兼容性首先表现在它具有两种含义，其次表现在造价构成因素的广泛性和复杂性。在工程造价中，一方面，成本因素非常复杂，其中为获得建设工程用地支出的费用、项目可行性研究和规划设计费用、与政府一定时期政策相关的费用等占有相当的份额；另一方面，盈利的构成也较为复杂，资金成本较大。

3. 工程造价的职能

工程造价除具有一般商品价格的职能以外，还具有自己特殊的职能。

1）预测职能

工程造价的大额性和动态性，无论是投资者还是建筑承包商都要对拟建工程进行预先测算。投资者预先测算工程造价不仅是项目决策依据，同时也是筹集资金、控制造价的依据。承包商对工程造价的测算，既为投标决策提供依据，也为投标报价和成本管理提供依据。

2）控制职能

工程造价的控制职能表现在两方面：一方面是它对投资的控制，即在投资的各个阶段，根据对造价的多次性预估，对造价进行全过程多层次的控制；另一方面，是对以承包商为代表的商品和劳务供应的成本控制。在价格一定的条件下，企业实际成本开支决定着企业的盈利水平。成本越高，盈利越低，成本高于价格就危及企业的生存。所以企业要以工程造价来控制成本，利用工程造价提供的信息资料作为控制成本的依据。

3）评价职能

工程造价是评价总投资和分项投资合理性和投资效益的主要依据之一。在评价土地价格、建筑安装产品价格和设备价格的合理性时，就必须利用工程造价资料；在评价建设项目偿贷能力、获利能力和宏观效益时，也可依据工程造价。工程造价也是评价建筑安装企业管理水平和经营成本的重要依据。

4）调控职能

工程建设直接关系到经济增长，也直接关系到国家重要资源分配和资金流向，对国计民生都有重大影响。所以国家对建设规模、结构进行宏观调控是在任何条件下都不可或缺的，对政府投资项目进行直接调控和管理也是非常必要的。这些都要用工程造价作为经济杠杆，对工程建设中的物质消耗水平、建设规模、投资方向等进行调控和管理。

0.1.2　建设工程项目的划分与建设工程造价的组合

1. 建设工程项目的划分

按照基本建设管理工作和合理确定建筑安装工程造价的需要，将建设工程项目划分为建设项目、单项工程、单位工程、分部工程、分项工程五个层次（图 0.1）。

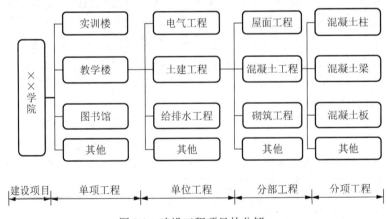

图 0.1　建设工程项目的分解

1）建设项目

一个具体的基本建设工程，通常就是一个建设项目。它是由一个或几个单项工程组成。例如，在工业建设中，建设一座工厂就是一个建设项目；在民用建设中，一般以一个住宅小区、一所学校、一所医院等作为一个建设项目。建筑产品在其初步设计阶段以建设项目为对象编制总概算，竣工验收后编制竣工决算。

2）单项工程（又称工程项目）

单项工程是指在一个建设项目中，具有独立的设计文件，竣工后可以独立发挥生产能力或效益的工程。它是建设项目的组成部分。例如，在工业建筑中，一座工厂中的各个车间、办公楼等均为一个单项工程；在民用建筑中，一所学校里的一座教学楼、图书馆、食堂均为一个单项工程。

单项工程按其最终用途不同，又可分为许多种类。例如，工业建设项目中的单项工程可分为主要工程项目（如生产某种产品的车间）、附属生产工程项目（如为生产车间维修服务的机修车间）、公用工程项目、服务项目（如食堂、浴室）等。

单项工程是建设项目的重要组成部分。单项工程建筑产品的价格，是由编制单项工程综合概预算来确定的。

3）单位工程

单位工程是指在竣工后一般不能独立发挥生产能力或效益，但具有独立设计文件，可以独立组织施工的工程。它是单项工程的组成部分。一个单项工程按专业性质及作用不同又可分解为若干个单位工程。例如，一个生产车间（单项工程）的建造可分为厂房建造、电气照明、给水排水、工业管道安装、机械设备安装、电气设备安装等若干单位工程。

单位工程一般是进行工程成本核算的对象。单位工程产品价格是通过编制单位工程施工图预算来确定的。

4）分部工程

分部工程是单位工程的组成部分，是单位工程的进一步细化。按照工程部位、设备种类和型号、使用材料的不同，可将一个单位工程分解为若干个分部工程。例如，房屋的土建工程，按其不同的工种、不同的结构和部位可分为土石方工程、砌筑工程、混凝土工程、木结构及木装修工程、金属结构制作及安装工程、楼地面工程、屋面工程、装饰工程等。

5）分项工程

分项工程是分部工程的组成部分。按照不同的施工方法、不同的材料、不同的规格，可将一个分部工程分解为若干个分项工程。例如，砌筑工程（分部工程）可分为砖砌体、毛石砌体两类，其中砖砌体又可按部位不同分为外墙、内墙等分项工程。

分项工程是建设项目划分的最小单位，是计算工、料及资金消耗的最基本的构成要素。建筑工程预算的编制、工程造价的确定就是从最小的分项工程开始，由小到大逐步汇总而完成的。

2．建设工程造价的组合

建设项目的划分与建设工程造价的组合有着密切关系。建设项目的划分是由总到分的过程，而建设工程造价的组合是由分到总的过程，其具体组合过程如下：确定各分项工程的造价，由若干分项工程的造价组合成分部工程的造价；由若干分部工程的造价组合成单位工程的造价；由若干单位工程的造价组合成单项工程的造价；由若干单项工程的造价汇总成建设项目的总造价。

0.1.3　工程造价的计价特征

工程造价的特点，决定了工程造价的计价特征。

1．单件性计价特征

产品的个别性和差异性决定每项工程都必须单独计算造价。

2．多次性计价特征

建设工程周期长、规模大、造价高，因此按建设程序要分阶段进行。相应地也要在不同阶段多次性计价，以保证工程造价确定与控制的科学性。多次性计价是个逐步深化、逐步细化和逐步接近实际造价的过程，其过程如图 0.2 所示。

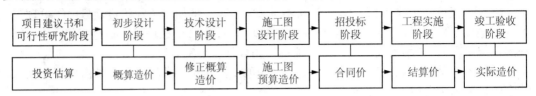

图 0.2　工程多次性计价示意图

注：连线表示对应关系，箭头表示多次计价流程及逐步深化过程。

1）投资估算

在编制项目建议书和可行性研究阶段，对投资需要量进行估算是不可或缺的一步。投资估算是指在项目建议书和可行性研究阶段，通过编制估算文件，对拟建项目所需投资预先进行测算和确定的过程。也可表示估算出的建设项目的投资额，或称估算造价。就一个工程项目来说，如果项目建议书和可行性研究分不同阶段，例如，分规划阶段、项目建议书阶段、可行性研究阶段、评审阶段，相应的投资估算也分为四个阶段。投资估算是决策、筹资和控制造价的主要依据。

2）概算造价

概算造价指在初步设计阶段，根据设计意图，通过编制工程概算文件预先测算和确定的工程造价。和投资估算造价相比较，概算造价的准确性有所提高，但它受估算造价的控制。概算造价的层次性十分明显，分建设项目概算总造价、各单项工程概算综合造价、各单位工程概算造价。

3）修正概算造价

修正概算造价指在采用三阶段设计的技术设计阶段，根据技术设计的要求，通过编制修正概算文件预先测算和确定的工程造价。它对初步设计概算进行修正调整，比概算造价准确，但受概算造价控制。

4）施工图预算造价

施工图预算造价指在施工图设计阶段，以施工图纸为依据，通过编制预算文件预先测算和确定的工程造价。它比概算造价或修正概算造价更为详尽和准确，但同样要受前一阶段所确定的工程造价的控制。

5）合同价

合同价指在工程招投标阶段通过签订发承包合同、建筑安装工程承包合同、设备材料采购合同，以及技术和咨询服务合同确定的价格。合同价在性质上属于市场价格，它是由承发包双方，即商品和劳务买卖双方根据市场行情共同议定和认可的成交价格，但它并不等同于实际工程造价。按计价方法不同，建设工程合同有许多类型。不同类型合同的合同价内涵也有所不同。按现行有关规定，三种合同价形式包括固定合同价、可调合同价和工程成本加酬金合同价。

6）结算价

结算价是指在合同实施阶段，在工程结算时按合同调价范围和调价方法，对实际发生的工程量增减、设备和材料价差等进行调整后计算和确定的价格。工程结算是发承包双方根据国家有关法律、法规规定和合同约定，对合同工程实施中、终止时、已完工后的工程项目进行的合同价款计算、调整和确认，包括工程预付款、进度款、竣工结算、最终结清等活动。其中工程竣工结算是指工程项目完工并经竣工验收合格后，发承包双方按照施工合同的约定对所完成的工程项目进行合同价款的计算、调整和确认。工程竣工结算分为单位工程竣工结算、单项工程竣工结算和建设项目竣工总结算。

7）实际造价

实际造价是指竣工决算阶段，在竣工验收后，由建设单位编制的反映建设项目从筹建到建成投产（或使用）全过程发生的全部实际成本的技术经济文件，是最终确定的实际工程造价，是建设投资管理的重要环节，是工程竣工验收、交付使用的重要依据，也是进行建设项目财务总结和银行对其实行监督的必要手段。竣工决算的内容由文字说明和决算报表两部分组成。

从投资估算、概算造价、修正概算造价、施工图预算造价到工程招标承包合同价，再到各项工程的结算价和最后在工程竣工结算价基础上编制的竣工决算，整个计价过程是一个由粗到细、由浅入深，最后确定工程实际造价的过程。整个计价过程中，各个环节之间相互衔接，前者制约后者，后者补充前者。

3. 组合性特征

工程造价的计算是分部组合而成的，这一特征和建设项目的组合性有关。一个建设项目是一个工程综合体，这个综合体可以分解为许多有内在联系的独立和不能独立的工程。建设项目的这种组合性决定了计价的过程是一个逐步组合的过程。其计算过程和计算顺序是：分部分项工程合价—单位工程造价—单项工程造价—建设项目总造价。

4. 方法的多样性特征

多次计价有各自的计价依据，对造价的精确度要求也不相同，这就决定了计价方法有多样性特征。计算和确定概预算造价有两种基本方法，即定额计价法和工程量清单计价法。计算和确定投资估算的方法有设备系数法、生产能力指数估算法等。不同的方法利弊不同，适应条件也不同，所以计价时要加以选择。

5. 依据的复杂性特征

由于影响造价的因素很多，故计价依据复杂，种类繁多。主要可分为七类。

（1）计算设备和工程量依据。包括项目建议书、可行性研究报告、设计文件等。

（2）计算人工、材料、机械等实物消耗量的依据。包括投资估算指标、概算定额、预算定额等。

（3）计算工程单价的价格依据。包括人工单价、材料价格、机械台班费等。

（4）计算设备单价依据。包括设备原价、设备运杂费、进口设备关税等。

（5）计算相关费用的费用定额和指标。

（6）政府规定的规费、增值税。

（7）物价指数和工程造价指数。

依据的复杂性不仅使计算过程复杂，而且要求计价人员熟悉各类依据，并加以正确利用。

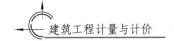

0.1.4 工程造价的确定方法

工程造价的确定方法有两大类：传统的定额计价法和工程量清单计价法。

1. 定额计价法

定额计价法指采用工程造价行政主管部门统一颁布的定额和计算程序以及工、料、机指导价确定工程造价的计价方式。

定额计价法是我国使用了几十年的一种计价模式，其公式就是价格＝定额＋费用＋文件规定，它主要是以概预算定额、各种费用定额为基础依据，按照规定计算程序确定建筑产品造价的特殊计价方法。它是一种与计划经济相适应的工程造价管理制度。国家通过颁布统一的估价指标、概算指标，以及概算定额、预算定额和其他有关定额，来对建筑产品价格进行有计划的管理。这在一定程度上预防了高估预算和过低压价的不良竞争行为，体现了工程造价的规范性、统一性和合理性。可以看出，定额计价法是建立在以政府定价为主导的计划经济管理基础上的价格管理模式，它所体现的是政府对工程价格的直接管理和调控。

随着我国市场经济的日益完善，传统的定额计价制度与市场主体要求拥有自主定价权之间发生了矛盾和冲突。投标单位的报价按统一定额计算，不能按照自己的具体施工条件、施工设备和技术专长来确定报价，不能将自己的采购优势体现到招投标中，从而对市场竞争起到了抑制作用，不利于促进施工企业改进技术、加强管理、提高劳动生产率和市场竞争力。为此，必须对工程造价的计价方式进行改革，最终通过市场竞争来确定建筑工程产品的价格。

2. 工程量清单计价法

工程量清单计价法指按照《建设工程工程量清单计价规范》（GB 50500—2013），根据招标文件发布的工程量清单和企业及市场情况，自主选择消耗量定额及工、料、机单价和有关费率确定工程造价的计价方式。

随着我国建设市场的发展和招投标制、监理制、合同制的推行，以及加入 WTO 与国际惯例接轨等要求，工程造价计价方法的改革势在必行。2003 年，按照我国工程造价管理改革的要求，本着国家宏观调控、市场竞争形成价格的原则，颁布了《建设工程工程量清单计价规范》（GB 50500—2003），并从 2003 年 7 月 1 日起实施。此后为了完善工程量清单计价工作，当时的国家城市建设总局标准定额司从 2006 年就组织有关单位和专家对原规范的正文部分进行了修订，2008 年 7 月 9 日住房和城乡建设部发布了《建设工程工程量清单计价规范》（GB 50500—2008），2008 规范实施以来，对规范工程实施阶段的计价行为起到了良好的规范作用，但由于附录没有修订，还存在有待完善的地方。为了进一步适应建设市场的发展，总结我国工程建设实践，进一步健全、完善计价规范，2009 年 6 月起又针对 2008 规范进行了全面修订，住房和城乡建设部以第 1567 号公告于 2012 年 12 月 25 日发布《建设工程工程量清单计价规范》（GB 50500—2013）。

工程量清单计价法是一种国际上通用的市场定价方式，是由建筑产品的买方和卖方在建筑市场上根据供求状况、信息状况进行自由竞价，从而最终能够签订工程合同价格的方法。与定额计价方式相比，在工程量清单计价过程中，国家仅统一项目编码、项目名称、项目特征、计量单位和工程量计算规则（即"五要素"），招标人编制工程量清单，由投标人依据工程量清单自主报价。这种计价方法，使得建筑产品的价格在招投标过程中通过市场竞争形成。

3. 两种计价模式的区别

1）体现的定价阶段不同

（1）我国建筑产品价格市场化经历了"国家定价—国家指导价—国家调控价"三个阶段。定额计价是以概预算定额、各种费用定额为基础依据，按照规定的计算程序确定工程造价的特殊计价方法。因此，利用工程建设定额计算工程造价就价格形成而言，介于国家定价和国家指导价之间。在定额计价法模式下，工程价格或直接由国家决定，或由国家给出一定的指导性标准，承包商可以在该标准的允许幅度内实现有限竞争。例如，在我

工程量清单计价与
定额计价的区别

国的招投标制度中，一度严格限定投标人的报价必须在限定标底的一定范围内波动，超出此范围即为废标，这一阶段的工程招投标价格即属于国家指导性价格，体现出在国家宏观计划控制下的市场有限竞争。

（2）工程量清单计价模式则反映了市场定价阶段。在该阶段中，工程价格是在国家有关部门间接调控和监督下，由工程承发包双方根据工程市场中建筑产品供求关系变化自主确定工程价格。其价格的形成可以不受国家工程造价管理部门的直接干预，而此时的工程造价是根据市场的具体情况，具有竞争形成、自发波动和自发调节的特点。

2）主要计价依据及其性质不同

定额计价模式的主要计价依据为国家、省、有关专业部门制定的各种定额，其具有指导性，定额的项目划分一般按施工工序分项，每个分项工程项目所含的工程内容一般是单一的。

工程量清单计价模式的主要计价依据为《建设工程工程量清单计价规范》（GB 50500—2013），其性质是含有强制性条文的国家标准，清单的项目划分一般是按"综合实体"进行分项的，每个分项工程一般包含多项工程内容。

3）编制工程量的主体不同

在定额计价法中，建设工程的工程量由招标人和投标人分别按图计算。而在工程量清单计价法中，工程量由招标人统一计算或委托有关工程造价咨询单位统一计算，工程量清单是招标文件的重要组成部分，各投标人依据招标人提供的工程量清单，根据自身的技术装备、施工经验、企业成本、企业定额、管理水平自主填写单价与合价。

4）单价与报价的组成不同

定额计价法的单价包括人工费、材料和工程设备费、施工机具使用费，而工程量清单计价法采用综合单价形式，综合单价包括人工费、材料和工程设备费、施工机具使用费、企业管理费、利润，并考虑风险因素。工程量清单计价法的报价除包括定额计价法的报价外，还包括计日工、暂列金额等。

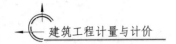

0.1.5 工程造价管理

1. 工程造价管理的含义

工程造价有两种含义，工程造价管理也有两种管理：一是建设工程投资费用管理，二是工程价格管理。工程造价计价依据的管理和工程造价专业队伍建设的管理是为这两种管理服务的。

建设工程投资费用管理属于投资管理范畴。更明确地说，它属于工程建设投资管理范畴。工程建设投资管理就是为了达到预期的效果（效益）对建设工程的投资行为进行计划、预测、组织、指挥和监控等的系统活动。

工程价格管理属于价格管理范畴。在社会主义市场经济条件下，价格管理分两个层次。在微观层次上，是生产企业在掌握市场价格信息的基础上，为实现管理目标而进行的成本控制、计价、定价和竞价的系统活动。它反映了微观主体按支配价格运动的经济规律，对商品价格进行能动的计划、预测、监控和调整，并接受价格对生产的调节。在宏观层次上，是政府根据社会经济发展的要求，利用法律手段、经济手段和行政手段对价格进行管理和调控，以及通过市场管理规范市场主体价格行为的系统活动。

2. 工程造价管理的基本内容

工程造价管理的基本内容就是合理确定和有效控制工程造价。

1）工程造价的合理确定

所谓工程造价的合理确定，就是在建设程序的各个阶段，合理确定投资估算、概算造价、预算造价、承包合同价、结算价、竣工决算价。

（1）在项目建议书阶段，按照有关规定，应编制初步投资估算。经有权部门批准，作为拟建项目列入国家中长期计划和开展前期工作的控制造价。

（2）在可行性研究阶段，按照有关规定编制的投资估算，经有权部门批准，即成为该项目控制造价。

（3）在初步设计阶段，按照有关规定编制的初步设计总概算，经有权部门批准，即作为拟建项目工程造价的最高限额。在初步设计阶段，对实行建设项目招标承包制签订承包合同建设的，其合同价也应在最高限价（总概算）相应的范围以内。

（4）在施工图设计阶段，按规定编制施工图预算，用以核实施工图阶段预算造价是否超过批准的初步设计概算。

（5）以施工图预算为基础招标投标的工程，承包合同价也是以经济合同形式确定的建筑安装工程造价。

（6）在工程实施阶段要按照承包方实际完成的工程量，以合同价为基础，同时考虑因物价上涨所引起的造价提高，考虑到设计中难以预计的而在实施阶段实际发生的工程和费用，合理确定结算价。

（7）在竣工验收阶段，全面汇集在工程建设过程中实际花费的全部费用，编制竣工决算，如实体现该建设工程的实际造价。

2）工程造价的有效控制

所谓工程造价的有效控制，就是在优化建设方案、设计方案的基础上，在建设程序的各个阶段，采用一定的方法和措施把工程造价的发生控制在合理的范围和核定的造价限额以内。也就是说，要用投资估算价控制设计方案的选择和初步设计概算造价，用概算造价控制技术设计和修正概算造价，用概算造价或修正概算造价控制施工图设计和预算造价，以求合理使用人力、物力和财力，取得较好的投资效益。控制造价在这里强调的是控制项目投资。

导入 *0.2* 建筑工程计价费用构成

【知识目标】　1. 熟悉湖北省建筑安装工程费用的构成。
　　　　　　　 2. 熟悉湖北省建筑安装工程费用的费率标准。
　　　　　　　 3. 熟练掌握工程量清单计价法和定额计价法的计算程序和方法。

【能力目标】　1. 能对湖北省建筑安装工程费用进行正确的划分。
　　　　　　　 2. 能采用工程量清单计价法和定额计价法计取工程造价。

建筑工程费用的划分和组成一般是由国家行政主管部门颁发文件规定的，现行的文件为建标〔2013〕44 号文。湖北省现行的费用定额文件《湖北省建筑安装工程费用定额》（2018年）是以 44 号文为基础，同时依据《建设工程工程量清单计价规范》（GB 50500—2013）、《房屋建筑与装饰工程工程量计算规范》（GB 50854—2013）、《中华人民共和国增值税暂行条例》（国务院令第 532 号）等规范文件，并结合湖北省的实际情况进行编制的。

0.2.1　建筑安装工程费用项目组成

建筑安装工程费用项目组成如图 0.3 所示。

0.2.2　费率标准

1. 适用范围

（1）房屋建筑工程适用于工业与民用临时性和永久性的建筑物（含构筑物）。包括各种房屋、设备基础、钢筋混凝土、砖石砌筑、木结构、钢结构、门窗工程及零星金属构件、烟囱、水塔、水池、围墙、挡土墙、化粪池、窨井、室内外管道沟砌筑等。

（2）装配式建筑适用于房屋建筑工程。

（3）桩基工程、地基处理与边坡支护工程适用于房屋建筑工程。

2. 湖北省建筑安装工程费用（2018）费率标准

根据增值税的性质，分为一般计税法下的增值税和简易计税法下的增值税。

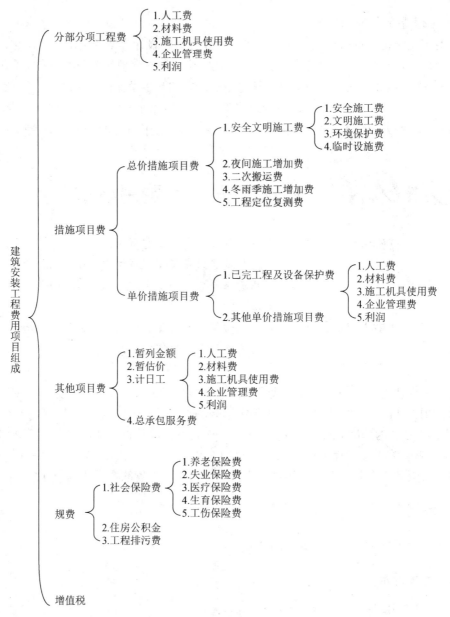

图 0.3　建筑安装工程费用项目组成

1）一般计税法的增值税

一般计税法下的增值税指国家税法规定的应计入建筑安装工程造价内的增值税销项税。一般计税法下，分部分项工程费、措施项目费、其他项目费等的组成内容为不含进项税的价格，计税基础为不含进项税额的不含税工程造价。

$$应纳税额＝当期销项税额－当期进项税额 \tag{0.1}$$

$$当期销项税额＝销售额×增值税税率 \tag{0.2}$$

式中，增值税税率受政策影响为动态税率，湖北省定额原取定为11%，后根据《住房和城乡建设部办公厅关于重新调整建设工程计价依据增值税税率的通知》，住房和城乡建设部正式出台建办标函〔2019〕193号文，规定自2019年4月1日起，税率调整为9%；销售额指纳税人发生应税行为取得的全部价款和价外费用。

2）简易计税法下的增值税

简易计税法下的增值税指国家税法规定的应计入建筑安装工程造价内的应交增值税。简易计税法下，分部分项工程费、措施项目费、其他项目费等的组成内容均为含进项税的价格，计税基础为含进项税额的不含税工程造价。

$$应纳税额＝销售额×征收率（3\%）\qquad（0.3）$$

式中，销售额指纳税人发生应税行为取得的全部价款和价外费用，扣除支付的分包款后的余额为销售额；应纳税额的计税基础是含进项税额的工程造价。

3）费率标准

（1）总价措施项目费。

① 安全文明施工费（表0.1）。

表0.1　安全文明施工费

单位：%

专业	房屋建筑工程	装饰工程	通用安装工程	市政工程	园建工程	绿化工程	土石方工程
计费基数	人工费＋施工机具使用费						
一般计税法							
费率	13.64	5.39	9.29	12.44	4.30	1.76	6.58
其中　安全施工费	7.72	3.05	3.67	3.97	2.33	0.95	2.01
其中　文明施工费　环境保护费	3.15	1.20	2.02	5.41	1.19	0.49	2.74
其中　临时设施费	2.77	1.14	3.60	3.06	0.78	0.32	1.83
简易计税法							
费率	13.63	5.38	9.28	12.37	4.30	1.74	6.19
其中　安全施工费	7.71	3.05	3.66	3.94	2.33	0.94	1.89
其中　文明施工费　环境保护费	3.15	1.19	2.02	5.38	1.19	0.48	2.58
其中　临时设施费	2.77	1.14	3.60	3.05	0.78	0.32	1.72

② 其他总价措施项目费（表0.2）。

表0.2　其他总价措施项目费

单位：%

专业	房屋建筑工程	装饰工程	通用安装工程	市政工程	园建工程	绿化工程	土石方工程
计费基数	人工费＋施工机具使用费						
一般计税法							
费率	0.70	0.60	0.66	0.90	0.49	0.49	1.29

续表

其中	夜间施工增加费	0.16	0.14	0.15	0.18	0.13	0.13	0.32
	二次搬运费	按施工组织设计						
	冬雨季施工增加费	0.40	0.34	0.38	0.54	0.26	0.26	0.71
	工程定位复测费	0.14	0.12	0.13	0.18	0.10	0.10	0.26
简易计税法								
费率		0.70	0.60	0.66	0.90	0.49	0.49	1.21
其中	夜间施工增加费	0.16	0.14	0.15	0.18	0.13	0.13	0.30
	二次搬运费	按施工组织设计						
	冬雨季施工增加费	0.40	0.34	0.38	0.54	0.26	0.26	0.67
	工程定位复测费	0.14	0.12	0.13	0.18	0.10	0.10	0.24

（2）企业管理费（表0.3）。

表0.3 企业管理费　　　　　单位：%

专业	房屋建筑工程	装饰工程	通用安装工程	市政工程	园建工程	绿化工程	土石方工程
计费基数	人工费＋施工机具使用费						
一般计税法							
费率	28.27	14.19	18.86	25.61	17.89	6.58	15.42
简易计税法							
费率	28.22	14.18	18.83	25.46	17.88	6.55	14.51

（3）利润（表0.4）。

表0.4 利润　　　　　单位：%

专业	房屋建筑工程	装饰工程	通用安装工程	市政工程	园建工程	绿化工程	土石方工程
计费基数	人工费＋施工机具使用费						
一般计税法							
费率	19.73	14.64	15.31	19.32	18.15	3.57	9.42
简易计税法							
费率	19.70	14.63	15.29	19.21	18.14	3.55	8.87

（4）规费（表0.5）。

表0.5 规费　　　　　单位：%

专业	房屋建筑工程	装饰工程	通用安装工程	市政工程	园建工程	绿化工程	土石方工程
计费基数	人工费＋施工机具使用费						
一般计税法							
费率	26.85	10.15	11.97	26.34	11.78	10.67	11.57
社会保险费	20.08	7.58	8.94	19.70	8.78	8.50	8.65

续表

其中	养老保险费	12.68	4.87	5.75	12.45	5.65	5.55	5.49
	失业保险费	1.27	0.48	0.57	1.24	0.56	0.55	0.55
	医疗保险费	4.02	1.43	1.68	3.94	1.65	1.62	1.73
	工伤保险费	1.48	0.57	0.67	1.45	0.66	0.52	0.61
	生育保险费	0.63	0.23	0.27	0.62	0.26	0.26	0.27
住房公积金		5.29	1.91	2.26	5.19	2.21	2.17	2.28
工程排污费		1.48	0.66	0.77	1.45	0.79	—	0.64
简易计税法								
费率		26.79	10.14	11.96	26.20	11.77	10.62	10.90
社会保险费		20.04	7.57	8.93	19.60	8.77	8.46	8.14
其中	养老保险费	12.66	4.87	5.74	12.38	5.64	5.52	5.17
	失业保险费	1.27	0.48	0.57	1.24	0.56	0.55	0.52
	医疗保险费	4.01	1.43	1.68	3.92	1.65	1.61	1.63
	工伤保险费	1.47	0.56	0.67	1.44	0.66	0.52	0.57
	生育保险费	0.63	0.23	0.27	0.62	0.26	0.26	0.25
住房公积金		5.28	1.91	2.26	5.16	2.21	2.16	2.15
工程排污费		1.47	0.66	0.77	1.44	0.79	—	0.61

（5）增值税（表 0.6）。

表 0.6　增值税　　　　　　　　　　　　　　　　　单位：%

计税基数	不含工程造价
一般计税法	
税率	9
简易计税法	
税率	3

0.2.3　费用计取方法

　　湖北省定额全费用基价表中的全费用包括人工费、材料费、施工机具使用费、费用、增值税。费用的内容包括总价措施项目费、企业管理费、利润和规费，并以人工费与施工机具使用费之和为计费基数，按相应费率计取。

建筑工程计价
费用的计取方法

1. 工程量清单计价

　　工程量清单计价指投标人完成由招标人提供的工程量清单所需的全部费用，包括分部分项工程费、措施项目费、其他项目费和规费、税金，计算程序如表 0.7～表 0.10 所示。

（1）分部分项工程和单价措施项目综合单价计算程序如表 0.7 所示。

表 0.7　分部分项工程和单价措施项目综合单价计算程序（工程量清单计价）

序号	费用项目	计算方法
1	人工费	∑人工费
2	材料费	∑材料费
3	施工机具使用费	∑施工机具使用费
4	企业管理费	(1＋3)×费率
5	利润	(1＋3)×费率
6	风险因素	按招标文件或约定
7	综合单价	1＋2＋3＋4＋5＋6

（2）总价措施项目费计算程序如表 0.8 所示。

表 0.8　总价措施项目费计算程序（工程量清单计价）

序号	费用项目	计算方法
1	分部分项工程和单价措施项目费	∑分部分项工程和单价措施项目费
1.1	人工费	∑人工费
1.2	施工机具使用费	∑施工机具使用费
2	总价措施项目费	2.1＋2.2
2.1	安全文明施工费	(1.1＋1.2)×费率
2.2	其他总价措施项目费	(1.1＋1.2)×费率

（3）其他项目费计算程序如表 0.9 所示。

表 0.9　其他项目费计算程序（工程量清单计价）

序号	费用项目	计算方法
1	暂列金额	按招标文件
2	专业工程暂估价/结算价	按招标文件/结算价
3	计日工	3.1＋3.2＋3.3＋3.4＋3.5
3.1	人工费	∑(人工价格×暂定数量)
3.2	材料费	∑(材料价格×暂定数量)
3.3	施工机具使用费	∑(机械台班价格×暂定数量)
3.4	企业管理费	(3.1＋3.3)×费率
3.5	利润	(3.1＋3.3)×费率
4	总承包服务费	4.1＋4.2
4.1	发包人发包专业工程	∑(项目价值×费率)
4.2	发包人提供材料	∑(项目价值×费率)
5	索赔与现场签证费	∑(价格×数量)/∑费用
6	其他项目费	1＋2＋3＋4＋5

（4）单位工程造价计算程序如表 0.10 所示。

表 0.10 单位工程造价计算程序（工程量清单计价）

序号	费用项目	计算方法
1	分部分项工程和单价措施项目费	∑分部分项工程和单价措施项目费
1.1	人工费	∑人工费
1.2	施工机具使用费	∑施工机具使用费
2	总价措施项目费	∑总价措施项目费
3	其他项目费	∑其他项目费
3.1	人工费	∑人工费
3.2	施工机具使用费	∑施工机具使用费
4	规费	(1.1＋1.2＋3.1＋3.2)×费率
5	增值税	(1＋2＋3＋4)×费率
6	含税工程造价	1＋2＋3＋4＋5

2. 定额计价

定额计价是以湖北省定额全费用基价表中的全费用为基础，工程造价计算程序如表 0.11 所示。

表 0.11 定额计价模式下工程造价计算程序

序号	费用项目	计算方法
1	分部分项工程和单价措施项目费	1.1＋1.2＋1.3＋1.4＋1.5
1.1	人工费	∑人工费
1.2	材料费	∑材料费
1.3	施工机具使用费	∑施工机具使用费
1.4	费用	∑费用
1.5	增值税	∑增值税
2	其他项目费用	2.1＋2.2＋2.3
2.1	总包服务费	项目价值×费率
2.2	索赔与现场签证费	∑(价格×数量)/∑费用
2.3	增值税	(2.1＋2.2)×税费
3	含税工程造价	1＋2

3. 全费用基价表清单计价

（1）工程造价计价活动中，可以根据需要选择全费用清单计价方式。全费用计价根据表 0.12～表 0.14 的计算程序执行。

表 0.12 分部分项工程和单价措施项目综合单价计算程序（全费用基价表清单计价）

序号	费用项目	计算方法
1	人工费	∑人工费
2	材料费	∑材料费

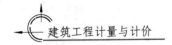

续表

序号	费用项目	计算方法
3	施工机具使用费	∑施工机具使用费
4	费用	∑费用
5	增值税	∑增值税
6	综合单价	1＋2＋3＋4＋5

表 0.13　其他项目费计算程序（全费用基价表清单计价）

序号	费用项目	计算方法
1	暂列金额	按招标文件
2	专业工程暂估价	按招标文件
3	计日工	3.1＋3.2＋3.3＋3.4
3.1	人工费	∑(人工价格×暂定数量)
3.2	材料费	∑(材料价格×暂定数量)
3.3	施工机具使用费	∑(机械台班价格×暂定数量)
3.4	费用	(3.1＋3.2)×费率
4	总承包服务费	4.1＋4.2
4.1	发包人发包专业工程	∑(项目价值×费率)
4.2	发包人提供材料	∑(项目价值×费率)
5	索赔与现场签证费	∑(价格×数量)/∑费用
6	增值税	(1＋2＋3＋4＋5)×税费
7	其他项目费	1＋2＋3＋4＋5＋6

注：3.4 费用包含企业管理费、利润、规费。

表 0.14　单位工程造价计算程序（全费用基价表清单计价）

序号	费用名称	计算方法
1	分部分项工程和单价措施项目费	∑分部分项工程和单价措施项目费
2	其他项目费	∑其他项目费
3	单位工程造价	1＋2

（2）选择全费用清单计价方式，可根据投标文件或实际的需求，修改或重新设计适合全费用清单计价方式的工程量清单计价表格。

▌知识链接▋

2019 年 3 月 29 日，住房和城乡建设部发布了关于重新调整建设工程计价依据增值税税率的通知，规定的工程造价计价依据中增值税税率由原来的 11% 调整为 9%。同日，湖北省住房和城乡建设厅也发布了《关于调整湖北省建设工程计价依据的通知》，部分要求如下。

一、建设工程计价依据中增值税按税率 9% 计算。调整 2018 湖北省建设工程计价依据中的全费用基价。

二、《湖北省建筑安装工程费用定额》（2018）中简易计税法的部分费率按表 0.15 中标准执行。

三、各地材料信息的含税价格，原税率 16%的调整为 13%，原税率 10%（省定额原为 11%）的调整为 9%计算。

四、本通知自 2019 年 4 月 1 日起施行。2019 年 4 月 1 日前已签订合同，纳税人在增值税税率调整前的增值税应税行为，按原适用税率计算。

表 0.15　简易计税费率调整系数表

专业	市政工程	土石方工程
调整系数	1.0029	1.0139

注：1. 调整后的费率＝2018《湖北省建筑安装工程费用定额》（2018）中的费率×表中的调整系数。

　　2. 需要调整费率的费用为总价措施项目费、其他总价措施项目费、企业管理费、利润及规费。

　　3. 除表中所涉专业外，其他专业费率不调整。

工程量清单计价

▌学习提示　工程量清单（bill of quantity，BOQ）是在 19 世纪 30 年代提出的，西方国家把计算工程量、提供工程量清单作为业主估价师的职责，所有的投标都要以业主提供的工程量清单为基础，从而使得最后的投标结果具有可比性。

工程量清单计价是在建设工程招投标中，招标人自行或委托具有资质的中介机构编制反映工程实体消耗和措施性消耗的工程量清单，并作为招标文件的一部分提供给投标人，由投标人依据工程量清单自主报价，并按照经评审低价中标的工程造价计价模式。《建设工程工程量清单计价规范》（GB 50500—2013）规定，凡是使用国有资金投资的建设工程发承包，必须采用工程量清单计价；非国有资金投资的建设工程，宜采用工程量清单计价。工程量清单计价的特点是采用综合单价的形式，费用包括分部分项工程费、措施项目费、其他项目费、规费和税金。实行工程量清单进行招投标，不仅是快速实现与国际通行惯例接轨的重要手段，更是政府加强宏观管理转变职能的有效途径，同时可以更好地营造公开、公平、公正的市场竞争环境。

工程量清单计价
基本理论

▌能力目标　1. 能编制工程量清单。
2. 能编制招标控制价。
3. 能编制投标报价。
4. 能编制综合单价。

▌知识目标　1. 掌握工程量清单计价的相关术语。
2. 熟悉工程量清单的编制内容。
3. 掌握招标控制价编制的规定。
4. 掌握投标报价编制的规定。
5. 熟悉综合单价的编制方法。

▌规范标准　1.《建设工程工程量清单计价规范》（GB 50500—2013）。
2.《房屋建筑与装饰工程工程量计算规范》（GB 50854—2013）。
3.《湖北省建设工程公共专业消耗量定额及全费用基价表》（2018）。
4.《湖北省建筑安装工程费用定额》（2018）。

任务 *1.1*　工程量清单编制

【知识目标】　1. 熟悉工程量清单的概念。

2. 熟练掌握工程量清单的编制内容。

3. 熟练掌握工程量清单的编制方法。

【能力目标】　能正确编制工程量清单，包括分部分项工程项目、措施项目、其他项目及规费和税金项目清单。

【任务描述】　某中心教学楼工程计算的清单工程量为：挖沟槽土方 1432m³，泥浆护壁混凝土灌注桩 420m，条形砖基础 239m³，实心砖墙 2037m³，基础梁 208m³，现浇构件钢筋 200t，要求暂列金额为 350000 元，专业工程暂估价为 200000 元，现浇构件的全部钢筋单价暂定为 4000 元/t。

试编制招标工程量清单，填写分部分项工程和单价措施项目清单与计价表、总价措施项目清单与计价表及其他项目清单与计价表。

1.1.1　相关知识：工程量清单编制的规定及内容

要想进行工程量清单编制，需要先了解工程量清单编制的规定及内容。

工程量清单的编制

工程量清单是按照招标要求和施工设计图纸要求，将拟建招标工程的全部项目和内容依据统一的工程量计算规则和子目分项要求，计算分部分项工程实物量，列在清单上作为招标文件的组成部分，供投标单位逐项填写单价用于投标报价。

① 工程量清单。载明建设工程分部分项工程项目、措施项目、其他项目的名称和相应数量以及规费、税金项目等内容的明细清单。

② 招标工程量清单。招标人依据国家标准、招标文件、设计文件以及施工现场实际情况编制的，随招标文件发布供投标报价的工程量清单，包括其说明和表格。

③ 已标价工程量清单。构成合同文件组成部分的投标文件中已标明价格，经算术性错误修正（如有）且承包人已确认的工程量清单，包括其说明和表格。

1. 一般规定

招标工程量清单应由具有编制能力的招标人或受其委托、具有相应资质的工程造价咨询人编制。这是招标人编制招标控制价的依据，是投标方报价的依据，也是竣工结算调整的依据。

招标工程量清单应以单位（项）工程为单位编制，应由分部分项工程项目清单、措施项目清单、其他项目清单、规费和税金项目清单组成。

1）工程量清单编制错漏项的危害、责任承担

（1）错漏危害：对于发包人来说，工程量清单的错漏问题会直接导致承包人向发包人工程变更、现场签证、工程索赔与价款调整的发生，甚至会给投标人以不平衡报价带来更大"方便"。

对于承包人来说，工程量清单错项、漏项正是投标阶段承包人利用这些错误打下埋伏，施工及结算阶段高价结算及盈利的绝好机会。

（2）责任承担：招标人对编制的工程量清单的准确性（数量）和完整性（不缺项、漏项）负责。如委托工程造价咨询单位（人）编制，其责任仍由招标人承担；投标人依据工程量清单进行投标报价，对工程量清单不负有核实义务，更不具有修改和调整的权利。

2）编制招标工程量清单的依据

① 《建设工程工程量清单计价规范》（GB 50500—2013）中相关工程的国家计量规范。

② 国家或省级、行业建设主管部门颁发的计价定额和办法。

③ 建设工程设计文件及相关资料。

④ 与建设工程有关的标准、规范、技术资料。

⑤ 拟定的招标文件。

⑥ 施工现场情况、地勘水文资料、工程特点及常规施工方案。

⑦ 其他相关资料。

3）编制补充项目时需注意的问题

随着工程建设中新材料、新技术、新工艺等的不断涌现，《建设工程工程量清单计价规范》（GB 50500—2013）附录所列的工程量清单项目不可能包含所有项目。在编制工程量清单时，当出现《建设工程工程量清单计价规范》（GB 50500—2013）附录中未包括的清单项目时，编制人应作补充。在编制补充项目时应注意以下三个方面。

（1）补充项目的编码应按规定确定。具体做法为：补充项目的编码由《建设工程工程量清单计价规范》（GB 50500—2013）的代码 01B 和三位阿拉伯数字组成，并应从 01B001 起顺序编制，同一招标工程的项目不得重码。

（2）在工程量清单中应附补充项目的项目名称、项目特征、计量单位、工程量计算规则和工作内容。

（3）将编制的补充项目报省级或行业工程造价管理机构备案。

【案例 1.1】《房屋建筑与装饰工程工程量计算规范》（GB 50854—2013）附录 M：墙、柱面装饰与隔断、幕墙工程表补充成品 GRC 隔墙项目工程量清单，如表 1.1 所示。

表 1.1　隔墙（编码：011211）

项目编码	项目名称	项目特征	计量单位	工程量计算规则	工作内容
01B001	成品 GRC 隔墙	1. 隔墙材料品种、规格 2. 隔墙厚度 3. 嵌缝、塞口材料品种	m^2	按设计图示尺寸以面积计算，扣除门窗洞口及单个大于等于 $0.3m^2$ 的孔洞所占面积	1. 骨架及边框安装 2. 隔板安装 3. 嵌缝、塞口

2. 分部分项工程项目清单

分部工程是单项或单位工程的组成部分，是按结构部位、路段长度及施工特点或施工

任务将单项或单位工程划分为若干分部的工程。例如，房屋建筑与装饰工程分为土石方工程、桩基工程、砌筑工程、混凝土及钢筋混凝土工程、楼地面装饰工程、天棚工程等分部工程。分项工程是分部工程的组成部分，是按不同施工方法、材料、工序及路段长度等将分部工程划分为若干个分项或项目的工程。例如，现浇混凝土基础分为带形基础、独立基础、满堂基础、桩承台基础、设备基础等分项工程。

分部分项工程
项目清单

分部分项工程项目清单必须载明项目编码、项目名称、项目特征、计量单位和工程量，这构成了分部分项工程项目清单的五个要素，这五个要素在分部分项工程项目清单的组成中缺一不可，需根据相关工程现行国家计量规范规定进行编制。

1）项目编码

项目编码是分部分项工程和措施项目清单名称的阿拉伯数字标识。项目编码以12位阿拉伯数字表示。其中1、2位是专业工程代码（01—房屋建筑与装饰工程；02—仿古建筑工程；03—通用安装工程；04—市政工程；05—园林绿化工程；06—矿山工程；07—构筑物工程；08—城市轨道交通工程；09—爆破工程，以后进入国标的专业工程代码以此类推），3、4位是附录分类码，5、6位是分部工程顺序码，7～9位是分项工程项目名称顺序码，10～12位是清单项目名称顺序码。其中前9位是《房屋建筑与装饰工程工程量清单计算规范》（GB 50854—2013）给定的全国统一编码，根据《建设工程工程量清单计价规范》（GB 50500—2013）附录A、附录B、附录C、附录D、附录E、附录F、附录G、附录H、附录I的规定设置，后3位清单项目名称顺序码由编制人根据拟建工程的工程量清单项目名称和项目特征设置，自001起依次编制。

当同一标段（或合同段）的一份工程量清单中含有多个单位工程且工程量清单是以单位工程为编制对象时，在编制工程量清单时应特别注意对项目编码10～12位的设置不得有重码的规定。例如，一个标段（或合同段）的工程量清单中含有3个单位工程，每一单位工程中都有项目特征相同的实心砖墙砌体，在工程量清单中又需反映3个不同单位工程的实心砖墙砌体工程量时，则第1个单位工程的实心砖墙的项目编码应为010401003001，第2个单位工程的实心砖墙的项目编码应为010401003002，第3个单位工程的实心砖墙的项目编码应为010401003003，并分别列出各单位工程实心砖墙的工程量。

2）项目名称

应按《建设工程工程量清单计价规范》（GB 50500—2013）附录中的项目名称，结合拟建工程的实际确定。

3）项目特征

项目特征是构成分部分项工程项目、措施项目自身价值的本质特征，应按《建设工程工程量清单计价规范》（GB 50500—2013）附录中规定的项目特征，结合拟建工程项目的实际予以描述。

项目特征作为确定一个清单项目综合单价不可或缺的重要依据，在编制工程量清单时，必须对项目特征进行准确和全面的描述。但有些项目特征用文字往往又难以准确和全面地描述清楚。因此，为达到规范、便捷、准确、全面描述项目特征的要求，在描述工程量清单项目特征时应按以下原则进行。

（1）项目特征描述的内容应按《建设工程工程量清单计价规范》（GB 50500—2013）附录中的规定，结合拟建工程的实际，能满足确定综合单价的需要。

（2）若采用标准图集或施工图纸能够全部或部分满足项目特征描述的要求，项目特征描述可直接采用详见××图集或××图号的方式。对不能满足项目特征描述要求的部分，仍应用文字描述。

4）计量单位

计量单位应按《建设工程工程量清单计价规范》（GB 50500—2013）附录中规定的计量单位确定。

当涉及两个或两个以上计量单位的项目，在工程计量时，应结合拟建工程项目的实际情况，选择其中一个作为计量单位，在同一个建设项目（或标段、合同段）中，有多个单位工程的相同项目计量单位必须保持一致。

每一项目汇总工程量的有效位数应遵守下列规定。

① 以"t"为单位，应保留三位小数，第四位小数四舍五入。

② 以"m^3""m^2""m""kg"为单位，应保留两位小数，第三位小数四舍五入。

③ 以"个""项"等为单位，应取整数。

5）工程量

工程量应按《建设工程工程量清单计价规范》（GB 50500—2013）附录中规定的工程量计算规则计算。

3. 措施项目清单

措施项目是为完成工程项目施工，发生于该工程施工准备和施工过程中的技术、生活、安全、环境保护等方面的项目。

措施项目是相对于工程实体的分部分项工程项目而言，作为非工程实体项目的总称。例如，安全文明施工、模板工程、脚手架工程等。

措施项目清单的编制需要考虑多种因素，除了工程本身的因素外，还涉及水文、气象、环境、安全等因素。由于影响措施项目设置的因素太多，计量规范不可能将施工中出现的措施项目一一列出。在编制措施项目清单时，因工程情况不同，出现《建设工程工程量清单计价规范》（GB 50500—2013）附录中未列出的措施项目，可根据工程的具体情况对措施项目清单作补充。

规范中将措施项目分为能计量的措施项目和不能计量的措施项目两类。

（1）对于能计量的措施项目（即单价措施项目），也同分部分项工程一样，编制工程量清单时必须列出项目编码、项目名称、项目特征、计量单位和工程量。

【案例 1.2】请列出综合脚手架清单项目，如表 1.2 所示。

表 1.2　分部分项工程和单价措施项目清单与计价表

工程名称：某工程

序号	项目编码	项目名称	项目特征	计量单位	工程量	金额（元）	
						综合单价	合价
1	011701001001	综合脚手架	1. 建筑结构形式：框剪 2. 檐口高度：60m	m^2	18000		

（2）对于不能计量的且以清单形式列出的项目（即总价措施项目），列出项目编码、项目名称即可，但未列出项目特征、计量单位和工程量计算规则的措施项目，编制工程量清

单时，必须按《建设工程工程量清单计价规范》（GB 50500—2013）规定的项目编码、项目名称确定清单项目，不必描述项目特征和确定计量单位。

总价措施项目中安全文明施工费必须按国家或省级、行业建设主管部门的规定计算，不得作为竞争性费用。

【案例 1.3】请列出安全文明施工费、夜间施工增加费清单项目，如表 1.3 所示。

表 1.3　总价措施项目清单与计价表

工程名称：某工程

序号	项目编码	项目名称	计算基础	费率（%）	金额（元）	调整费率（%）	调整后金额（元）	备注
1	011707001001	安全文明施工费	定额基价					
2	011707002001	夜间施工增加费	定额人工费					

4. 其他项目清单

其他项目清单应按照暂列金额、暂估价（包括材料暂估单价、工程设备暂估单价、专业工程暂估价）、计日工、总承包服务费进行列项。

由于工程建设标准的高低、工程的复杂程度、工程的工期长短、工程的组成内容、发包人对工程管理要求等都会直接影响其他项目清单的具体内容，因此，以上四项作为其他项目清单的列项参考，不足部分可根据工程的具体情况进行补充。

1）暂列金额

暂列金额是指招标人在工程量清单中暂定并包括在合同价款中的一笔款项。用于工程合同签订时尚未确定或者不可预见的所需材料、工程设备、服务的采购，施工中可能发生的工程变更、合同价款调整以及发生的索赔、现场签证确认等的费用。

暂列金额包括在合同价之内，但并不直接属承包人所有，而是由发包人暂定并掌握使用的一笔款项。

2）暂估价

暂估价是指招标人在工程量清单中提供的用于支付必然发生但暂时不能确定价格的材料、工程设备的单价以及专业工程的金额。

3）计日工

计日工是指在施工过程中，承包人完成发包人提出的工程合同范围以外的零星项目或工作，按合同中约定的单价计价的一种方式。计日工应列出项目名称、计量单位和暂估数量。

4）总承包服务费

总承包人为配合协调发包人进行的专业工程发包，对发包人自行采购的材料、工程设备等进行保管以及施工现场管理、竣工资料汇总整理等服务所需的费用。总承包服务费应列出服务项目及其内容等。

5. 规费

规费是指根据国家法律、法规由省级政府或省级有关权力部门规定施工企业必须缴纳的费用，属于不可竞争性费用。规费项目清单应按照社会保险费（包括养老保险费、失业保险费、医疗保险费、工伤保险费、生育保险费）、住房公积金、工程排污费进行列项。

出现以上未列的项目，应根据省级政府或省级有关部门的规定列项。

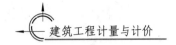

税金是指国家税法规定的应计入建筑安装工程的税、费，属于不可竞争性费用。税金项目清单应包括营业税、城市维护建设税、教育费附加、地方教育附加。

出现以上未列的项目，应根据税务部门的规定列项。

1.1.2 任务实施：某中心教学楼工程量清单的编制

通过本节知识的学习，根据任务描述内容，编制某中心教学楼工程的招标工程量清单，如表1.4～表1.6所示。

表1.4 分部分项工程和单价措施项目清单与计价表

工程名称：××中心教学楼工程　　　　　标段：　　　　　　　　　　　　　　　　　第　页　共　页

序号	项目编码	项目名称	项目特征	计量单位	工程数量	综合单价	合价	其中暂估价
						金额(元)		
颁布			0101 土石方工程					
1	010101003001	挖沟槽土方	三类土，垫层底宽2m，挖土深度<4m，弃土运距<10km	m³	1432			
			（其他略）					
			分部小计					
			0103 桩基工程					
2	010302003001	泥浆护壁混凝土灌注桩	桩长10m，护壁段长9m，共42根，桩直径1000mm，桩混凝土为C25，护壁混凝土为C20	m	420			
			（其他略）					
			分部小计					
			0104 砌筑工程					
3	010401001001	条形砖基础	M10水泥砂浆，MU15页岩砖240mm×115mm×53mm	m³	239			
4	010401003001	实心砖墙	M7.5混合砂浆，MU15页岩砖240mm×115mm×53mm，墙厚度240mm	m³	2037			
			（其他略）					
			分部小计					
			0105 混凝土及钢筋混凝土工程					
5	010503001001	基础梁	C30预拌混凝土，梁底标高−1.55m	m³	208			
6	010515001001	现浇构件钢筋	螺纹钢Q235，φ14	t	200			
			（其他略）					
			分部小计					
			本页小计					
			合计					

注：为计取规费等的使用，可在表中增设其中"定额人工费"。

表 1.5　总价措施项目清单与计价表

工程名称：××中心教学楼工程　　　　　　　　　　标段：　　　　　　　　　第　页　共　页

序号	项目编码	项目名称	计算基础	费率（%）	金额(元)	调整费率（%）	调整后金额（元）	备注
		安全文明施工费						
		夜间施工增加费						
		二次搬运费						
		冬雨季施工增加费						
		已完工程及设备保护费						
	合计							

编制人（造价人员）：　　　　　　　　　　　　　　复核人（造价工程师）：

注：编制工程量清单时，表中的项目可根据工程实际情况进行增减。

表 1.6　其他项目清单与计价汇总表

工程名称：××中心教学楼工程　　　　　　　　　　标段：　　　　　　　　　第　页　共　页

序号	项目名称	金额（元）	结算金额（元）	备注
1	暂列金额	350000		略
2	暂估价	200000		
2.1	材料（工程设备）暂估价/结算价			略
2.2	专业工程暂估价/结算价	200000		略
3	计日工			略
4	总承包服务费			略
5	索赔与现场签证			
	合计	550000		—

注：1. 编制招标工程量清单时，应汇总"暂列金额"和"专业工程暂估价"，提供给投标人报价。

　　2. 材料（工程设备）暂估价进入清单项目综合单价，此处不汇总。

任务 1.2 招标控制价编制

【知识目标】
1. 熟悉招标控制价的概念。
2. 掌握招标控制价的编制内容。
3. 熟悉招标控制价的投诉与处理。

【能力目标】 能正确编制招标控制价，包括分部分项工程项目、措施项目、其他项目及规费和税金项目。

【任务描述】 某中心教学楼工程的招标控制价经计算其综合单价为：挖沟槽土方 23.91 元/m^3，泥浆护壁混凝土灌注桩 336.27 元/m，条形砖基础 308.18 元/m^3，实心砖墙 323.64 元/m^3，基础梁 367.05 元/m^3，现浇构件钢筋 4821.35 元/t，要求暂列金额为 350000 元，专业工程暂估价为 200000 元，现浇构件的全部钢筋单价暂定为 4000 元/t。

试编制招标控制价，填写分部分项工程和单价措施项目清单与计价表、总价措施项目清单与计价表及其他项目清单与计价表。

1.2.1 相关知识：招标控制价编制的规定及内容

要想进行招标控制价的编制，需要先了解招标控制价编制的规定及内容。

招标人应当根据国家或省级、行业建设主管部门颁发的有关计价依据和办法，以及拟定的招标文件和招标工程量清单，结合工程具体情况编制招标控制价。

招标控制价和投标报价的编制方法和实例

1. 一般规定

为客观、合理地评审投标报价和避免哄抬标价，造成国有资产流失，国有资金投资的建设工程招标，招标人必须编制招标控制价，作为最高投标限价。

我国对国有资金投资项目投资控制实行的是投资概算审批制度，国有资金投资的工程原则上不能超过批准的投资概算，因此在工程招标发包时，当编制的招标控制价超过批准的概算，招标人应当将其报原概算审批部门重新审核。

招标控制价应由具有编制能力的招标人或受其委托具有相应资质的工程造价咨询人编制和复核。当招标人不具有编制招标控制价的能力时，可委托具有工程造价咨询资质的工程造价咨询企业编制。

工程造价咨询人接受招标人委托编制招标控制价，不得再就同一工程接受投标人委托编制投标报价。

招标控制价不同于标底，无须保密。为体现招标的公平、公正，防止招标人有意抬高或压低工程造价，招标人应在招标文件中如实公布招标控制价，不得对所编制的招标控制价进行上浮或下调，并将招标控制价及有关资料报送工程所在地或有该工程管辖权的行业管理部门工程造价管理机构备查。

2. 编制与复核

1）招标控制价编制与复核的依据

① 《建设工程工程量清单计价规范》（GB 50500—2013）。

② 国家或省级、行业建设主管部门颁发的计价定额和计价办法。

③ 建设工程设计文件及相关资料。

④ 拟定的招标文件及招标工程量清单。

⑤ 与建设项目相关的标准、规范、技术资料。

⑥ 施工现场情况、工程特点及常规施工方案。

⑦ 工程造价管理机构发布的工程造价信息；工程造价信息没有发布的参照市场价。

⑧ 其他相关资料。

2）编制招标控制价时应注意的事项

（1）分部分项工程和措施项目中的单价项目，应根据拟定的招标文件和招标工程量清单项目中的特征描述及有关要求确定综合单价计算，为了使招标控制价与投标报价所含的内容一致，其综合单价应包括招标文件中划分的应由投标人承担的风险范围及其费用，招标文件中没有明确的，如是工程造价咨询人编制，应提请招标人明确，如是招标人编制，应予以明确。

（2）措施项目中的总价措施项目应根据拟定的招标文件和常规施工方案计价，其中安全文明施工费为不可竞争性费用。

（3）其他项目应按下列规定计价。

① 暂列金额应按照招标工程量清单中列出的金额填写。

② 暂估价中的材料、工程设备单价应按照招标工程量清单中列出的单价计入综合单价。

③ 暂估价中的专业工程金额应按照招标工程量清单中列出的金额填写。

④ 计日工应按照招标工程量清单中列出的项目根据工程特点和有关计价依据确定综合单价计算。

⑤ 总承包服务费应根据招标工程量清单列出的内容和要求估算。

（4）规费和税金作为不可竞争性费用应按照招标工程量清单中列出的项目计取。

3. 投诉与处理

（1）投标人经复核认为招标人公布的招标控制价未按规定进行编制的，应在招标控制价公布后 5d 内向招投标监督机构和工程造价管理机构投诉。

（2）工程造价管理机构在接到投诉书后应在两个工作日内进行审查，并且应在不迟于结束审查的次日将是否受理投诉的决定书面通知投诉人、被投诉人以及负责该工程招投标监督的招投标管理机构。

（3）工程造价管理机构受理投诉后，应立即对招标控制价进行复查，组织投诉人、被投诉人或其委托的招标控制价编制人等单位人员对投诉问题逐一核对。投诉人不得进行虚假、恶意投诉，阻碍招投标活动的正常进行，有关当事人应当予以配合，并应保证所提供资料的真实性。

（4）工程造价管理机构应当在受理投诉的 10d 内完成复查，特殊情况下可适当延长，并做出书面结论通知投诉人、被投诉人及负责该工程招投标监督的招投标管理机构。

当招标控制价复查结论与原公布的招标控制价误差超过±3%时，应当责成招标人改正。招标人根据招标控制价复查结论需要重新公布招标控制价的，其最终公布的时间至招标文件要求提交投标文件截止时间不足 15d 的，应相应延长投标文件的截止时间。

1.2.2　任务实施：某中心教学楼招标控制价的编制

通过本节内容的学习，并根据任务描述，编制某中心教学楼工程的招标控制价，如表 1.7～表 1.9 所示。

表 1.7　分部分项工程和单价措施项目清单与计价表

工程名称：××中心教学楼工程　　　　　　　　　标段：　　　　　　　　第　页　共　页

序号	项目编码	项目名称	项目特征	计量单位	工程数量	综合单价	合价	其中暂估价
			0101 土石方工程					
1	010101003001	挖沟槽土方	三类土，垫层底宽 2m，挖土深度＜4m，弃土运距＜10km	m³	1432	23.91	34239	
			（其他略）					
			分部小计				108431	
			0103 桩基工程					
2	010302003001	泥浆护壁混凝土灌注桩	桩长 10m，护壁段长 9m，共 42 根，桩直径 1000mm，桩混凝土为 C25，护壁混凝土为 C20	m	420	336.27	141233	
			（其他略）					
			分部小计				428292	
			0104 砌筑工程					
3	010401001001	条形砖基础	M10 水泥砂浆，MU15 页岩砖 240mm×115mm×53mm	m³	239	308.18	73655	
4	010401003001	实心砖墙	M7.5 混合砂浆，MU15 页岩砖 240mm×115mm×53mm，墙厚度 240mm	m³	2037	323.64	659255	
			（其他略）					
			分部小计				762650	
			0105 混凝土及钢筋混凝土工程					
5	010503001001	基础梁	C30 预拌混凝土，梁底标高−1.55m	m³	208	367.05	76346	
6	010515001001	现浇构件钢筋	螺纹钢 Q235，φ14	t	200	4821.35	964270	800000
			（其他略）					
			分部小计				2496270	800000
			本页小计				3795643	800000
			合计				3795643	800000

注：为计取规费等的使用，可在表中增设其中"定额人工费"。

表1.8   总价措施项目清单与计价表

工程名称：××中心教学楼工程 　　　　　　　　　　　　　标段：　　　　　　　　　　第 页 共 页

序号	项目编码	项目名称	计算基础	费率(%)	金额(元)	调整费率(%)	调整后金额(元)	备注
		安全文明施工费	定额人工费	25	212225			
		夜间施工增加费	定额人工费	3	25466			
		二次搬运费	定额人工费	2	16977			
		冬雨季施工增加费	定额人工费	1	8489			
		已完工程及设备保护费			8000			
		合计						

编制人（造价人员）：　　　　　　　　　　　　复核人（造价工程师）：

注：1. 编制招标控制价时，计算基础、费率应按省级或行业建设主管部门的规定计取。

　　2.“计算基础”中安全文明施工费可为“定额计价”、“定额人工费”或“定额人工费＋定额机械费”，其他项目可为“定额人工费”或“定额人工费＋定额机械费”。

　　3. 按施工方案计算的措施费，若无“计算基础”和“费率”的数值，也可只填“金额”数值，但应在备注栏说明施工方案出处或计算方法。

表1.9   其他项目清单与计价汇总表

工程名称：××中心教学楼工程 　　　　　　　　　　　　　标段：　　　　　　　　　　第 页 共 页

序号	项目名称	金额（元）	结算金额（元）	备注
1	暂列金额	350000		略
2	暂估价	200000		
2.1	材料（工程设备）暂估价/结算价			略
2.2	专业工程暂估价/结算价	200000		略
3	计日工	24810		略
4	总承包服务费	18450		略
5	索赔与现场签证	—		
	合计	593260		—

注：1. 编制招标控制价时，应按有关计价规定估算“计日工”和“总承包服务费”。如招标工程量清单中未列“暂列金额”，应按有关规定编列。

　　2. 材料（工程设备）暂估价进入清单项目综合单价，此处不汇总。

任务 *1.3* 投标报价编制

【知识目标】 1. 熟悉投标报价的概念。
2. 掌握投标报价的编制内容。

【能力目标】 能正确编制投标报价，包括分部分项工程项目、措施项目、其他项目及规费和税金项目。

【任务描述】 某中心教学楼工程的投标报价经计算其综合单价为：挖沟槽土方 21.92 元/m³，泥浆护壁混凝土灌注桩 322.06 元/m，条形砖基础 290.46 元/m³，实心砖墙 304.43 元/m³，基础梁 356.14 元/m³，现浇构件钢筋 4787.16 元/t，要求暂列金额为 350000 元，专业工程暂估价为 200000 元，现浇构件的全部钢筋单价暂定为 4000 元/t。
试编制投标报价，填写分部分项工程和单价措施项目清单与计价表、总价措施项目清单与计价表及其他项目清单与计价表。

1.3.1 相关知识：投标报价编制的规定及内容

要想进行投标报价的编制，需要先了解投标报价编制的规定及内容。

投标报价是投标人参与工程项目投标时报出的工程造价。在工程招标发包过程中，投标人或其委托具有相应资质的工程造价咨询单位（人）按照招标文件的要求以及有关计价规定，依据发包人提供的工程量清单、施工图设计图纸，结合项目工程特点，施工现场情况及企业自身的施工技术、装备和管理水平等，自主确定工程造价。

1. 一般规定

投标报价中除规费、税金及措施项目清单中的安全文明施工费应按国家或省级、行业建设主管部门的规定计价，不得作为竞争性费用外，其他项目的投标报价由投标人自主决定。投标人的投标报价高于招标控制价的应予废标。

投标人的投标报价不得低于成本。在《中华人民共和国反不正当竞争法》及《评标委员会和评标方法暂行规定》等相关文件中都指出：经营者不得以排挤竞争对手为目的，以低于成本的价格销售商品；投标人的报价明显低于其他投标报价或者在设有标底时明显低于标底的，使得其投标报价可能低于其个别成本的，应当要求该投标人做出书面说明并提供相关证明材料，投标人不能合理说明或者不能提供相关证明材料的，由评标委员会认定该投标人以低于成本报价竞标，其投标应作废标处理。

实行工程量清单招标，招标人在招标文件中提供工程量清单，其目的是使各投标人在投标报价中具有共同的竞争平台。因此，要求投标人在投标报价中填写的工程量清单的项目编码、项目名称、项目特征、计量单位、工程数量必须与招标人招标文件中提供的一致。

2. 编制与复核

招标工程量清单与计价表中列明的所有需要填写单价和合价的项目，投标人均应填写且只允许有一个报价。未填写单价和合价的项目，可视为此项费用已包含在已标价工程量清单中其他项目的单价和合价之中。当竣工结算时，此项目不得重新组价予以调整。投标总价应当与分部分项工程费、措施项目费、其他项目费和规费、税金的合计金额一致。

1）投标报价编制和复核的依据

① 《建设工程工程量清单计价规范》（GB 50500—2013）。

② 国家或省级、行业建设主管部门颁发的计价办法。

③ 企业定额，国家或省级、行业建设主管部门颁发的计价定额和计价办法。

④ 招标文件、招标工程量清单及其补充通知、答疑纪要。

⑤ 建设工程设计文件及相关资料。

⑥ 施工现场情况、工程特点及投标时拟定的施工组织设计或施工方案。

⑦ 与建设项目相关的标准、规范等技术资料。

⑧ 市场价格信息或工程造价管理机构发布的工程造价信息。

⑨ 其他的相关资料。

2）编制投标报价时应注意的事项

（1）分部分项工程和措施项目中的单价项目，应根据招标文件和招标工程量清单项目中的特征描述确定综合单价计算。综合单价中应包括招标文件中划分的应由投标人承担的风险范围及其费用，招标文件中没有明确的，应提请招标人明确。

（2）措施项目中的总价措施项目金额应根据招标文件及投标时拟定的施工组织设计或施工方案，自主确定。

（3）其他项目应按下列规定报价。

① 暂列金额应按招标工程量清单中列出的金额填写。

② 材料、工程设备暂估价应按招标工程量清单中列出的单价计入综合单价。

③ 专业工程暂估价应按招标工程量清单中其他项目清单列出的金额填写。

④ 计日工应按招标工程量清单中列出的项目和数量，自主确定综合单价并计算计日工金额。

⑤ 总承包服务费应根据招标工程量清单中列出的分包专业工程内容和供应材料、设备情况，按照招标人提出的协调、配合与服务要求和施工现场管理需要自主确定。

（4）规费和税金必须按照国家或省级、行业建设主管部门的有关规定计取，具有强制性。

1.3.2 任务实施：投标报价的编制

通过本节内容的学习，并根据任务描述的内容，编制某中心教学楼工程的投标报价，如表 1.10～表 1.12 所示。

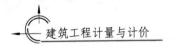

表1.10 分部分项工程和单价措施项目清单与计价表

工程名称：××中心教学楼工程 　　　　　　　　标段： 　　　　　　　　第 页 共 页

序号	项目编码	项目名称	项目特征	计量单位	工程数量	金额（元）		
						综合单价	合价	其中 暂估价
0101 土石方工程								
1	010101003001	挖沟槽土方	三类土，垫层底宽2m，挖土深度<4m，弃土运距<10km	m³	1432	21.92	31389	
		（其他略）						
		分部小计					99757	
0103 桩基工程								
2	010302003001	泥浆护壁混凝土灌注桩	桩长10m，护壁段长9m，共42根，桩直径1000mm，桩混凝土为C25，护壁混凝土为C20	m	420	322.06	135265	
		（其他略）						
		分部小计					397283	
0104 砌筑工程								
3	010401001001	条形砖基础	M10水泥砂浆，MU15页岩砖240mm×115mm×53mm	m³	239	290.46	69420	
4	010401003001	实心砖墙	M7.5混合砂浆，MU15页岩砖240mm×115mm×53mm，墙厚度240mm	m³	2037	304.43	620124	
		（其他略）						
		分部小计					725456	
0105 混凝土及钢筋混凝土工程								
5	010503001001	基础梁	C30预拌混凝土，梁底标高−1.55m	m³	208	356.14	74077	
6	010515001001	现浇构件钢筋	螺纹钢Q235，φ14	t	200	4787.16	957432	800000
		（其他略）						
		分部小计					2432419	800000
		本页小计					3654915	800000
		合计					3654915	800000

注：为计取规费等的使用，可在表中增设其中"定额人工费"。

表 1.11 总价措施项目清单与计价表

工程名称：××中心教学楼工程　　　　　　　　标段：　　　　　　第　页　共　页

序号	项目编码	项目名称	计算基础	费率（%）	金额（元）	调整费率（%）	调整后金额（元）	备注
		安全文明施工费	定额人工费	25	209650			
		夜间施工增加费	定额人工费	1.5	12479			
		二次搬运费	定额人工费	1	8386			
		冬雨季施工增加费	定额人工费	0.6	5032			
		已完工程及设备保护费			6000			
		合计						

编制人（造价人员）：　　　　　　　　复核人（造价工程师）：

注：1. 编制投标报价时，除"安全文明施工费"必须按本规范的强制性规定，按省级或行业建设主管部门的规定计取外，其他措施项目均可根据投标施工组织设计自主报价。

2. "计算基础"中安全文明施工费可为"定额计价"、"定额人工费"或"定额人工费＋定额机械费"，其他项目可为"定额人工费"或"定额人工费＋定额机械费"。

3. 按施工方案计算的措施费，若无"计算基础"和"费率"的数值，也可只填"金额"数值，但应在备注栏说明施工方案出处或计算方法。

表 1.12 其他项目清单与计价汇总表

工程名称：××中心教学楼工程　　　　　　　　标段：　　　　　　第　页　共　页

序号	项目名称	金额（元）	结算金额（元）	备注
1	暂列金额	350000		略
2	暂估价	200000		
2.1	材料（工程设备）暂估价/结算价			略
2.2	专业工程暂估价/结算价	200000		略
3	计日工	26528		略
4	总承包服务费	20760		略
5	索赔与现场签证	—		
	合计	597288		—

注：1. 编制招标控制价时，应按有关计价规定估算"计日工"和"总承包服务费"。如招标工程量清单中未列"暂列金额"，应按有关规定编列。

2. 材料（工程设备）暂估价进入清单项目综合单价，此处不汇总。

任务 1.4 综合单价编制

【知识目标】
1. 熟悉综合单价的概念。
2. 掌握综合单价的编制内容。
3. 熟悉综合单价的编制方法。

【能力目标】 能正确编制综合单价，包括人工费、材料费、机械费、企业管理费、利润和风险。

【任务描述】 某现浇混凝土基础垫层项目的工程量清单如表 1.13 所示，请分别采用一般计税法和简易计税法，以综合单价和全费用综合单价的形式计算该清单项目的综合单价及其含税工程造价。假设工程风险为正常风险，取值为 0；人工、材料、机械的市场价格与定额取定价一致。

表 1.13　分部分项工程量清单与计价表

序号	项目编码	项目名称	项目特征	计量单位	工程量	综合单价（元）	合价（元）
1	010501001001	垫层	C15 商品混凝土	m³	18.03		

1.4.1　相关知识：综合单价编制的内容及方法

1. 综合单价的含义

综合单价

依据《建设工程工程量清单计价规范》（GB 50500—2013），综合单价是指完成一个规定清单项目所需的人工费、材料和工程设备费、施工机具使用费和企业管理费、利润以及一定范围内的风险费用。这一定义是一种狭义上的综合单价。在依据湖北省 2018 版预算定额全费用基价表进行清单计价时，全费用综合单价包括人工费、材料费、施工机具使用费、费用和增值税。其中费用包括总价措施项目费、企业管理费、利润和规费。

2. 综合单价的计算方法

综合单价应按照招标人发布的分部分项工程项目清单的项目名称、工程量、项目特征描述，依据工程所在地区颁发的计价定额和人工、材料、施工机具台班价格信息等进行组价确定。

1）全费用基价的计算

综合单价的计算涉及对预算定额中基价的应用，2018 版湖北省预算定额采用全费用基价的计算方法为

$$全费用基价＝人工费＋材料费＋机械费＋费用＋增值税 \tag{1.1}$$

【案例 1.4】根据某省费用定额规定，房屋建筑工程安全文明施工费率为 13.64%，其他总价措施项目费率为 0.70%，企业管理费率为 28.27%，利润率为 19.73%，规费率为 26.85%，增值税率为 9%。试依据表 1.14 计算定额 A2-11 的全费用基价。

表 1.14　每 10m³ 现浇钢筋混凝土柱预算定额及全费用基价表

工作内容：混凝土浇筑、振捣、养护等

定额编号			A2-11	A2-12	A2-13	A2-14
项目			矩形柱	构造柱	异形柱	圆形柱
全费用（元）			5305.03	6342.48	5420.65	5422.04
其中	人工费		742.99	1244.03	796.92	797.95
	材料费		3461.34	3465.20	3465.37	3464.70
	机械费		—	—	—	—
	费用		662.67	1109.56	710.78	711.69
	增值税		438.03	523.69	447.58	447.69
	名称	单位	单价（元）	数量		
人工	普工	工日	92.00	3.569	5.976	3.828	3.833
	技工	工日	142.00	2.920	4.889	3.132	3.136
材料	预拌混凝土 C20	m³	341.94	9.797	9.797	9.797	9.797
	预拌水泥砂浆	m³	330.00	0.303	0.303	0.303	0.303
	土工布	m²	5.99	0.912	0.885	0.912	0.885
	水	m³	3.39	0.911	2.105	2.105	1.950
	电	kW·h	0.75	3.750	3.720	3.720	3.750

注：1. 表中增值税率按 9% 计取。

　　2. 表中机械费包含施工机械与仪器仪表使用费。

【解】

人工费 $= 3.569 \times 92 + 2.92 \times 142 = 742.99$(元/10m³)

材料费 $= 9.797 \times 341.94 + 0.303 \times 330 + 0.912 \times 5.99 + 0.911 \times 3.39 + 3.75 \times 0.75$
$= 3461.34$(元/10m³)

机械费 $= 0$(元/10m³)

费用 $= (742.99 + 0) \times (13.64\% + 0.70\% + 28.27\% + 19.73\% + 26.85\%) = 662.67$(元/10m³)

增值税 $= (742.99 + 3461.34 + 0 + 662.67) \times 9\% = 438.03$(元/10m³)

全费用基价 $= 742.99 + 3461.34 + 0 + 662.67 + 438.03 = 5305.03$(元/10m³)

2）全费用基价的调整

当施工图纸设计要求与定额的工程内容、规格型号、施工方法等条件不完全相符时，按定额的有关规定对基价进行调整和换算。

（1）系数调整。预算定额的基价，由于施工条件和方法不同，某些项目可以按规定乘以系数，进行人工、材料、机械消耗量或费用的调整。

【案例 1.5】试确定人工挖基坑土方 10m³ 的人工费、人工工日消耗量及全费用基价。三类土，基坑深度 4m，湿土。

【解】

① 查阅定额中人工挖基坑定额 G1-20，可知：

人工费 $= 451.17$(元/10m³)　　材料费 $= 0$(元/10m³)　　　　机械费 $= 0$(元/10m³)

费用 $= 199.78$(元/10m³)　　　增值税 $= 58.59$(元/10m³)　　全费用基价 $= 709.54$(元/10m³)

普工消耗量＝4.904(工日/10m³)

② 查阅定额可知，一般计税模式下，土石方工程的安全文明施工费率 6.58%，其他总价措施项目费率 1.29%，企业管理费率 15.42%，利润率 9.42%，规费率 11.57%，增值税率 9%。

③ 查阅省定额土石方工程分部说明，土方项目按干土编制。人工挖湿土时，相应项目人工乘以系数 1.18。计算如下：

G1-20 换

人工费＝451.17×1.18＝532.38(元/10m³)

普工消耗量＝4.904×1.18＝5.787(工日/10m³)

费用＝532.38×(6.58%＋1.29%＋15.42%＋9.42%＋11.57%)＝235.74(元/10m³)

增值税＝(532.38＋235.74)×9%＝69.13(元/10m³)

全费用基价＝532.38＋235.74＋69.13＝837.25(元/10m³)

（2）混凝土强度等级、砂浆强度等级（配合比）调整。当设计文件的混凝土强度等级、砂浆强度等级或砂浆配合比与定额要求不一致时，应按定额规定的内容进行调整，即混凝土、砂浆用量不变，人工费、机械费、费用不变，调整材料费、增值税和全费用基价。

【案例 1.6】试确定 C30 预拌混凝土浇筑 10m³ 矩形柱的人工费、材料费、机械费及全费用基价。C30 预拌混凝土单价 371.07 元/m³。

【解】

① 查阅定额中现浇混凝土矩形柱定额 A2-11，可知每 10m³ 矩形柱的人、材、机消耗量如表 1.14 所示。

② 查阅定额可知，一般计税模式下，房屋建筑工程的安全文明施工费率 13.64%，其他总价措施项目费率 0.70%，企业管理费率 28.27%，利润率 19.73%，规费率 26.85%，增值税率 9%。

③ 查阅定额中混凝土及钢筋混凝土分部说明：混凝土按常用强度等级考虑，设计强度等级不同时可以换算。计算如下：

A2-11 换

人工费＝742.99(元/10m³)

机械费＝0(元/10m³)

材料费＝3461.34＋9.797×(371.07－341.94)＝3746.73(元/10m³)

费用＝742.99×(13.64%＋0.70%＋28.27%＋19.73%＋26.85%)＝662.67(元/10m³)

增值税＝(742.99＋3746.73＋662.67)×9%＝463.72(元/10m³)

全费用基价＝742.99＋3746.73＋662.67＋463.72＝5616.11(元/10m³)

（3）预拌混凝土转现拌混凝土。定额中混凝土按预拌混凝土编制，采用现场搅拌时，其基价需执行相应的预拌混凝土项目，再执行现场搅拌混凝土调整费项目。

【案例 1.7】试确定 C20 现场搅拌混凝土浇筑 10m³ 矩形柱的人工费、材料费、机械费及全费用基价。C20 现拌混凝土单价 271.26 元/m³。

【解】

① 查阅定额中现浇混凝土矩形柱定额 A2-11，可知每 10m³ 矩形柱的人、材、机消耗量及各项费用如表 1.14 所示。其中，每 10m³ 矩形柱的混凝土消耗量为 9.797m³。

② 查阅定额可知，一般计税模式下，房屋建筑工程的安全文明施工费率、其他总价措施项目费率、企业管理费率、利润率、规费率、增值税率，如【案例 1.6】所示。

③ 查阅定额中现场搅拌混凝土调整费定额 A2-59，依据表 1.15 计算全费用基价。

表 1.15　每 10m³ 现场搅拌混凝土调整费预算定额表

工作内容：混凝土搅拌、水平运输等

定额编号				A2-59
项目				现场搅拌混凝土调整费
全费用（元）				1722.13
其中	人工费			731.68
	材料费			28.98
	机械费			73.06
	费用			717.75
	增值税			170.66
	名称	单位	单价（元）	数量
人工	普工	工日	92.00	3.514
	技工	工日	142.00	2.876
材料	水	m³	3.39	3.800
	电（机械）	kW·h	0.75	21.466
机械	双锥反转出料混凝土搅拌机 500L	台班	187.33	0.390

④ 由此计算如下：

A2-11 换

人工费＝(3.514×0.9797＋3.569)×92＋(2.876×0.9797＋2.92)×142＝1459.81(元 /10m³)

材料费＝9.797×271.26＋0.303×330＋0.912×5.99＋(0.911＋0.9797×3.8)×3.39
　　　　＋3.75×0.75＋21.466×0.9797×0.75＝2797.28(元 /10m³)

机械费＝0.39×0.9797×187.33＝71.58(元 /10m³)

费用＝(1459.81＋71.58)×(13.64%＋0.7%＋28.27%＋19.73%＋26.85%)＝1365.84(元 /10m³)

增值税＝(1459.81＋2797.28＋71.58＋1365.84)×9%＝512.51(元 /10m³)

全费用基价＝1459.81＋2797.28＋71.58＋1365.84＋512.51＝6207.02(元 /10m³)

（4）干混砂浆转现拌砂浆。定额中砌筑工程的砌筑砂浆按干混预拌砌筑砂浆编制；楼地面工程、墙柱面工程、天棚工程中的地面砂浆、抹灰砂浆均按干混预拌砂浆编制。当实际采用现拌砂浆时，基价应按表 1.16 调整；当实际采用湿拌预拌砂浆时，基价应按表 1.17 调整。

表 1.16　1t 干混预拌砂浆转为现拌砂浆调整表

材料名称	技工（工日）	水（m³）	现拌砂浆（m³）	罐式搅拌机	灰浆搅拌机
干混砌筑砂浆	＋0.225	－0.147	×0.588	减定额台班量	＋0.01
干混地面砂浆					
干混抹灰砂浆	＋0.232	－0.151	×0.606		

表 1.17　1t 干混预拌砂浆转为湿拌预拌砂浆调整表

材料名称	技工（工日）	湿拌预拌砂浆（m³）	罐式搅拌机
干混砌筑砂浆	－0.118	×0.588	减定额台班量
干混地面砂浆			
干混抹灰砂浆	－0.121	×0.606	

【**案例 1.8**】试确定 M7.5 水泥砂浆砌筑 200mm 厚加气混凝土砌块墙体 10m³ 的人工费、材料费、机械费及全费用基价。M7.5 水泥砂浆单价为 234.39 元/m³，灰浆搅拌机单价为 156.45 元/台班。

【**解**】

① 查阅定额中加气混凝土砌块墙定额 A1-32，可知每 10m³ 砌块墙消耗的人、材、机消耗量及各项费用如表 1.18 所示。

表 1.18　每 10m³ 砌块砌体预算定额表

工作内容：调、运、铺砂浆或运、搅拌、铺黏结剂，运、部分切割及安全砌块（砖），安放木砖、垫块，木楔卡固、刚性材料嵌缝

定额编号					A1-32
项目					蒸压加气混凝土砌块墙
					墙厚>150mm
					砂浆
全费用（元）					5123.85
其中	人工费				1303.01
	材料费				2207.63
	机械费				14.80
	费用				1175.35
	增值税				423.07
	名称	单位	单价（元）		数量
人工	普工	工日	92.00		2.216
	技工	工日	142.00		4.432
	高级技工	工日	212.00		2.216
材料	蒸压粉煤灰加气混凝土砌块 600mm×300mm×150mm 以外	m³	189.37		9.326
	蒸压灰砂砖 240mm×115mm×53mm	千块	349.57		0.258
	干混砌筑砂浆 DM M10	t	257.35		1.343
	水	m³	3.39		1.200
	电（机械）	kW·h	0.75		2.252
机械	干混砂浆罐式搅拌机 20000L	台班	187.33		0.079

② 查阅定额可知，一般计税模式下房屋建筑工程的安全文明施工费率、其他总价措施项目费率、企业管理费率、利润率、规费率、增值税率，如【案例 1.6】所示。查阅《湖北省施工机具费用定额》（2018）可知，灰浆搅拌机 200L 消耗电 8.61(kW·h)/台班，单价 0.75 元/台班。

③ 依据表 1.16 和表 1.18，计算如下：

A1-32 换

技工消耗量＝4.432＋0.225×1.343＝4.734(工日/10m³)

每 10m³ 砌块墙体水消耗量＝1.2－0.147×1.343＝1.003(m³)

每 10m³ 砌块墙体现拌砂浆消耗量＝1.343×0.588＝0.79(m³)

罐式搅拌机消耗量＝0(台班/10m³)

灰浆搅拌机消耗量＝0.079＋0.01×1.343＝0.092(台班/10m³)

灰浆搅拌机用电消耗＝8.61×0.092＝0.792(kW·h)

人工费＝2.216×92＋4.734×142＋2.216×212＝1345.89(元/10m³)

材料费＝9.326×189.37＋0.258×349.57＋0.79×234.99＋1.003×3.39＋0.112×0.75
　　　＝2045.38(元/10m³)

机械费（灰浆搅拌机）＝0.01×1.343×156.45＝2.10(元/10m³)

费用＝(1345.89＋2.10)×(13.64%＋0.7%＋28.27%＋19.73%＋26.85%)＝1202.27(元/10m³)

增值税＝(1345.89＋2045.38＋2.10＋1202.27)×9%＝413.61(元/10m³)

全费用基价＝1345.89＋2045.38＋2.10＋1202.27＋413.61＝5009.25(元/10m³)

3) 综合单价的计算

依据《湖北建筑安装工程费用定额》(2018)，综合单价的计算应区别增值税计税方式(一般计税与简易计税)和综合单价形式(综合单价与全费用综合单价)计算。

综合单价的计算方法如公式(1.2)所示。首先，依据提供的工程量清单和施工图纸，按照工程所在地区颁发的计价定额的规定，确定所组价的定额项目名称，并计算出相应的定额工程量。其次，再考虑风险因素确定相应的费用，按规定程序计算出所组价定额项目的合价。最后，将若干项所组价的定额项目合价相加除以工程量清单项目工程量，便得到工程量清单项目综合单价。若有未计价材料费，也应计入综合单价。

$$工程量清单项目综合单价＝\frac{\sum 定额项目合价＋未计价材料}{工程量清单项目工程量} \qquad (1.2)$$

1.4.2　任务实施：综合单价的编制

通过本节的学习，根据任务描述的内容，分别采用一般计税模式和简易计税模式，用综合单价和全费用综合单价计算现浇混凝土基础垫层项目的综合单价及其含税工程造价。

【分析 1】采用一般计税模式。

1) 综合单价计价

(1) 查阅定额，如表 1.19 所示。

表 1.19　每 10m³ 现浇钢筋混凝土垫层预算定额及全费用基价表

工作内容：混凝土浇筑、振捣、养护等

定额编号				A2-11
项目				垫层
全费用（元）				4583.69
其中	人工费			419.54
	材料费			3411.48
	机械费			
	费用			374.19
	增值税			378.47
	名称	单位	单价（元）	数量
人工	普工	工日	92.00	2.015
	技工	工日	142.00	1.649
材料	预拌混凝土 C15	m³	329.32	10.100
	塑料薄膜	m²	1.47	47.775
	水	m³	3.39	3.950
	电	kW·h	0.75	2.310

(2) 综合单价计算。根据定额，在一般计税模式下，房屋建筑工程的安全文明施工率为 13.64%，其他总价措施项目费率为 0.70%，企业管理费率为 28.27%，利润率为 19.73%，规费为 26.85%，增值税率为 9%。定额工程量为 18.03m³。

人工费＝419.54×18.03÷18.03÷10＝41.95(元)

材料费＝3411.48×18.03÷18.03÷10＝341.15(元)

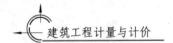

机械费＝0(元)

企业管理费、利润＝41.95×(28.27%＋19.73%)＝20.14(元)

综合单价＝41.95＋341.15＋20.14＝403.24(元)

综合单价合价＝403.24×18.03＝7270.42(元)

其中：人工费＝41.95×18.03＝756.36(元)

（3）综合单价分析表填写，如表1.20所示。

表1.20　综合单价——一般计税模式下综合单价分析表

项目编码	010501001001		项目名称		垫层		计量单位		m³	工程量		18.03
清单综合单价组成明细												
定额编码	定额项目名称	定额单位	数量	单价（元）				合价（元）				
				人工费	材料费	机械费	管理费和利润	人工费	材料费	机械费	管理费和利润	
A2-1	现浇混凝土垫层	10m³	0.1	419.54	3411.48	0	201.38	41.95	341.15	0	20.14	
人工单价			小计					41.95	341.15	0	20.14	
技工142元；普工92元			未计价材料费					0				
清单项目综合单价（元）								403.24				

表中数量为折算数量，其计算公式为

$$\text{折算数量} = \frac{\text{定额工程量}}{\text{清单工程量×定额扩大单位}} \quad (1.3)$$

所以，表1.20的折算数量＝18.03÷(18.03×10)＝0.1。

（4）含税工程造价计算，如表1.21所示，含税工程造价为8264.34元，其具体计算方法详见下节费用定额的应用。

表1.21　工程造价计算表

序号	费用项目	计费基数	费率	金额（元）	备注
（综合单价——一般计税）工程量清单计价					
1	分部分项工程和单价措施项目费			7270.42	(41.95＋341.15＋0＋20.14)×18.03
1.1	人工费			756.36	41.95×18.03
1.2	机械费			0.00	
2	总价措施项目费	1.1＋1.2	13.64%＋0.7%	108.46	
3	其他项目费			0.00	
4	规费	1.1＋1.2	26.85%	203.08	
5	增值税	1＋2＋3＋4	9%	682.38	
6	含税工程造价	1＋2＋3＋4＋5		8264.34	
（综合单价——一般计税）全费用基价表清单计价					
序号	费用项目	计费基数		金额（元）	备注
1	分部分项工程和单价措施项目费			8264.41	458.37×18.03
1.1	人工费			756.36	41.95×18.03
1.2	材料费			6150.93	341.15×18.03
1.3	机械费			0.00	
1.4	费用			674.68	37.42×18.03
1.5	增值税			682.44	37.85×18.03
2	其他项目费			0.00	
3	含税工程造价	1＋2		8264.41	

2）全费用综合单价计价

（1）查阅定额，如表 1.19 所示。

（2）综合单价计算。根据定额，在一般计税模式下，房屋建筑工程的安全文明施工费率为 13.64%，其他总价措施项目费率为 0.70%，企业管理费率为 28.27%，利润率为 19.73%，规费率为 26.85%，增值税率为 9%。定额工程量为 18.03m³。

人工费＝419.54×18.03÷18.03÷10＝41.95(元)

材料费＝3411.48×18.03÷18.03÷10＝341.15(元)

机械费＝0(元)

费用＝374.19×18.03÷18.03÷10＝37.42(元)

增值税＝(41.95＋341.15＋37.42)×9%＝37.85(元)

全费用综合单价＝41.95＋341.15＋37.42＋37.85＝458.37(元)

综合单价合价＝458.37×18.03＝8264.41(元)

（3）综合单价分析表填写，如表 1.22 所示。

（4）含税工程造价计算，其具体计算方法详见"导入 0.2　建筑工程计价费用构成"。

含税工程造价＝8264.41(元)

【分析 2】采用简易计税模式。

1）综合单价计价

（1）人、材、机消耗量确定。查阅定额，人、材、机消耗量如表 1.19 所示。

（2）人、材、机单价确定，依据定额，简易计税法下的增值税是指国家税法规定的应计入建筑安装工程造价内的应交增值税。简易计税法下，分部分项工程费、措施项目费、其他项目费等的组成内容均为含进项税的价格。故将表 1.19 中材料单价调整为

预拌混凝土 C15 费＝339.57(元/m³)　　塑料薄膜费＝1.66(元/m²)

水费＝3.49(元/m³)　　　　电费＝0.85[元/ (kW·h)]

（3）综合单价计算。根据定额，在简易计税模式下，房屋建筑工程的安全文明施工费率为 13.63%，其他总价措施项目费率为 0.70%，企业管理费率为 28.22%，利润率为 19.70%，规费率为 26.79%，增值税率为 3%。定额工程量为 18.03m³。

人工费＝419.54×18.03÷18.03÷10＝41.95(元)

材料费＝(10.1×339.57＋47.775×1.66＋3.950×3.49＋2.31×0.85)×18.03÷18.03÷10
　　　　＝352.47(元)

机械费＝0(元)

企业管理费、利润＝41.95×(28.22%＋19.70%)＝20.10(元)

综合单价＝41.95＋352.47＋20.10＝414.52(元)

综合单价合价＝414.52×18.03＝7473.80(元)

其中：人工费＝41.95×18.03＝756.36(元)

（4）综合单价分析表填写，如表 1.23 所示。

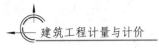
表 1.22 全费用综合单价——一般计税模式下综合单价分析表

项目编码	项目名称	计量单位	工程量
010501001001	现浇混凝土垫层	m³	18.03

清单综合单价组成明细

定额编码	定额项目名称	定额单位	数量	单价（元）					合价（元）				
				人工费	材料费	机械费	费用	增值税	人工费	材料费	机械费	费用	增值税
A2-1	现浇混凝土垫层	10m³	0.1	419.54	3411.48	0	374.2	378.47	41.95	341.15	0	37.42	37.85
人工单价													
技工 142 元；普工 92 元				小计					41.95	341.15	0	37.42	37.85
				未计价材料费									0
清单项目综合单价（元）													458.37

表 1.23 综合单价——简易计税模式下综合单价分析表

项目编码	项目名称	计量单位	工程量
010501001001	现浇混凝土垫层	m³	18.03

清单综合单价组成明细

定额编码	定额项目名称	定额单位	数量	单价（元）				合价（元）			
				人工费	材料费	机械费	管理费和利润	人工费	材料费	机械费	管理费和利润
A2-1	现浇混凝土垫层	10m³	0.1	419.54	3524.71	0	201.04	41.95	352.47	0	20.10
人工单价											
技工 142 元；普工 92 元				小计				41.95	352.47	0	20.10
				未计价材料费							0
清单项目综合单价（元）											414.52

（5）含税工程造价计算，含税工程造价为 8018.36 元，计算如表 1.24 所示，其具体计算方法详见"导入 0.2　建筑工程计价费用构成"。

表 1.24　工程造价计算表

序号	费用项目	计费基数	费率	金额（元）	备注
		（综合单价——简易计税）工程量清单计价			
1	分部分项工程和单价措施项目费			7473.80	（41.95＋352.47＋0＋20.10）×18.03
1.1	其中：人工费			756.36	41.95×18.03
1.2	机械费			0.00	
2	总价措施项目费	1.1＋1.2	13.63%＋0.7%	108.39	
3	其他项目费				
4	规费	1.1＋1.2	26.79%	202.63	
5	增值税	1+2+3+4	3%	233.54	
6	含税工程造价	1+2+3+4+5		8018.36	

序号	费用项目	计费基数	金额（元）	备注
		（综合单价——简易计税）全费用基价表清单计价		
1	分部分项工程和单价措施项目费		8018.30	444.728018×18.03
1.1	人工费		756.36	41.95×18.03
1.2	材料费		6355.03	352.47×18.03
1.3	机械费		0.00	
1.4	费用		673.42	37.35×18.03
1.5	增值税		233.49	12.95×18.03
2	其他项目费		0.00	
3	含税工程造价	1+2	8018.30	

2）全费用综合单价计价

（1）人、材、机消耗量确定。查阅定额，人、材、机消耗量如表 1.19 所示。

（2）人、材、机单价确定，依据定额，简易计税法下的增值税是指国家税法规定的应计入建筑安装工程造价内的应交增值税。简易计税法下，分部分项工程费、措施项目费、其他项目费等的组成内容均为含进项税的价格。故将表 1.19 中材料单价调整为

预拌混凝土 C15 费＝339.57(元/m³)　　塑料薄膜费＝1.66(元/m²)

水费＝3.49(元/m³)　　电费＝0.85[元/(kW·h)]

（3）综合单价计算。根据定额，在简易计税模式下，房屋建筑工程的安全文明施工费率为 13.63%，其他总价措施项目费率为 0.70%，企业管理费率为 28.22%，利润率为 19.70%、规费率为 26.79%，增值税率为 3%。定额工程量为 18.03m³。

人工费＝419.54×18.03÷18.03÷10＝41.95(元)

材料费＝(10.1×339.57＋47.775×1.66＋3.950×3.49＋2.31×0.85)×18.03÷18.03÷10
　　　＝352.47(元)

机械费＝0(元)

费用＝41.95×(13.63%＋0.7%＋28.22%＋19.70%＋26.79%)＝37.35(元)

增值税＝(41.95＋352.47＋37.35)×3%＝12.95(元)

全费用综合单价＝41.95＋352.47＋37.35＋12.95＝444.72(元)

综合单价合价＝444.72×18.03＝8018.30(元)

（4）综合单价分析表填写，如表 1.25 所示。

表 1.25 全费用综合单价——简易计税模式下综合单价分析表

项目编码	010501001001	项目名称	垫层	计量单位	m³	工程量	18.03

清单综合单价组成明细

定额编码	定额项目名称	定额单位	数量	单价（元）					合价（元）				
				人工费	材料费	机械费	费用	增值税	人工费	材料费	机械费	费用	增值税
A2-1	现浇混凝土垫层	10m³	0.1	419.54	3524.71	0	373.55	129.53	41.95	352.47	0	37.35	12.95
人工单价			小计						41.95	352.47	0	37.35	12.95
技工142元；普工92元			未计价材料费										
			清单项目综合单价（元）						444.72				

（5）含税工程造价计算。

含税工程造价＝8018.30(元)

通过以上分析可以看出，在其他条件一致的情况下，采用同种计税模式、不同的综合单价形式，计算得出的综合单价不同，但含税工程造价是一致的。

■知识链接

工程量清单计价格式

招标工程量清单、招标控制价、投标报价、工程计量、合同价款调整、合同价款结算与支付以及工程造价鉴定等工程造价文件的编制与核对，应由具有专业资格的工程造价人员承担。承担工程造价文件的编制与核对的工程造价人员及其所在单位，应对工程造价文件的质量负责。

1. 一般规定

建设工程发承包及实施阶段的计价活动应遵循客观、公正、公平的原则，工程计价表宜采用统一格式。

1）工程量清单的编制

（1）工程量清单编制使用的表格包括：封-1、扉-1、表-01、表-08、表-11、表-12、表-13、表-20、表-21 或表-22。

（2）扉页应按规定的内容填写、签字、盖章，由造价员编制的工程量清单应有负责审核的造价工程师签字、盖章。受委托编制的工程量清单，应有造价工程师签字、盖章以及工程造价咨询人盖章。

（3）总说明应按下列内容填写。

① 工程概况：建设规模、工程特征、计划工期、施工现场实际情况、自然地理条件、环境保护要求等。

② 工程招标和专业工程发包范围。

③ 工程量清单编制依据。

④ 工程质量、材料、施工等的特殊要求。

⑤ 其他需要说明的问题。

2）招标控制价、投标报价的编制

（1）使用表格。

① 招标控制价使用的表格包括：封-2、扉-2、表-01、表-02、表-03、表-04、表-08、表-09、表-11、表-12、表-13、表-20、表-21 或表-22。

② 投标报价使用的表格包括：封-3、扉-3、表-01、表-02、表-03、表-04、表-08、表-09、表-11、表-12、表-13、表-16，招标文件提供的表-20、表-21 或表-22。

（2）扉页应按规定的内容填写、签字、盖章，除承包人自行编制的投标报价外，受委托编制的招标控制价、投标报价，由造价员编制的应有负责审核的造价工程师签字、盖章以及工程造价咨询人盖章。

（3）总说明应按下列内容填写。

① 工程概况：建设规模、工程特征、计划工期、合同工期、实际工期、施工现场及变

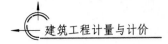

化情况、施工组织设计的特点、自然地理条件、环境保护要求等。

　　② 编制依据等。

　　投标人应按招标文件的要求，附工程量清单综合单价分析表。

　　2. 工程计价表格

招标工程量清单封面

_____工程

招标工程量清单

招　标　人：_____

　　　　　　　（单位盖章）

造价咨询人：_____

　　　　　　　（单位盖章）

　　　　　　　　　　　　　　　　　　　　　　　　　　　年　　月　　日

封-1

招标控制价封面

_____工程

招标控制价

招　标　人：_____

（单位盖章）

造价咨询人：_____

（单位盖章）

年　　月　　日

封-2

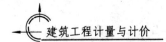

投标总价封面

_____工程

投 标 总 价

投 标 人：_____

（单位盖章）

年　月　日

封-3

招标工程量清单扉页

_____工程

招标工程量清单

招　标　人：_____　　　　　　　　造价咨询人：_____

　　　　（单位盖章）　　　　　　　　　　　　　　　　（单位资质专用章）

法定代表人　　　　　　　　　　　　　　　　　法定代表人

或其授权人：_____　　　　　　　或其授权人：_____

　　　　（签字或盖章）　　　　　　　　　　　　　　　（签字或盖章）

编　制　人：_____　　　　　　　　复　核　人：_____

（造价人员签字盖专用章）　　　　　　　　　（造价工程师签字盖专用章）

编制时间：　年 月 日　　　　　　　　　　　复核时间：　年 月 日

扉-1

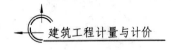
招标控制价扉页

_____工程

招标控制价

招标控制价（小写）：_____

　　　　　（大写）：_____

招 标 人：_____　　　　　　造价咨询人：_____

　　　　（单位盖章）　　　　　　　　　　　（单位资质专用章）

法定代表人　　　　　　　　　　　　法定代表人

或其授权人：_____　　　　　或其授权人：_____

　　　　（签字或盖章）　　　　　　　　　　（签字或盖章）

编 制 人：_____　　　　　　复 核 人：_____

　　（造价人员签字盖专用章）　　　　　（造价工程师签字盖专用章）

编制时间：　年 月 日　　　　　　　复核时间：　年 月 日

扉-2

投标总价扉页

投 标 总 价

招 标 人：＿＿＿＿＿＿＿＿＿＿＿＿＿＿＿＿＿＿＿＿＿＿＿＿

工程名称：＿＿＿＿＿＿＿＿＿＿＿＿＿＿＿＿＿＿＿＿＿＿＿＿

投标总价（小写）：＿＿＿＿＿＿＿＿＿＿＿＿＿＿＿＿＿＿＿＿

　　　　（大写）：＿＿＿＿＿＿＿＿＿＿＿＿＿＿＿＿＿＿＿＿

投 标 人：＿＿＿＿＿＿＿＿＿＿＿＿＿＿＿＿＿＿＿＿＿＿＿＿

　　　（单位盖章）

法定代表人

或其授权人：＿＿＿＿＿＿＿＿＿＿＿＿＿＿＿＿＿＿＿＿＿＿

　　　　　（签字或盖章）

编 制 人：＿＿＿＿＿＿＿＿＿＿＿＿＿＿＿＿＿＿＿＿＿＿＿＿

　　　（造价人员签字盖专用章）

时间：　年　月　日

扉-3

总 说 明

工程名称：   第　页　共　页

表-01

建设项目招标控制价/投标报价汇总表

工程名称：   第　页　共　页

序号	单项工程名称	金额（元）	其中		
			暂估价（元）	安全文明施工费（元）	规费（元）
	合计				

注：本表适用于建设项目招标控制价或投标报价的汇总。

表-02

单项工程招标控制价/投标报价汇总表

工程名称：   第　页　共　页

序号	单项工程名称	金额（元）	其中		
			暂估价（元）	安全文明施工费（元）	规费（元）
	合计				

注：本表适用于单项工程招标控制价或投标报价的汇总。暂估价包括分部分项工程中的暂估价和专业工程暂估价。

表-03

单位工程招标控制价/投标报价汇总表

工程名称：   标段：   第　页　共　页

序号	汇总内容	金额（元）	其中
			暂估价（元）
1	分部分项工程		
1.1			
1.2			
2	措施项目		
2.1	其中：安全文明施工费		
3	其他项目		
3.1	其中：暂列金额		

续表

序号	汇总内容	金额（元）	其中
			暂估价（元）
3.2	其中：专业工程暂估价		
3.3	其中：计日工		
3.4	其中：总承包服务费		
4	规费		
5	税金		
	招标控制价合计＝1＋2＋3＋4＋5		

注：本表适用于单位工程招标控制价或投标报价的汇总，如无单位工程划分，单项工程也使用本表汇总。

表-04

分部分项工程和单价措施项目清单与计价表

工程名称： 　　　　　　标段： 　　　　　第 页 共 页

序号	项目编码	项目名称	项目特征	计量单位	工程数量	金额（元）		
						综合单价	合价	其中
								暂估价
			本页小计					
			合计					

注：为计取规费等的使用，可在表中增设其中"定额人工费"。

表-08

综合单价分析表

工程名称： 　　　　　　标段： 　　　　　第 页 共 页

项目编码		项目名称		计量单位		工程量	

清单综合单价组成明细

定额编号	定额名称	定额单位	数量	单价（元）				合价（元）			
				人工费	材料费	机械费	管理费和利润	人工费	材料费	机械费	管理费和利润

人工单价		小计	
元/工日		未计价材料费	

清单项目综合单价

材料费明细	主要材料名称、规格、型号	单位	数量	单价（元）	合价（元）	暂估单价（元）	暂估合价（元）
	其他材料费						
	材料费小计						

注：1. 如不使用省级或行业建设主管部门发布的计价依据，可不填定额编号、定额名称等。

2. 招标文件提供了暂估单价的材料，按暂估的单价填入表内"暂估单价"栏及"暂估合价"栏。

表-09

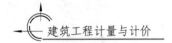

总价措施项目清单与计价表

工程名称：　　　　　　　　　　　标段：　　　　　　　　　　　第　页　共　页

序号	项目编码	项目名称	计算基础	费率（%）	金额（元）	调整费率（%）	调整后金额（元）	备注
		安全文明施工费						
		夜间施工增加费						
		二次搬运费						
		冬雨季施工增加费						
		已完工程及设备保护费						
合计								

编制人（造价人员）：　　　　　　　　　　复核人（造价工程师）：

注：1. "计算基础"中安全文明施工费可为"定额基价"、"定额人工费"或"定额人工费＋定额机械费"，其他项目可为"定额人工费"或"定额人工费＋定额机械费"。

2. 按施工方案计算的措施费，若无"计算基础"和"费率"的数值，也可只填"金额"数值，但应在备注栏说明施工方案出处和计算方法。

表-11

其他项目清单与计价汇总表

工程名称：　　　　　　　　　　　标段：　　　　　　　　　　　第　　页　共　　页

序号	项目名称	金额（元）	结算金额（元）	备注
1	暂列金额			明细详见表-12-1
2	暂估价			
2.1	材料（工程设备）暂估价/结算价			明细详见表-12-2
2.2	专业工程暂估价/结算价			明细详见表-12-3
3	计日工			明细详见表-12-4
4	总承包服务费			明细详见表-12-5
5	索赔与现场签证			
合计				

注：材料（工程设备）暂估价进入清单项目综合单价，此处不汇总。

表-12

暂列金额明细表

工程名称：　　　　　　　　　　　标段：　　　　　　　　　　　第　　页　共　　页

序号	项目名称	计量单位	暂定金额（元）	备注
1				
2				
3				
4				
5				
合计				

注：本表由招标人填写，如不能详尽，也可只列暂定金额总额，投标人应将上述暂列金额计入投标总价中。

表-12-1

材料（工程设备）暂估单价及调整表

工程名称：　　　　　　　　　　　　　标段：　　　　　　　　　　　　　第　页 共　页

序号	材料（工程设备）名称、规格、型号	计量单位	数量		暂估价（元）		确认（元）		差额（±元）		备注
			暂估	确认	单价	合价	单价	合价	单价	合价	
合计											

注：本表由招标人填写"暂估单价"，并在备注栏说明暂估价的材料拟用在哪些清单项目上，投标人应将上述材料暂估单价计入工程量清单综合单价报价中。

表-12-2

专业工程暂估价及结算价表

工程名称：　　　　　　　　　　　　　标段：　　　　　　　　　　　　　第　页 共　页

序号	工程名称	工作内容	暂估金额（元）	结算金额（元）	差额（±元）	备注
合计						

注：本表由招标人填写，投标人应将上述专业工程暂估金额计入投标总价中。

表-12-3

计日工表

工程名称：　　　　　　　　　　　　　标段：　　　　　　　　　　　　　第　页 共　页

编号	项目名称	单位	暂定数量	实际数量	综合单价（元）	合价（元）	
						暂定	实际
一	人工						
1							
2							
人工小计							
二	材料						
1							
2							
材料小计							

续表

编号	项目名称	单位	暂定数量	实际数量	综合单价（元）	合价（元）	
						暂定	实际
三	施工机械						
1							
2							
施工机械小计							
四、企业管理费和利润							
总计							

注：本表项目名称、暂定数量由招标人填写，编制招标控制价时，单价由招标人按有关计价规定确定；投标时，单价由投标人自主报价，按暂定数量计算合价计入投标总价中。计算时，按发承包双方确认的实际数量计算合价。

表-12-4

<h3 style="text-align:center">总承包服务费计价表</h3>

工程名称：　　　　　　　　　标段：　　　　　　　　　第　页　共　页

序号	项目名称	项目价值（元）	服务内容	计算基础	费率（%）	金额（元）
1	发包人发包专业工程					
2	发包人供应材料					
合计		—	—	—		

注：本表项目名称、服务内容由招标人填写，编制招标控制价时，费率及金额由招标人按有关计价规定确定；投标时，费率及金额由投标人自主报价，计入投标总价中。

表-12-5

<h3 style="text-align:center">规费、税金项目计价表</h3>

工程名称：　　　　　　　　　标段：　　　　　　　　　第　页　共　页

序号	项目名称	计算基础	计算基数	计算费率（%）	金额(元)
1	规费	定额人工费			
1.1	社会保险费	定额人工费			
(1)	养老保险费	定额人工费			
(2)	失业保险费	定额人工费			
(3)	医疗保险费	定额人工费			
(4)	工伤保险费	定额人工费			
(5)	生育保险费	定额人工费			
1.2	住房公积金	定额人工费			
1.3	工程排污费	按工程所在地环境保护部门收取标准，按实计入			
2	税金	分部分项工程费＋措施项目费＋其他项目费＋规费－按规定不计税的工程设备金额			
合计					

编制人（造价人员）：　　　　　　　复核（造价工程师）：

表-13

总价项目进度款支付分解表

工程名称： 标段： 单位：元

序号	项目名称	总价金额	首次支付	二次支付	三次支付	四次支付	五次支付	
	安全文明施工费							
	夜间施工增加费							
	二次搬运费							
	社会保险费							
	住房公积金							
	合计							

编制人（造价人员）： 复核人（造价工程师）：

注：1. 本表应由承包人在投标报价时根据发包人在招标文件明确的进度款支付周期与报价填写，签订合同时，发承包双方可就支付分解协商调整后作为合同附件。

2. 单价合同使用本表，"支付"栏时间应与单价项目进度款支付周期相同。

3. 总价合同使用本表，"支付"栏时间应与约定的工程计量周期相同。

表-16

发包人提供材料和工程设备一览表

工程名称： 标段： 第 页 共 页

序号	材料（工程设备）名称、规格、型号	单位	数量	单价（元）	交货方式	送达地点	备注

注：本表由招标人填写，供投标人在投标报价、确定总承包服务费时参考。

表-20

承包人提供主要材料和工程设备一览表

（适用于造价信息差额调整法）

工程名称： 标段： 第 页 共 页

序号	名称、规格、型号	单位	数量	风险系数（%）	基准单价（元）	投标单价（元）	发承包人确认单价（元）	备注

注：1. 本表由招标人填写除"投标单价"栏的内容，投标人在投标时自主确定投标单价。

2. 招标人应优先采用工程造价管理机构发布的单价作为基准单价，未发布的，通过市场调查确定其基准单价。

表-21

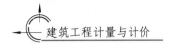

承包人提供主要材料和工程设备一览表

（适用于价格指数差额调整法）

工程名称：　　　　　　　　　　标段：　　　　　　　　　　第　页 共　页

序号	名称、规格、型号	变值权重 B	基本价格指数 F_0	现行价格指数 F_t	备注
	定值权重 A		—	—	
	合计	1	—	—	

注：1. "名称、规格、型号""基本价格指数 F_0"栏由招标人填写，基本价格指数应首先采用工程造价管理机构发布的价格指数，没有时，可采用发布的价格代替。如人工、机械费也采用本法调整，由招标人在"名称、规格、型号"栏填写。

2. "变值权重 B"栏由投标人根据该项人工、机械费和材料、工程设备价值在投标总价中所占的比例填写，1 减去其比例为定值权重。

3. "现行价格指数 F_t"按约定的付款证书相关周期最后一天的前 42d 的各项价格指数填写，该指数应首先采用工程造价管理机构发布的价格指数，没有时，可采用发布的价格代替。

表-22

项目

建筑面积计算

▌学习提示 建筑面积是建设工程领域一个重要的技术经济指标，也是国家宏观调控的重要指标之一。建筑面积一般大于使用面积，其计算中，最具争议的是公共面积内有多少项目被包括在内，当中可能包括：楼梯、走廊、停车场、管理处、升降机及其公众大堂、天井等。合理、准确地计算建筑面积是工程造价确定与控制过程中的一项重要工作。

▌能力目标 1. 能正确分析建筑物中计算全面积、1/2 面积和不计面积的部分。
 2. 能正确计算建筑面积。
 3. 能将建筑面积运用到工程经济指标的分析中。

▌知识目标 1. 掌握建筑面积的概念和作用。
 2. 熟悉《建筑工程建筑面积计算规范》（GB/T 50353—2013）。
 3. 熟练掌握建筑面积的计算方法。

▌规范标准 《建筑工程建筑面积计算规范》（GB/T 50353—2013）。

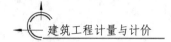

任务 *2.1* 建筑面积概述

【知识目标】 1. 熟悉建筑面积的概念。
2. 掌握建筑面积包括的内容。
3. 掌握建筑面积的作用。

【能力目标】 能根据给定图纸及相关要求独立分析建筑面积的范围。

【任务描述】 某小高层住宅楼建筑部分平面图及节点图如图 2.1 和图 2.2 所示，共 12 层。每层层高均为 3m，电梯机房与楼梯间凸出屋面。墙体除注明者外均为 200mm 厚加气混凝土墙，轴线位于墙中，外墙采用 50mm 厚聚苯板保温（阳台外侧无保温层）。

试分析图中建筑面积的范围和包括的内容。

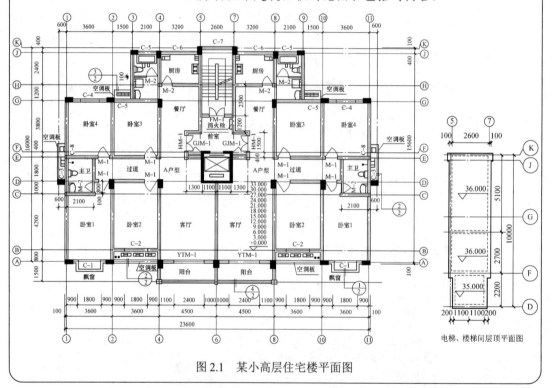

图 2.1 某小高层住宅楼平面图

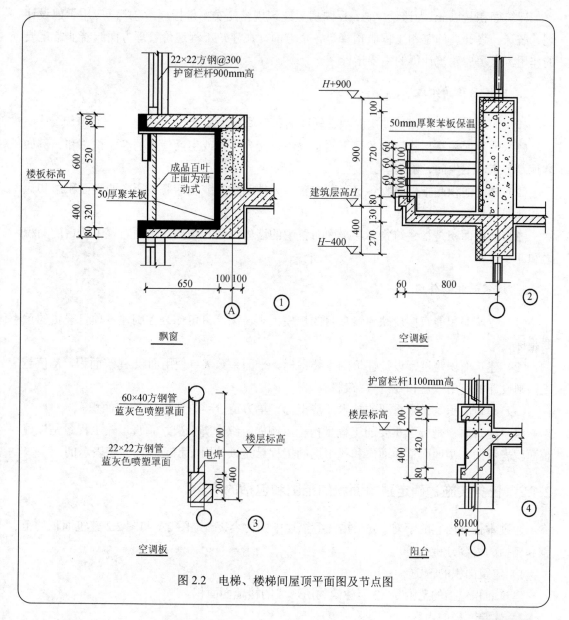

图 2.2　电梯、楼梯间屋顶平面图及节点图

2.1.1　相关知识：建筑面积的概念、组成及作用

要想进行建筑面积的计算，需要先了解建筑面积的基本概念、组成及作用。

建筑面积相关知识
和基本算法

1. 建筑面积的概念

建筑面积是指建筑物（包括墙体）所形成的楼地面面积，附属于建筑物的室外阳台、雨篷、檐廊、室外走廊、室外楼梯等并入建筑面积中。

建筑面积是以 m² 为计量单位，反映房屋建筑规模的实物量指标，它广泛应用于建设计划、统计、设计、施工和工程概预算等各个方面，在建筑工程造价管理方面起着非常重要的作用，是房屋建筑计价的主要指标之一。

2. 建筑面积的组成

建筑面积的组成：包括使用面积、辅助面积和结构面积。

（1）使用面积是指建筑物各层平面布置中直接为生产或生活使用的净面积总和。例如客厅、卧室、卫生间、厨房等。

（2）辅助面积是指建筑物各层平面布置中为辅助生产或生活服务所占的净面积总和，如楼梯间、走廊、电梯井等。

（3）结构面积是指建筑物各层平面布置中的墙体、柱等结构在平面布置中所占的面积之和。

3. 建筑面积的作用

（1）建筑面积能直接反映建设项目的规模大小，因此，可作为控制建设项目投资的重要指标。

（2）建筑面积是进行设计评价的重要指标。平面系数 K＝使用面积/建筑面积，K 值越大，则设计的使用效益和经济效益越高。

（3）建筑面积是一项重要的技术经济指标。单方造价＝总造价/总建筑面积。

（4）建筑面积是一个重要的工程量指标。例如，综合脚手架、垂直运输工程量是以建筑面积表示的，楼地面整体面层和找平层的工程量是以使用面积或辅助面积表示的。

2.1.2 任务实施：确定建筑面积的范围和包括的内容

通过本任务内容的学习，并根据任务描述中的内容，确定图 2.1 和图 2.2 建筑面积的范围和包括的内容分析如下。

1）建筑面积的范围

建筑面积包括的范围是 12 层建筑物所形成的楼地面面积。

2）建筑面积的内容

（1）使用面积：客厅、卧室、厨房、过道、餐厅、主卫。

（2）辅助面积：楼梯、电梯、阳台、飘窗。

（3）结构面积：内、外墙体及保温层。

任务 *2.2*　建筑面积计算方法与计算步骤

【知识目标】 1. 熟悉《建筑工程建筑面积计算规范》(GB/T 50353—2013)。

2. 熟悉建筑物中计算全面积、1/2 面积和不计面积的部分。

3. 掌握建筑面积的计算方法。

【能力目标】 能根据给定图纸及相关要求独立完成建筑面积的计算。

【任务描述】 根据任务 2.1 中施工图纸图 2.1 和图 2.2 的内容:

(1)试分析建筑物中计算全面积、1/2 面积和不计面积的部分。

(2)计算建筑面积。

2.2.1　相关知识:建筑面积的计算方法

要进行建筑面积的计算,需要先熟练掌握《建筑工程建筑面积计算规范》(GB/T 50353—2013),熟悉计算方法,包括应计算建筑面积和不计算建筑面积的各种计算方法。

根据 2013 年 12 月 19 日,住房和城乡建设部第 269 号公告发布《建筑工程建筑面积计算规范》(GB/T 50353—2013),该规范适用于新建、扩建、改建的工业与民用建筑工程建设全过程的建筑面积计算,规范自 2014 年 7 月 1 日起实施。如遇有下述未尽事宜,应符合国家现行的有关标准规范的规定。

1. 计算建筑面积的规定

(1)建筑物的建筑面积应按自然层外墙结构外围水平面积之和计算。结构层高在 2.20m 及以上的,应计算全面积;结构层高在 2.20m 以下的,应计算 1/2 面积。

【注释】建筑面积计算,在主体结构内形成的建筑空间,满足计算面积结构层高要求的均应按本条规定计算建筑面积。主体结构外的室外阳台、雨篷、檐廊、室外走廊、室外楼梯等按相应条款计算建筑面积。当外墙结构本身在一个层高范围内不等厚时,以楼地面结构标高处的外围水平面积计算。

【名词解释】

① 自然层 floor: 按楼地面结构分层的楼层。

② 结构层高 structure story height: 楼面或地面结构层上表面至上部结构层上表面之间的垂直距离。

③ 围护结构 building enclosure: 围合建筑空间的墙体、门、窗。

(2)建筑物内设有局部楼层(图 2.3)时,对于局部楼层的二层及以上楼层,有围护结构的应按其围护结构外围水平面积计算,无围护结构的应按其结构底板水平面积计算,且结构层高在 2.20m 及以上的,应计算全面积,结构层高在 2.20m 以下的,应计算 1/2 面积。

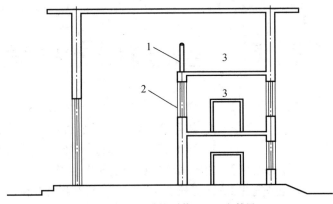

1—围护设施；2—围护结构；3—局部楼层。

图2.3 建筑物内的局部楼层

坡屋顶的计算方法

（3）对于形成建筑空间的坡屋顶，结构净高在2.10m及以上的部位应计算全面积；结构净高在1.20m及以上至2.10m以下的部位应计算1/2面积；结构净高在1.20m以下的部位不应计算建筑面积。

【名词解释】

① 建筑空间 space：以建筑界面限定的、供人们生活和活动的场所。具备可出入、可利用条件（设计中可能标明了使用用途，也可能没有标明使用用途或使用用途不明确）的围合空间，均属于建筑空间。

② 结构净高 structure net height：楼面或地面结构层上表面至上部结构层下表面之间的垂直距离。

（4）对于场馆看台下的建筑空间，结构净高在2.10m及以上的部位应计算全面积；结构净高在1.20m及以上至2.10m以下的部位应计算1/2面积；结构净高在1.20m以下的部位不应计算建筑面积。室内单独设置的有围护设施的悬挑看台，应按看台结构底板水平投影面积计算建筑面积。有顶盖无围护结构的场馆看台应按其顶盖水平投影面积的1/2计算面积。

【注释】场馆看台下的建筑空间因其上部结构多为斜板，所以采用净高的尺寸划定建筑面积的计算范围和对应规则。室内单独设置的有围护设施的悬挑看台，因其看台上部设有顶盖且可供人使用，所以按看台板的结构底板水平投影计算建筑面积。"有顶盖无围护结构的场馆看台"中所称的"场馆"为专业术语，指各种"场"类建筑，如体育场、足球场、网球场、带看台的风雨操场等。

【名词解释】围护设施 enclosure facilities：为保障安全而设置的栏杆、栏板等围挡。

地下室面积计算方法

（5）地下室、半地下室应按其结构外围水平面积计算。结构层高在2.20m及以上的，应计算全面积；结构层高在2.20m以下的，应计算1/2面积。

【注释】地下室作为设备、管道层按以下第（26）条规定执行；地下室的各种竖向井道按以下第（19）条规定执行；地下室的围护结构不垂直于水平面的按以下第（18）条规定执行。

【名词解释】

① 地下室 basement：室内地平面低于室外地平面的高度超过室内净高1/2的房间。

② 半地下室 semi-basement：室内地平面低于室外地平面的高度超过室内净高 1/3，且不超过 1/2 的房间。

（6）出入口外墙外侧坡道有顶盖的部位，应按其外墙结构外围水平面积的 1/2 计算面积。

【注释】出入口坡道分有顶盖出入口坡道和无顶盖出入口坡道，出入口坡道顶盖的挑出长度为顶盖结构外边线至外墙结构外边线的长度；顶盖以设计图纸为准，对后增加及建设单位自行增加的顶盖等，不计算建筑面积。顶盖不分材料种类（如钢筋混凝土顶盖、彩钢板顶盖、阳光板顶盖等）。地下室出入口如图 2.4 所示。

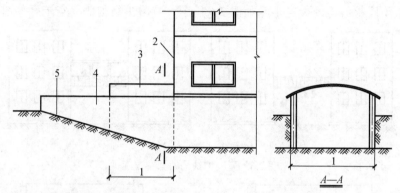

1—计算 1/2 投影面积部位；2—主体建筑；3—出入口；4—封闭出入口侧墙；5—出入口坡道。

图 2.4　地下室出入口

（7）建筑物架空层及坡地建筑物吊脚架空层，应按其顶板水平投影计算建筑面积。结构层高在 2.20m 及以上的，应计算全面积；结构层高在 2.20m 以下的，应计算 1/2 面积。

【注释】本条既适用于建筑物吊脚架空层、深基础架空层建筑面积的计算，也适用于目前部分住宅、学校教学楼等工程在底层架空或在二楼或以上某个甚至多个楼层架空，作为公共活动、停车、绿化等空间的建筑面积的计算。架空层中有围护结构的建筑空间按相关规定计算。建筑物吊脚架空层如图 2.5 所示。

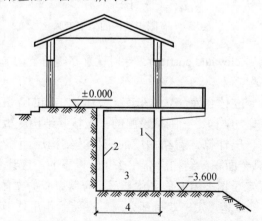

1—柱；2—墙；3—吊脚架空层；4—计算建筑面积部位。

图 2.5　建筑物吊脚架空层

【名词解释】架空层 stilt floor：仅有结构支撑而无外围护结构的开敞空间层。

（8）建筑物的门厅、大厅应按一层计算建筑面积，门厅、大厅内设置的走廊应按走廊结构底板水平投影面积计算建筑面积。结构层高在 2.20m 及以上的，应计算全面积；结构层高在 2.20m 以下的，应计算 1/2 面积。

【名词解释】走廊 corridor：建筑物中的水平交通空间。

（9）对于建筑物间的架空走廊，有顶盖和围护结构的，应按其围护结构外围水平面积计算全面积；无围护结构、有围护设施的，应按其结构底板水平投影面积计算 1/2 面积。

【注释】无围护结构的架空走廊如图 2.6 所示。有围护结构的架空走廊如图 2.7 所示。

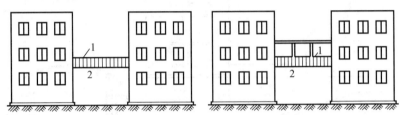

1—栏杆；2—架空走廊。

图 2.6　无围护结构的架空走廊

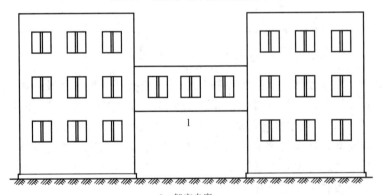

1—架空走廊。

图 2.7　有围护结构的架空走廊

【名词解释】架空走廊 elevated corridor：专门设置在建筑物的二层或二层以上，作为不同建筑物之间水平交通的空间。

（10）对于立体书库、立体仓库、立体车库，有围护结构的，应按其围护结构外围水平面积计算建筑面积；无围护结构、有围护设施的，应按其结构底板水平投影面积计算建筑面积。无结构层的应按一层计算，有结构层的应按其结构层面积分别计算。结构层高在 2.20m 及以上的，应计算全面积；结构层高在 2.20m 以下的，应计算 1/2 面积。

【注释】本条主要规定了图书馆中的立体书库、仓储中心的立体仓库、大型停车场的立体车库等建筑的建筑面积计算规定。起局部分隔、存储等作用的书架层、货架层或可升降的立体钢结构停车层均不属于结构层，故该部分分层不计算建筑面积。

【名词解释】结构层 structure layer：整体结构体系中承重的楼板层。特指整体结构体系中承重的楼层，包括板、梁等构件。结构层承受整个楼层的全部荷载，并对楼层的隔声、防火等起主要作用。

（11）有围护结构的舞台灯光控制室，应按其围护结构外围水平面积计算。结构层高在2.20m 及以上的，应计算全面积；结构层高在 2.20m 以下的，应计算 1/2 面积。

（12）附属在建筑物外墙的落地橱窗，应按其围护结构外围水平面积计算。结构层高在2.20m 及以上的，应计算全面积；结构层高在 2.20m 以下的，应计算 1/2 面积。

【名词解释】落地橱窗 french window：凸出外墙面且根基落地的橱窗，主要指在商业建筑临街面设置的下槛落地、可落在室外地坪也可落在室内首层地板，用来展览各种样品的玻璃窗。

（13）窗台与室内楼地面高差在 0.45m 以下且结构净高在 2.10m 及以上的凸窗（飘窗），应按其围护结构外围水平面积计算 1/2 面积。

【名词解释】凸窗（飘窗）bay window：凸出建筑物外墙面的窗户。凸窗（飘窗）既作为窗，就有别于楼（地）板的延伸，也就是不能把楼（地）板延伸出去的窗称为凸窗（飘窗）。凸窗（飘窗）的窗台应只是墙面的一部分且距（楼）地面应有一定的高度。

（14）有围护设施的室外走廊（挑廊），应按其结构底板水平投影面积计算 1/2 面积；有围护设施（或柱）的檐廊（图 2.8），应按其围护设施（或柱）外围水平面积计算 1/2 面积。

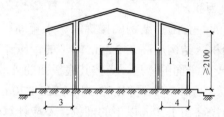

1—檐廊；2—室内；3—不计算建筑面积部位；4—计算 1/2 建筑面积部位。

图 2.8　檐廊

【名词解释】

① 挑廊 overhanging corridor：挑出建筑物外墙的水平交通空间。

② 檐廊 eaves gallery：建筑物挑檐下，并附属于建筑物底层外墙有屋檐作为顶盖，其下部一般有柱或栏杆、栏板等的水平交通空间。

（15）门斗（图 2.9）应按其围护结构外围水平面积计算建筑面积，且结构层高在 2.20m及以上的，应计算全面积；结构层高在 2.20m 以下的，应计算 1/2 面积。

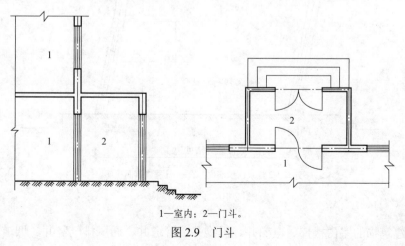

1—室内；2—门斗。

图 2.9　门斗

（16）门廊应按其顶板的水平投影面积的 1/2 计算建筑面积；有柱雨篷应按其结构板水平投影面积的 1/2 计算建筑面积；无柱雨篷的结构外边线至外墙结构外边线的宽度在 2.10m 及以上的，应按雨篷结构板的水平投影面积的 1/2 计算建筑面积。

【注释】雨篷分为有柱雨篷（包括独立柱雨篷、多柱雨篷、柱墙混合支撑雨篷、墙支撑雨篷）和无柱雨篷（悬挑雨篷）。有柱雨篷，没有出挑宽度的限制，也不受跨越层数的限制，均计算建筑面积。无柱雨篷，其结构板不能跨层，并受出挑宽度的限制，设计出挑宽度大于或等于 2.10m 时才计算建筑面积。出挑宽度，系指雨篷结构外边线至外墙结构外边线的宽度，弧形或异形时，取最大宽度。

【名词解释】

① 门廊 porch：建筑物入口前有顶棚的半围合空间，即在建筑物出入口，无门、三面或两面有墙，上部有板（或借用上部楼板）围护的部位。

② 雨篷 canopy：是指建筑物出入口上方、凸出墙面、为遮挡雨水而单独设立的建筑部件。如凸出建筑物，且不单独设立顶盖，利用上层结构板（如楼板、阳台底板）进行遮挡，则不视为雨篷，不计算建筑面积。对于无柱雨篷，如顶盖高度达到或超过两个楼层时，也不视为雨篷，不计算建筑面积。

（17）设在建筑物顶部的、有围护结构的楼梯间、水箱间、电梯机房等，结构层高在 2.20m 及以上的应计算全面积；结构层高在 2.20m 以下的，应计算 1/2 面积。

（18）围护结构不垂直于水平面的楼层，应按其底板面的外墙外围水平面积计算。结构净高在 2.10m 及以上的部位，应计算全面积；结构净高在 1.20m 及以上至 2.10m 以下的部位，应计算 1/2 面积；结构净高在 1.20m 以下的部位，不应计算建筑面积。

【注释】在划分高度上，本条使用的是"结构净高"，与其他正常平楼层按层高划分不同，但与斜屋面的划分原则相一致。由于目前很多建筑设计追求新、奇、特，造型越来越复杂，很多时候根本无法明确区分什么是围护结构、什么是屋顶，因此对于斜围护结构与斜屋顶采用相同的计算规则，即只要外壳倾斜，就按结构净高划段，分别计算建筑面积。斜围护结构如图 2.10 所示。

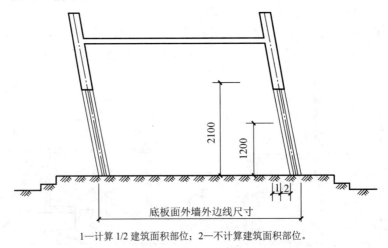

1—计算 1/2 建筑面积部位；2—不计算建筑面积部位。

图 2.10　斜围护结构

（19）建筑物的室内楼梯、电梯井、提物井、管道井、通风排气竖井、烟道，应并入建筑物的自然层计算建筑面积。有顶盖的采光井应按一层计算面积，且结构净高在 2.10m 及以上的，应计算全面积；结构净高在 2.10m 以下的，应计算 1/2 面积。

【注释】建筑物的楼梯间层数按建筑物的层数计算。有顶盖的采光井包括建筑物中的采光井和地下室采光井。地下室采光井如图 2.11 所示。

【名词解释】楼梯 stairs：由连续行走的梯级、休息平台和维护安全的栏杆（或栏板）、扶手以及相应的支托结构组成的作为楼层之间垂直交通使用的建筑部件。

（20）室外楼梯应并入所依附建筑物自然层，并应按其水平投影面积的 1/2 计算建筑面积。

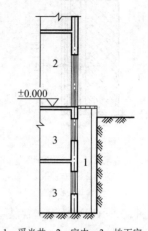

1—采光井；2—室内；3—地下室。

图 2.11　地下室采光井

【注释】层数为室外楼梯所依附的楼层数，即梯段部分投影到建筑物范围的层数。利用室外楼梯下部的建筑空间不得重复计算建筑面积；利用地势砌筑的为室外踏步，不计算建筑面积。

（21）在主体结构内的阳台，应按其结构外围水平面积计算全面积；在主体结构外的阳台，应按其结构底板水平投影面积计算 1/2 面积。

【注释】建筑物的阳台，不论其形式如何，均以建筑物主体结构为界分别计算建筑面积。

【名词解释】

① 阳台 balcony：附设于建筑物外墙，设有栏杆或栏板，可供人活动的室外空间。

② 主体结构 major structure：接受、承担和传递建设工程所有上部荷载，维持上部结构整体性、稳定性和安全性的有机联系的构造。

（22）有顶盖无围护结构的车棚、货棚、站台、加油站、收费站等，应按其顶盖水平投影面积的 1/2 计算建筑面积。

（23）以幕墙作为围护结构的建筑物，应按幕墙外边线计算建筑面积。

【注释】幕墙以其在建筑物中所起的作用和功能来区分，直接作为外墙起围护作用的幕墙，按其外边线计算建筑面积；设置在建筑物墙体外起装饰作用的幕墙，不计算建筑面积。

（24）建筑物的外墙外保温层，应按其保温材料的水平截面积计算，并计入自然层建筑面积。

【注释】为贯彻国家节能要求，鼓励建筑外墙采取保温措施，规定将保温材料的厚度计入建筑面积。建筑物外墙外侧有保温隔热层的，保温隔热层以保温材料的净厚度乘以外墙结构外边线长度按建筑物的自然层计算建筑面积，其外墙外边线长度不扣除门窗和建筑物外已计算建筑面积构件（如阳台、室外走廊、门斗、落地橱窗等部件）所占长度。当建筑物外已计算建筑面积的构件（如阳台、室外走廊、门斗、落地橱窗等部件）有保温隔热层时，其保温隔热层也不再计算建筑面积。外墙是斜面者按楼面楼板处的外墙外边线长度乘以保温材料的净厚度计算。外墙外保温以沿高度方向满铺为准，某层外墙外保温铺设高度未达到全部高度时（不包括阳台、室外走廊、门斗、落地橱窗、雨篷、飘窗等），不计算建筑面积。保温隔热层的建筑面积是以保温隔热材料的厚度来计算的，不包含抹灰层、防潮

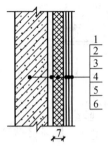

1—墙体；2—黏结胶浆；
3—保温材料；4—标准网；
5—加强网；6—抹面胶浆；
7—计算建筑面积部位。

图 2.12 建筑物外墙外保温

层、保护层（墙）的厚度。建筑外墙外保温如图 2.12 所示。

（25）与室内相通的变形缝，应按其自然层合并在建筑物建筑面积内计算。对于高低联跨的建筑物，当高低跨内部连通时，其变形缝应计算在低跨面积内。

【注释】与室内相通的变形缝是指暴露在建筑物内，并在建筑物内可以看得见的变形缝。

【名词解释】变形缝 deformation joint：防止建筑物在某些因素作用下引起开裂甚至破坏而预留的构造缝，即在建筑物因温差、不均匀沉降以及地震而可能引起结构破坏变形的敏感部位或其他必要的部位，预先设缝将建筑物断开，令断开后建筑物的各部分成为独立的单元，或者是划分为简单、规则的段，并令各段之间的缝达到一定的宽度，以能够适应变形的需要。根据外界破坏因素的不同，变形缝一般分为伸缩缝、沉降缝、抗震缝三种。

（26）对于建筑物内的设备层、管道层、避难层等有结构层的楼层，结构层高在 2.20m 及以上的，应计算全面积；结构层高在 2.20m 以下的，应计算 1/2 面积。

【注释】设备层、管道层虽然其具体功能与普通楼层不同，但在结构上及施工消耗上无本质区别，因此设备、管道楼层归为自然层，其计算规则与普通楼层相同。在吊顶空间内设置管道的，则吊顶空间部分不能被视为设备层、管道层。

2. 不计算建筑面积的规定

（1）与建筑物内不相连通的建筑部件。

【注释】与建筑物内不相连通的建筑部件是指依附于建筑物外墙外不与户室开门连通，起装饰作用的敞开式挑台（廊）、平台，以及不与阳台相通的空调室外机搁板（箱）等设备平台部件。

（2）骑楼、过街楼底层的开放公共空间和建筑物通道。

【注释】骑楼如图 2.13 所示，过街楼如图 2.14 所示。

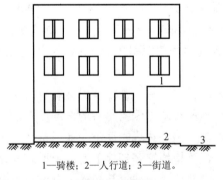

1—骑楼；2—人行道；3—街道。

图 2.13 骑楼

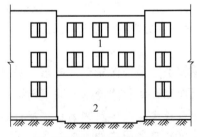

1—过街楼；2—建筑物通道。

图 2.14 过街楼

【名词解释】

① 骑楼 overhang：建筑底层沿街面后退且留出公共人行空间的建筑物，即沿街二层以上用承重柱支撑骑跨在公共人行空间之上，其底层沿街面后退的建筑物。

② 过街楼 overhead building: 跨越道路上空并与两边建筑相连接的建筑物，即当有道路在建筑群穿过时为保证建筑物之间的功能联系，设置跨越道路上空使两边建筑相连接的建筑物。

③ 建筑物通道 passage: 为穿过建筑物而设置的空间。

（3）舞台及后台悬挂幕布和布景的天桥、挑台等。

【注释】指的是影剧院的舞台及为舞台服务的可供上人维修、悬挂幕布、布置灯光及布景等搭设的天桥和挑台等构件设施。

（4）露台、露天游泳池、花架、屋顶的水箱及装饰性结构构件。

【名词解释】露台 terrace: 设置在屋面、首层地面或雨篷上的供人室外活动的有围护设施的平台。露台应满足四个条件：一是位置，设置在屋面、地面或雨篷顶；二是可出入；三是有围护设施；四是无盖。这四个条件须同时满足。如果设置在首层并有围护设施的平台，且其上层为同体量阳台，则该平台应视为阳台，按阳台的规则计算建筑面积。

（5）建筑物内的操作平台、上料平台、安装箱和罐体的平台。

【注释】建筑物内不构成结构层的操作平台、上料平台（包括：工业厂房、搅拌站和料仓等建筑中的设备操作控制平台、上料平台等），其主要作用为室内构筑物或设备服务的独立上人设施，因此不计算建筑面积。

（6）勒脚、附墙柱、垛、台阶、墙面抹灰、装饰面、镶贴块料面层、装饰性幕墙，主体结构外的空调室外机搁板（箱）、构件、配件，挑出宽度在 2.10m 以下的无柱雨篷和顶盖高度达到或超过两个楼层的无柱雨篷。

【注释】附墙柱是指非结构性装饰柱。

【名词解释】

① 勒脚 plinth: 在房屋外墙接近地面部位设置的饰面保护构造。

② 台阶 step: 联系室内外地坪或同楼层不同标高而设置的阶梯形踏步，即在建筑物出入口不同标高地面或同楼层不同标高处设置的供人行走的阶梯式连接构件。室外台阶还包括与建筑物出入口连接处的平台。

（7）窗台与室内地面高差在 0.45m 以下且结构净高在 2.10m 以下的凸窗（飘窗），窗台与室内地面高差在 0.45m 及以上的凸窗（飘窗）。

（8）室外爬梯、室外专用消防钢楼梯。

【注释】室外钢楼梯需要区分具体用途，如专用于消防楼梯，则不计算建筑面积，如果是建筑物唯一通道，兼用于消防，则需要按以上第（20）条计算建筑面积。

（9）无围护结构的观光电梯。

（10）建筑物以外的地下人防通道，独立的烟囱、烟道、地沟、油（水）罐、气柜、水塔、贮油（水）池、贮仓、栈桥等构筑物。

【案例 2.1】某单层建筑物结构层高 2.8m，外墙轴线尺寸如图 2.15 所示，墙厚均为 240mm，轴线坐中，试计算建筑面积。

分析：

① 单层建筑物结构层高大于等于 2.2m，按一层计算建筑面积。其建筑面积按建筑物外墙结构外围水平面积计算。

② 建筑面积计算的基本方法是面积分割法，对于矩形面积的组合图形，可先按最大的长、宽尺寸计算出基本部分的面积，然后将多余的部分逐一扣除。在计算扣除部分面积时，注意轴线尺寸的运用。

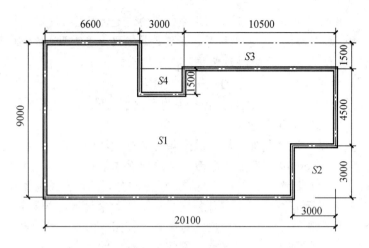

图 2.15 建筑平面图

【解】建筑面积

$S = S1 - S2 - S3 - S4$

$\quad = 20.34 \times 9.24 - 3 \times 3 - 13.5 \times 1.5 - 2.76 \times 1.5$

$\quad = 154.55(\text{m}^2)$

【案例 2.2】计算如图 2.16～图 2.18 所示别墅的建筑面积,弧形落地窗半径 1500mm 为 Ⓑ轴外墙外边线到弧形窗边线的距离,弧形窗的厚度忽略不计。

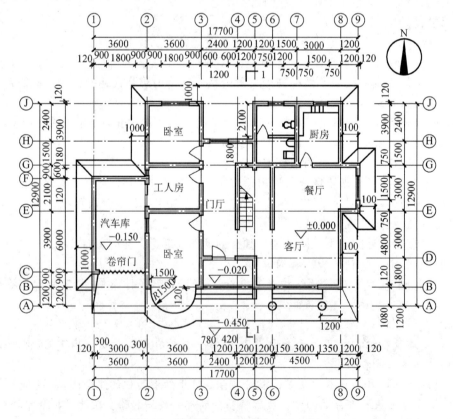

图 2.16 某别墅一层平面图（1∶100）

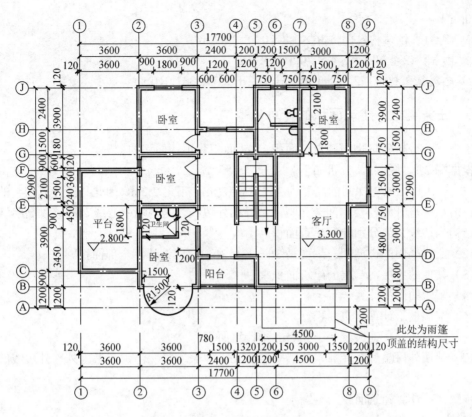

图 2.17　某别墅二层平面图 （1∶100）

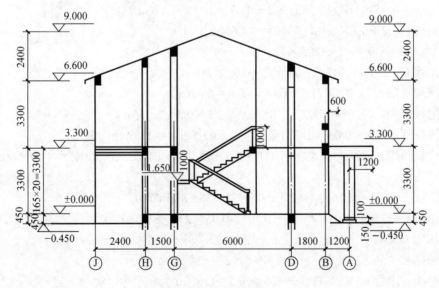

图 2.18　某别墅剖面图 （1∶100）

【解】

①　一层： $3.6 \times 6.24 + 3.84 \times 11.94 + 3.14 \times 1.5^2 \times 0.5 + 3.36 \times 7.74 + 5.94 \times 11.94 + 1.2 \times 3.24 = 172.66(\mathrm{m}^2)$

②　二层： $3.84 \times 11.94 + 3.14 \times 1.5^2 \times 0.5 + 3.36 \times 7.74 + 5.94 \times 11.94 + 1.2 \times 3.24 =$

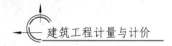

150.20(m^2)

  ③ 阳台(主体结构内)：$3.36 \times 1.8 \times 0.5 = 3.02$(m^2)

  ④ 雨篷：$(2.4-0.12) \times 4.5 \times 0.5 = 5.13$(m^2)

  ⑤ 总建筑面积：$172.66+150.20+3.02+5.13 = 331.01$(m^2)

2.2.2 任务实施：建筑面积的计算步骤

步骤一：分析建筑物中计算全面积、1/2 面积和不计面积的部分。

根据图 2.1、图 2.2，分析如下。

（1）凸出屋面的电梯间的高度为 $35-33=2$(m)，不足 2.2m，因此只能计算一半的水平面积。但从哪里开始与楼梯间分开呢，是外墙外边线还是内墙中心线？应该以高跨（楼梯间）结构外边线为界分别计算建筑面积。

（2）凸出楼面的楼梯间，高度是 $36-33=3$(m)，应该计算全部面积。

（3）其他的各层，一层的建筑面积乘以 12。

（4）阳台的面积计算一半。

（5）空调板不计算建筑面积。

（6）飘窗窗台离地大于等于 0.45m 不计算面积。

（7）外墙外保温怎么计算？外墙采用 50mm 厚聚苯板保温，在考虑外墙外边线的时候要考虑。

步骤二：计算建筑面积。

方法一：

  ① $(23.6+0.05 \times 2) \times (12+0.1 \times 2+0.05 \times 2) = 291.51$(m^2)

  ② $3.6 \times (13.2+0.1 \times 2+0.05 \times 2) = 48.60$(m^2)

  ③ $0.4 \times (2.6+0.1 \times 2+0.05 \times 2) = 1.16$(m^2)

  ④ 扣除 C—2 处：$-(3.6-0.1 \times 2-0.05 \times 2) \times 0.8 \times 2 = -5.28$(m^2)

  ⑤ 增加（阳台）：$9.2 \times (1.5-0.05) \times 0.5 = 6.67$(m^2)

  ⑥ 电梯机房：$(2.2+0.1 \times 2+0.05 \times 2) \times 2.2 \times 0.5 = 2.75$(m^2)

  ⑦ 楼梯间：$(2.8+0.05 \times 2)(7.8+0.1 \times 2+0.05 \times 2) = 23.49$(m^2)

  ⑧ 建筑面积：$(291.51+48.6+1.16+6.67-5.28) \times 12+2.75+23.49 = 4138.16$(m^2)

方法二：

  ① $(23.6+0.05) \times (16+0.1 \times 2+0.05 \times 2) = 386.31$(m^2)

  ② 扣除 C—2 处：$-0.8 \times (3.6-0.1 \times 2-0.05 \times 2) = -5.28$(m^2)

   扣除 C—4、C—5 处：$-(3.6+1.5)(1.2+2.4+0.4) \times 2 = -40.80$(m^2)

   扣除 C—5、C—6 处：$-5.3 \times 0.4 \times 2 = -4.24$(m^2)

  ③ 增加（阳台）：$9.2 \times (1.5-0.05) \times 0.5 = 6.67$(m^2)

电梯机房：$(2.2+0.1 \times 2+0.05 \times 2) \times 2.2 \times 0.5 = 2.75$(m^2)

楼梯间：$(2.8+0.05 \times 2)(7.8+0.1 \times 2+0.05 \times 2) = 23.49$(m^2)

  ④ 建筑面积：$(386.31-5.28-40.8-4.24+6.67) \times 12+2.75+23.49 = 4138.16$(m^2)

综合实训——建筑面积计算方法的运用

【实训目标】　进一步掌握建筑面积计算方法的运用。

【能力要求】　能根据给定图纸及相关要求快速、准确地完成建筑面积的计算。

【实训描述】　根据本书附后的工程实例"办公大厦"施工图纸完成建筑面积的计算。

　　　　　　　（1）试计算首层建筑面积。

　　　　　　　（2）试计算二层建筑面积。

　　　　　　　（3）试计算总建筑面积。

【任务实施1】首层建筑面积的计算

分析：

（1）建筑面积按墙体外边线计算，根据工程概况可知，外墙厚为250mm，应按轴线尺寸+0.25m计算。

（2）先计算外围面积，再减去缺口面积。

首层建筑面积 $S1 = (31.5+0.25)(25+0.25) - (15.6-0.25)\times 4.5 - 21.9\times 10.9$
$\qquad\qquad -21.9\times 1.5 = 461.05(\text{m}^2)$

【任务实施2】试计算二层建筑面积。

分析：

（1）由二层平面图可知，Ⓓ～Ⓗ轴/⑤～⑥轴范围作为孔洞不能计算，应当扣除。

（2）雨篷是无柱雨篷，挑出宽度为 1.5m<2.1m，不计算。

二层建筑面积 $S2 = $ 首层建筑面积$-(9.6+0.25)\times 15.4 - (9.6-0.25)\times 1.8$
$\qquad\qquad = 461.05 - 151.69 - 16.83 = 292.53(\text{m}^2)$

【任务实施3】试计算总建筑面积。

分析：总建筑面积为一、二层建筑面积之和。

总建筑面积 $S3 = 461.05 + 292.53 = 753.58(\text{m}^2)$

项 目

土石方工程

■学习提示　在建筑工程中，最常见的土石方工程有：场地平整、基坑（槽）开挖、地坪填土、路基填筑及基坑回填土等。土石方施工条件复杂，又多为露天作业，受气候、水文、地质等影响较大，难以确定的因素较多。土石方算量有多种方法，包括算量公式的运用及方格网法等，本章内容包括平整场地、挖土方、挖基坑、挖沟槽及土方回填等，涉及工作面、支挡土板、放坡等知识要点。

■能力目标　1. 能计算土石方清单工程量。
　　　　　　2. 能计算土石方计价工程量。
　　　　　　3. 能编制土石方综合单价。

■知识目标　1. 掌握土石方工程量清单的编制。
　　　　　　2. 掌握湖北省定额中土石方工程计价工程量的计算规则。
　　　　　　3. 掌握清单工程量与计价工程量的区别。
　　　　　　4. 熟悉综合单价的编制方法。

■规范标准　1.《建设工程工程量清单计价规范》（GB 50500—2013）。
　　　　　　2.《房屋建筑与装饰工程工程量计算规范》（GB 50854—2013）。
　　　　　　3.《湖北省建设工程公共专业消耗量定额及全费用基价表》（2018）。
　　　　　　4.《湖北省建筑安装工程费用定额》（2018）。

任务 *3.1*　工程量清单编制

【知识目标】　1. 掌握土石方工程清单工程量计算的相关规定。
　　　　　　　2. 掌握土石方工程量清单的编制过程。
　　　　　　　3. 熟悉土石方工程计算方法。

【能力目标】　能根据给定图纸及相关要求独立完成土石方工程量清单编制。

【任务描述】　某工程±0.00 以下基础工程施工图如图 3.1～图 3.4 所示，室内外高差为 450mm，基础垫层为非原槽浇筑，垫层支模，混凝土强度等级为 C10，地圈梁混凝土强度等级为 C20。砖基础为普通页岩标准砖，M5 水泥砂浆砌筑。独立柱基及柱为 C20 混凝土。平整场地弃、取土运距为 5m。弃土外运 5km，回填夯实。土壤类别为三类土，均为天然密实土。试根据工程量计算规范编制土方工程量清单。

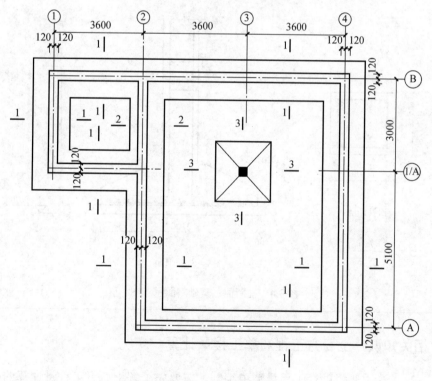

图 3.1　某工程基础平面图

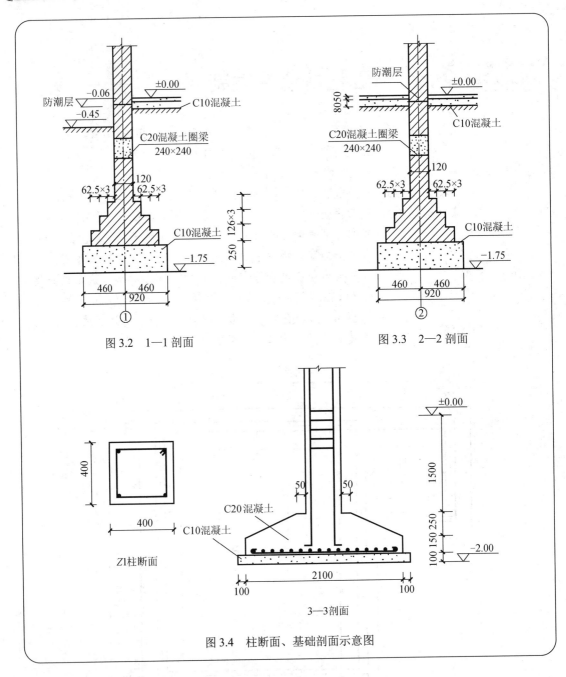

图 3.2　1—1 剖面

图 3.3　2—2 剖面

图 3.4　柱断面、基础剖面示意图

3.1.1　相关知识：土石方工程清单工程量计算

要想进行工程量清单编制，需要先了解土石方工程量计算的一般规则以及计算规则的基本概念。

土石方工程的
一般规则

1．一般规则

1）准备资料

计算土石方工程之前，应准备好以下资料。

（1）土壤及岩石的类别。依据工程勘测报告与清单计价规范中土壤及岩石分类表（表 3.1）确定类别。

表 3.1　土壤及岩石分类表

类别		土壤名称	开挖方法
土壤	一、二类土	粉土、砂土（粉砂、细砂、中砂、粗砂、砾砂）、粉质黏土、弱中盐渍土、软土（淤泥质土、泥炭、泥炭质土）、软塑红黏土、冲填土	用锹，少用镐、条锄开挖。机械能全部直接铲挖满载者
	三类土	黏土、碎石土（圆砾、角砾）混合土、可塑红黏土、硬塑红黏土、强盐渍土、素填土、压实填土	主要用镐、条锄，少许用锹开挖。机械需部分刨松方能铲挖满载者或可直接铲挖但不能满载者
	四类土	碎石土（卵石、碎石、漂石、块石）、坚硬红黏土、超盐渍土、杂填土	全部用镐、条锄挖掘，少许用撬棍挖掘。机械须普遍刨松方能铲挖满载者
岩石	极软岩	1. 全风化的各种岩石 2. 各种半成岩	部分用手凿工具，部分用爆破法开挖
	软质岩 软岩	1. 强风化的坚硬岩或较硬岩 2. 中等风化—强风化的较软岩 3. 未风化—微风化的页岩、泥岩、泥质砂岩等	用风镐和爆破法开挖
	较软岩	1. 中等风化—强风化的坚硬岩或较硬岩 2. 未风化—微风化的凝灰岩、千枚岩、泥灰岩、砂质泥岩等	用爆破法开挖
	硬质岩 较硬岩	1. 微风化的坚硬岩 2. 未风化—微风化的大理岩、板岩、石灰岩、白云岩、钙质砂岩等	用爆破法开挖
	坚硬岩	未风化—微风化的花岗岩、闪长岩、辉绿岩、玄武岩、安山岩、片麻岩、石英岩、石英砂岩、硅质砾岩、硅质石灰岩等	用爆破法开挖

注：1. 本表土的名称及其含义按国家标准《岩土工程勘察规范》（GB 50021—2001）（2009 年版）定义。
　　2. 本表岩石的分类依据国家《工程岩体分级标准》（GB/T 50218—2014）和《岩土工程勘察规范（2009 年版）》（GB 50021—2001）整理。

（2）地下常水位的标高和施工排降水的方法。当土石方有干、湿土时，其干土与湿土的划分，应以地质勘探资料为准，若无地质勘探资料，以地下常水位为准，常水位以下为湿土，常水位以上为干土。采用人工降低地下水位时，同样以地下常水位为准。

（3）土石方、沟槽、基坑的起止标高、施工方法及运距。

（4）其他相关资料。

2）清单的列项要求

沟槽、基坑、一般土方的划分为：底宽≤7m，且底长>3 倍底宽为沟槽；底长≤3 倍底宽且底面积≤150m² 为基坑；超出上述范围为一般土方。

（1）土方工程。

① 挖土方如需截桩头时，应按桩基工程相关项目列项。

② 桩间挖土不扣除桩的体积，并在项目特征中加以描述。

③ 项目特征中弃、取土运距可以不描述，但应注明由投标人根据施工现场实际情况自行考虑，决定报价。

④ 项目特征中土壤的分类应按表 3.1 确定，如土壤类别不能准确划分时，招标人可注明为综合，由投标人根据地勘报告决定报价。

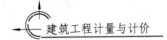

（2）石方工程。

① 厚度超过±300mm 的竖向布置挖石或山坡凿石应按一般石方项目编码列项。

② 项目特征中弃渣运距可以不描述，但应注明由投标人根据施工现场实际情况自行考虑，决定报价。

（3）回填。

① 填方密实度要求，在无特殊要求情况下，项目特征可描述为满足设计和规范的要求。

② 填方材料品种可以不描述，但应注明由投标人根据设计要求验方后方可填入，并符合相关工程的质量规范要求。

③ 填方粒径要求，在无特殊要求情况下，项目特征可以不描述。

④ 如需买土回填应在项目特征填方来源中描述，并注明买土方数量。

2. 土方工程清单工程量计算规则

土方体积应按挖掘前的天然密实体积计算。当需按天然密实体积折算时，应按表 3.2 中系数计算。

表 3.2　土方体积折算系数表

天然密实体积	虚方（松方）体积	夯实后体积	松填体积
0.77	1.00	0.67	0.83
1.00	1.30	0.87	1.08
1.15	1.50	1.00	1.25
0.92	1.20	0.8	1.00

平整场地

1）平整场地（编码：010101001）

（1）概念：平整场地是指建筑物场地厚度在±300mm 以内的挖、填、找平及运输。

（2）计算规则：按设计图示尺寸以建筑物首层建筑面积计算。

【案例 3.1】如图 3.5 所示为某建筑物首层平面图，土壤类别为一类土，计算平整场地的清单工程。

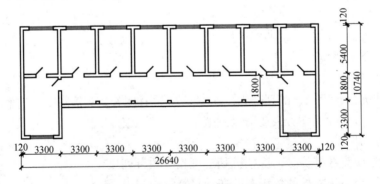

图 3.5　某单层建筑平面示意图

【解】清单工程量：$S=26.64\times10.74-(3.3\times6-0.24)\times3.3=221.57(\text{m}^2)$

2）挖一般土方（编码：010101002）

（1）概念：挖一般土方指挖土高度±300mm 以外的竖向布置或山坡切土。

（2）计算规则：按设计图示尺寸以体积计算。

① 地形起伏变化不大，可以用平均挖土厚度乘以挖土底面积计算体积，其中，平均挖土厚度应根据自然地面测量标高至设计地坪标高间的平均厚度确定。

② 当地形起伏变化大，无法提供平均挖土厚度时，应提供方格网法或断面法施工的设计文件。

【案例3.2】某工程场地平整，方格网边长确定为20m，各角点自然标高和设计标高如图3.6所示。土壤类别为二类土（普通土），地下常水位为－2.00m。计算人工开挖土方清单工程量。

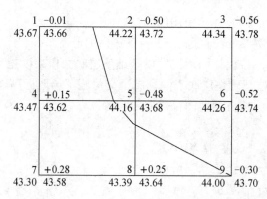

图3.6 方格网示意图

【解】

（1）计算角点施工高度 h_n。

h_n＝角点的设计标高－角点的自然地面标高

$h_1 = 43.66 - 43.67 = -0.01(m)$ $h_2 = 43.72 - 44.22 = -0.50(m)$

$h_3 = 43.78 - 44.34 = -0.56(m)$ $h_4 = 43.62 - 43.47 = +0.15(m)$

$h_5 = 43.68 - 44.16 = -0.48(m)$ $h_6 = 43.74 - 44.26 = -0.52(m)$

$h_7 = 43.58 - 43.30 = +0.28(m)$ $h_8 = 43.64 - 43.39 = +0.25(m)$

$h_9 = 43.70 - 44.00 = -0.30(m)$

（2）确定±0.30m线。

挖填找平超过±0.30m需按挖填土方计算，根据上述计算，－0.30m线如图3.6所示。

（3）计算方格土方量。

① 方格1245局部挖土按四方棱柱体法计算，上下边长计算如下：

上边长＝20×[1－(0.3－0.01)÷(0.5－0.01)]＝8.163(m)

下边长＝20×[1－(0.3＋0.15)÷(0.48＋0.15)]＝5.714(m)

方格1245局部挖土工程量＝(8.163＋5.714)×20÷2×(0.30＋0.50＋0.30＋0.48)÷4

＝54.81(m^3)

② 方格2356局部挖土按四方棱柱体法计算：

方格2356局部挖土工程量＝20×20×(0.50＋0.56＋0.48＋0.52)÷4

＝206.00(m^3)

③ 方格4578局部挖土按三角棱柱体法计算，上下边长计算如下：

上边＝5.714(m)

下边＝20×[1－(0.3＋0.25)÷(0.48＋0.25)]＝4.932(m)

方格4578部挖土工程量＝5.714×4.932÷2×(0.30＋0.48＋0.30)÷3
＝5.07(m³)

④ 方格5689局部挖土按四方棱柱体法计算，左右边长计算如下：

左边长＝4.932(m)　　右边长＝20.00(m)

方格5689局部挖土工程量＝(4.932＋20.00)×20÷2×(0.48＋0.52＋0.30＋0.30)÷4
＝99.73(m³)

挖土方工程量合计＝54.81＋206.00＋5.07＋99.73＝365.61(m³)

挖沟槽土方

3）挖沟槽土方（编码：010101003）

（1）概念：底宽≤7m且底长＞3倍底宽为沟槽。

（2）计算规则：按设计图示尺寸以基础垫层底面积乘以挖土深度计算，其中，挖土深度应按基础垫层底表面标高至交付施工场地标高确定，无交付施工场地标高时，应按自然地面标高确定。

计算公式为

$$V_{挖}=L×a×H \qquad (3.1)$$

式中：L——垫层长（m）；

　　　a——垫层宽（m）；

　　　H——挖土深度（m）。

沟槽示意图如图3.7所示。

4）挖基坑土方（编码：010101004）

（1）概念：底长≤3倍底宽且底面积≤150m²为基坑。

（2）计算规则：按设计图示尺寸以基础垫层底面积乘以挖土深度计算，其中，挖土深度应按基础垫层底表面标高至交付施工场地标高确定，当无交付施工场地标高时，应按自然地面标高确定。

计算公式为

$$V_{挖}=m×n×H \qquad (3.2)$$

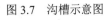

图3.7　沟槽示意图

式中：n——基础垫层底长（m）；

　　　m——基础垫层底宽（m）；

　　　H——挖土深度（m）。

基坑示意图如图3.8所示。

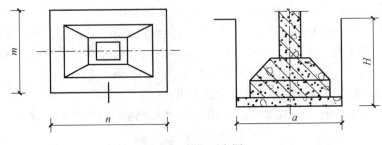

图3.8　基坑示意图

注意：《房屋建筑与装饰工程工程量计算规范》（GB 50854—2013）规定，挖沟槽、基坑、一般土方因工作面和放坡增加的工程量（管沟工作面增加的工程量）是否并入各土方工程量中，应按各省、自治区、直辖市或行业建设主管部门的规定实施，如并入各土方工程量中，办理工程结算时，按经发包人认可的施工组织设计规定计算，编制工程量清单时，可按表 3.3～表 3.5 规定计算。

表 3.3   放坡系数表

土壤类别	放坡起点（m）	人工挖土	机械挖土		
			在坑内作业	在坑上作业	顺沟槽在坑上作业
一、二类土	1.20	1：0.50	1：0.33	1：0.75	1：0.50
三类土	1.50	1：0.33	1：0.25	1：0.67	1：0.33
四类土	2.00	1：0.25	1：0.10	1：0.33	1：0.25

注：1. 沟槽，基坑中土类别不同时，分别按其放坡起点、放坡系数，依不同土类别厚度加权平均计算。

  2. 计算放坡时，在交接处的重复工程量不予扣除，原槽、坑做基础垫层时，放坡自垫层上表面开始计算。

表 3.4   基础施工所需工作面宽度计算表   单位：mm

基础、构筑物材料	每边各增加工作面宽度
砖基础	200
浆砌毛石、条石基础	150
混凝土基础垫层支模板	300
混凝土基础支模板	300
基础垂直面做防水层	1000（防水层面）

注：本表按《全国统一建筑工程预算工程量计算规则》（GJDGZ-101—95）调整。

表 3.5   管沟施工每侧所需工作面宽度计算表   单位：mm

管沟材质	管道结构宽			
	≤500	≤1000	≤2500	＞2500
混凝土及钢筋混凝土管道	400	500	600	700
其他材质管道	300	400	500	600

注：有管座的管道其管道结构宽按基础外缘算，无管座的管道其管道结构宽按管道外径算。

① 工作面：根据基础施工的需要，挖土时按基础垫层的双向尺寸向周边放出一定范围的操作面积，作为工人施工时的操作空间，称为工作面。

② 放坡（图 3.9）：当土方开挖深度超过一定限度时，将上口开挖宽度增大，将土壁做成具有一定坡度的边坡，防止土壁坍塌，即为放坡。土方边坡坡度用挖沟槽或基坑的深度 H 与边坡底宽 B 之比表示，即

$$土方边坡坡度 = H/B = 1/(B/H) = 1：k$$

式中 $k = B/H$ 称为坡度系数（可参照表 3.3 取值）。

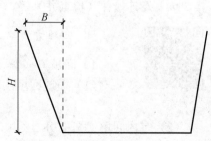

图 3.9   放坡图

5）冻土开挖（编码：010101005）

按设计图示尺寸开挖面积乘以厚度以体积"m³"计算。

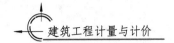

6）挖淤泥、流砂（编码：010101006）

按设计图示位置、界限以体积"m³"计算。挖方出现流砂、淤泥时，如设计未明确，在编制工程量清单时，其工程量可为暂估量，结算时应根据实际情况由发包人与承包人双方现场签证确认工程量。

7）管沟土方（编码：010101007）

按设计图示以管道中心线长度计算；以"m³"计量时，按设计图示以管底垫层面积乘以挖土深度计算。无管底垫层按管外径的水平投影面积乘以挖土深度计算。不扣除各类井的长度，井的土方并入。管沟土方项目适用于管道（给排水、工业、电力、通信）、光（电）缆沟［包括人（手）孔、接口坑］及连接井（检查井）等。有管沟设计时，平均深度以沟垫层底面标高至交付施工场地标高计算；无管沟设计时，直埋管深度应按管底外表面标高至交付施工场地标高的平均高度计算。

3. 石方工程清单工程量计算规则

石方体积应按挖掘前的天然密实体积计算，非天然密实石方应按表3.6折算。

表3.6　石方体积折算系数表

石方类别	天然密实体积	虚方体积	松填体积	码方
石方	1.0	1.54	1.31	—
块石	1.0	1.75	1.43	1.67
砂夹石	1.0	1.07	0.94	—

1）挖一般石方（编码：010102001）

按设计图示尺寸以体积"m³"计算。

2）挖沟槽（基坑）石方（编码：010102002、010102003）

按设计图示尺寸沟槽（基坑）底面积乘以挖石深度以体积"m³"计算。

3）管沟石方（编码：010102004）

按设计图示以管道中心线长度计算；以"m³"计量时，按设计图示截面积乘以长度以体积"m³"计算。有管沟设计时，平均深度以沟垫层底面标高至交付施工场地标高计算；无管沟设计时，直埋管深度应按管底外表面标高至交付施工场地标高的平均高度计算。管沟石方项目适用于管道（给排水、工业、电力、通信）、光（电）缆沟［包括人（手）孔、接口坑］及连接井（检查井）等。

回填方

4. 回填方清单工程量计算规则

1）回填方（编码：010103001）（图3.10）

（1）场地回填：回填面积乘以平均回填厚度。

$$V = S_{回填面积} \times h_{平均回填厚度} \qquad (3.3)$$

（2）室内回填（又称房心回填）：主墙间面积乘以回填厚度，不扣除间壁墙。

$$V_{室内回填土} = S_{主墙间净面积} \times h_{填土} \qquad (3.4)$$

$$h_{填土} = 设计室内外标高差 - 地面垫层、找平层、面层厚度$$

（3）基础回填：挖方清单项目工程量减去自然地坪以下埋设的基础体积（包括基础垫层及其他构筑物）。

$$V_{\text{基础回填土}} = V_{\text{挖土}} - V_{\text{设计室外地坪以下基础、垫层}} \qquad (3.5)$$

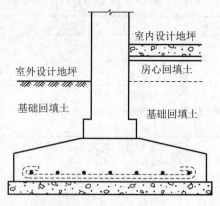

图 3.10　土方回填示意图

2）余方弃置（编码：010103002）

运土工程量按天然密实体积以"m^3"计算。余土弃置工程量为

$$V_{\text{余土弃置}} = V_{\text{挖土总体积}} - V_{\text{回填土总体积}} \text{（结果应为正值）} \qquad (3.6)$$

注意：当结果为负值时，需买土进行回填，应当在项目特征填方来源中描述，并注明买土方数量。

3.1.2　任务实施：土石方工程工程量清单的编制

根据任务描述中的内容（图 3.1～图 3.4），参考清单计价规范完成以下清单工程量的计算，见表 3.7 和表 3.8。

表 3.7　清单工程量计算表

序号	项目编码	项目名称	计量单位	数量	计算式
1	010101001001	平整场地	m^2	73.71	$S = 11.04 \times 3.24 + 5.1 \times 7.44 = 73.71$
2	010101003001	挖沟槽土方		47.70	$L_{\text{中}} = (10.8 + 8.1) \times 2 = 37.8$ $L_{\text{内}} = 3 - 0.92 = 2.08$ $S_{1\text{-}1\,(2\text{-}2)} = 0.92 \times 1.3 = 1.196$ $V = (37.8 + 2.08) \times 1.196 = 47.70$
3	010101004001	挖基坑土方		8.20	$(2.1 + 0.2) \times (2.1 + 0.2) \times 1.55 = 8.20$
4	010103001001	土方回填	m^3	30.84	① 垫层：$V = (37.8 + 2.08) \times 0.92 \times 0.25 + 2.3 \times 2.3 \times 0.1 = 9.70$ ② 埋在土下砖基础（含圈梁）： $V = (37.8 + 2.76) \times (1.05 \times 0.24 + 0.0625 \times 3 \times 0.126 \times 4) = 14.05$ ③ 埋在土下的混凝土基础及柱： $V = \dfrac{1}{3} \times 0.25 \times (0.5^2 + 2.1^2 + 0.5 \times 2.1) + 1.05 \times 0.4 \times 0.4$ $\quad + 2.1 \times 2.1 \times 0.15 = 1.31$ 基础回填：$V = 47.70 + 8.2 - 9.7 - 14.05 - 1.31 = 30.84$
5	010103002001	余土弃置		20.43	$47.70 + 8.20 - 30.84 \times 1.15$（压实后利用的土方量）$= 20.43$

表 3.8 分部分项工程和单价措施项目清单与计价表

序号	项目编码	项目名称	项目特征	计量单位	工程数量
1	010101001001	平整场地	1. 土壤类别：三类土 2. 弃土运距：5m 3. 取土运距：5m	m²	73.71
2	010101003001	挖沟槽土方	1. 土壤类别：三类土 2. 挖土深度：1.3m 3. 弃土运距：40m	m³	47.70
3	010101004001	挖基坑土方	1. 土壤类别：三类土 2. 挖土深度：1.55m 3. 弃土运距：40m	m³	8.20
4	010103001001	土方回填	1. 土质要求：满足规范及设计要求 2. 密实度要求：满足规范及设计要求 3. 粒径要求：满足规范及设计要求 4. 夯实（碾压）：夯填 5. 运输距离：40m	m³	30.84
5	010103002001	余土弃置	弃土运距：5km	m³	20.43

■知识链接

清单计价规范附录（表 3.9～表 3.11）。

表 3.9 土方工程（编码：010101）

项目编码	项目名称	项目特征	计量单位	工程量计算规则	工作内容
010101001	平整场地	1. 土壤类别 2. 弃土运距 3. 取土运距	m²	按设计图示尺寸以建筑物首层建筑面积计算	1. 土方挖填 2. 场地找平 3. 运输
010101002	挖一般土方	1. 土壤类别 2. 挖土深度 3. 弃土运距		按设计图示尺寸以体积计算	1. 排地表水 2. 土方开挖 3. 围护（挡土板）及拆除 4. 基底钎探 5. 运输
010101003	挖沟槽土方			按设计图示尺寸以基础垫层底面积乘以挖土深度计算	
010101004	挖基坑土方				
010101005	冻土开挖	1. 冻土厚度 2. 弃土运距	m³	按设计图示尺寸开挖面积乘以厚度以体积计算	1. 爆破 2. 开挖 3. 清理 4. 运输
010101006	挖淤泥、流砂	1. 挖掘深度 2. 弃淤泥、流砂距离		按设计图示位置、界限以体积计算	1. 开挖 2. 运输
010101007	管沟土方	1. 土壤类别 2. 管外径 3. 挖沟深度 4. 回填要求	1. m 2. m³	1. 以 m 计量，按设计图示以管道中心线长度计算 2. 以 m³ 计量，按设计图示管底垫层面积乘以挖土深度计算；无管底垫层按管外径的水平投影面积乘以挖土深度计算。不扣除各类井的长度，井的土方并入	1. 排地表水 2. 土方开挖 3. 围护（挡土板）、支撑 4. 运输 5. 回填

表 3.10　石方工程（编码：010102）

项目编码	项目名称	项目特征	计量单位	工程量计算规则	工作内容
010102001	挖一般石方	1. 岩石类别 2. 开凿深度 3. 弃渣运距	m³	按设计图示尺寸以体积计算	1. 排地表水 2. 凿石 3. 运输
010102002	挖沟槽石方			按设计图示尺寸沟槽底面积乘以挖石深度以体积计算	
010102003	挖基坑石方			按设计图示尺寸基坑底面积乘以挖石深度以体积计算	
010102004	挖管沟石方	1. 岩石类别 2. 管外径 3. 挖沟深度	1. m 2. m³	1. 以 m 计量，按设计图示以管道中心线长度计算 2. 以 m³ 计量，按设计图示截面积乘以长度计算	1. 排地表水 2. 凿石 3. 回填 4. 运输

表 3.11　回填（编码：010103）

项目编码	项目名称	项目特征	计量单位	工程量计算规则	工作内容
010103001	回填方	1. 密实度要求 2. 填方材料品种 3. 填方粒径要求 4. 填方来源、运距	m³	按设计图示尺寸以体积计算 注：1. 场地回填：回填面积乘以平均回填厚度 2. 室内回填：主墙间面积乘以回填厚度，不扣除间壁墙 3. 基础回填：按挖方清单项目工程量减去自然地坪以下埋设的基础体积（包括基础垫层及其他构筑物）	1. 运输 2. 回填 3. 压实
010103002	余方弃置	1. 废弃料品种 2. 运距		按挖方清单项目工程量减利用回填方体积（正数）计算	余方点装料运输至弃置点

任务 3.2　工程量清单计价

【知识目标】 1. 掌握土石方工程计价工程量计算的相关规定。
2. 掌握土石方工程综合单价的编制过程。
3. 在理解的基础上掌握土石方工程计价方法。

【能力目标】 能根据给定图纸及相关要求独立完成土石方工程综合单价的编制，并能自主报价。

【任务描述】 如图 3.1～图 3.4 所示，施工过程中考虑基底钎探，不考虑开挖时排地表水，不考虑支设挡土板，工作面为 150mm，放坡系数 1∶0.33。开挖基础土时，其中一部分土壤考虑按挖方量的 60%进行现场运输、堆放，采用人力车运输，距离为 40m，另一部分土壤在基坑边 5m 内堆放。土壤类别为三类土，均为天然密实土。试计算：
（1）平整场地、挖地槽、地坑、土方回填、余土弃置计价工程量并填入计价工程量计算表。
（2）完成以上项目的综合单价计算，并填入综合单价计算表中。

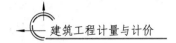

3.2.1　相关知识：计价工程量的计算方法

要进行综合单价的编制，需要先计算计价工程量，依据《湖北省建设工程公共专业消耗量定额及全费用基价表》（2018）的计算规则，包括土方工程、土石方运输和回填及其他。

1. 说明

（1）干湿土的划分以地质勘查资料的地下常水位为准。地下常水位以上为干土，以下为湿土。地表水排出后，土壤含水率≥25%为湿土；含水率＞30%，液性指数 I_c＞1，土和水的混合物呈流塑状态时为淤泥。定额中土方项目是按干土编制的，人工挖、运湿土时，相应项目人工乘以系数1.18，机械挖、运湿土时，相应项目人工、机械乘以系数1.15。采取降水措施后，人工挖、运土相应项目人工乘以系数1.09，机械挖、运土不再乘以系数。

（2）底宽（设计图示垫层或基础的底宽）≤7m，且底长＞3 倍底宽为沟槽；底长≤3倍底宽，且底面积≤150m^2 为基坑；超出上述范围，又非平整场地的，为一般土石方。

（3）机械挖土方中需人工辅助开挖（包括切边、修整底边），人工挖土部分按批准的施工组织设计确定的厚度计算工程量，无施工组织设计的，人工挖土厚度按 30cm 计算。人工挖土部分执行人工挖一般土方相应项目，且人工乘以系数1.50。

（4）桩间挖土不扣除桩体和空孔所占体积，相应项目人工、机械乘以系数1.50。

（5）满堂基础垫层底以下局部加深的槽坑，放坡自槽底（含垫层）算起，槽深为槽底到自然地面标高。槽坑按相应规则计算工程量，相应项目人工、机械乘以系数1.25。

（6）平整场地，指建筑物所在现场厚度≤±300mm 的就地挖、填及平整。

挖填土方厚度＞±300mm，按一般土方相应规定另行计算，但仍应计算平整场地。

2. 计价工程量

1）一般规定

（1）土石方开挖时，应考虑工作面及放坡，工作面宽度和放坡系数均应按施工组织设计（经过批准）计算，施工组织设计无规定时，工作面按表 3.12 计算，放坡同工程量清单的要求，按表 3.3 计算。

表 3.12　基础施工单面工作面宽度计算表

基础材料	每面增加工作面宽度（mm）
砖基础	200
毛石、方整石基础	250
混凝土基础（支模板）	400
混凝土基础垫层（支模板）	150
基础垂直面做砂浆防潮层	400（自防潮层面）
基础垂直面做防水层或防腐层	10000（自防水层或防潮层面）
支挡土板	100（另加）

（2）基础土方放坡，自基础（含垫层）底标高算起。

（3）混合土质的基础土方，其放坡的起点深度和放坡坡度，按不同土类厚度加权平均计算。

（4）计算基础土方放坡时，不扣除放坡交叉处的重复工程量，如图 3.11 所示。

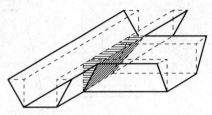

（5）基础土方支挡土板时，土方放坡不另行计算。

2）计算规则

图 3.11 沟槽放坡时，交接处重复
工程量示意图

（1）挖沟槽土方：按设计图示沟槽长度乘以沟槽断面面积以体积计算。其中沟槽长度按设计规定计算，设计无规定时，按下列规定计算。

① 外墙沟槽，按外墙中心线长度计算。凸出墙面的墙垛，按墙垛凸出墙面的中心线长度，并入相应工程量内计算。

② 内墙沟槽、框架间墙沟槽，按基础（含垫层）之间垫层（或基础底）的净长度计算。

注意：图 3.12 中包括内墙基础槽底净长（$L_槽$）、内墙基础顶面净长（$L_基$）、内墙净长线（$L_内$）、内墙中心线（$L_{内中}$）。内墙沟槽长度应按图中 $L_槽$ 计算。

具体计算方法如下。

直壁形式，如图 3.13 所示，计算公式为

$$V_挖 = L(a+2c)H \tag{3.7}$$

式中：$V_挖$——沟槽土方工程量（m^3）；

L——沟槽计算长度（m）；

a——基础（或垫层）底宽（m）；

c——工作面宽度（m）

H——挖土深度（m）。

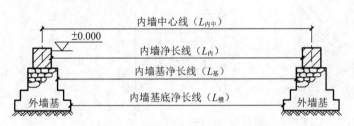

图 3.12 内墙有关的计算长度示意图　　　图 3.13 直壁沟槽示意图

a. 由垫层底面放坡，如图 3.14 所示，计算公式为

$$V_挖 = L(a+2c+kH)H \tag{3.8}$$

式中：k——坡度系数，可参照表 3.3 取值；

其他符号含义同前。

b. 挖沟槽、基坑需要支挡土板的，如图 3.15 所示，计算公式为

$$V_挖 = L(a+2c+2×0.1)H \tag{3.9}$$

式中：0.1——所支挡土板的厚度；

其他符号含义同前。

（2）挖基坑土方：按设计图示基础（含垫层）尺寸，另加工作面宽度、土方放坡宽度或石方允许超挖量乘以开挖深度，以体积计算，具体方法如下。

① 方形基坑不放坡。这种情况下，挖方的形式为柱形（图 3.16），计算公式为

$$V_挖 = (a+2c)(b+2c)H \tag{3.10}$$

② 方形基坑需要放坡，如图 3.17 所示。计算公式为

$$V_挖 = (a+2c+kH)(b+2c+kH)H + 1/3k^2H^3 \tag{3.11}$$

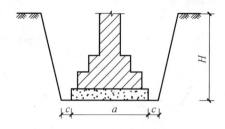

图 3.14　垫层底面放坡示意图

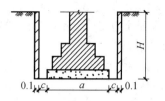

图 3.15　支挡土板挖沟槽示意图

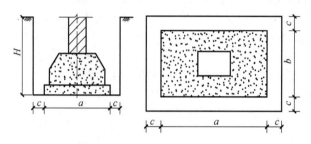

图 3.16　基坑不放坡示意图

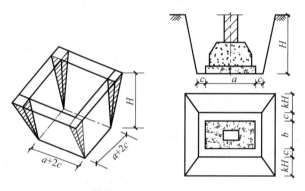

图 3.17　基坑放坡示意图

③ 圆形基坑不放坡。这种情况下,挖方的形式为圆柱形,计算公式为

$$V_{挖} = \pi r^2 H \qquad (3.12)$$

④ 圆形基坑需要放坡,如图 3.18 所示,计算公式为

$$V_{挖} = 1/3\pi H(R_1^2 + R_2^2 + R_1 R_2) \qquad (3.13)$$

式中:R_1——下底半径(m),$R_1 = r + c$;

　　　R_2——上口半径(m),$R_2 = R_1 + kH$;

　　　其他符号含义同前。

(3) 一般土石方:按设计图示基础(含垫层)尺寸,另加工作面宽度、土方放坡宽度或石方允许超挖量乘以开挖深度,以体积计算。机械施工坡道的土石方工程量,并入相应工程量内计算。

(4) 回填及其他。

① 平整场地,按设计图示尺寸,以建筑物首层建筑面积

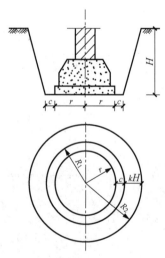

图 3.18　圆形基坑放坡示意图

计算。建筑物地下室结构外边线凸出首层结构外边线时，其凸出部分的建筑面积合并计算。围墙、挡土墙、窖井、化粪池都不计算平整场地。

② 基底钎探，以垫层（或基础）底面积计算。

③ 原土碾压，按图示碾压面积计算，填土碾压按图示碾压后的体积（夯实后体积）计算。

④ 回填，按下列规定以体积计算。

a. 沟槽、基坑回填，按挖方体积减去设计室外地坪以下建筑物、基础（含垫层）的体积计算。

b. 房心（含地下室内）回填，按主墙间净面积（扣除连续底面积 $2m^2$ 以上的设备基础等面积）乘以回填厚度以体积计算。

（5）土方运输，以天然密实体积计算。

① 土石方运距，按挖土区重心至填方区（或堆放区）重心间的最短距离计算。

② 挖土总体积减去回填土（折合天然密实体积），总体积为正，则为余土外运；总体积为负，则为取土内运。

3.2.2 任务实施：土石方工程计价工程量与综合单价的编制

步骤一：编制计价工程量。

根据任务描述（图 3.1～图 3.4）的内容，在掌握计价工程量计算方法和设计图纸要求的基础上，计算下列清单项目的计价工程量（表 3.13）。

表 3.13 计价工程量计算表

序号	项目编码	项目名称	计量单位	数量	计算式
1	010101001001	平整场地	m^2	73.71	
	G1-318	人工平整场地		73.71	$S=$ 首层建筑面积
2	010101003001	挖沟槽土方		47.70	
	G1-11	人工挖沟槽 三类土 2m 内	m^3	63.25	$L_{中}=(10.8+8.1)\times2=37.8$ $L_{内}=3-0.92=2.08$ $S_{1-1(2-2)}=(0.92+2\times0.15)\times1.3=1.586$ $V=(37.8+2.08)\times1.586=63.25$
	G1-51	人力车运土方 50m 内		37.95	$63.25\times60\%=37.95$
	G1-332	基底钎探	m^2	36.69	$0.92\times[37.8+(3-0.92)]=36.69$
3	010101004001	挖基坑土方		8.20	
	G1-19	人工挖基坑 三类土 2m 内	m^3	15.13	$S_{下}=(2.3+0.15\times2)^2=6.76$ $S_{上}=(2.3+0.15\times2+2\times0.33\times1.55)^2=13.13$ $V=\frac{1}{3}\times h\times(S_{上}+S_{下}+\sqrt{S_{上}S_{下}})$ $=\frac{1}{3}\times1.55\times(2.6^2+3.62^2+2.6\times3.62)=15.13$
	G1-51	人力车运土方 50m 内		9.078	$15.13\times60\%=9.078$
	G1-332	基底钎探	m^2	5.29	$2.3\times2.3=5.29$

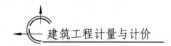

序号	项目编码	项目名称	计量单位	数量	计算式
4	010103001001	土方回填		30.84	
	G1-329	原土夯实（槽坑）	m³	53.32	① 垫层：$V=(37.8+2.08)\times0.92\times0.25+2.3\times2.3\times0.1=9.70$ ② 埋在土下砖基础（含圈梁）：$V=(37.8+2.76)\times(1.05\times0.24+0.0625\times3\times0.126\times4)=14.05$ ③ 埋在土下的混凝土基础及柱： $V=\dfrac{1}{3}\times0.25\times(0.5^2+2.1^2+0.5\times2.1)+1.05\times0.4\times0.4+2.1\times2.1\times0.15=1.31$ 基础回填：$V=63.25+15.13-9.7-14.05-1.31=53.32$
	G1-51	人力车运土方 50m 内		21.97	就近堆放土方量：$63.25-37.95+15.13-9.08=31.35$ 运回土方量：$53.32-31.35=21.97$
5	010103002001	余土弃置		20.43	
	G1-212 换＝ G1-212＋ 4×G1-213	自卸汽车运土方 运距 5km 以内		17.06	$63.25+15.13-53.32\times1.15=17.06$

注：G1-212：自卸汽车运土方，运距 1km 以内；G1-213：自卸汽车运土方，运距 30km 以内（每增加 1km）。

步骤二：编制综合单价（一般计税法）。

根据任务描述（图 3.1～图 3.4）的内容，查《湖北省建设工程公共专业消耗量定额及全费用基价表》（2018）（土石方·地基处理·桩基础·排水降水），见表 3.14。综合单价计算方法详见任务 1.4 综合单价的内容，具体步骤如下。

（1）清单工程量见表 3.7，计价工程量见表 3.13，表 3.15 中的数量为折算数量，其计算方法如下：

$$折算数量=\frac{计价工程量}{清单工程量}\times\frac{1}{定额扩大单位}$$

例如，表 3.15 中 G1-11 中的数量＝折算数量＝$\dfrac{63.25}{47.70\times10}=0.1326$。

（2）查找定额各项费用组成，参照表 3.14。

表 3.14　《湖北省建设工程公共专业消耗量定额及全费用基价表》（2018）摘录　　单位：元

序号	定额编号	项目名称	计量单位	人工费	材料费	机械费
1	G1-318	人工平整场地	100m²	207.83	—	—
2	G1-11	人工挖沟槽 三类土 2m 内	10m³	347.21		
3	G1-51	人力车运土方 50m 内		96.51	—	—
4	G1-332	基底钎探	100m²	84.64	96.71	20.97
5	G1-19	人工挖基坑 三类土 2m 内	10m³	391.09	—	—
6	G1-329	原土夯实（槽坑）		166.43	0.53	
7	G1-212	自卸汽车运土方 运距 1km 以内	1000m³	—	2189.33	3803.87
8	G1-213	自卸汽车运土方 运距 30km 以内（每增加 1km）			630.81	1125.00

（3）完成综合单价分析表的编制（表 3.15）。

表 3.15　综合单价分析表

清单综合单价组成明细

项目编号	项目名称	计量单位	定额编号	定额名称	定额单位	数量	单价（元）				合价（元）				综合单价（元）
							人工费	材料费	机械费	管理费和利润	人工费	材料费	机械费	管理费和利润	
010201001001	平整场地	m²	G1-318	平整场地	100m²	0.01	207.83	0	0	51.62	2.08	0	0	0.52	2.59
010101003001	挖沟槽土方	m³									54.37	0.74	0.16	13.55	68.82
			G1-11	人工挖沟槽土方（槽深）三类土≤2m	10m³	0.1326	347.21	0	0	86.25	46.04	0.74	0.16	11.44	57.48
			G1-51	人力车运土方 运距≤50m	10m³	0.0796	96.51	0	0	23.97	7.68	0	0	1.91	9.59
			G1-332	基底钎探	100m²	0.0077	84.64	96.71	20.97	26.24	0.65	0.74	0.16	0.2	1.75
010101004001	挖基坑土方	m³									83.4	0.62	0.14	20.75	104.91
			G1-19	人工挖基坑土方（坑深）三类土≤2m	10m³	0.1845	391.09	0	0	97.15	72.16	0	0	17.93	90.09
			G1-51	人力车运土方 运距≤50m	10m³	0.1107	96.51	0	0	23.97	10.69	0	0	2.65	13.34
			G1-332	基底钎探	100m²	0.0065	84.64	96.71	20.97	26.24	0.55	0.62	0.14	0.17	1.48
010103001001	土方回填	m³									35.65	0.09	0	8.86	44.6
			G1-329	回填土 夯填土 人工 槽坑	10m³	0.1729	166.43	0.53	0	41.34	28.77	0.09	0	7.15	36.01
			G1-51	人力车运土方 运距≤50m	10m³	0.0712	96.51	0	0	23.97	6.88	0	0	1.71	8.59
010103002001	余方弃置	m³	G1-212 换	自卸汽车运土方（载重 8t 以内）运距 1km 以内（1km＜s≤30km）实际运距（km）：5	1000m³	0.0008	0	4712.55	8303.87	2062.68	0	3.94	6.93	1.72	12.59

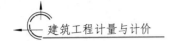

综合实训——土石方工程清单工程量计算方法的运用

【实训目标】 1. 进一步掌握土石方工程清单工程量编制方法的运用。

2. 熟悉土石方工程量的计算方法。

【能力要求】 能根据给定图纸及相关要求快速、准确完成土石方工程量清单编制。

【实训描述】 根据本书附后的工程实例"某办公室"施工图(结施01-03)完成以下项目清单工程量的计算。

(1)试计算 DG—01、DG—02、DG—07 挖基坑土方,JL6、JL7 挖沟槽土方清单工程量。

(2)试计算 DG—01 基础回填土清单工程量。

(3)试计算首层室内回填土清单工程量。

【任务实施1】试计算 DG—01、DG—02、DG—07 挖基坑土方,JL6、JL7 挖沟槽土方清单工程量。

1. 挖基坑土方

分析:根据基础平面布置图知各独立基础采用 C15 混凝土垫层,垫层底面标高 -1.6m,又知室外地坪标高 -0.45m,则基坑开挖深度 $h=1.6-0.45=1.15\text{m}<1.5\text{m}$。

(1)DG—01: $V=(9.2+2\times0.1)\times(1.5+2\times0.1)\times1.15$
$$=18.38(\text{m}^3)$$

(2)DG—02: $V=(3.4+2\times0.1)\times(2.4+2\times0.1)\times1.15\times2$
$$=21.53(\text{m}^3)$$

(3)DG—07: $V=(3.2+2\times0.1)\times(2.8+2\times0.1)\times1.15$
$$=11.73(\text{m}^3)$$

2. 挖沟槽土方

分析:根据结构设计总说明,基础梁底面均做 100mm 厚 C15 混凝土垫层。

方案一:根据施工过程,先挖土,包括基坑和沟槽,再施工独立基础,然后回填土至基础梁底面后施工基础梁,沟槽至基坑的侧面挖沟槽土方计算如下。

(1)JL6: $V=(0.3+2\times0.1)\times(0.9-0.45-0.03)\times(9.6-1.525-0.875-0.1\times2)$
$$=1.47(\text{m}^3)$$

(2)JL7: $V=(0.3+2\times0.1)\times(0.75-0.45-0.03)\times(21.9-1.7-4.2-6.4-1.275$
$$-0.1\times6)$$
$$=1.04(\text{m}^3)$$

方案二:根据施工过程,先挖基坑,再施工独立基础,然后回填土至基础梁底面,最后挖沟槽并施工基础梁,沟槽至柱子侧面挖沟槽土方计算如下。本书最后的"附

录 工程实例学习"用的是方案二。

（1）JL6：$V=(0.3+2\times0.1)\times(0.9-0.45-0.03)\times(9.6-0.375\times2)$
$=1.86(m^3)$

（2）JL7：$V=(0.3+2\times0.1)\times(0.75-0.45-0.03)\times(5.7+5.85+2.55+5.85)$
$=2.69(m^3)$

【任务实施 2】 试计算 DG—01 基础回填土清单工程量。

分析：基础回填土＝挖方量－室外地坪以下埋设物的体积

（1）挖方量＝18.38(m^3)（详见任务实例 1）。

（2）室外地坪以下埋设物的体积：

① C15 混凝土垫层＝$(9.2+2\times0.1)(1.5+2\times0.1)\times0.1$
$=1.60(m^3)$

② 独立基础＝$9.2\times1.5\times0.55$
$=7.59(m^3)$

③ 柱头＝$0.5\times0.5\times(1.6-0.1-0.55-0.45)\times2$
$=0.25(m^3)$

④ 基础梁底面标高－0.45m，位于室外地坪面－0.45m 处，不予扣除。

（3）基础回填土：$V=18.38-1.6-7.59-0.25$
$=8.94(m^3)$

【任务实施 3】 试计算首层室内回填土清单工程量。

分析：

方法一：室内回填土＝主墙间净面积×回填厚度
　　　　　　　　＝(首层建筑面积－外墙占有面积－内墙占有面积)×回填厚度

（1）首层建筑面积，查"项目 2 建筑面积计算规范的综合实训"为 461.05m^2。

（2）外墙占有面积＝$0.25\times L_{中}$

其中：$L_{中}=(31.5+25)\times2+4.5\times2=122(m)$

外墙占有面积＝$0.25\times122=30.5(m^2)$

（3）内墙占有面积＝$0.25L_{内}$

其中：$L_{内}=(6.3-0.25)+[21.9-0.25-(3-0.25)]+(9.6-0.25)+(4.5-0.25)$
　　　　　$+(6.3-0.25)\times6+(6.3+1.80-0.25)+(1.5+2.925-0.25)$
$=86.87(m)$

内墙占有面积＝$0.25\times86.87=21.72(m^2)$

（4）⑤～⑥/⑱～Ⓗ（生化处理室）：查装修做法地 1 得知，80mm 厚 C15 混凝土垫层，20mm 厚水泥砂浆，40mm 厚 C25 细石混凝土，则回填厚度＝室内外高差－地面装修厚度＝0.45－0.14＝0.31(m)。

（5）⑤～⑥/⑱～Ⓗ（生化处理室）：室内回填土＝$(9.6-0.25)\times(25-2.925-1.5-0.25)\times0.31=190.04\times0.31=58.91(m^3)$。

（6）生化处理室以外，回填厚度＝0.45－0.03＝0.42(m)。

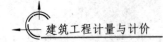

（7）室内回填土＝主墙间净面积×回填厚度

$$=(461.05-30.5-21.72-191.21)\times0.42$$

$$=91.40(m^3)$$

（8）合计＝58.91＋91.40＝150.31(m^3)。

方法二：室内回填土＝主墙间净面积×回填厚度

$$=\left[\sum 各房间(净长\times净宽)\right]\times回填厚度$$

本书最后的"附录　工程实例学习"用的是方法二。

项 目

地基处理与边坡支护工程

▌**学习提示** 地基处理是指建筑物的地基承载力或者沉降不满足设计要求，需要进行处理，包括换填垫层、铺设土工合成材料、强夯地基、深层搅拌桩、粉喷桩、柱锤冲扩桩及注浆地基等，而边坡支护则是采用地下连续墙、钢板桩、锚索、土钉及钢筋混凝土支撑等对基坑与边坡进行支护。工程量的计量单位有"m""m²""m³""根"，可根据需要选择合适的计量单位。

▌**能力目标** 1．能计算地基处理与边坡支护清单工程量。
2．能计算地基处理与边坡支护计价工程量。
3．能编制地基处理与边坡支护综合单价。

▌**知识目标** 1．掌握地基处理与边坡支护工程量清单的编制方法。
2．掌握湖北省定额中地基处理与边坡支护计价工程量的计算规则。
3．掌握清单工程量与计价工程量的区别。
4．熟悉综合单价的编制方法。

▌**规范标准** 1．《建设工程工程量清单计价规范》（GB 50500—2013）。
2．《房屋建筑与装饰工程工程量计算规范》（GB 50854—2013）。
3．《湖北省建设工程公共专业消耗量定额及全费用基价表》（2018）。
4．《湖北省建筑安装工程费用定额》（2018）。

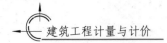

任务 4.1 工程量清单编制

【知识目标】　1. 掌握地基处理与边坡支护工程清单工程量计算的相关规定。
　　　　　　　　2. 掌握地基处理与边坡支护工程量清单的编制过程。
　　　　　　　　3. 熟悉地基处理与边坡支护工程计算方法。

【能力目标】　能根据给定图纸及相关要求独立完成地基处理与边坡支护工程量清单编制。

【任务描述】　某边坡工程采用土钉支护，根据岩土工程勘察报告，地层为带块石的碎石土，土钉成孔直径为 90mm，采用 1 根 HRB335、直径 25mm 的钢筋作为杆体，成孔深度为 10.0m，土钉入射倾角 15°，杆筋送入钻孔后，灌注 M30 水泥砂浆。混凝土面板采用 C20 喷射混凝土，厚度为 120mm，如图 4.1 和图 4.2 所示。

问题：试列出该边坡分部分项工程量清单。

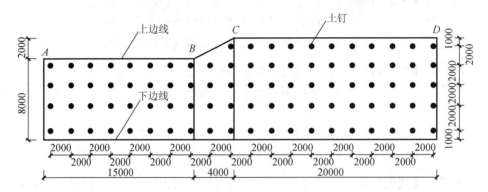

图 4.1　AD 段边坡立面图

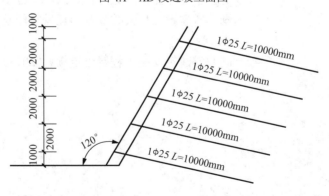

图 4.2　AD 段边坡剖面图

4.1.1　相关知识：地基处理与边坡支护工程清单工程量计算

要想进行工程量清单编制，需要先了解工程量计算的一般规则以及清单工程量的基本概念。

目前，在工程实践中广泛应用各种地基处理方法和基坑支护工程技术，包括土层锚杆技术、水泥挡土墙支护技术及土钉支护技术等。

1.　一般规则

对地层情况的描述按表 3.1 的土壤及岩石分类表，并根据岩土工程勘察报告进行描述，为避免描述内容与实际地质情况有差异而造成重新组价，可采用以下方法处理：①描述各类土方的比例及范围值；②不同土石方类别分别列项；③直接描述"详细勘察报告"。

1）地基处理

（1）项目特征描述中桩长应包括桩尖、空桩长度（孔深－桩长），孔深（为自然地面至设计桩底的深度）。

（2）高压喷射注浆类型包括旋喷、摆喷、定喷，高压喷射注浆方法包括单管法、双重管法、三重管法。

（3）泥浆护壁成孔，工作内容包括土方、废泥浆外运，如采用沉管灌注成孔，工作内容包括桩尖制作、安装。

2）基坑与边坡支护

（1）土钉置入方法包括钻孔置入、打入或射入等。在清单列项时要正确区分锚杆项目和土钉项目。锚杆是指由杆体（钢绞线、普通钢筋、热处理钢筋或钢管）、注浆形成的固结体、锚具、套管、连接器所组成的一端与支护结构构件连接，另一端锚固在稳定岩土体内的受拉杆件。杆体采用钢绞线时，亦可称为锚索。土钉是设置在基坑侧壁土体内的承受拉力与剪力的杆件。例如，成孔后植入钢筋杆体并通过孔内注浆在杆体周围形成固结体的钢筋土钉，以及将设有出浆孔的钢管直接击入基坑侧壁土中并在钢管内注浆的钢管土钉。

（2）项目特征描述中混凝土种类：指清水混凝土、彩色混凝土等，如在同一地区既使用预拌（商品）混凝土，又允许现场搅拌混凝土时，也应注明。

（3）地下连续墙和喷射混凝土（砂浆）的钢筋网、咬合灌注桩的钢筋笼及钢筋混凝土支撑的钢筋制作、安装，按"项目 7　混凝土及钢筋混凝土工程"中相关项目列项。

（4）其他需要注意的问题。

①　基坑与边坡支护的排桩按"项目 5　桩基工程"中相关项目列项。

②　水泥土墙、坑内加固按"项目 4　地基处理与边坡支护工程"中相关项目列项。

③　砖、石挡土墙、护坡按"项目 6　砌筑工程"中相关项目列项。

④　混凝土挡土墙按"项目 7　混凝土及钢筋混凝土工程"中相关项目列项。

2.　清单工程量计算规则

1）地基处理（编码：010201）

（1）换填垫层按设计图示尺寸以体积"m³"计算。换填垫层是指挖去浅层软弱土层和不均匀土层，回填坚硬、较粗粒径的材料，并夯压密实形成的垫层。根据换填材料不同可分为土、石垫层和土工合成材料加筋垫层，可根据换填材料不同，土（灰土）垫层、石（砂石）垫层等分别编码列项。

（2）铺设土工合成材料按设计图示尺寸以面积"m²"计算。土工合成材料是土木工程应用的合成材料的总称，作为一种土木工程材料，它是以人工合成的聚合物（如塑料、化纤、合成橡胶等）为原料，制成各种类型的产品，置于土体内部、表面或各种土体之间，发挥加强或保护土体的作用，如图 4.3 所示。

图 4.3　土工合成材料

图 4.4　强夯地基

（3）预压地基、强夯地基、振冲密实（不填料）按设计图示处理范围以面积"m²"计算。预压地基是指采取堆载预压、真空预压、堆载与真空联合顶压方式对淤泥质土、淤泥、冲击填土等地基土固结压密处理后而形成的饱和黏性土地基。强夯地基属于夯实地基，即反复将夯锤提到高处使其自由落下，给地基以冲击和振动能量，将地基土密实处理或置换形成密实墩体的地基（图 4.4）。振冲密实是利用振动和压力水使砂层液化，砂颗粒相互挤密，重新排列，空隙减少，以提高砂层的承载能力和抗液化能力。

（4）振冲灌注（填料）桩、砂石桩按设计图示以桩长"m"或按设计桩截面乘以桩长以体积"m³"计算，振冲灌注（填料）桩是利用振冲器在高压水流作用下边振边冲，在软弱黏性土地基中成孔，再在孔内分批填入碎石、砾砂、粗砂等坚硬材料制成桩体（图 4.5）。砂石桩是将碎石、砂或砂石混合料挤入孔中，形成密实砂石，竖向增强桩体，与桩间土形成复合地基。

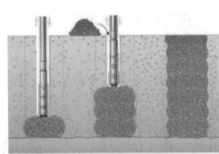

图 4.5　振冲灌注（填料）桩

（5）地基处理中运用的其他桩，包括水泥粉煤灰碎石桩、深层搅拌桩、粉喷桩、夯实水泥土桩、高压喷射注浆桩、石灰桩、灰土（土）挤密桩及桩锤冲扩桩均按设计图示尺寸以桩长"m"计算。

（6）注浆地基按设计图示尺寸以钻孔深度"m"或加固体积"m³"计算。

（7）褥垫层按设计图示尺寸以铺设面积"m²"或图示体积"m³"计算，褥垫层（中砂、粗砂、级配砂石或碎石）是 CFG 桩复合地基中解决地基不均匀沉降的一种方法，它可以起到保证桩土共同承担荷载、调整桩与土垂直及水平荷载的分担和减小基础底面的应力集中的作用，如图 4.6 所示。

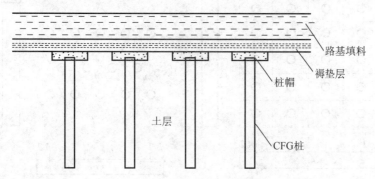

图 4.6 CFG 桩复合地基示意图

2）地基与边坡支护（编码：010202）

（1）地下连续墙按设计图示墙中心线长度乘以厚度乘以槽深以体积"m³"计算，地下连续墙是利用各种挖槽机械，借助于泥浆的护壁作用，在地下挖出窄而深的沟槽，并在其内浇筑适当的材料而形成一道具有防渗（水）、挡土和承重功能的连续的地下墙体，如图 4.7 所示。

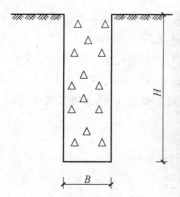

图 4.7 地下连续墙

（2）咬合灌注桩、圆木桩、预制钢筋混凝土板桩按设计图示尺寸以桩长"m"或根数计算。咬合桩是指在桩与桩之间形成相互咬合排列的一种基坑围护结构。桩的排列方式为一条不配筋并采用超缓凝素混凝土桩（A 桩）和一条钢筋混凝土桩（B 桩）间隔布置。施工时，先施工 A 桩，后施工 B 桩，在 A 桩混凝土初凝之前完成 B 桩的施工。A 桩、B 桩均采用全套管钻机施工，切割掉相邻 A 桩相交部分的混凝土，从而实现咬合。

（3）型钢桩按设计图示尺寸以质量"t"或根数计算。

（4）预应力锚杆、锚索、土钉按设计图示尺寸以钻孔深度"m"或根数计算。

（5）喷射混凝土、水泥砂浆按设计图示尺寸以面积"m²"计算。

（6）混凝土支撑按设计图示尺寸以体积"m³"计算。

（7）钢支撑按设计图示尺寸以质量"t"计算，不扣除孔眼质量，焊条、铆钉、螺栓不另增加质量。

【案例4.1】 试计算图4.8地基处理工程量。

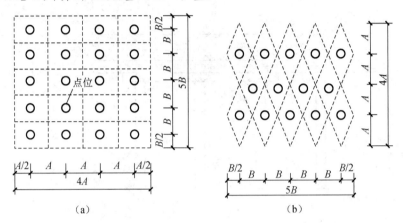

图4.8 工程量计算示意图

【解】 对于"预压地基""强夯地基"和"振冲密实（不填料）"项目的工程量按设计图示处理范围以面积计算，即根据每个点位所代表的范围乘以点数计算。

图4.8（a）：工程量＝20×A×B

图4.8（b）：工程量＝14×A×B

【案例4.2】 某别墅工程基底为可塑黏土，不能满足设计承载力要求，采用水泥粉煤灰碎石桩进行地基处理，桩径为400mm，桩体强度等级为C20，桩数为52根，设计桩长为10m，桩端进入硬塑黏土层不少于1.5m，桩顶在地面以下1.5～2m，水泥粉煤灰碎石桩采用振动沉管灌注桩施工，桩顶采用200mm厚人工级配砂石（砂：碎石＝3：7，最大粒径30mm）作为褥垫层，如图4.9和图4.10所示。试列出地基处理分部分项工程量清单。

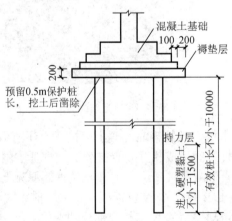

图4.9 水泥粉煤灰碎石桩详图

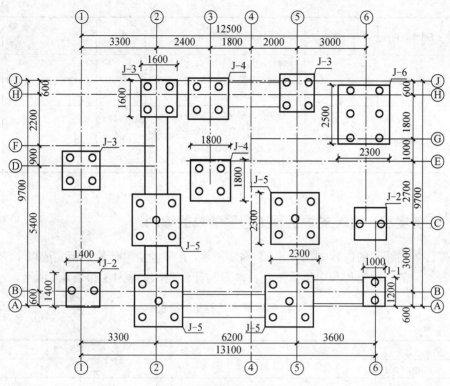

图 4.10　某别墅水泥粉煤灰碎石桩平面图

【**解**】清单工程量计算表、分部分项工程和单价措施项目清单与计价表分别如表4.1和表4.2所示。

表 4.1　清单工程量计算表

工程名称：某别墅工程

序号	清单项目编码	清单项目名称	计算式	工程量	计量单位
1	010201008001	水泥粉煤灰碎石桩	$L=52\times10=520$	520	m
2	010201017001	褥垫层	1）J-1　$1.8\times1.6\times1=2.88$ 2）J-2　$2.0\times2.0\times2=8.00$ 3）J-3　$2.2\times2.2\times3=14.52$ 4）J-4　$2.4\times2.4\times2=11.52$ 5）J-5　$2.9\times2.9\times4=33.64$ 6）J-6　$2.9\times3.1\times1=8.99$ $S=2.88+8.00+14.52+11.52+33.64+8.99=79.55$	79.55	m²
3	010301004001	截（凿）桩头	$n=52$	52	根

表 4.2　分部分项工程和单价措施项目清单与计价表

工程名称：某别墅工程

序号	项目编码	项目名称	项目特征描述	计量单位	工程量	金额（元）	
						综合单价	合价
1	010201008001	水泥粉煤灰碎石桩	1. 地层情况：三类土 2. 空桩长度、桩长：1.5m～2m、10m 3. 桩径：400mm 4. 成孔方法：振动沉管 5. 混合料强度等级：C20	m	520		

序号	项目编码	项目名称	项目特征描述	计量单位	工程量	金额（元）	
						综合单价	合价
2	010201017001	褥垫层	1. 厚度：200mm 2. 材料品种及比例：人工级配砂石（最大粒径30mm），砂：碎石＝3：7	m²	79.55		
3	010301004001	截（凿）桩头	1. 桩类型：水泥粉煤灰碎石桩 2. 桩头截面、高度：400mm、0.5m 3. 混凝土强度等级：C20 4. 有无钢筋：无	根	52		

注：根据规范规定，可塑黏土和硬塑黏土为三类土。

4.1.2　任务实施：边坡支护工程工程量清单的编制

根据任务描述中的内容如图 4.1 和图 4.2 所示，并参考清单计价规范完成以下清单工程量计算表、分部分项工程和单价措施项目清单与计价表，如表 4.3 和表 4.4 所示。

表 4.3　清单工程量计算表

工程名称：某工程

序号	清单项目编码	清单项目名称	计算式	工程量	计量单位
1	010202008001	土钉	$n＝91$	91	根
2	010202009001	喷射混凝土	1. AB 段 $S1＝8÷\sin\dfrac{\pi}{3}×15＝138.56$ 2. BC 段 $S2＝(10+8)÷2÷\sin\dfrac{\pi}{3}×4＝41.57$ 3. CD 段 $S3＝10÷\sin\dfrac{\pi}{3}×20＝230.94$ $S＝138.56+41.57+230.94＝411.07$	411.07	m²

表 4.4　分部分项工程和单价措施项目清单与计价表

工程名称：某工程

序号	项目编码	项目名称	项目特征描述	计量单位	工程量	金额（元）	
						综合单价	合价
1	010202008001	土钉	1. 地层情况：四类土 2. 钻孔深度：10m 3. 钻孔直径：90mm 4. 置入方法：钻孔置入 5. 杆体材料品种、规格、数量：HRB335、直径25的钢筋，1根 6. 浆液种类、强度等级：M30 水泥砂浆	根	91		
2	010202009001	喷射混凝土	1. 部位：AD 段边坡 2. 厚度：120mm 3. 材料种类：喷射混凝土 混凝土（砂浆）种类、强度等级：C20	m²	411.07		

注：根据规范规定，碎石土为四类土。

知识链接

清单计价规范附录（表4.5和表4.6）。

表 4.5　地基处理（编码：010201）

项目编码	项目名称	项目特征	计量单位	工程量计算规则	工作内容
010201001	换填垫层	1. 材料种类及配比 2. 压实系数 3. 掺加剂品种	m³	按设计图示尺寸以体积计算	1. 分层铺填 2. 碾压、振密或夯实 3. 材料运输
010201002	铺设土工合成材料	1. 部位 2. 品种 3. 规格		按设计图示尺寸以面积计算	1. 挖填锚固沟 2. 铺设 3. 固定 4. 运输
010201003	预压地基	1. 排水竖井种类、断面尺寸、排列方式、间距、深度 2. 预压方法 3. 预压荷载、时间 4. 砂垫层厚度	m²		1. 设置排水竖井、盲沟、滤水管 2. 铺设砂垫层、密封膜 3. 堆载、卸载或抽气设备安拆、抽真空 4. 材料运输
010201004	强夯地基	1. 夯击能量 2. 夯击遍数 3. 夯击点布置形式、间距 4. 地耐力要求 5. 夯填材料种类		按设计图示处理范围以加固面积计算	1. 铺设夯填材料 2. 强夯 3. 夯填材料运输
010201005	振冲密实（不填料）	1. 地层情况 2. 振密深度 3. 孔距			1. 振冲加密 2. 泥浆运输
010201006	振冲桩（填料）	1. 地层情况 2. 空桩长度、桩长 3. 桩径 4. 填充材料种类	1. m 2. m³	1. 以 m 计量，按设计图标尺寸以桩长计算 2. 以 m³ 计量，按设计桩截面乘以桩长以体积计算	1. 振冲成孔、填料、振实 2. 材料运输 3. 泥浆运输
010201007	砂石桩	1. 地层情况 2. 空桩长度、桩长 3. 桩径 4. 成孔方法 5. 材料种类、级配		1. 以 m 计量，按设计图示尺寸以桩长（包括桩尖）计算 2. 以 m³ 计量，按设计桩截面乘以桩长（包括桩尖）以体积计算	1. 成孔 2. 填充、振实 3. 材料运输
010201008	水泥粉煤灰碎石桩	1. 地层情况 2. 空桩长度、桩长 3. 桩径 4. 成孔方法 5. 混合料强度等级	m	按设计图示尺寸以桩长（包括桩尖）计算	1. 成孔 2. 混合料制作、灌注、养护 3. 材料运输
010201009	深层搅拌桩	1. 地层情况 2. 空桩长度、桩长 3. 桩截面尺寸 4. 水泥强度等级、掺量		按设计图标尺寸以桩长计算	1. 预搅下钻、水泥浆制作、喷浆搅拌提升成桩 2. 材料运输

项目编码	项目名称	项目特征	计量单位	工程量计算规则	工作内容
010201010	粉喷桩	1. 地层情况 2. 空桩长度、桩长 3. 桩径 4. 粉体种类、掺量 5. 水泥强度等级、石灰粉要求	m	按设计图标尺寸以桩长计算	1. 预搅下钻、喷粉搅拌提升成桩 2. 材料运输
010201011	夯实水泥土桩	1. 地层情况 2. 空桩长度、桩长 3. 桩径 4. 成孔方法 5. 水泥强度等级 6. 混合料配比		按设计图示尺寸以桩长（包括桩尖）计算	1. 成孔、夯底 2. 水泥土拌和、填料、夯实 3. 材料运输
010201012	高压喷射注浆桩	1. 地层情况 2. 空桩长度、桩长 3. 桩截面 4. 注浆类型、方法 5. 水泥强度等级		按设计图示尺寸以桩长计算	1. 成孔、夯底 2. 水泥浆制作、高压喷射注浆 3. 材料运输
010201013	石灰桩	1. 地层情况 2. 空柱长度 3. 桩径 4. 成孔方法 5. 掺和料种类、配合比		按设计图标尺寸以桩长（包括桩尖）计算	1. 成孔 2. 混合料制作、运输、夯填
010201014	灰土（土）挤密桩	1. 地层情况 2. 空柱长度、桩长 3. 桩径 4. 成孔方法 5. 灰土级配			1. 成孔 2. 灰土拌和、运输、填充、夯实
010201015	柱锤冲扩桩	1. 地层情况 2. 空桩长度、桩长 3. 桩经 4. 成孔方法 5. 桩体材料种类、配合比		按设计图示尺寸以桩长计算	1. 安拔套管 2. 冲孔、填料、夯实 3. 桩体材料制作、运输
010201016	注浆地基	1. 地层情况 2. 空钻深度、注浆深度 3. 注浆间距 4. 浆液种类及配比 5. 注浆方法 6. 水泥强度等级	1. m 2. m³	1. 以 m 计量，按设计图标尺寸以钻孔深度计算 2. 以 m³ 计量，按设计图示尺寸以加固体积计算	1. 成孔 2. 注浆导管制作、安装 3. 浆液制作、压浆 4. 材料运输
010201017	褥垫层	1. 厚度 2. 材料品种及比例	1. m² 2. m³	1. 以 m³ 计量，按设计图示尺寸以铺设面积计算 2. 以 m³ 计量，按设计图示尺寸以体积计算	材料拌和、运输、铺设、压实

表 4.6　基坑与边坡支护（编码：010202）

项目编码	项目名称	项目特征	计量单位	工程量计算规则	工作内容
010202001	地下连续墙	1. 地层情况 2. 导墙类型、截面 3. 墙体厚度 4. 成槽深度 5. 混凝土类别、强度等级 6. 接头形式	m³	按设计图示墙中心线长乘以厚度乘以槽深以体积计算	1. 导墙挖填、制作、安装、拆除 2. 挖土成槽、固壁、清底置换 3. 混凝土制作、运输、灌注、养护 4. 接头处理 5. 土方、废泥浆外运 6. 打桩场地硬化及泥浆池、泥浆沟

续表

项目编码	项目名称	项目特征	计量单位	工程量计算规则	工作内容
010202002	咬合灌注桩	1. 地层情况 2. 桩长 3. 桩径 4. 混凝土种类、强度等级 5. 部位	1. m 2. 根	1. 以 m 计量，按设计图示尺寸以桩长计算 2. 以根计量，按设计图示数量计算	1. 成孔、固壁 2. 混凝土制作、运输、灌注、养护 3. 套管压拔 4. 土方、废泥浆外运 5. 打桩场地硬化及泥浆池、泥浆沟
010202003	圆木桩	1. 地层情况 2. 桩长 3. 材质 4. 尾径 5. 桩倾斜度		1. 以 m 计量，按设计图示尺寸以桩长（包括桩尖）计算 2. 以根计量，按设计图示数量计算	1. 工作平台搭设、拆除 2. 桩机移位 3. 桩靴安装 4. 沉桩
010202004	预制钢筋混凝土板桩	1. 地层情况 2. 送桩深度、桩长 3. 桩截面 4. 沉桩方法 5. 连接方式 6. 混凝土强度等级			1. 工作平台搭设、拆除 2. 桩机移位 3. 沉桩 4. 板桩连接
010202005	型钢桩	1. 地层情况或部位 2. 送桩深度、桩长 3. 规格型号 4. 桩倾斜度 5. 防护材料种类 6. 是否拔出	1. t 2. 根	1. 以 t 计量，按设计图示尺寸以质量计算 2. 以根计量，按设计图示数量计算	1. 工作平台搭设、拆除 2. 桩机移位 3. 打（拔）桩 4. 接桩 5. 刷防护材料
010202006	钢板桩	1. 地层情况 2. 桩长 3. 板桩厚度	1. t 2. m²	1. 以 t 计量，按设计图示尺寸以质量计算 2. 以 m² 计量，按设计图示墙中心线长乘以桩长以面积计算	1. 工作平台搭设、拆除 2. 桩机移位 3. 打拔钢板桩
010202007	锚杆（锚索）	1. 地层情况 2. 锚杆（索）类型、部位 3. 钻孔深度 4. 钻孔直径 5. 杆体材料品种、规格、数量 6. 预应力 7. 浆液种类、强度等级	1. m 2. 根	1. 以 m 计量，按设计图示尺寸以钻孔深度计算 2. 以根计量，按设计图示数量计算	1. 钻孔、浆液制作、运输、压浆 2. 锚杆（锚索）、制作、安装 3. 张拉锚固 4. 锚杆（锚索）施工平台搭设、拆除
010202008	土钉	1. 地层情况 2. 钻孔深度 3. 钻孔直径 4. 置入方法 5. 杆体材料品种、规格、数量 6. 浆液种类、强度等级			1. 钻孔、浆液制作、运输、压浆 2. 土钉制作、安装 3. 土钉施工平台搭设、拆除
010202009	喷射混凝土、水泥砂浆	1. 部位 2. 厚度 3. 材料种类 4. 混凝土（砂浆）类别、强度等级	m²	按设计图示尺寸以面积计算	1. 修整边坡 2. 混凝土（砂浆）制作、运输、喷射、养护 3. 钻排水孔、安装排水管 4. 喷射施工平台搭设、拆除

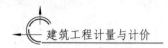

续表

项目编码	项目名称	项目特征	计量单位	工程量计算规则	工作内容
010202010	钢筋混凝土支撑	1. 部位 2. 混凝土种类 3. 混凝土强度等级	m³	按设计图示尺寸以体积计算	1. 模板（支架或支撑）制作、安装、拆除、堆放、运输及清理模内杂物、刷隔离剂等 2. 混凝土制作、运输、浇筑、振捣、养护
010202011	钢支撑	1. 部位 2. 钢材品种、规格 3. 探伤要求	t	按设计图示尺寸以质量计算。不扣除孔眼质量，焊条、铆钉、螺栓等不另增加质量	1. 支撑、铁件制作（摊销、租赁） 2. 支撑、铁件安装 3. 探伤 4. 刷漆 5. 拆除 6. 运输

任务 4.2 工程量清单计价

【知识目标】 1. 掌握地基处理与边坡支护工程计价工程量计算的相关规定。
2. 掌握地基处理与边坡支护工程工程量清单计价的方法。

【能力目标】 能根据给定图纸及相关要求独立完成地基处理与边坡支护计价工程量。

【任务描述】 依据某工程地基施工组织设计，图 4.11 中四个侧面土层均采用喷射混凝土护坡及土钉支护。土钉深度为 2m，采用 HRB335、直径为 20 的钢筋作为杆体，平均 1m² 设 1 个，C25 混凝土喷射厚度为 70mm，试计算喷射混凝土护坡和土钉的计价工程量、综合单价。

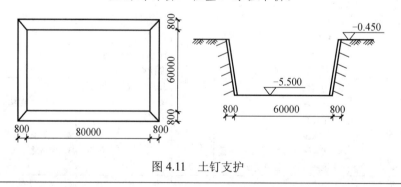

图 4.11 土钉支护

4.2.1 相关知识：计价工程量的计算方法

要进行综合单价的编制，需要先计算计价工程量，依据《湖北省建设工程公共专业消耗量定额及全费用基价表》（2018）的计算规则，包括振冲碎石桩、LCG 桩（低强度混凝土桩）、水泥搅拌桩、高压喷射注浆桩、褥垫层、地下连续墙、土钉、锚杆、打拔槽型钢板桩等。

1. 说明

1）地基处理

（1）定额中填料加固项目适用于软弱地基挖土后的回填材料加固工程。

（2）堆载预压工作内容包括堆载四面的放坡和修筑坡道，未包括堆载材料的运输，发生时费用另行计算。

（3）真空预压砂垫层厚度按 70cm 考虑，当设计材料厚度不同时，可以调整。

（4）强夯地基中强夯的夯击击数指强夯机械就位后，夯锤在同一夯点上下起落的次数。

（5）振冲（填料）桩定额中不包括泥浆排放处理的费用，需要时另行计算。

（6）水泥搅拌桩中深层搅拌法的单（双）头搅拌桩、三轴水泥搅拌桩定额按二搅二喷施工工艺考虑，设计不同时，每增（减）一搅一喷按相应项目的人工、机械乘以系数 0.4 进行增（减）。单、双头深层搅拌桩、三轴搅拌桩水泥掺量分别按加固土重（1800kg/m³）的 13% 和 15% 考虑，当设计与定额取定不同时，执行相应项目。

（7）石灰桩是按桩径 500mm 编制的，设计桩径每增加 50mm，人工、机械乘以系数 1.05。当设计与定额取定的石灰用量不同时，可以换算。

（8）地基注浆、土钉、锚杆、锚索、抗浮锚杆设计与定额取定的浆体材料用量不同时，可以调整。

（9）注浆项目中注浆管消耗量为摊销量，若为一次性使用，可进行调整。

2）基坑与边坡支护工程

（1）地下连续墙成槽的护壁泥浆，是按普通泥浆编制的，若需要重晶石泥浆时，可自行调整。地下连续墙项目未包括泥浆池制作、拆除以及泥浆运输，发生时另行计算。

（2）锚杆、抗浮锚杆定额的材料用量充盈系数按 1.15 考虑，当设计不同时，可以调整项目中的砂浆用量。抗浮锚杆钢筋制作执行锚杆制作、安装相应项目。

（3）挡土板项目分疏板和密板。疏板是指间隔支挡土板，且板间净空≤150cm；密板是指满堂支挡土板或板间净空≤30cm。挡土板内人工挖槽坑时，相应项目人工乘以系数 1.43。

（4）钢支撑仅适用于一般土方开挖的大型支撑的安装、拆除。

（5）打拔工具桩均以直桩为准，如遇打斜桩（包括俯打、仰打），按相应人工、机械乘以系数 1.35。

（6）竖、拆柴油打桩机架费用另行计算。

（7）槽坑支护定额是按 6m 以内执行槽型钢板桩相应项目，超过 6m 执行拉森钢板桩相应项目。

2. 计价工程量

1）地基处理

（1）强夯分满夯、点夯，区分不同夯击能量，按设计图示的夯击范围以面积计算，设计无规定时，按每边超过基础外缘的宽度 4m 计算。

（2）振冲（填料）桩按设计图示尺寸以体积计算。振动砂石桩按设计桩截面乘以桩长（包括桩尖）以体积计算。

（3）LCG桩（低强度混凝土桩）按设计图示尺寸以桩长（包括桩尖）计算。取土外运按成孔体积计算。

（4）水泥搅拌桩（含深层水泥搅拌法和粉体喷搅法）按设计桩长加50cm乘以设计桩外径截面以体积计算。

（5）高压旋喷桩工程量，钻孔按原地面至设计桩底的距离以长度计算，喷浆按设计加固桩截面面积乘以设计桩长加50cm以体积计算。

（6）灰土桩按设计桩长（包括桩尖）乘以设计桩外径截面积，以体积计算。

（7）分层注浆钻孔数量按设计图示尺寸以钻孔深度计算。注浆数量按设计图纸注明加固土体的体积计算。

（8）褥垫层按设计图示尺寸以面积计算。

2）基坑与边坡支护工程

（1）地下连续墙。现浇导墙混凝土按设计图示以体积计算。现浇导墙混凝土模板按混凝土与模板接触面的面积计算。成槽工程量按设计长度乘以墙厚及成槽深度（设计室外地坪至连续墙底），以体积计算。锁口管以"段（槽壁单元槽段）"为单位，锁口管吊拔按连续墙段数计算，定额中已包括锁口管的摊销费用。清底置换以"段"为单位。浇筑连续墙混凝土工程量按设计长度乘以墙厚及墙深加0.5m，以体积计算。凿地下连续墙超灌混凝土，设计无规定时，其工程量按墙体断面面积乘以0.5m以体积计算。

（2）咬合灌注桩按设计图示单桩尺寸以长度计算。

（3）土钉、锚杆、锚索的钻孔、灌浆，按设计图示尺寸以钻孔深度计算。钢筋、钢管锚杆按设计图示以质量计算。锚头制作、安装、张拉、锁定按设计图示以"套"计算。

（4）喷射混凝土护坡区分土层与岩层，按设计文件（或施工组织设计）规定尺寸，以面积计算。

（5）挡土板按设计文件（或施工组织设计）规定的支挡范围，以面积计算。

（6）钢支撑按设计图示尺寸以质量计算，不扣除孔眼质量，焊条、铆钉、螺栓等也不另增加质量。

（7）打、拔槽型钢板桩按钢板桩重量以"t"计算。打、拔拉森钢板桩（SP－Ⅳ型）按设计桩长计算。

（8）凡打断、打弯的桩，均需拔除重打，但不重复计算工程量。

4.2.2　任务实施：地基处理与边坡支护工程计价工程量与综合单价的编制

步骤一：编制计价工程量。

根据任务描述（图4.11）的内容，在掌握计价工程量计算方法和设计图纸要求的基础上，计算喷射混凝土护坡和土钉项目的计价工程量。

（1）喷射混凝土护坡计价工程量$=(80.80+60.80)\times 2\times \sqrt{0.8^2+(5.5-0.45)^2}=1447.99(\text{m}^2)$

（2）土钉计价工程量$=1447.99\div 1.00\times 2.00=2895.98(\text{m})$

步骤二：编制综合单价（一般计税法）。

查《湖北省建设工程公共专业消耗量定额及全费用基价表》（2018）（土石方·地基处

理·桩基础·排水降水），如表 4.7 所示。综合单价计算方法详见任务 1.4 综合单价的内容，具体步骤如下。

表 4.7　计价工程量计算表

序号	项目编码	项目名称	计量单位	数量	计算式
1	010202008001	土钉	m	2895.98	1447.99÷1.00×2.00＝2895.98
	G2-104	砂浆土钉（钻孔灌浆）	m	2895.98	同清单工程量
	G2-114	钢筋锚杆（土钉）	t	7.15	0.00617×20²×2895.98÷1000＝7.15
2	010202009001	喷射混凝土、水泥砂浆	m²	1447.99	$(80.80+60.60)\times2\times\sqrt{0.8^2+(5.5-0.45)^2}=1447.99$
	G2-121	喷射混凝土护坡 70mm	m²	1447.99	同清单工程量
	2×G2-123	喷射混凝土护坡 每增减 10mm	m²	1447.99	同清单工程量

（1）查找定额各项费用组成，参照表 4.8。

表 4.8　《湖北省建设工程公共专业消耗量定额及全费用基价表》（2018）摘录　　单位：元

序号	定额编号	项目名称	计量单位	人工费	材料费	机械费
1	G2-104	砂浆土钉（钻孔灌浆）	100m	638.81	804.81	1555.14
2	G2-114	钢筋锚杆（土钉）	10t	4755.92	33321.08	4568.84
3	G2-121	喷射混凝土护坡 70mm	100m²	1152.41	2071.73	305.94
4	G1-123	喷射混凝土护坡 每增减 10mm	100m²	209.93	409.41	59.62

（2）完成综合单价分析表的编制（表 4.9）。

表 4.9　综合单价分析表

项目编码	项目名称	计量单位	定额编号	定额名称	定额单位	数量	单价（元） 人工费	材料费	机械费	管理费和利润	合价（元） 人工费	材料费	机械费	管理费和利润	综合单价（元）
010202008001	土钉	m									7.56	16.27	16.68	11.63	52.14
			G2-104	土钉钻孔、灌浆	100m	0.0100	638.81	804.81	1555.14	1053.10	6.39	8.05	15.55	10.53	40.52
			G2-114	钢筋锚杆（土钉）	10t	0.0002	4755.92	33321.08	4568.84	4475.89	1.17	8.22	1.13	1.10	11.62
010202009001	喷射混凝土、水泥砂浆	m²									15.72	28.91	4.25	9.59	58.47
			G2-121	喷射混凝土护坡 初喷厚50mm 土层	100m²	0.0100	1152.41	2071.73	305.94	700.01	11.52	20.72	3.06	7.00	42.30
			2×G2-123	喷射混凝土护坡 每增减 10mm 单价×2	100m²	0.0100	419.86	818.81	119.24	258.76	4.20	8.19	1.19	2.59	16.17

（3）本任务实施中，清单工程量及计价工程量见步骤一，则表 4.9 中的数量为折算数量，其计算方法如下：

$$折算数量=\frac{计价工程量}{清单工程量}\times\frac{1}{定额扩大单位}$$

例如，表 4.9 中 G2-114 中的数量＝折算数量＝$\dfrac{7.15}{2892.95\times10}$＝0.0002。

项 目

桩 基 工 程

▌学习提示　在建筑工程中，最常见的桩基工程按施工方法可分为预制桩和灌注桩。桩基工程施工条件复杂，施工工艺环节复杂多变，难以确定的因素较多。桩基工程计算量有多种方法，需要编制人员根据工程实际条件进行选择，工程量清单项目涉及的工作内容较多，包括沉桩、接桩、成孔方式、桩长等知识要点。

▌能力目标　1．能计算桩基清单工程量。
　　　　　　2．能计算桩基计价工程量。
　　　　　　3．能编制桩基综合单价分析表。

▌知识目标　1．掌握桩基工程量清单的编制。
　　　　　　2．掌握湖北省定额中桩基工程计价工程量的计算规则。
　　　　　　3．熟悉综合单价的编制方法。

▌规范标准　1．《建设工程工程量清单计价规范》（GB 50500—2013）。
　　　　　　2．《房屋建筑与装饰工程工程量计算规范》（GB 50854—2013）。
　　　　　　3．《湖北省建设工程公共专业消耗量定额及全费用基价表》（2018）。
　　　　　　4．《湖北省建筑安装工程费用定额》（2018）。

任务 *5.1* 工程量清单编制

【知识目标】 1. 掌握桩基工程清单工程量计算的计算规定。
2. 掌握桩基工程清单工程量清单的编制过程。
3. 熟悉桩基工程计算方法。

【能力目标】 能根据给定图纸及相关要求独立完成桩基工程量清单编制。

【任务描述】 某工程采用排桩进行基坑支护，排桩采用泥浆护壁，旋挖钻孔施工，泥浆运输距离 5km。场地地面标高为 495.50m，旋挖桩桩径为 1000mm，桩长为 20m，采用水下商品混凝土 C30，桩顶标高 493.50m，桩数为 206 根，超灌高度不少于 1m。

试计算该项目的清单工程量，并填入清单工程量计算表、分部分项工程和单价措施项目清单与计价表。

5.1.1 相关知识：桩基工程清单工程量计算

要想进行工程量清单编制，需要先了解桩基工程清单工程量计算的一般规则以及清单工程量的基本概念。

打桩工程量计算

1. 说明

1）打桩

（1）地层情况根据表 3.1 的规定，并根据岩土工程勘察报告按单位工程各地层所占比例（包括范围值）进行描述。对无法准确描述的地层情况，可注明由投标人根据岩土工程勘查报告自行决定报价。

（2）项目特征中的桩截面、混凝土强度等级、桩类型等可直接用标准图代号或设计桩型进行描述。

（3）打试验桩和打斜桩应按相应项目单独列项，并应在项目特征中注明试验桩或斜桩（斜率）。

（4）截（凿）桩头项目适用于地基处理与边坡支护工程及桩基工程所列桩的桩头截（凿）。

（5）预制钢筋混凝土管桩桩顶与承台的连接构造按混凝土工程项目相关项目列项。

2）灌注桩

（1）项目特征中的桩长应包括桩尖、空桩长度（孔深−桩长）、孔深（为自然地面至设计桩底的深度）。

灌注桩工程量计算

（2）项目特征中的桩截面（桩径）、混凝土强度等级、桩类型等可直接用标准图代号或设计桩型进行描述。

（3）泥浆护壁成孔灌注桩是指在泥浆护壁条件下成孔，采用水下灌注混凝土的桩。其成孔方法包括冲击钻成孔、冲抓锥成孔、回旋钻成孔、潜水钻成孔、泥浆护壁的旋挖成孔等，如图 5.1（a）所示。

（4）沉管灌注桩的沉管方法包括锤击沉管法、振动沉管法、振动冲击沉管法、内夯沉管法等，如图 5.1（b）所示。

（5）干作业成孔灌注桩是指在不用泥浆护壁和套管护壁的情况下，用钻机成孔后，下钢筋笼、灌注混凝土的桩，适用于地下水位以上的土层。其成孔方法包括螺旋钻成孔、螺旋钻成孔扩底、干作业的旋挖成孔等。

（6）混凝土的种类有清水混凝土、彩色混凝土、水下混凝土等，如在同一地区既允许使用预拌（商品）混凝土，又允许现场搅拌混凝土，也应注明。

（7）混凝土灌注桩的钢筋笼制作、安装，按"项目 7　混凝土及钢筋混凝土工程"中的相关项目编码列项。

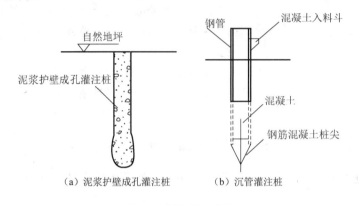

图 5.1　灌注桩示意图

2. 清单工程量计算规则

1）预制钢筋混凝土方桩（编码：010301001）、预制钢筋混凝土管桩（编码：010301002）

预制钢筋混凝土方桩、预制钢筋混凝土管桩工程量计算有三种方法：①以"m"计量，按设计图示尺寸以桩长（包括桩尖）计算；②以"m^3"计量，按设计图示截面积乘以桩长（包括桩尖）以实体积计算；③以根计量，按设计图示数量计算。

【案例 5.1】某工程有预制混凝土方桩 220 根（含试桩 3 根），桩截面为 400mm×400mm，桩长 18m，施工方案为轨道式柴油打桩机施工，土壤级别为二级土，桩身混凝土 C35，场外运输 12km，桩顶标高为 −2.60m，设计室外地坪标高为 −0.6m，试计算该项目的清单工程量。

砖基础工程量
清单报价实例

【解】本工程为预制钢筋混凝土桩，试桩与工程桩各自单独列项，所以应设置两个清单项目。

① 预制钢筋混凝土方桩：0.4×0.4×18×（220−3）=624.96（m^3）。

② 预制钢筋混凝土方桩（试桩）：0.4×0.4×18×3=8.64（m^3）。

2）泥浆护壁成孔灌注桩（编码 010302001）、沉管灌注桩（编码 010302002）、干作业成孔灌注桩（编码 010302003）

泥浆护壁成孔灌注桩、沉管灌注桩、干作业成孔灌注桩工程量计算有三种方法。

① 以"m"计量，按设计图示尺寸以桩长（包括桩尖）计算；②以"m^3"计量，按不

同截面在桩上范围内以体积计算；③以根计量，按设计图示数量计算。

3）挖孔桩土（石）方（编码 010302004）

挖孔桩土（石）方工程量按设计图示尺寸（含护壁）截面积乘以挖孔深度以体积计算。

4）人工挖孔灌注桩（编码 010302005）

人工挖孔灌注桩工程量计算有两种方法：①以"m^3"计量，按桩芯混凝土体积计算；②以根计量，按设计图示数量计算。

5.1.2 任务实施：桩基工程工程量清单的编制

该任务为基坑支护用桩，且采用水下商品混凝土，说明其为地下水位以下桩，故应按泥浆护壁成孔灌注桩计算。另外超灌部分需要截（凿）桩头。根据任务描述中的内容，参考清单计价规范完成以下清单工程量的计算（表 5.1 和表 5.2）。

表 5.1 清单工程量计算表

序号	项目编码	项目名称	计量单位	数量	计算式
1	010302001001	泥浆护壁成孔灌注桩	m^3	3234.20	$V=\pi\times0.5^2\times20\times1\times206=3234.20$
2	010301004001	截（凿）桩头	m^3	161.79	$V=\pi\times0.5^2\times1\times206=161.79$

表 5.2 分部分项工程和单价措施项目清单与计价表

序号	项目编码	项目名称	项目特征描述	计量单位	工程数量
1	010302001001	泥浆护壁成孔灌注桩（旋挖桩）	1. 地层情况：详见勘查报告 2. 空桩长度：2m 3. 桩径：1000mm 4. 成孔方法：旋挖钻孔 5. 混凝土种类、强度等级：水下商品混凝土 C30	m^3	3234.20
2	010301004001	截（凿）桩头	1. 桩类型：旋挖桩 2. 桩头截面、高度：直径 1000mm，1m 3. 混凝土强度等级：C30 4. 有无钢筋：有	m^3	161.79

知识链接

清单计价规范附录（表 5.3 和表 5.4）。

表 5.3 打桩（编码：010301）

项目编码	项目名称	项目特征	计量单位	工程量计算规则	工作内容
010301001	预制钢筋混凝土方桩	1. 地层情况 2. 送桩深度、桩长 3. 桩截面 4. 桩倾斜度 5. 沉桩方法 6. 接桩方式 7. 混凝土强度等级	1. m 2. m^3 3. 根	1. 以 m 计量，按设计图示尺寸以桩长（包括桩尖）计算 2. 以 m^3 计量，按设计图示截面积乘以桩长（包括桩尖）以体积计算 3. 以根计量，按设计图示数量计算	1. 工作平台拆卸 2. 桩机竖、拆、移位 3. 沉桩 4. 接桩 5. 送桩

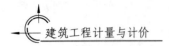

项目编码	项目名称	项目特征	计量单位	工程量计算规则	工作内容
010301002	预制钢筋混凝土管桩	1. 地层情况 2. 送桩深度、桩长 3. 桩外径、壁厚 4. 桩倾斜度 5. 沉桩方法 6. 桩尖类型 7. 混凝土强度等级 8. 填充材料种类 9. 防护材料种类			1. 工作平台拆卸 2. 桩机竖、拆、移位 3. 沉桩 4. 接桩 5. 送桩 6. 桩尖制作安装 7. 填充材料、刷防护材料
010301003	钢管桩	1. 地层情况 2. 送桩深度、桩长 3. 材质 4. 管径、壁厚 5. 桩径斜度 6. 沉桩方式 7. 填充材料种类 8. 防护材料种类	1. t 2. 根	1. 以t计量，按设计图示尺寸以质量计算 2. 以根计量，按设计图示数量计算	1. 工作平台拆卸 2. 桩机竖、拆、移位 3. 沉桩 4. 接桩 5. 送桩 6. 切割钢管、精割盖帽 7. 管内取土 8. 填充材料、刷防护材料
010301004	截（凿）桩头	1. 桩类型 2. 桩头截面、高度 3. 混凝土强度等级 4. 有无钢筋	1. m³ 2. 根	1. 以m³计量，按设计桩截面乘以桩头长度以体积计算 2. 以根计量，按设计图示数量计算	1. 截（切割）桩头 2. 凿平 3. 废料外运

表5.4　灌注桩（编码：010302）

项目编码	项目名称	项目特征	计量单位	工程量计算规则	工作内容
010302001	泥浆护壁成孔灌注桩	1. 地层情况 2. 空桩长度、桩长 3. 桩径 4. 成孔方法 5. 护筒类型、长度 6. 混凝土种类、强度等级		1. 以m计量，按设计图示尺寸以桩长（包括桩尖）计算 2. 以m³计量，按不同截面在桩上范围内以体积计算 3. 以根计量，按设计图示数量计算	1. 护筒埋设 2. 成孔、固壁 3. 混凝土制作、运输、灌注、养护 4. 土方、废泥浆外运 5. 打桩场地硬化及泥浆池、泥浆沟
010302002	沉管灌注桩	1. 地层情况 2. 空桩长度、桩长 3. 复打长度 4. 桩径 5. 沉管方法 6. 桩尖类型 7. 混凝土种类、强度等级	1. m 2. m³ 3. 根		1. 打（沉）拔沉管 2. 桩尖制作、安装 3. 混凝土制作、运输、灌注、养护
010302003	干作业成孔灌注桩	1. 地层情况 2. 空桩长度、桩长 3. 桩径 4. 扩孔直径、高度 5. 成孔方法 6. 混凝土种类、强度等级			1. 成孔、扩孔 2. 混凝土制作、运输、灌注、振捣、养护

续表

项目编码	项目名称	项目特征	计量单位	工程量计算规则	工作内容
010302004	挖孔桩 土（石）方	1. 地层情况 2. 挖孔深度 3. 弃土（石）运距	m³	按设计图示尺寸（含护壁）截面积乘以挖孔深度以体积计算	1. 排地表水 2. 挖土、凿石 3. 基地钎探 4. 运输
010302005	人工挖孔灌注桩	1. 桩芯长度 2. 桩芯直径、扩底直径、扩底高度 3. 护壁厚度、高度 4. 护壁混凝土种类、强度等级 5. 桩芯混凝土种类、强度等级	1. m³ 2. 根	1. 以 m³ 计量，按桩芯混凝土体积计算 2. 以根计量，按设计图示数量计算	1. 护壁制作 2. 混凝土制作、运输、灌注、振捣、养护
010302006	钻孔压浆桩	1. 地层情况 2. 空钻长度、桩长 3. 钻孔直径 4. 水泥强度等级	1. m 2. 根	1. 以 m 计量，按设计图示尺寸以桩长计算 2. 以根计量，按设计图示数量计算	钻孔、下注浆管、投放骨料、浆液制作、运输、压浆
010302007	灌注桩后压浆	1. 注浆导管材料、规格 2. 注浆导管长度 3. 单孔注浆量 4. 水泥强度等级	孔	按设计图示以注浆孔数计算	1. 注浆导管制作、安装 2. 浆液制作、运输、压浆

任务 5.2 工程量清单计价

【知识目标】 1. 掌握桩基工程计价工程量计算的相关规定。
　　　　　　　　2. 掌握桩基工程综合单价的编制过程。
　　　　　　　　3. 在理解的基础上掌握桩基工程计价方法。

【能力目标】 能根据给定图纸及相关要求独立完成桩基工程综合单价的编制，并能自主报价。

【任务描述】 根据任务 5.1 任务描述的内容：
　　　　　　　　（1）试计算泥浆护壁成孔灌注桩、截桩头的计价工程量并填入计价工程量计算表。
　　　　　　　　（2）试计算泥浆护壁成孔灌注桩、截桩头的综合单价，并填入综合单价计算表中。

5.2.1 相关知识：计价工程量的计算方法

　　要进行综合单价的编制，需要先计算计价工程量，依据为《湖北省建设工程公共专业消耗量定额及全费用基价表》（2018）的计算规则，包括打桩和灌注桩。

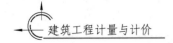

1．说明

（1）打、压预制钢筋混凝土方桩，定额已综合了接桩所需的打桩机台班，但未包括接桩本身费用，发生时套用接桩定额子目。

（2）打、压预应力混凝土管桩，定额已包括接桩费用，接桩不再计算。

（3）打、压预应力混凝土空心方桩，按打、压预应力混凝土管桩相应定额执行。

（4）定额内未包括预应力钢筋混凝土管桩钢桩尖制安项目，实际发生时按《湖北省房屋建筑与装饰工程消耗量定额及全费用基价表》（结构·屋面）"第二章 混凝土及钢筋混凝土工程"中的铁件项目执行。

（5）预应力钢筋混凝土管桩桩头灌芯部分按人工挖孔桩灌芯项目执行。

（6）人工挖孔灌注桩成孔定额中已包含护壁混凝土，均按商品混凝土考虑。

（7）灌注桩定额中，未包括钻机场外运输、截除余桩、泥浆处理及外运，发生时按相应定额子目执行。

（8）单独打设计试桩、锚桩，按相应定额的打桩人工及机械乘以系数 1.5。

（9）预制混凝土桩和灌注桩定额以垂直桩为准，如打斜桩，斜度在 1∶6 以内时，按相应定额的人工及机械乘以系数 1.25；如斜度大于 1∶6，其相应定额的打桩人工及机械乘以系数 1.43。

（10）定额内未包括桩钢筋笼、铁件制安项目，实际发生时执行《湖北省房屋建筑与装饰工程消耗量定额及全费用基价表》《湖北省市政工程消耗量定额及全费用基价表》相应项目。

2．计价工程量

1）预制钢筋混凝土方桩

（1）打、压预制钢筋混凝土方桩。

$$V＝设计桩长×桩截面面积 \tag{5.1}$$

设计桩长包括桩尖。

（2）送桩。

$$V＝送桩长度×桩截面面积 \tag{5.2}$$

送桩长度按设计桩顶标高至打桩前的自然地坪标高另加 0.50m 计算。

（3）预制混凝土桩、钢管桩电焊接桩，按设计要求接桩头的数量计算。

【案例 5.2】依据案例 5.1，计算该项目的计价工程量。

【解】按照《湖北省建设工程公共专业消耗量定额及全费用基价表》（2018）（土石方·地基处理·桩基础·排水降水），应按照打桩、送桩分别列项计算。

（1）预制钢筋混凝土方桩。

① 打预制钢筋混凝土方桩桩长 25m 以内：$0.4×0.4×18×（220－3）＝624.96（m^3）$

② 打送预制钢筋混凝土方桩桩长 25m 以内：$0.4×0.4×2.5×217＝86.80（m^3）$

（2）预制钢筋混凝土方桩（试桩）。

① 打预制钢筋混凝土方桩桩长 25m 以内：$0.4×0.4×18×3＝8.64（m^3）$

② 打送预制钢筋混凝土方桩桩长 25m 以内：$0.4×0.4×2.5×3＝1.20（m^3）$

2）预应力混凝土管桩

（1）打、压预应力混凝土管桩。

$$L = 设计桩长 \tag{5.3}$$

设计桩长不包括桩尖。

（2）送桩。

$$L = 送桩长度 \tag{5.4}$$

送桩长度按设计桩顶标高至打桩前的自然地坪标高另加 0.5m 计算。

（3）管桩桩尖。管桩桩尖按设计图示重量计算。

（4）桩头灌芯。桩头灌芯按设计尺寸以灌注实体积计算。

（5）加注填充材料。预应力钢筋混凝土管桩，如设计要求加注填充材料，则填充部分另按钢管桩填芯相应项目执行。

（6）接桩。预制混凝土桩接桩，按设计要求接桩头的数量计算。

3）钢管桩

钢管桩按设计要求的桩体质量计算。钢管桩内切割、精割盖帽按设计要求的数量计算。钢管桩管内钻孔取土、填芯，按设计桩长（包括桩尖）乘以填芯截面积，以体积计算。钢管桩电焊接桩，按设计要求接桩头的数量计算。

4）截桩、凿桩头、桩头钢筋整理

（1）截桩。预制混凝土桩截桩按设计要求截桩的数量计算。截桩长度小于等于 1m 时，不扣减相应桩的打桩工程量；截桩长度大于 1m 时，其超过部分按实扣减打桩工程量，但桩体的价格不扣除。

（2）凿桩头。预制混凝土桩凿桩头按设计图示桩截面积乘以凿桩头长度，以体积计算。凿桩头长度设计无规定时，桩头长度按桩体高 40d（d 为桩体主筋直径，主筋直径不同时取大者）计算；灌注混凝土桩凿桩头按设计超灌高度（设计有规定的按设计要求，设计无规定的按 0.5m）乘以桩身设计截面积，以体积计算。

（3）桩头钢筋整理。桩头钢筋整理按所整理的桩的数量计算。

5）钻孔灌注桩

（1）钻孔桩、旋挖桩机成孔。

$$V = 成孔长度 × 桩径截面积 \tag{5.5}$$

成孔长度为打桩前的自然地坪标高至设计桩底的长度。入岩增加费工程量按实际入岩深度乘以设计桩径截面积，以体积计算，竣工时按实调整。

（2）钻孔桩、旋挖桩、冲击桩灌注混凝土。

$$V = （设计桩长+加灌长度）× 设计桩径截面积 \tag{5.6}$$

设计桩长含桩尖。加灌长度设计有规定者，按设计要求计算；无规定者，按 0.5m 计算。

6）沉管灌注桩

（1）沉管成孔。

$$V = 成孔长度 × 钢管外径截面积 \tag{5.7}$$

成孔长度按打桩前自然地坪标高至设计标底标高计算，不包括预制桩尖。

（2）沉管桩灌注混凝土。

$$V = （设计桩长+加灌长度）× 钢管外径截面积 \tag{5.8}$$

设计桩长不包括预制桩尖。加灌长度设计有规定者，按设计要求计算；无规定者，按0.5m计算。

7）人工挖孔桩

（1）人工挖孔桩挖孔。

$$V＝成孔长度×设计护壁外围截面积 \qquad (5.9)$$

（2）人工挖孔桩灌注混凝土。

$$V＝（设计桩长+加灌长度）×设计图示截面积 \qquad (5.10)$$

加灌长度设计有规定者，按设计要求计算；无规定者，按0.5m计算。

8）泥浆池建造和拆除、泥浆运输

泥浆池建造和拆除、泥浆运输工程量按成孔工程量以体积计算。

9）桩孔回填土

桩孔回填土工程量按加灌长度顶面至打桩前自然地坪标高的长度乘以桩孔截面积计算。

10）注浆管、声测管

注浆管、声测管埋设工程量按打桩前的自然地坪标高至设计桩底标高的长度另加0.5m计算。

11）桩底（侧）后注浆

桩底（侧）后注浆工程量按设计注入水泥用量计算。

12）钻（冲）孔灌注桩、人工挖孔桩扩底

钻（冲）孔灌注桩、人工挖孔桩设计要求扩底的，其扩底工程量按设计尺寸计算，并入相应的工程量内。

5.2.2　任务实施：桩基工程计价工程量与综合单价的编制

步骤一：编制计价工程量。

根据《湖北省建设工程公共专业消耗量定额及全费用基价表》（2018）（土石方·地基处理·桩基础·排水降水），应按照钻孔桩机成孔、灌注水下混凝土、泥浆池建造和拆除、泥浆运输、钢护筒、桩头钢筋截断、凿桩头计算（表5.5）。

表5.5　计价工程量计算表

序号	项目编码	项目名称	计量单位	数量	计算式
1	010302001001	泥浆护壁成孔灌注桩（旋挖桩）	m³	3234.2	
	G3-99	旋挖钻机钻桩孔　桩径≤1000	m³	3557.62	$V＝\pi×0.5^2×(495.5-493.5+20)×206$ $=3557.62$
	G3-152	机械成孔桩灌注混凝土　旋挖钻孔	m³	3395.91	$V＝\pi×0.5^2×(20+1)×206=3395.91$
	G3-141	泥浆池建造和拆除	m³	3557.62	$V＝\pi×0.5^2×22×206=3557.62$
	G1-226	泥浆运输运距5km以内	m³	3557.62	$V＝\pi×0.5^2×22×206=3557.62$
2	010301004001	截（凿）桩头	m³	161.79	
	G3-62	桩头钢筋整理	根	206	206
	G3-61	凿桩头　灌注混凝土桩	m³	161.79	同清单工程量

步骤二：编制综合单价。

查《湖北省建设工程公共专业消耗量定额及全费用基价表》（2018），得出以下内容

（表 5.6），综合单价分析表如表 5.7 和表 5.8 所示（综合单价的计算方法见任务 1.4 的综合单价编制）。

表 5.6 《湖北省建设工程公共专业消耗量定额及全费用基价表》（2018）摘录 单位：元

序号	定额编号	项目名称	计量单位	人工费	材料费	机械费
1	G3-61	凿桩头 灌注混凝土桩	$10m^3$	894.46	108.05	629.59
2	G3-62	桩头钢筋整理	10 根	59.31	—	—
3	G3-99	旋挖钻机钻桩孔 桩径≤1000	$10m^3$	479.92	853.65	1217.44
4	G3-141	泥浆池建造和拆除	$10m^3$	31.23	19.76	0.19
5	G3-152	机械成孔桩灌注混凝土 旋挖钻孔	$10m^3$	229.49	4871.23	—
6	G1-226	泥浆运输 运距 5km	$10m^3$	368.16	280.07	366.07

表 5.7 综合单价分析表

项目编码	010302001001	项目名称	泥浆护壁成孔灌注桩（旋挖桩）	计量单位	m^3	数量	3234.2

清单综合单价组成明细

定额编码	定额名称	定额单位	数量	单价（元）				合计（元）			
				人工费	材料费	机械费	管理费和利润	人工费	材料费	机械费	管理费和利润
G3-99	旋挖钻机钻桩孔 桩径≤1000	$10m^3$	0.110	479.92	853.65	1217.44	814.73	52.79	93.9	133.92	89.62
G3-152	机械成孔桩灌注混凝土 旋挖钻孔	$10m^3$	0.105	229.49	4871.23	0	110.16	24.10	511.48	0.00	11.57
G3-141	泥浆池建筑和拆除	$10m^3$	0.110	31.23	19.76	0.19	15.08	3.44	2.17	0.02	1.66
G1-226	泥浆运输 运距 5km	10m	0.110	368.16	280.07	366.07	182.38	40.50	30.81	40.27	20.06
小计								120.83	638.36	174.21	122.91
清单项目综合单价（元）								1056.31			

表 5.8 综合单价分析表

项目编码	010301004001	项目名称	截（凿）桩头	计量单位	m^3	数量	161.79

清单综合单价组成明细

定额编码	定额名称	定额单位	数量	单价（元）				合价（元）			
				人工费	材料费	机械费	管理费和利润	人工费	材料费	机械费	管理费和利润
G3-62	桩头钢筋整理	10 根	0.1273	59.31	0.00	0.00	28.47	7.55	0.00	0.00	3.62
G3-61	凿桩头 灌注混凝土桩	$10m^3$	0.1	894.46	108.05	629.59	731.55	89.45	10.81	62.96	73.16
小计								97.00	10.81	62.96	76.78
清单项目综合单价（元）								247.55			

项目 6

砌 筑 工 程

■**学习提示** 在建筑工程中，最常见的砌筑工程有砖墙砖柱基础、砖墙、砌块墙、砖砌台阶、梯带、花池等。砌筑工程往往与混凝土柱、梁有较多联系，所以在进行砌筑工程算量时，既需要注意其本身的计算规则和方法，又需要注意与混凝土柱、梁等工程量的联系。砌筑工程涉及大放脚、砖墙构造、内外墙体高度等知识要点。

■**能力目标** 1. 能计算砌筑工程清单工程量。
2. 能计算砌筑工程计价工程量。
3. 能编制砌筑工程综合单价。

■**知识目标** 1. 掌握砌筑工程量清单的编制。
2. 掌握湖北省定额中砌筑工程计价工程量的计算规则。
3. 掌握清单工程量与计价工程量的区别。
4. 熟悉综合单价的编制方法。

■**规范标准** 1.《建设工程工程量清单计价规范》（GB 50500—2013）。
2.《房屋建筑与装饰工程工程量计算规范》（GB 50854—2013）。
3.《湖北省房屋建筑与装饰工程消耗量定额及全费用基价表》（2018）。
4.《湖北省建筑安装工程费用定额》（2018）。

任务 *6.1* 工程量清单编制

【知识目标】 1. 掌握砌筑工程清单工程量计算的相关规定。

2. 掌握砌筑工程工程量清单的编制过程。

3. 熟悉砌筑工程计算方法。

【能力目标】 能根据给定图纸及相关要求独立完成砌筑工程工程量清单编制。

【任务描述】 某单层建筑物为框架结构，尺寸如图 6.1 所示，墙身用干混砌筑浆 DM M10 砌筑加气混凝土砌块，厚度为 240mm；女儿墙用煤矸石空心砖砌筑，墙厚为 240mm，混凝土压顶断面 240mm×180mm；隔墙用干混砌筑浆 DM M10 砌筑蒸压灰砂砖墙，厚度 120mm。框架柱断面 240mm×240mm 到女儿墙顶；各轴线处均有框架梁，框架梁断面墙厚 400mm；门窗洞口上均采用现浇钢筋混凝土过梁，断面为墙厚 180mm。M1，1560mm×2700mm；M2，1000mm×2700mm；C1，1800mm×1800mm；C2，1560mm×1800mm。试计算墙体工程量，并编制墙体工程量清单。

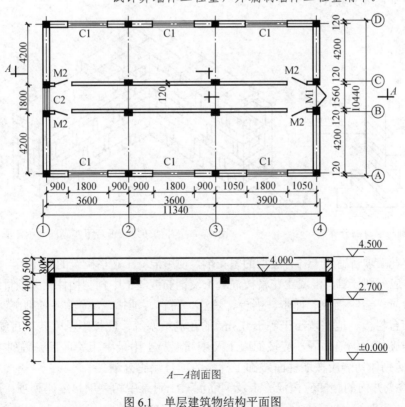

图 6.1 单层建筑物结构平面图

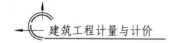

6.1.1　相关知识：砌筑工程清单工程量计算

要想进行工程量清单编制，需要先了解砌筑工程量计算的一般规则以及清单工程量的计算规则。

1. 一般规则

1）砖砌体

（1）砖基础项目适用于各类型砖基础：柱基础、墙基础、管道基础等。

（2）基础与墙（柱）身使用同一种材料时，以设计室内地面为界（有地下室者，以地下室室内设计地面为界），以下为基础，以上为墙（柱）身。基础与墙身使用不同材料时，位于设计室内地面高度小于等于±300mm 时，以不同材料为分界线，高度大于±300mm 时，以设计室内地面为分界线，如图 6.2 所示。

（3）砖围墙以设计室外地坪为界，以下为基础，以上为墙身。

（4）框架外表面的镶贴砖部分，按零星项目编码列项。

（5）附墙烟囱、通风道、垃圾道应按设计图示尺寸以体积（扣除孔洞所占体积）计算并入所依附的墙体体积内。当设计规定孔洞内需抹灰时，应按墙柱面装饰工程零星抹灰项目编码列项。

（6）空斗墙的窗间墙、窗台下、楼板下、梁头下等的实砌部分，按零星砌砖项目编码列项，但墙角、内外墙交接处、门窗洞口立边、窗台砖、屋檐处的实砌部分体积并入空斗墙体积内，如图 6.3 所示。

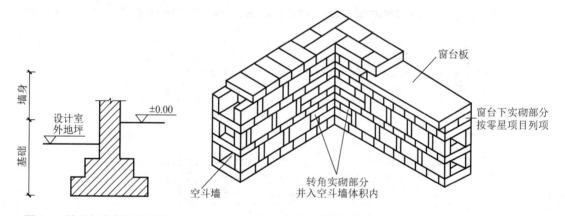

图 6.2　基础与墙身的分界线　　　　　图 6.3　空斗墙转角及窗台下实砌部分示意图

（7）空花墙项目适用于各种类型的空花墙，使用混凝土花格砌筑的空花墙，实砌墙体与混凝土花格应分别计算，混凝土花格按混凝土及钢筋混凝土中预制构件相关项目编码列项。

（8）台阶、台阶挡墙、梯带、锅台、炉灶、蹲台、池槽、池槽腿、砖胎膜、花台、楼梯栏板、阳台栏板、地垄墙小于等于 $0.3m^2$ 的孔洞填塞等，应按零星砌砖项目编码列项。

（9）砖砌体内钢筋加固，应按混凝土及钢筋混凝土附录中相关项目编码列项。

（10）砖砌体勾缝应按墙柱面装饰工程相关项目编码列项。

（11）检查井内的爬梯应按混凝土及钢筋混凝土附录中相关项目编码列项；井内的混凝

土构件按混凝土及钢筋混凝土预制构件编码列项。

（12）如施工图设计标注做法见标准图集时，应在项目特征描述中注明标注图集的编码、页号及节点大样。

2）砌块砌体

（1）砌体内加筋、墙体拉结的制作、安装，应按混凝土及钢筋混凝土工程中相关项目编码列项。

（2）砌块排列应上、下错缝搭砌，如果搭错缝长度满足不了规定的压搭要求，应采取压砌钢筋网片的措施，具体构造要求按设计规定。若无设计规定时，应注明由投标人根据工程实际情况自行考虑；钢筋网片应按金属结构工程中相关项目编码列项。

（3）砌体垂直灰缝宽大于 30mm 时，采用 C20 细石混凝土灌实。灌注的混凝土应按混凝土及钢筋混凝土工程的相关项目编码列项。

3）石砌体

（1）石基础、石勒脚、石墙的划分：基础与勒脚应以设计室外地坪为界。勒脚与墙身应以设计室内地面为界。石围墙内外地坪标高不同时，应以较低地坪高为界，以下为基础；内外标高之差为挡土墙时，挡土墙以上为墙身。

（2）若施工图设计标注做法见标准图集，则应在项目特征描述中注明标注图集的编码、页号及节点大样。

4）垫层

除混凝土垫层应按混凝土及钢筋混凝土工程中相关编码列项外，没有包括垫层要求的清单项目应按此项目编码列项。

2. 清单工程量计算规则

1）砖基础（编码：010401001）

砖基础应按设计图示尺寸以体积计算。包括附墙垛基础宽出部分体积（图 6.4），扣除地梁（圈梁）、构造柱所占体积，不扣除基础大放脚 T 形接头处的重叠部分（图 6.5）及嵌入基础内的钢筋、铁件、管道、基础砂浆防潮层和单个面积 $0.3m^2$ 以内的孔洞所占体积，靠墙暖气沟的挑檐不增加体积。基础长度外墙按中心线计算，内墙按净长线计算。

砖基础工程量
计算总则

条形砖基础断面
面积和长度的
确定

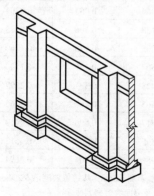

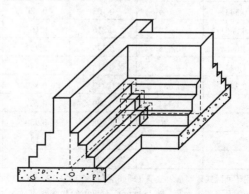

图 6.4　垛基础示意图　　图 6.5　基础大放脚 T 形接头重叠部分示意图

（1）带型基础。

$$V＝基础断面面积(S)×基础长度(L)$$

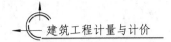

① 基础断面面积 S。

$$S=bh+\Delta S \quad 或 \quad S=b(h+\Delta h) \tag{6.1}$$

式中：b——基础墙宽度（m）；

h——基础设计深度（m）；

ΔS——大放脚断面增加面积（m），可计算得出（图 6.6），或由增加面积数据表（表 6.1 和表 6.2）查得；

Δh——大放脚断面折加高度（m），可计算得出或由折加高度数据表（表 6.1 和表 6.2）查得。

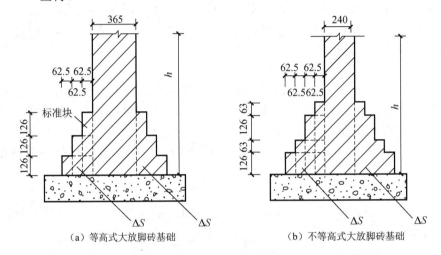

（a）等高式大放脚砖基础　　　　（b）不等高式大放脚砖基础

图 6.6　大放脚截面

表 6.1　标准砖不等高（间隔）式砖墙基大放脚折加高度、增加断面积表

放脚层数	折加高度（m）						增加断面积（m²）
	$\frac{1}{2}$ 砖（0.115）	1 砖（0.24）	$1\frac{1}{2}$ 砖（0.365）	2 砖（0.49）	$2\frac{1}{2}$ 砖（0.615）	3 砖（0.74）	
一	0.137	0.066	0.043	0.032	0.026	0.021	0.0158
二	0.343	0.164	0.108	0.080	0.064	0.053	0.0394
三	0.685	0.320	0.216	0.161	0.128	0.106	0.0788
四	1.096	0.525	0.345	0.257	0.205	0.170	0.1260
五	1.643	0.788	0.518	0.386	0.307	0.255	0.1890
六	2.260	1.083	0.712	0.530	0.423	0.331	0.2597
七		1.444	0.949	0.707	0.563	0.468	0.3465
八			1.208	0.900	0.717	0.596	0.4410
九			1.125	0.896	0.745	0.5513
十					1.088	0.905	0.6694

注：1. 本表适用于间隔式砖墙基大放脚（即底层为二皮砖高 12.6cm），上层为一皮砖高 6.3cm，每边每层砌出 6.25cm。
　　2. 本表折加墙基高度的计算，以 240mm×115mm×53mm 标准砖、1cm 灰缝及双面大放脚为准。

表 6.2 标准砖等高式砖墙基大放脚折加高度、增加断面积表

| 放脚层数 | 折加高度（m） | | | | | | 增加断面积（m²） |
	$\frac{1}{2}$砖（0.115）	1 砖（0.24）	$1\frac{1}{2}$砖（0.365）	2 砖（0.49）	$2\frac{1}{2}$砖（0.615）	3 砖（0.74）	
一	0.137	0.066	0.043	0.032	0.026	0.021	0.01575
二	0.411	0.197	0.129	0.096	0.077	0.064	0.04725
三	0.822	0.394	0.259	0.193	0.154	0.128	0.0945
四	1.369	0.656	0.432	0.321	0.259	0.213	0.1575
五	2.054	0.984	0.647	0.482	0.384	0.319	0.2363
六	2.876	1.378	0.906	0.675	0.538	0.447	0.3308
七		1.838	1.208	0.900	0.717	0.596	0.4410
八		2.363	1.553	1.157	0.922	0.766	0.5670
九		2.953	1.942	1.447	1.153	0.958	0.7088
十		3.609	2.373	1.768	1.409	1.171	0.8663

注：1. 本表按标准砖双面放脚，每层等高 12.6cm（二皮砖，二灰缝），砌出 6.25cm 计算。

2. 本表折加墙基高度的计算，以 240mm×115mm×53mm 标准砖、1cm 灰缝及双面大放脚为准。

3. 高度（m）＝$\dfrac{\text{放脚断面积（m}^2\text{）}}{\text{墙厚（m）}}$。

4. 采用折加高度数字时，取三位小数，第四位以后四舍五入。采用增加断面积数字时，取四位小数，第五位以后四舍五入。

② 基础长度。外墙墙基按外墙中心线长度计算；内墙墙基按内墙净长计算。

（2）独立基础。

独立砖柱基础工程量按体积"m³"计算。

$$V_{柱}=abh+\Delta V_{放}=abh+n(n+1)[0.007875(a+b)+0.000328125(2n+1)] \quad (6.2)$$

式中：a、b——基础柱截面的长度、宽度（m）；

　　h——基础柱高，即从基础垫层上表面至基础与柱的分界线的高度（m）；

　　$\Delta V_{放}$——柱基四边大放脚部分的体积（m）（图 6.7 和表 6.3）。

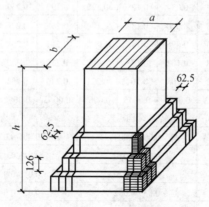

图 6.7 砖柱放脚示意图

表6.3　砖柱基础体积计算表

柱断面尺寸(mm×mm)		240×240		240×365		365×365		365×490	
每米深柱基身体积(m³)		0.0576		0.0876		0.1332		0.17885	
	层数	等高	不等高	等高	不等高	等高	不等高	等高	不等高
砖柱增加四边放脚体积	一	0.0095	0.0095	0.0115	0.0115	0.0135	0.0135	0.0154	0.0154
	二	0.0325	0.0278	0.0384	0.0327	0.0443	0.0376	0.0502	0.0425
	三	0.0729	0.0614	0.0847	0.0713	0.0965	0.0811	0.1084	0.091
	四	0.1347	0.1097	0.1544	0.1254	0.174	0.1412	0.1937	0.1569
	五	0.2217	0.1793	0.2512	0.2029	0.2807	0.2265	0.3103	0.2502
	六	0.3379	0.2694	0.3793	0.3019	0.4206	0.3344	0.4619	0.3669
	七	0.4873	0.3868	0.5424	0.4301	0.5976	0.4734	0.6527	0.5167
	八	0.6738	0.5306	0.7447	0.5847	0.8155	0.6408	0.8864	0.6959
	九	0.9013	0.7075	0.9899	0.7764	1.0785	0.8453	1.1671	0.9142
	十	1.1738	0.9167	1.2821	1.004	1.3903	1.0841	1.4986	1.1678

（3）应增加、应扣除体积。应增加附墙垛基础宽出部分体积，可查表 6.4 得出墙垛体积。应扣除地梁（圈梁）、构造柱所占体积。

表6.4　砖垛基础体积

项目		凸出墙面宽	$\frac{1}{2}$砖(12.5mm)	1 砖(25mm)			$1\frac{1}{2}$砖(37.8mm)			2 砖(50mm)		
		砖垛尺寸(mm×mm)	125×240	125×365	250×240	250×365	250×490	375×365	375×490	375×615	500×490	500×615	500×740
垛基正身体积	垛基高	80cm	0.024	0.037	0.048	0.073	0.098	0.110	0.147	0.184	0.196	0.246	0.296
		90cm	0.027	0.014	0.054	0.028	0.110	0.123	0.165	0.208	0.221	0.277	0.333
		100cm	0.030	0.046	0.060	0.091	0.123	0.137	0.184	0.231	0.245	0.308	0.370
		110cm	0.033	0.050	0.066	0.100	0.135	0.151	0.202	0.254	0.270	0.338	0.407
		120cm	0.036	0.055	0.072	0.110	0.147	0.164	0.221	0.277	0.294	0.369	0.444
		130cm	0.039	0.059	0.078	0.119	0.159	0.178	0.239	0.300	0.319	0.400	0.481
		140cm	0.042	0.064	0.084	0.128	0.172	0.192	0.257	0.323	0.343	0.431	0.518
		150cm	0.045	0.068	0.090	0.137	0.184	0.205	0.276	0.346	0.368	0.461	0.555
		160cm	0.048	0.073	0.096	0.146	0.1963	0.219	0.294	0.369	0.392	0.492	0.592
		170cm	0.051	0.078	0.102	0.155	0.208	0.233	0.312	0.392	0.417	0.523	0.629
		180cm	0.054	0.082	0.108	0.164	0.221	0.246	0.331	0.415	0.441	0.554	0.666
		每增减 5cm	0.0015	0.0023	0.0030	0.0045	0.0062	0.0063	0.0092	0.0115	0.0126	0.0154	0.1850
放脚部分体积	层数		等高式/间隔式	等高式/间隔式			等高式/间隔式			等高式/间隔式		
		一	0.002/0.002	0.004/0.004			0.006/0.006			0.008/0.008		
		二	0.006/0.005	0.012/0.010			0.018/0.015			0.023/0.020		
		三	0.012/0.010	0.023/0.020			0.035/0.029			0.047/0.039		
		四	0.020/0.016	0.039/0.032			0.059/0.047			0.078/0.063		
		五	0.029/0.024	0.059/0.047			0.088/0.070			0.117/0.094		
		六	0.041/0.032	0.082/0.065			0.123/0.097			0.164/0.129		
		七	0.055/0.043	0.109/0.086			0.164/0.129			0.221/0.172		
		八	0.070/0.055	0.141/0.109			0.211/0.164			0.284/0.225		

【案例 6.1】根据图 6.8 所示基础施工图，试计算砖基础清单工程量。基础墙厚为 240mm，采用混凝土实心砖，M5 水泥砂浆砌筑，垫层为 C10 混凝土。

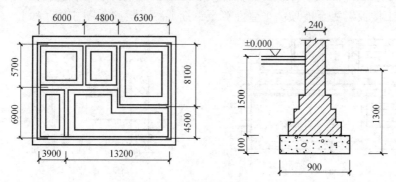

图 6.8 砖基础示意图

【解】砖基础清单工程量计算如下：

$$S_{断}=b(h+\Delta h)=0.24\times(1.5+0.394)=0.4546(\text{m}^2)$$

或

$$S_{断}=bh+\Delta S=0.24\times1.5+0.0946=0.4546(\text{m}^2)$$

$$L_{中}=(6+4.8+6.3+4.5+8.1)\times2=59.4(\text{m})$$

$$L_{内}=(6+4.8-0.24)+6.3+(5.7-0.24)+(8.1-0.24)+(6.9-0.24)=36.84(\text{m})$$

$$V=S_{断}\times(L_{中}+L_{内})=0.4546\times(59.4+36.84)=43.75(\text{m}^3)$$

2）砖砌挖孔桩护壁（编码：010401002）

砖砌挖孔桩护壁工程量按设计图示尺寸以体积计算。

3）实心砖墙（编码：010401003）、多孔砖墙（编码：010401004）、空心砖墙（编码：010401005）

实心砖墙、多孔砖墙、空心砖墙均按设计图示尺寸以体积计算。

$$V=墙厚度\times墙长度\times墙高度+应增加体积-应扣除体积 \qquad (6.3)$$

砌块墙体工程量
计算总则

（1）应扣除及应增加体积。应扣除门窗、洞口、嵌入墙内的钢筋混凝土柱、梁、圈梁、挑梁、过梁及凹进墙内的壁龛、管槽、暖气槽、消火栓箱所占体积。

不扣除梁头、板头、檩头、垫木、木楞头、沿椽木、木砖、门窗走头、砖墙内加固钢筋、木筋、铁件、钢管及单个面积小于等于 0.3m^2 的孔洞所占体积。

凸出墙面的腰线、挑檐、压顶、窗台线、虎头砖、门窗套的体积亦不增加。凸出墙面的砖垛并入墙内以体积计算，如图 6.9 所示。

砌块墙体厚度
与长度的确定

（2）墙厚度。标准砖以 240mm×115mm×53mm 为准，其砌体计算厚度见表 6.5；使用非标准砖时，其砌体厚度应按砖实际规格和设计厚度计算。

（3）墙长度。外墙长度按外墙中心线长度计算，内墙长度按内墙净长线计算。

（4）墙高度。

砌块墙体高度的
确定

① 外墙。斜（坡）屋面无檐口天棚者算至屋面板底 [图 6.10（a）]；有

屋架且室内外均有天棚者算至屋架下弦底另加 200mm ［图 6.10（b）］；无天棚者算至屋架下弦底另加 300mm ［图 6.10（c）］，出檐宽度超过 600mm 时按实砌高度计算［图 6.10（d）］；有钢筋混凝土楼板者算至板顶；平屋面算至钢筋混凝土板底［图 6.10（e）］。

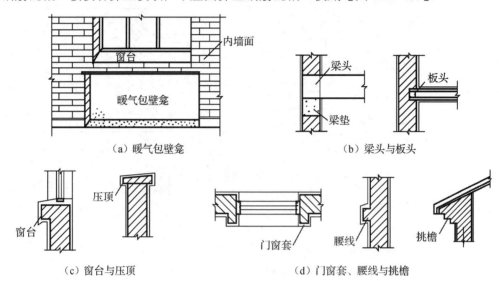

（a）暖气包壁龛 　　　　　　　　（b）梁头与板头

（c）窗台与压顶 　　　　　　　　（d）门窗套、腰线与挑檐

图 6.9　墙体细部示意图

表 6.5　标准砖砌体计算厚度表

砖数（厚度）	$\frac{1}{4}$	$\frac{1}{2}$	$\frac{3}{4}$	1	$1\frac{1}{2}$	2	$2\frac{1}{2}$	3
计算厚度（mm）	53	115	180	240	365	490	615	740

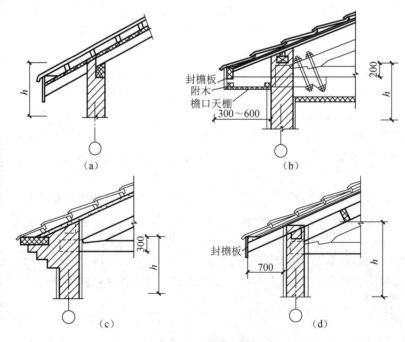

图 6.10　外墙高度示意图

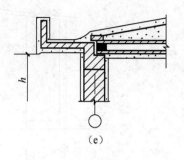

图 6.10 （续）

② 内墙。位于屋架下弦者，算至屋架下弦底［图 6.11（a）］；无屋架者算至天棚底另加 100mm［图 6.11（b）］；有钢筋混凝土楼板隔层者算至楼板顶［图 6.11（c）］；有框架梁时算至梁底［图 6.11（d）］。

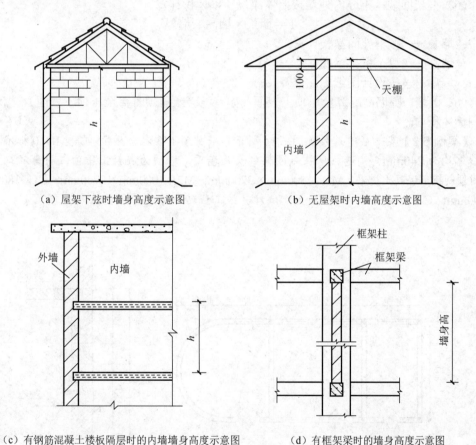

（a）屋架下弦时墙身高度示意图　　　　（b）无屋架时内墙高度示意图

（c）有钢筋混凝土楼板隔层时的内墙墙身高度示意图　　　（d）有框架梁时的墙身高度示意图

图 6.11　内墙高度示意图

③ 女儿墙。从屋面板上表面算至女儿墙顶面（如有混凝土压顶时算至压顶下表面），如图 6.12 所示。

④ 内外山墙。按其平均高度计算，如图 6.13 所示。

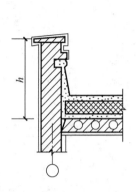

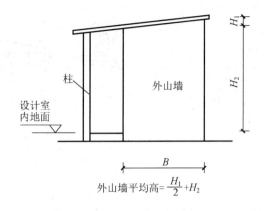

外山墙平均高=$\frac{H_1}{2}+H_2$

图 6.12 女儿墙高度示意图   图 6.13 山墙高度示意图

注：一坡水屋面外山墙墙高示意图。

（5）框架间墙：不分内外墙按墙体净尺寸以体积计算。

$$V=墙长×墙高×墙厚 \tag{6.4}$$

式中：墙长——按框架间净长计算；

墙高——算至框架梁底；

墙厚——按设计图纸标注计算。

（6）围墙。围墙高度算至压顶上表面（如有混凝土压顶时算至压顶下表面），围墙柱并入围墙体积内。

【**案例 6.2**】某单层建筑物如图 6.14 所示，墙身为 M5 混合砂浆砌筑 MU10 标准砖，内外墙厚均为 240mm，构造柱从基础圈梁到女儿墙顶，墙顶为混凝土压顶，门窗洞口上全部采用预制钢筋混凝土过梁。M1：1500mm×2700mm；M2：1000mm×2700mm；C1：1800mm×1800mm；C2：1500mm×1800mm。试计算该工程砖砌体的工程量。

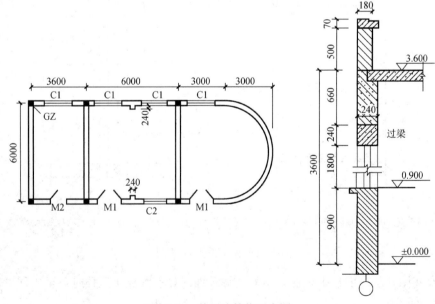

图 6.14 单层建筑物示意图

【**解**】本项目应根据不同墙厚，不同墙体类型分别列项。

① 实心砖墙（240mm 厚直形墙体）（010401003001）。

$H=3.6(m)$　　$b=0.24(m)$

$L=(L_中+L_内)=(3.6+6+3)\times2+6+(6-0.24)\times2=42.72(m)$

$V_{墙垛}=0.24\times0.24\times3.6\times2=0.41(m^3)$

$V_{构造柱}=(0.24\times0.24+0.24\times0.03\times2)\times2\times3.6+(0.24\times0.24+0.24\times0.03\times3)\times4\times3.6$
$=1.659(m^2)$

$V_{门窗}=(2M1+M2+4C1+C2)\times0.24$
$=(1.5\times2.7\times2+1\times2.7+1.8\times1.8\times4+1.5\times1.8)\times0.24$
$=6.35(m^3)$

$V_{过梁}=0.24\times0.24\times(2\times2+1.5+2.3\times4+2)=0.96(m^3)$

$V=3.6\times42.72\times0.24+0.41-1.659-6.35-0.96=28.351(m^3)$

② 实心砖墙（240mm 厚弧形墙体）（010401003002）。

$V=L_弧\times H\times b=\pi\times3\times3.6\times0.24=8.14(m^3)$

③ 实心砖墙（180 厚直形墙体）（010401003003）。

$H=0.5(m)$　　$b=0.18()m$

$L=6.06+(3.63+9)\times2=31.32(m)$

$V_{构造柱}=0.18\times0.24\times6\times0.5=0.13(m^3)$

$V=0.5\times31.32\times0.18-0.13=2.69(m^3)$

④ 实心砖墙（180 厚弧形墙体）（010401003004）。

$V=\pi\times3.03\times0.5\times0.18=0.86(m^3)$

4）砌块墙（编码：010402001）

工程量计算规则同实心砖墙。

5）砌块柱（编码：010402002）

工程量计算规则同实心砖柱。

6）垫层（编码：010404001）

垫层应按设计图示尺寸以 m^3 计算工程量。

6.1.2　任务实施：砌筑工程工程量清单的编制

根据任务描述中的内容，如图 6.1 所示，本任务应为区别砖砌体、砌块砌体与不同墙厚分别列项，参考清单计价规范完成清单工程量的计算以及工程量清单（表 6.6 和表 6.7）。

砌筑墙体工程量
计算实例

表 6.6　清单工程量计算表

序号	项目编码	项目名称	计量单位	数量	计算式
1	010402001001	240mm 厚加气混凝土砌块墙	m^3	27.24	$H=3.6(m)$　$b=0.24(m)$ $L=(11.34-0.24\times4+10.44-0.24\times4)\times2$ $=39.72(m)$ $V_{门窗}=(1.8\times1.8\times6+1.56\times1.8+1.56\times2.7)\times0.24$ $=6.35(m^3)$ $V_{过梁}=0.24\times0.18\times[(1.8+0.5)\times6+1.56\times2]=0.73(m^3)$ $V=39.72\times3.6\times0.24-6.35-0.73$ $=27.24(m^3)$

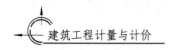

建筑工程计量与计价

续表

序号	项目编码	项目名称	计量单位	数量	计算式
2	010401005001	240mm 厚煤矸石空心砖女儿墙	m³	3.05	$V=L \times H \times b$ $=39.72 \times (0.5-0.18) \times 0.24$ $=3.05(m^3)$
3	010401003001	120mm 厚蒸压灰砂砖隔墙	m³	7.54	$L=(11.34-0.24 \times 4) \times 2=20.76(m)$ $H=3.60(m)$ $b=0.12(m)$ $V_{门窗}=1 \times 2.7 \times 4 \times 0.12=1.30(m^3)$ $V_{过梁}=0.12 \times 0.18 \times 1.5 \times 4=0.13(m^3)$ $V=20.76 \times 3.60 \times 0.12-1.30-0.13=7.54(m^3)$

表 6.7 分部分项工程和工程量清单

序号	项目编码	项目名称	项目特征描述	计量单位	工程数量
1	010402001001	砌块墙	1. 砌块品种、规格、强度等级：加气混凝土砌块 2. 墙体类型：240mm 厚直形墙体 3. 砂浆强度等级：干混砌筑砂浆 DM M10	m³	27.24
2	010401005001	空心砖墙	1. 砖品种、规格、强度等级：煤矸石空心砖 240mm×115mm×53mm 2. 墙体类型：240mm 厚直形女儿墙体 3. 砂浆强度等级：干混砌筑砂浆 DM M10	m³	3.05
3	010401003001	实心砖墙	1. 砖品种、规格、强度等级：蒸压灰砂砖墙 240mm×115mm×53mm 2. 墙体类型：120mm 厚直形墙体 3. 砂浆强度等级：干混砌筑砂浆 DM M10	m³	7.54

■知识链接

清单计价规范附录（表 6.8～表 6.11）。

表 6.8 砖砌体（编码：010401）

项目编码	项目名称	项目特征	计量单位	工程量计算规则	工作内容
010401001	砖基础	1. 砖品种、规格、强度等级 2. 基础类型 3. 砂浆强度等级 4. 防潮层材料种类	m³	按设计图示尺寸以体积计算 包括附墙垛基础宽出部分体积，扣除地梁（圈梁）、构造柱所占体积，不扣除基础大放脚 T 形接头处的重叠部分及嵌入基础内的钢筋、铁件、管道、基础砂浆防潮层和单个面积≤0.3m² 的孔洞所占体积，靠墙暖气沟的挑檐不增加体积 基础长度外墙按中心线，内墙按净长线计算	1. 砂浆制作、运输 2. 砌砖 3. 防潮层铺设 4. 材料运输
010401002	砖砌挖孔桩护壁	1. 砖品种、规格、强度等级 2. 砂浆强度等级	m²	按设计图示尺寸以 m² 计算	1. 砂浆制作、运输 2. 砌砖 3. 材料运输

续表

项目编码	项目名称	项目特征	计量单位	工程量计算规则	工作内容
010401003	实心砖墙		m³	按设计图示尺寸以体积计算 扣除门窗洞口、洞口、嵌入墙内的钢筋混凝土柱、梁、圈梁、挑梁、过梁及凹进墙内的壁龛、管槽、暖气槽、消火栓箱所占体积，不扣除梁头、板头、檩头、垫木、木楞头、沿缘木、木砖、门窗走头、砖墙内加固钢筋、木筋、铁件、钢管及单个面积≤0.3m²的孔洞所占体积。凸出墙面的腰线、挑檐、压顶、窗台线、虎头砖、门窗套亦不增加体积。凸出墙面的砖垛并入墙体体积内计算 1. 墙长度：外墙按中心线计算，内墙按净长计算 2. 墙高度 （1）外墙：斜（坡）屋面无檐口天棚者算至屋面板底；有屋架且室内外均有天棚者算至屋架下弦底另加 200mm；无天棚者算至屋架下弦底另加 300mm，出檐宽度超过 600mm 时按实砌高度计算；有钢筋混凝土楼板隔层者算至板顶；平屋面算至钢筋混凝土板底 （2）内墙：位于屋架下弦者，算至屋架下弦底；无屋架者算至天棚底另加 100mm；有钢筋混凝土楼板隔层者算至楼板顶；有框架梁时算至梁底 （3）女儿墙：从屋面板上表面算至女儿墙顶面（如有混凝土压顶时算至压顶下表面） （4）内外山墙：按其平均高度计算 3. 框架间墙：不分内外墙按墙体净尺寸以体积计算 4. 围墙：高度算至压顶上表面（如有混凝土压顶时算至压顶下表面），围墙柱并入围墙体积内	1. 砂浆制作、运输 2. 砌砖 3. 刮缝 4. 砖压顶砌筑 5. 材料运输
010401004	多孔砖墙	1. 砖品种、规格、强度等级 2. 墙体类型 3. 砂浆强度等级			
010401005	空心砖墙				
010401006	空斗墙	1. 砖品种、规格、强度等级 2. 墙体类型 3. 砂浆强度等级		按设计图示尺寸以空斗墙外形体积计算。墙角、内外墙交接处、门窗洞口立边、窗台砖、屋檐处的实砌部分体积并入空斗墙体积内	1. 砂浆制作、运输 2. 砌砖 3. 装填充料 4. 刮缝 5. 材料运输
010401007	空花墙			按设计图示尺寸以空花部分外形体积计算，不扣除空洞部分体积	
010401008	填充墙	1. 砖品种、规格、强度等级 2. 墙体类型 3. 填充材料种类及厚度 4. 砂浆强度等级		按设计图示尺寸以填充墙外形体积计算	
010401009	实心砖柱	1. 砖品种、规格、强度等级 2. 柱类型 3. 砂浆强度等级		按设计图示尺寸以体积计算。扣除混凝土及钢筋混凝土梁垫、梁头、板头所占体积	1. 砂浆制作、运输 2. 砌砖 3. 刮缝 4. 材料运输
010401010	多孔砖柱				
010401011	砖检查井	1. 井截面、深度 2. 砖品种、规格、强度等级 3. 垫层材料种类、厚度 4. 底板厚度 5. 井盖安装 6. 混凝土强度等级 7. 砂浆强度等级 8. 防潮层材料种类	座	按设计图示数量计算	1. 砂浆制作、运输 2. 铺设垫层 3. 底板混凝土制作、运输、浇筑、振捣、养护 4. 砌砖 5. 刮缝 6. 井池底、壁抹灰 7. 抹防潮层 8. 材料运输

项目编码	项目名称	项目特征	计量单位	工程量计算规则	工作内容
010401012	零星砌砖	1. 零星砌砖名称、部位 2. 砖品种、规格、强度等级 3. 砂浆强度等级	1. m³ 2. m² 3. m 4. 个	1. 以 m³ 计量，按设计图示尺寸截面积乘以长度计算 2. 以 m² 计量，按设计图示尺寸水平投影面积计算 3. 以 m 计量，按设计图示尺寸长度计算 4. 以个计量，按设计图示数量计算	1. 砂浆制作、运输 2. 砌砖 3. 刮缝 4. 材料运输
010401013	砖散水、地坪	1. 砖品种、规格、强度等级 2. 垫层材料种类、厚度 3. 散水、地坪厚度 4. 面层种类、厚度 5. 砂浆强度等级	m²	按设计图示尺寸以面积计算	1. 土方挖、运、填 2. 地基找平、夯实 3. 铺设垫层 4. 砌砖散水、地坪 5. 抹砂浆面层
010401014	砖地沟、明沟	1. 砖品种、规格、强度等级 2. 沟截面尺寸 3. 垫层材料种类、厚度 4. 混凝土强度等级 5. 砂浆强度等级	m	以 m 计量，按设计图示以中心线长度计算	1. 土方挖、运、填 2. 铺设垫层 3. 底板混凝土制作、运输、浇筑、振捣、养护 4. 砌砖 5. 刮缝、抹灰 6. 材料运输

表 6.9 砌块砌体（编码：010402）

项目编码	项目名称	项目特征	计量单位	工程量计算规则	工作内容
010402001	砌块墙	1. 砌块品种、规格、强度等级 2. 墙体类型 3. 砂浆强度等级	m³	按设计图示尺寸以体积计算 扣除门窗、洞口、嵌入墙内的钢筋混凝土柱、梁、圈梁、挑梁、过梁及凹进墙内的壁龛、管槽、暖气槽、消火栓箱所占体积，不扣除梁头、板头、檩头、垫木、木楞头、沿缘木、木砖、门窗走头、砖墙内加固钢筋、木筋、铁件、钢管及单个面积小于等于 0.3m² 的孔洞所占体积。凸出墙面的腰线、挑檐、压顶、窗台线、虎头砖、门窗套亦不增加体积。凸出墙面的砖垛并入墙体体积内计算 1. 墙长度：外墙按中心线计算，内墙按净长计算 2. 墙高度 （1）外墙：斜（坡）屋面无檐口天棚者算至屋面板底；有屋架且室内外均有天棚者算至屋架下弦底另加200mm；无天棚者算至屋架下弦底另加300mm，出檐宽度超过 600mm 时按实砌高度计算；有钢筋混凝土楼板隔层者算至板顶；平屋面算至钢筋混凝土板底 （2）内墙：位于屋架下弦者，算至屋架下弦底；无屋架者算至天棚底另加100mm；有钢筋混凝土楼板隔层者算至楼板顶；有框架梁时算至梁底 （3）女儿墙：从屋面板上表面算至女儿墙顶面（如有混凝土压顶时算至压顶下表面） （4）内外山墙：按其平均高度计算 3. 框架间墙：不分内外墙按墙体净尺寸以体积计算 4. 围墙：高度算至压顶上表面（如有混凝土压顶时算至压顶下表面），围墙柱并入围墙体积内	1. 砂浆制作、运输 2. 砌砖、砌块 3. 勾缝 4. 材料运输

项目编码	项目名称	项目特征	计量单位	工程量计算规则	工作内容
010402002	砌块柱	1. 砌块品种、规格、强度等级 2. 柱类型 3. 砂浆强度等级		按设计图示尺寸以体积计算。扣除混凝土及钢筋混凝土梁垫、梁头、板头所占体积	1. 砂浆制作、运输 2. 砌砖、砌块 3. 勾缝 4. 材料运输

表 6.10 石砌体（编码：010403）

项目编码	项目名称	项目特征	计量单位	工程量计算规则	工作内容
010403001	石基础	1. 石料种类、规格 2. 基础类型 3. 砂浆强度等级		按设计图示尺寸以体积计算 包括附墙垛基础宽出部分体积，不扣除基础砂浆防潮层及单个面积≤0.3m² 的孔洞所占体积，靠墙暖气沟的挑檐不增加体积 基础长度：外墙按中心线计算，内墙按净长线计算	1. 砂浆制作、运输 2. 吊装 3. 砌石 4. 防潮层铺设 5. 材料运输
010403002	石勒脚			按设计图示尺寸以体积计算，扣除单个面积>0.3m² 的孔洞所占的体积	
010403003	石墙	1. 石料种类、规格 2. 石表面加工要求 3. 勾缝要求 4. 砂浆强度等级	m³	按设计图示尺寸以体积计算 扣除门窗、洞口、嵌入墙内的钢筋混凝土柱、梁、圈梁、挑梁、过梁及凹进墙内的壁龛、管槽、暖气槽、消火栓箱所占体积，不扣除梁头、板头、檩头、垫木、木楞头、沿缘木、木砖、门窗走头、砖墙内加固钢筋、木筋、铁件、钢管及单个面积≤0.3m² 的孔洞所占体积。凸出墙面的腰线、挑檐、压顶、窗台线、虎头砖、门窗套亦不增加体积。凸出墙面的砖垛并入墙体体积内计算 1. 墙长度：外墙按中心线，内墙按净长计算 2. 墙高度 （1）外墙：斜（坡）屋面无檐口天棚者算至屋面板底；有屋架且室内外均有天棚者算至屋架下弦底另加 200mm；无天棚者算至屋架下弦底另加 300mm，出檐宽度超过 600mm 时按实砌高度计算；有钢筋混凝土楼板隔层者算至板顶；平屋面算至钢筋混凝土板底 （2）内墙：位于屋架下弦者，算至屋架下弦底；无屋架者算至天棚底另加 100mm；有钢筋混凝土楼板隔层者算至楼板顶；有框架梁时算至梁底 （3）女儿墙：从屋面板上表面算至女儿墙顶面（如有混凝土压顶时算至压顶下表面） （4）内外山墙：按其平均高度计算 3. 围墙：高度算至压顶上表面（如有混凝土压顶时算至压顶下表面），围墙柱并入围墙体积内	1. 砂浆制作、运输 2. 吊装 3. 砌石 4. 石表面加工 5. 勾缝 6. 材料运输

续表

项目编码	项目名称	项目特征	计量单位	工程量计算规则	工作内容
010403004	石挡土墙	1. 石料种类、规格 2. 石表面加工要求 3. 勾缝要求 4. 砂浆强度等级	m³	按设计图示尺寸以体积计算	1. 砂浆制作、运输 2. 吊装 3. 砌石 4. 变形缝、泄水孔、压顶抹灰 5. 滤水层 6. 勾缝 7. 材料运输
010403005	石柱				1. 砂浆制作、运输 2. 吊装 3. 砌石 4. 石表面加工 5. 勾缝 6. 材料运输
010403006	石栏杆		m	按设计图示以长度计算	
010403007	石护坡	1. 垫层材料种类、厚度 2. 石料种类、规格 3. 护坡厚度、高度 4. 石表面加工要求 5. 勾缝要求 6. 砂浆强度等级、配合比	m³	按设计图示尺寸以体积计算	1. 铺设垫层 2. 石料加工 3. 砂浆制作、运输 4. 砌石 5. 石表面加工 6. 勾缝 7. 材料运输
010403008	石台阶				
010403009	石坡道		m²	按设计图示以水平投影面积计算	
010403010	石地沟、明沟	1. 沟截面尺寸 2. 土壤类别、运距 3. 垫层材料种类、厚度 4. 石料种类、规格 5. 石表面加工要求 6. 勾缝要求 7. 砂浆强度等级、配合比	m	按设计图示以中心线长度计算	1. 土方挖、运 2. 砂浆制作、运输 3. 铺设垫层 4. 砌石 5. 石表面加工 6. 勾缝 7. 回填 8. 材料运输

表 6.11　垫层（编码：010404）

项目编码	项目名称	项目特征	计量单位	工程量计算规则	工作内容
010404001	垫层	垫层材料种类、配合比、厚度	m³	按设计图示尺寸以体积计算	1. 垫层材料的拌制 2. 垫层铺设 3. 材料运输

任务 *6.2* 工程量清单计价

【知识目标】 1. 掌握砌筑工程计价工程量计算的相关规定。
2. 掌握砌筑工程综合单价的编制过程。
3. 在理解的基础上掌握砌筑工程计价方法。
【能力目标】 能根据给定图纸及相关要求独立完成砌筑工程综合单价的编制，并能自主报价。
【任务描述】 根据本项目任务 6.1 图 6.1 描述的内容：
（1）试计算实心砖墙、空心砖墙、砌块墙的计价工程量并填入计价工程量计算表。
（2）试计算以上项目的综合单价，并填入综合单价计算表中。

6.2.1 相关知识：计价工程量的计算方法

要进行综合单价的编制，需要先计算计价工程量，根据《湖北省房屋建筑与装饰工程消耗量定额及全费用基价表》（2018）的计算规则，包括砖砌体、砌块砌体、轻质隔墙等。

1. 说明

（1）定额中砖、砌块和石料按标准或常用规格编制，设计规格与定额不同时，砌体材料和砌筑（黏结）材料用量应做调整，砌筑砂浆按干混预拌砌筑砂浆编制。定额所列砌筑砂浆种类和强度等级、砌块专用砌筑黏结剂品种，如设计与定额不同时，应进行换算。

（2）填充墙以填炉渣、炉渣混凝土为准，如设计与定额不同时应进行换算，其他不变。

（3）砖基础不分砌筑宽度及是否大放脚，均执行对应品种及规格砖的同一项目。地下混凝土构件所用砖模及砖砌挡土墙套用砖基础项目。

（4）小型空心砌块、加气混凝土砌块墙是按水泥混合砂浆编制的，当设计使用水玻璃矿渣等黏结剂为胶合料时，应按设计要求另行换算。

（5）定额中各类砖、砌块及石砌体的砌筑均按直形砌筑编制，如为圆弧形砌筑者，按相应定额人工用量乘以系数 1.10 计算，砖、砌块、石砌体及砂浆（黏结剂）用量乘以系数 1.03 计算。

（6）贴砌砖项目适用于地下室外墙保护墙部位的贴砌砖；框架外表面的镶贴砖部分，套用零星砌体项目。

（7）砖砌体内灌注混凝土，以及墙基、墙身的防潮、防水、抹灰等按本定额其他相关章节的项目及规定计算。

（8）砌体加固，常见施工方法有砌体专用连接件、预埋铁件、预留钢筋及植筋等几种，依据实际情况选择相应项目。砌体专用连接件按本章节相关项目执行，预埋铁件、预留钢筋及植筋按钢筋混凝土章节相关项目执行。

2. 计价工程量计算规则

1）砖基础

砖基础的计价工程量计算规则同清单工程量计算规则。

2）砖墙、砌块墙

（1）墙体工程量计算一般规则。

计算墙体时，按设计图示尺寸以体积计算。女儿墙高度自外墙顶面至图示女儿墙顶面，区别不同墙厚并入外墙计算。

$$V = 墙长 \times 墙高 \times 墙厚 + 应增加体积 - 应扣除体积 \qquad (6.5)$$

① 应扣除体积：扣除门窗、洞口、嵌入墙内的钢筋混凝土柱、梁、圈梁、挑梁、过梁及凹进墙内的壁龛、管槽、暖气槽、消火栓箱所占体积。

② 不扣除体积：不扣除梁头、板头、檩头、垫木、木楞头、沿椽木、木砖、门窗走头、砖墙内加固钢筋、木筋、铁件、钢管及单个面积在 $0.3m^2$ 以内的孔洞等所占体积。

③ 应增加体积：凸出墙面的砖垛并入墙体体积内计算。

④ 不增加体积：凸出墙面的腰线、挑檐、压顶、窗台线、虎头砖、门窗套的体积不增加。

（2）墙的长度。外墙长度按外墙中心线长度计算，内墙长度按内墙净长线计算。

（3）墙的高度。

① 外墙墙身高度：斜（坡）屋面无檐口天棚者算至屋面板底；有屋架且室内外均有天棚者，算至屋架下弦底面另加 200mm；无天棚者算至屋架下弦底加 300mm，出檐宽度超过 600mm 时，应按实砌高度计算；有钢筋混凝土楼板隔层者算至板顶；平屋面算至钢筋混凝土板底。

② 内墙墙身高度：位于屋架下弦者，其高度算至屋架下弦底；无屋架者算至天棚底另加 100mm。有钢筋混凝土楼板隔层者算至板底；有框架梁时算至梁底面。

③ 内、外山墙：按其平均高度计算。

④ 女儿墙：从屋面板上表面算至女儿墙顶面（如有混凝土压顶时算至压顶下表面）。

（4）墙厚度。

① 标准砖以 240mm×115mm×53mm 为准，其砌体厚度按表 6.12 计算。

表 6.12　标准砖砌体计算厚度表

砖数（厚度）	$\dfrac{1}{4}$	$\dfrac{1}{2}$	$\dfrac{3}{4}$	1	$1\dfrac{1}{2}$	2	$2\dfrac{1}{2}$	3
计算厚度（mm）	53	115	178	240	365	490	615	740

② 使用非标准砖时，其砌体厚度应按砖实际规格和设计厚度计算；当设计厚度与实际规格不同时，按实际规格计算。

3）框架间砌体

框架间砌体，不分内外墙按墙体净尺寸以体积计算。

4）围墙

围墙套用墙相关定额项目。设计需加浆勾缝时，应另行计算。围墙高度算至压顶上表面（如有混凝土压顶时算至压顶下表面），围墙柱并入围墙体积内。

5）空斗墙

按设计图示尺寸以空斗墙外形体积计算。墙角、内外墙交接处、门窗洞口立边、窗台砖及屋檐处的实砌部分已包括在定额内，不另行计算。但窗间墙、窗台下、楼板下、梁头下等实砌部分，应另行计算，套零星砌体定额项目。

6）空花墙

按设计图示尺寸以空花部分外形体积计算，空花部分不予扣除。其中实砌部分体积另行计算。

7）填充墙

按设计图示尺寸以填充墙外形体积计算。其中实砌部分已包括在定额内，不另计算。

其他墙体工程量
计算

8）其他砖砌体

（1）零星砌体指台阶、台阶挡墙、梯带、锅台、炉灶、蹲台、池槽、池槽腿、花台、花池、楼梯栏板、阳台栏板、地垄墙、小于等于 $0.3m^2$ 的孔洞填塞、凸出屋面的烟囱、屋面伸缩缝砌体、隔热板砖墩等。

（2）零星砌体、地沟、砖过梁按设计图示尺寸以体积计算。

（3）附墙烟囱、通风道、垃圾道。应按设计图示尺寸以体积（扣除孔洞所占体积）计算并入所依附的墙体体积内。当设计规定孔洞内需抹灰时，另按定额墙柱面工程相应项目计算。

零星砌砖工程量
计算

（4）砖散水、地坪按设计图示尺寸以面积计算。

9）轻质隔墙

轻质隔墙按设计图示尺寸以面积计算。

10）垫层

垫层工程量按设计图示尺寸以体积计算。

6.2.2 任务实施：砌筑工程计价工程量与综合单价的编制

步骤一：编制计价工程量。

根据图 6.1 的内容，在掌握计价工程量计算方法和设计图纸要求的基础上，计算下列清单项目的计价工程量（表 6.13）。

表 6.13 计价工程量计算表

序号	项目编码	项目名称	计量单位	数量	计算式
1	010402001001	砌块墙	m^3	27.23	
	A1-32	蒸压加气混凝土砌块墙 墙厚大于 150mm（砂浆）	m^3	27.23	同清单工程量
2	010401005001	空心砖墙	m^3	4.19	
	A1-43	空心砖墙 1 砖	m^3	4.19	同清单工程量
3	010401003001	实心砖墙	m^3	7.54	
	A1-5	混水砖墙 1/2 砖	m^3	7.54	同清单工程量

步骤二：编制综合单价。

根据图 6.1 的内容，查《湖北省房屋建筑与装饰工程消耗量定额及全费用基价表》（2018），得出以下内容（表 6.14），综合单价分析表如表 6.15～表 6.17 所示（综合单价的计算方法见任务 1.4 的综合单价编制）。

表 6.14 《湖北省房屋建筑与装饰工程消耗量定额及全费用基价表》（2018）摘录　单位：元

序号	定额编号	项目名称	计量单位	人工费	材料费	机械费
1	A1-32	蒸压加气混凝土砌块墙墙厚大于 150mm 砂浆	10m³	1303.01	2207.63	14.80
2	A1-11	空心砖墙 1 砖	10m³	1240.54	1524.96	24.91
3	A1-5	混水砖墙 1/2 砖	10m³	2315.69	2848.05	37.09

表 6.15 综合单价分析表

项目编码	010402001001	项目名称	砌块墙	计量单位	m³	数量	27.23

定额编码	定额名称	定额单位	数量	单价（元）				合价（元）			
				人工费	材料费	机械费	管理费和利润	人工费	材料费	机械费	管理费和利润
A1-32	蒸压加气混凝土砌块墙墙厚大于150mm砂浆	10m³	0.1	1303.01	2207.63	14.8	632.54	130.3	220.76	1.48	63.25
			小计					130.3	220.76	1.48	63.25
		清单项目综合单价（元）						415.79			

表 6.16 综合单价分析表

项目编码	010401005001	项目名称	空心砖墙	计量单位	m³	数量	4.19

定额编码	定额名称	定额单位	数量	单价（元）				合价（元）			
				人工费	材料费	机械费	管理费和利润	人工费	材料费	机械费	管理费和利润
A1-11	空心砖墙 1 砖	10m³	0.1	1240.54	1524.96	24.91	607.41	124.05	152.5	2.49	60.74
			小计					124.05	152.5	2.49	60.74
		清单项目综合单价（元）						339.78			

表 6.17 综合单价分析表

项目编码	010401003001	项目名称	实心砖墙	计量单位	m³	数量	7.54

定额编码	定额名称	定额单位	数量	单价（元）				合价（元）			
				人工费	材料费	机械费	管理费和利润	人工费	材料费	机械费	管理费和利润
A1-3	混水砖墙 1/2 砖	10m³	0.1	2315.69	2848.05	37.09	1129.33	231.57	284.81	3.71	112.93
			小计					231.57	284.81	3.71	112.93
		清单项目综合单价（元）						633.02			

综合实训——砌筑工程清单工程量编制方法的运用

【实训目标】 1. 进一步掌握砌筑工程清单工程量计算方法的运用。
2. 熟悉砌筑工程量的计算方法。
【能力要求】 能根据给定图纸及相关要求快速、准确完成砌筑工程量清单编制。
【实训描述】 根据本书附后的工程实例"某办公室"施工图纸（建施 01-05、结施 01-06）完成以下项目的清单工程量计算:
（1）试计算⑪轴⑤～⑥轴间墙体清单工程量。
（2）试计算⑧轴①～⑤轴间墙体清单工程量。

任务实施

【任务实施1】试计算⑪轴⑤～⑥轴间墙体清单工程量。

1. 分析

由图可知，⑪轴⑤～⑥轴间墙体为 250mm 厚外墙，一层墙体由−0.03 至一层直线形框梁 KL12 梁底，二层墙体由一层框梁顶至二层折形框梁 WKL13 梁底。一、二层墙体均没有门窗洞口。⑤～⑥轴设有 KZ12，KZ17，墙体中设置一根 GZ1。

2. 计算思路

（1）将墙体划分为两层分别计算，第二层墙体划分标高 5.57m 以上墙体及标高 5.57m 以下墙体两部分计算。

（2）墙体工程量按体积计算，$V=$墙长×墙高×墙厚。由于没有门窗洞口，不需要扣除门窗洞口及过梁所占体积。

（3）墙长计算应考虑扣除框架柱及构造柱所占长度。

（4）墙高应扣除框梁所占高度。

（5）墙厚按图示 250mm 厚计算。

3. 工程量计算

（1）一层墙体:

墙长 $L=9.6-0.25-0.375-0.31=8.665(m)$

墙高 $H=2.77+0.03-0.8=2(m)$

墙厚 $B=0.25(m)$

一层墙体工程量 $V=L×H×B=8.665×2×0.25=4.33(m^3)$

（2）二层墙体:

① 标高 5.57m 以下墙体:

墙长 $L=9.6-0.25-0.375-0.31=8.665(m)$

墙高 $H=5.57-2.77=2.8(m)$

墙厚 $B=0.25(m)$

标高 5.57m 以下墙体工程量 $V=L\times H\times B=8.665\times2.8\times0.25=6.07(\text{m}^3)$

② 标高 5.57m 以上墙体：

墙长 $L=9.6-0.25-0.375-0.31=8.665(\text{m})$

墙高 $H=1.2-0.8=0.4(\text{m})$

墙厚 $B=0.25(\text{m})$

标高 5.57m 以下墙体工程量 $V=L\times H\times0.5\times B=8.665\times0.4\times0.5\times0.25=0.43(\text{m}^3)$

（3）Ⓗ轴⑤～⑥轴间墙体工程量：

$V=4.33+6.07+0.43=10.83(\text{m}^3)$

【任务实施2】试计算Ⓑ轴①～⑤轴间墙体清单工程量。

1. 分析

由图可知，Ⓑ轴①～⑤轴间在一层为混凝土墙体，不属于本次计算内容。在第二层，①～②轴间为坡屋顶下墙体，②～⑤轴间为平屋顶下墙体，墙体厚度均为 250mm。①～⑤轴处均有框架柱，①～②轴、②～③轴、④～⑤轴之间均设置有 GZ1。①～②轴间墙体由 2.77 至 WKL7 折线梁部分梁底，②～⑤轴间墙体由 2.77 至 WKL7 直线梁部分梁底。①～②轴间墙体设置有 C—3、C—4，②～⑤轴间墙体设置有 C—4。窗上过梁按中南标 11ZJ103 第 20 页执行。窗台部位设现浇混凝土窗台，截面为墙厚×100mm，两端应各伸入墙内不少于 500mm。

2. 计算思路

（1）将墙体划分为①～②轴墙体、②～⑤轴墙体两部分分别计算，①～②轴墙体划分标高 5.57m 以上墙体及标高 5.57m 以下墙体两部分计算。

（2）墙体工程量按体积计算，$V=$ 墙长×墙高×墙厚。由于设置有门窗，故需要考虑扣除门窗洞口及过梁所占体积。但经分析②～③轴、④～⑤轴墙体 C—4 上不需设置过梁。①～②轴间、③～④轴间设置过梁，截面为墙厚×100mm，两端各伸入墙内 250mm。

（3）墙体工程量应扣除混凝土窗台体积，截面为墙厚×100 mm，两端应各伸入墙内不少于 500mm。

（4）墙长计算应考虑扣除框架柱及构造柱所占长度。

（5）墙高应扣除框梁所占高度。

（6）墙厚按图示 250mm 厚计算。

3. 工程量计算

（1）①～②轴墙体：

① 标高 5.57m 以上墙体：

墙长 $L=6.3-0.375-0.225-0.31=5.39(\text{m})$

墙高 $H=5.57-2.77=2.8(\text{m})$

墙厚 $B=0.25(\text{m})$

窗所占体积 $V_{窗}=(1.2\times1.35+1.5\times1.35)\times0.25=0.91(\text{m}^3)$

过梁所占体积 $V_{过梁}=0.25\times0.1\times(1.2+0.25\times2)+0.25\times0.1\times(1.5+0.25\times2)$
$=0.093(\text{m}^3)$

窗台所占体积 $V_{窗台}=0.25\times0.1\times(1.2+0.5\times2)+0.25\times0.1\times(1.5+0.5\times2)=0.12(\text{m}^3)$

标高 5.57m 以上墙体工程量 $V_1 = L \times H \times B - V_{窗} - V_{过梁} - V_{窗台}$

$$= 5.39 \times 2.8 \times 0.25 - 0.91 - 0.093 - 0.12 = 2.65(\text{m}^3)$$

② 标高 5.57m 以下墙体:

墙长 $L = 6.3 - 0.375 - 0.225 - 0.31 = 5.39(\text{m})$

墙高 $H = 6.77 - 5.57 - 0.55 = 0.65(\text{m})$

墙厚 $B = 0.25(\text{m})$

标高 5.57m 以下墙体工程量 $V_2 = 5.39 \times 0.65 \times 0.5 \times 0.25 = 0.44(\text{m}^3)$

（2）②～⑤轴墙体:

墙长 $L = 6.3 \times 2 + 3 - 0.225 - 0.5 \times 2 - 0.225 - 0.31 \times 2 = 13.53(\text{m})$

墙高 $H = 5.57 - 2.77 - 0.55 = 2.25(\text{m})$

墙厚 $B = 0.25(\text{m})$

窗所占体积 $V_{窗} = 1.5 \times 1.35 \times 0.25 \times 5 = 2.53(\text{m}^3)$

过梁所占体积 $V_{过梁} = 0.25 \times 0.1 \times (1.5 + 0.25 \times 2) = 0.05(\text{m}^3)$

窗台所占体积 $V_{窗台} = 0.25 \times 0.1 \times (1.5 + 0.5 \times 2) \times 5 = 0.31(\text{m}^3)$

②～⑤轴墙体工程量 $V_3 = 13.53 \times 2.25 \times 0.25 - 2.53 - 0.05 - 0.31 = 4.72(\text{m}^3)$

（3）Ⓑ轴①～⑤轴间墙体工程量:

$V = V_1 + V_2 + V_3 = 2.65 + 0.44 + 4.72 = 7.81(\text{m}^3)$

项目

混凝土及钢筋混凝土工程

▌学习提示　混凝土，简称为"砼（tóng）"：是由胶凝材料将集料胶结成整体的工程复合材料的统称；钢筋混凝土（Reinforced Concrete 或 Ferroconcrete），工程上常被简称为钢筋砼，是指通过在混凝土中加入钢筋、钢筋网、钢板或纤维而改善混凝土力学性能的一种组合材料。钢筋混凝土作为框架结构的重要受力构件，包括基础、柱、梁、板、楼梯、阳台、雨篷等，这些构件的清单工程量与计价工程量计算方法基本一致，单位有"m""m^2""m^3"等，计算时要注意区分。

▌能力目标　1. 能计算混凝土及钢筋混凝土工程清单工程量。
　　　　　　2. 能计算混凝土及钢筋混凝土工程计价工程量。
　　　　　　3. 能编制混凝土及钢筋混凝土工程综合单价。

▌知识目标　1. 掌握混凝土及钢筋混凝土工程量清单的编制。
　　　　　　2. 掌握湖北省定额中混凝土及钢筋混凝土工程计价工程量的计算规则。
　　　　　　3. 掌握清单工程量与计价工程量的区别。
　　　　　　4. 熟悉综合单价的编制方法。

▌规范标准　1.《建设工程工程量清单计价规范》（GB 50500—2013）。
　　　　　　2.《房屋建筑与装饰工程工程量计算规范》（GB 50854—2013）。
　　　　　　3.《湖北省房屋建筑与装饰工程消耗量定额及全费用基价表》（2018）。
　　　　　　4.《湖北省建筑安装工程费用定额》（2018）。

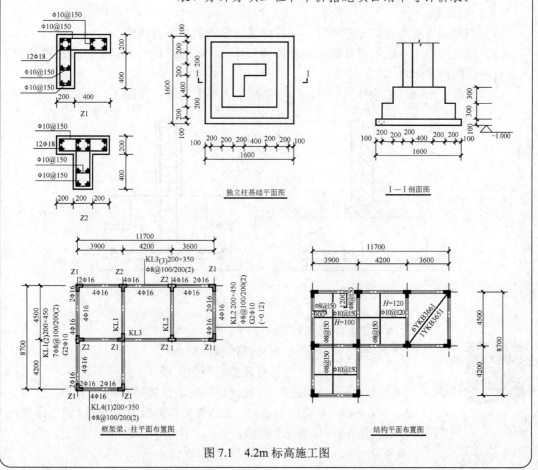

任务 7.1　工程量清单编制

【知识目标】　1. 掌握混凝土及钢筋混凝土工程清单工程量计算的相关规定。

2. 掌握混凝土及钢筋混凝土工程量清单的编制过程。

3. 熟悉混凝土及钢筋混凝土工程计算方法。

【能力目标】　能根据给定图纸及相关要求独立完成混凝土及钢筋混凝土工程量清单编制。

【任务描述】　某二层建筑物中，其二层标高为 4.2m 的结构平面布置图如图 7.1 所示，C30 预应力空心板采用焊接施工，YKB3661 为 0.1592m³/块、YKB3651 为 0.1342m³/块，其余均采用预拌混凝土 C20 浇筑。基础顶面标高为 −0.3m，板面标高为 4.2m；架立筋均为 2 根直径 12mm 的一级钢筋；梁、柱均为非抗震构件。

试计算首层现浇混凝土柱、梁、板、预应力空心板及 Z1 钢筋、KL1（2）钢筋清单工程量，并填入清单工程量计算表、分部分项工程和单价措施项目清单与计价表。

独立柱基础平面图

I—I 剖面图

框架梁、柱平面布置图

结构平面布置图

图 7.1　4.2m 标高施工图

7.1.1　相关知识：混凝土及钢筋混凝土工程清单工程量计算

要想进行工程量清单编制，需要先了解相关基础知识，主要是混凝土及钢筋混凝土工程量计算的一般规则以及清单工程量的基本概念。

现浇或预制混凝土和钢筋混凝土构件，不扣除构件内钢筋、螺栓、预埋铁件、张拉孔道所占体积，但应扣除劲性骨架的型钢所占体积。

（1）现浇混凝土项目特征的内容包括混凝土的种类、混凝土的强度等级，其中混凝土的种类指清水混凝土、彩色混凝土等，当在同一地区既允许使用预拌（商品）混凝土，又允许现场搅拌混凝土时，应注明；预制混凝土项目特征描述包括图代号、单件体积、安装高度、混凝土强度等级、砂浆（细石混凝土）强度等级及配合比。

（2）混凝土项目的工作内容中列出了模板及支架（撑）的内容，即模板及支架（撑）的价格可以综合到相应混凝土项目的综合单价中，也可以在措施项目中单独列项计算工程量。

（3）钢筋的工作内容中包括了焊接（或绑扎）连接，不需要计量，在综合单价中考虑，但机械连接需要单独列项计算工程量。

1．现浇混凝土基础（编码：010501）

1）一般规则
（1）当基础为毛石混凝土基础时，项目特征应描述毛石所占比例。
（2）现浇混凝土基础按设计图示尺寸以体积计算。不扣除构件内钢筋、预埋铁件和伸入承台基础的桩头所占体积。
（3）混凝土基础与墙或柱的划分，均以基础扩大顶面为界，如图7.2所示。

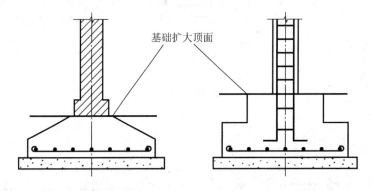

图 7.2　基础扩大顶面

2）清单工程量计算规则
（1）垫层：按设计图示尺寸以体积计算。

$$V=垫层长度×垫层断面面积 \tag{7.1}$$

式中：垫层长度——外墙按中心线计算，内墙按垫层净长线计算。
（2）带形基础：有肋带形基础、无肋带形基础应分别编码（第五级编码）列项，并注明肋高，如图7.3所示。

垫层工程量计算

① 无肋带形基础：

$$V＝带形基础长度×基础断面面积 \tag{7.2}$$

② 有肋带形基础：

$$V＝带形基础长度×基础断面面积＋T形接头体积 \tag{7.3}$$

式中：基础长度——外墙按中心线计算，内墙按基础净长线计算。

T 形接头体积：

$$V＝L×b×H+L×h_1×(2b+B)/6 \tag{7.4}$$

现浇混凝土带形基础

（3）独立基础：形状包括踏步形基础和截头方锥形基础。杯形基础按独立基础列项。

① 踏步形基础，如图 7.4 所示。

计算公式：

$$V＝a×b×h+a_1×b_1×h_1 \tag{7.5}$$

式中：a、b——基础底面的长与宽；

a_1、b_1——基础顶部的长与宽；

h——基础底部四方体的高度；

h_1——基础顶部四方体的高度。

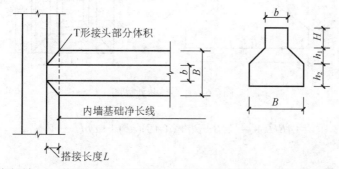

B—基础底宽；b—基础顶宽；H—基础肋高；h_1—基础锥形高度；h_2—基础底高；L—横向基础与纵向基础的搭接长度。

图 7.3 有肋带形基础

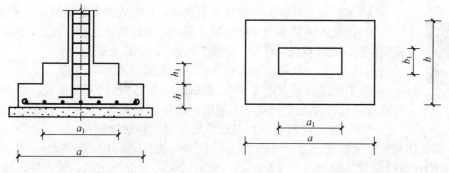

图 7.4 踏步形独立基础

② 截头方锥形基础，如图 7.5 所示。

$$V＝a×b×h+\frac{h_1}{3}\Big[a×b+a_1×b_1+\sqrt{(a×b)(a_1×b_1)}\Big] \tag{7.6}$$

式中：a、b——基础底面的长与宽；

a_1、b_1——基础顶部的长与宽；

h——基础底部四方体的高度；

h_1——基础棱台的高度。

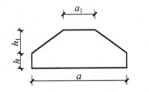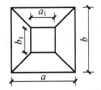

图 7.5　截头方锥形独立基础

③ 杯形基础：是指在基础中心预留有安装预制钢筋混凝土柱的孔槽（又称为杯口槽），形如水杯，如图 7.6 所示。

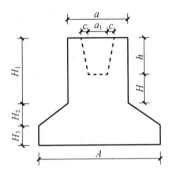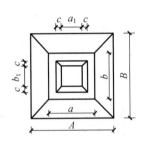

图 7.6　杯形柱基计算图

$$V = ABH_3 + \frac{h_2}{3}\left[AB + ab + \sqrt{(AB)(ab)}\right] + abH_1 - V_{杯口} \qquad (7.7)$$

式中：

$$V_{杯口} = h \times \left[(a_1 + c)(b_1 + c) + \frac{c^2}{3}\right] \qquad (7.8)$$

（4）满堂基础：包括有梁式满堂基础、无梁式满堂基础及箱式满堂基础。

① 有梁式满堂基础又称梁板式基础，类似倒置的井字楼盖，其混凝土工程量按板、梁体积合并计算，如图 7.7 所示，计算公式为

$$V = 基础板面积 \times 板厚 + 梁截面面积 \times 梁长 \qquad (7.9)$$

② 无梁式满堂基础又称板式基础，类似倒置的无梁楼板，当有扩大或角锥形柱墩时并入无梁式满堂基础内计算，如图 7.8 所示，计算公式为

$$V = 基础底板面积 \times 基础底板厚度 + 柱墩体积 \qquad (7.10)$$

满堂基础

③ 箱式满堂基础又称箱形基础（图 7.9）。列项时需把基础的各部分拆分，其中，箱式满堂基础的底板按满堂基础列项，其柱、梁、墙、板按现浇混凝土柱、梁、墙、板所在附录内容编码列项。

（5）桩承台基础：指在群桩基础上，将桩顶用钢筋混凝土平台或平板连成一个整体基础，以承受整个建筑物荷载的结构，并通过桩传递给地基。

桩承台有带形桩承台和独立桩承台两种形式，如图 7.10 所示。桩承台工程量按图示体积计算。

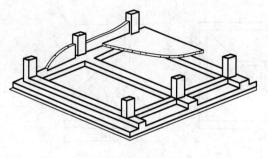

图 7.7　有梁式满堂基础

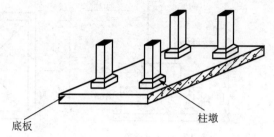

图 7.8　无梁式满堂基础

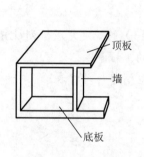

图 7.9　箱式满堂基础

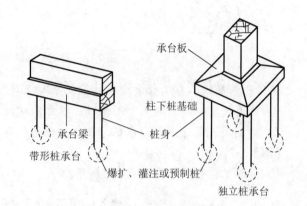

图 7.10　桩承台基础

（6）设备基础：框架式设备基础中基础部分按设备基础列项，其柱、梁、墙、板按现浇混凝土柱、梁、墙、板分别编码列项。

【案例 7.1】某工程基础平面图如图 7.11 所示，现浇钢筋混凝土带形基础、独立基础的尺寸如图 7.12 所示，混凝土垫层的强度等级为 C15，混凝土基础强度等级为 C20，按外购商品混凝土考虑。

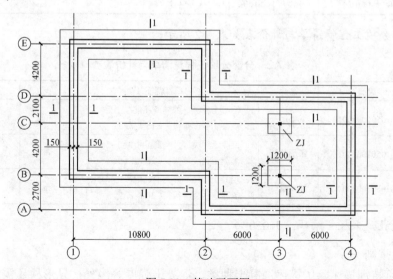

图 7.11　基础平面图

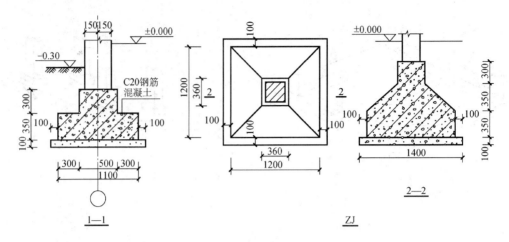

图 7.12　基础平面图和剖面图

试依据《建设工程工程量清单计价规范》（GB 50500—2013）的规定完成下列计算。

① 计算现浇钢筋混凝土带形基础、独立基础、基础垫层的工程量。

② 编制现浇混凝土带形基础、独立基础的分部分项工程量清单与计价表。

【解】

① 清单工程量的计算如表 7.1 所示。

表 7.1　分部分项工程量计算表

序号	名称	单位	数量	计算过程
1	带形基础	m³	38.52	$22.8 \times 2 + 10.5 + 6.9 + 9 = 72$ $(1.1 \times 0.35 + 0.5 \times 0.3) \times 72 = 38.52$
2	独立基础	m³	1.55	$[1.2 \times 1.2 \times 0.35 + 1/3 \times 0.35 \times (1.2^2 + 0.36^2 + 1.2 \times 0.36) + 0.36 \times 0.36 \times 0.3] \times 2 = 1.55$
3	带形基础垫层	m³	9.36	$1.3 \times 0.1 \times 72 = 9.36$
4	独立基础垫层	m³	0.39	$1.4 \times 1.4 \times 0.1 \times 2 = 0.39$

② 分部分项工程量清单与计价表如表 7.2 所示。

表 7.2　分部分项工程量清单与计价表

序号	编码	名称	项目特征	单位	数量
1	010501001001	垫层	1. 混凝土种类：外购商品混凝土 2. 混凝土强度等级：C15 混凝土	m³	$9.36 + 0.39 = 9.75$
2	010501002001	带形基础	1. 混凝土种类：外购商品混凝土 2. 混凝土强度等级：C20 混凝土	m³	38.52
3	010501003001	独立基础	1. 混凝土种类：外购商品混凝土 2. 混凝土强度等级：C20 混凝土	m³	1.55

2. 现浇混凝土柱（编码：010502）

1）一般规则

（1）项目特征描述除了描述混凝土种类、混凝土强度等级外，异形柱还需说明柱子的形状，如 T 形、L 形、Z 形、十字形和梯形等。

（2）现浇混凝土柱按设计图示尺寸以体积计算工程量。

2）清单工程量计算规则

（1）矩形柱、异形柱。

① 计算公式：

$$柱体积(V)＝柱截面积(S)×柱高(H) \qquad (7.11)$$

矩形柱工程量
计算

② 柱高：有梁板的柱高按柱基上表面或楼板上表面至柱顶上表面的高度计算（图 7.13）。但无梁板的柱高应自柱基上表面或楼板上表面至柱头（帽）的下表面的高度计算（图 7.14），框架柱的柱高应自柱基上表面至柱顶高度计算。依附于柱上的牛腿和升板的柱帽应并入柱身体积内计算。

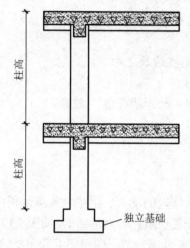

图 7.13　有梁板柱高示意图

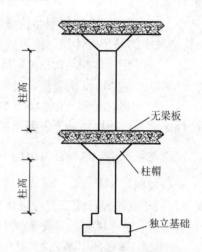

图 7.14　无梁板柱高示意图

（2）构造柱。

① 构造要求：采用先砌砖后浇混凝土。在砌砖时一般每隔五皮砖（约300mm）两边各留一马牙槎，槎口宽度为 60mm，如图 7.15 所示，构造柱体积（图 7.16）应包含马牙槎部分的体积。

构造柱工程量
计算

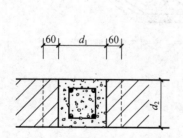

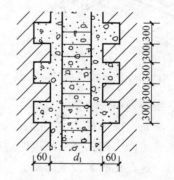

图 7.15　构造柱中马牙槎构造

T形： $V=(d_1 \times d_2 + d_1 \times 0.03 + d_2 \times 0.03 \times 2)H$

一字形： $V=(d_1 \times d_2 + d_2 \times 0.03 \times 2)H$

十字形： $V=(d_1 \times d_2 + d_1 \times 0.03 \times 2 + d_2 \times 0.03 \times 2)H$

L形： $V=(d_1 \times d_2 + d_1 \times 0.03 + d_2 \times 0.03)H$

图 7.16　构造柱计算方法

② 计算公式：

$$构造柱体积 = 构造柱截面积 \times 柱高 + 马牙槎体积 \qquad (7.12)$$

其中，构造柱中的马牙槎体积可按下式计算：

$$马牙槎体积 = 0.03 \times 与砖墙交接面构造柱边长之和 \times 柱高度 \qquad (7.13)$$

如果墙体均为 240mm 的厚度，计算公式可简化为

$$构造柱体积 = (0.24 \times 0.24 + 0.03 \times 0.24 \times 马牙槎槎数) \times 柱高 \qquad (7.14)$$

③ 柱高度为构造柱柱基上表面至顶层圈梁顶面。

3. 现浇混凝土梁（编码：010503）

1）一般规则

现浇混凝土梁按设计图示尺寸以体积计算，伸入墙内的梁头、梁垫并入梁体积内。

（1）基础梁：在柱基础之间承受墙身荷载而下部无其他承托者为基础梁，如图 7.17 所示。

（2）地圈梁：连接地下基础部分与上面墙体建筑部分闭合的一圈钢筋混凝土浇筑的梁，如图 7.18 所示。地圈梁不能称为基础梁，应当按圈梁执行。

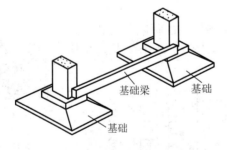

图 7.17　基础梁

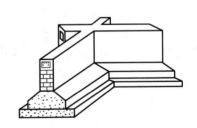

图 7.18　地圈梁

（3）矩形梁：断面为矩形的梁。

（4）异形梁：断面为梯形或其他变截面的梁。

（5）圈梁：砌体结构中加强房屋刚度的封闭梁。

（6）过梁：门、窗、孔洞上设置的梁。

（7）弧形梁、拱形梁：水平方向为弧形的梁称为弧形梁；垂直方向为拱形的梁称为拱形梁。

2）清单工程量计算规则

（1）主梁、次梁与柱连接时，梁长算至柱侧面，如图 7.19 和图 7.20 所示。

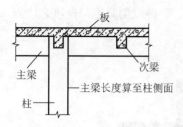

图 7.19　梁与柱连接时

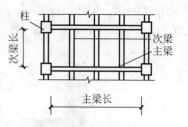

图 7.20　主、次梁长度

（2）次梁与主梁连接时，次梁长度算至主梁侧面（图 7.21）。

（3）伸入墙内的梁头、梁垫并入梁体积内。

（4）圈梁：按内外墙和不同断面分别计算，且圈梁长度应扣除构造柱部分。

计算公式：

$$外墙圈梁体积＝外墙圈梁中心线长×外墙圈梁断面 \tag{7.15}$$
$$内墙圈梁体积＝内墙圈梁净长×内墙圈梁断面 \tag{7.16}$$

圈梁、过梁

（5）过梁：长度按门窗洞口外围宽度两端各加 250mm 计算。

计算公式：

$$过梁体积＝S_{梁}×(洞口宽度＋0.25×2) \tag{7.17}$$

矩形梁、异形梁

（6）当圈梁与过梁连接时（图 7.22），分别按圈梁、过梁执行，计算步骤如下。

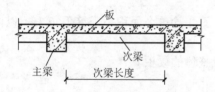

图 7.21　次梁与主梁连接时

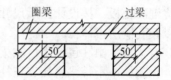

图 7.22　圈梁与过梁连接时

① 计算过梁工程量 V_1：其中过梁长度仍按门窗洞口外围宽度两端各加 250mm 计算。

② 计算通圈梁的工程量：

$$V_2＝S×L_{通圈长度} \tag{7.18}$$

③ 计算圈梁工程量：

$$V_3＝V_2－V_1$$

4. 现浇混凝土墙（编码：010504）

1）一般规则

现浇混凝土墙按设计图示尺寸以体积计算，扣除门窗洞口及单个面积大于 0.3m² 的孔洞所占体积，墙垛及凸出墙面部分并入墙体体积内。

（1）直形墙：直线形状的混凝土墙。

（2）弧形墙：弧线形状的混凝土墙。

（3）短肢剪力墙：截面厚度不大于 300mm，各肢截面高度与厚度之比的最大值大于 4，但不大于 8 的剪力墙。各肢截面高度与厚度之比的最大值不大于 4 的剪力墙按柱项目列项。判断是短肢剪力墙还是柱，如图 7.23 所示。图 7.23（a）中各肢截面高度与厚度之比为：

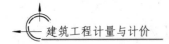

(500+300)/200=4，按异形柱列项。在图 7.23（b）中，各肢截面高度与厚度之比为：(600+300)/200=4.5，大于 4 不大于 8，按短肢剪力墙列项。

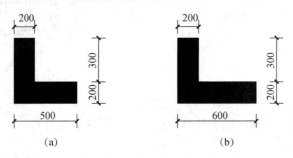

图 7.23 短肢剪力墙与柱的区分示意图

2）清单工程量计算规则

$$墙的体积=墙长×墙高×墙厚-\sum(0.3m^2 以上门窗及孔洞面积×墙厚) \qquad (7.19)$$

式中：墙长——外墙按中心线（有柱者算至柱侧）计算，内墙按净长线（有柱者算至柱侧）计算；

　　　 墙高——从基础上表面算至墙顶；

　　　 墙厚——按设计图纸确定。

5. 现浇混凝土板（编码：010505）

1）一般规则

现浇混凝土板：按设计图示尺寸以体积计算，不扣除单个面积小于等于 $0.3m^2$ 以内的柱、垛以及孔洞所占体积。

（1）有梁板：由（包括主、次梁）梁和板浇成整体的梁板。

（2）无梁板：不带梁直接支在柱上的板。

（3）平板：平板指的是无柱、梁，直接支承在墙上的板。

（4）拱板：把拱肋拱波结合成整体的板。

（5）薄壳板：壳板厚度与其中曲面最小曲率半径之比不大于 1/20 的壳体。

（6）栏板：建筑物中起到围护作用的一种构件，供人在正常使用建筑物时防止坠落的防护措施，是一种板状护栏设施，封闭连续，一般用在阳台或屋面女儿墙部位。

（7）天沟（檐沟）、挑檐板：屋面挑出外墙的部分，主要是为了方便做屋面排水，对外墙也起到保护作用。

现浇混凝土有梁板

2）清单工程量计算规则

（1）有梁板：按梁与板体积之和计算，如图 7.24 所示。

$$V_{有梁板}=V_{梁}+V_{板} \qquad (7.20)$$

方法一：梁按全高计算，板算至梁内侧，如图 7.24（a）所示。

方法二：板按全长计算，梁算至板下，如图 7.24（b）所示。

图 7.24 有梁板计算图

（2）无梁板：按板和柱帽的体积之和计算。

$$V_{无梁板} = V_板 + V_{柱帽} \quad\quad (7.21)$$

现浇混凝土无梁板

（3）平板：按板的体积计算，当板与圈梁连接时，板算至圈梁的侧面，与混凝土墙连接时，板算至混凝土墙的侧面，支撑在砖墙上的板头体积并入平板混凝土工程量内。

$$V_{平板} = V_板 \quad\quad (7.22)$$

（4）薄壳板：肋、基梁并入薄壳体积内计算。

（5）现浇挑檐、天沟板按设计图示尺寸以体积计算；雨篷、悬挑板、阳台板按设计图示尺寸以墙外部分体积计算，包括伸出墙外的牛腿和雨篷反挑檐的体积。

其他现浇构件的计算规定

当现浇挑檐、天沟板、雨篷、阳台与板（包括屋面板、楼板）连接时以外墙外边线为分界线，与圈梁（包括其他梁）连接时，以梁外边线为分界线，外墙边线以外为挑檐、天沟、雨篷或阳台。

（6）空心板：按设计图示尺寸以体积计算，空心板（GBF 高强薄壁蜂巢芯板等）应扣除空心部分体积。

【案例 7.2】某工程挑檐天沟如图 7.25 所示，计算该挑檐天沟工程量。

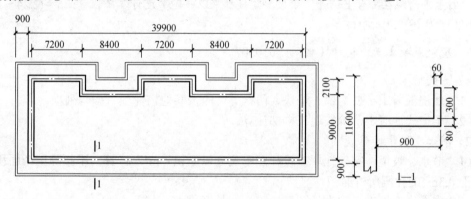

图 7.25　挑檐天沟图

【解】

挑檐板体积 = {[(39.9＋11.6)×2＋2.1×4]×0.9＋0.9×0.9×4}×0.08 = 8.28(m³)

天沟壁体积 = {[(39.9＋11.6)×2＋2.1×4＋0.9×8]×0.06－0.06×0.06×4}×0.3
　　　　　 = 2.13(m³)

挑檐天沟工程量小计：8.28＋2.13 = 10.41(m³)

6. 现浇混凝土楼梯（编码：010506）

1）一般规则

现浇混凝土楼梯包括直行楼梯、弧形楼梯。水平投影面积包括休息平台、平台梁、斜梁和楼梯的连接梁。当整体楼梯与现浇楼板无梯梁连接时，以楼梯的最后一个踏步边缘加 300mm 为界。

现浇混凝土楼梯与台阶

2）清单工程量计算规则

以"m²"计量，按水平投影面积计算，不扣除宽度≤500mm 的楼梯井，伸入墙内部分不计算；以"m³"计量，按设计图示尺寸以体积计算。

【案例 7.3】图 7.26 所示为直形楼梯，C25 钢筋混凝土，计算该楼梯清单工程量及编列项目清单。

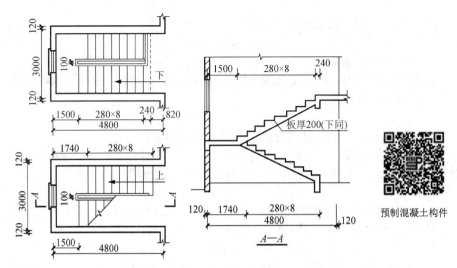

预制混凝土构件

图 7.26　楼梯平面、剖面

【解】楼梯按墙内净面积计算，不包括嵌入墙内的梁，楼梯井宽度小于 500mm，不予扣除。因上下两跑在平台上错开，故按单跑楼梯乘以每跑宽度计算工程量：$S=(2.24+1.74-0.12)\times(3-0.24)=10.65(m^2)$。

7. 现浇混凝土其他构件（编码：010507）

1）一般规则

（1）现浇混凝土小型池槽、垫块、门框等，应按其他构件项目编码列项。

（2）架空式混凝土台阶按现浇楼梯计算。

2）清单工程量计算规则

（1）散水、坡道、室外地坪按设计图示尺寸以面积"m^2"计算。不扣除单个面积小于或等于 $0.3m^2$ 的孔洞所占面积。

（2）电缆沟、地沟，按设计图示以中心线长度"m"计算。

（3）台阶，以"m^2"计量，按设计图示尺寸水平投影面积计算；以"m^3"计量，按设计图示尺寸以体积计算。

（4）扶手、压顶，以"m"计量，按设计图示的中心线延长米计算；以"m^3"计量，按设计图示尺寸以体积计算。

（5）化粪池、检查井及其他构件，以"m^3"计量，按设计图示尺寸以体积计算；以"座"计量，按设计图示数量计算。

【案例7.4】某工程现浇混凝土阳台结构如图 7.27 所示，试计算阳台、阳台栏板及扶手的混凝土工程量。

【解】

① 阳台工程量（010505008001）：

体积$=1.5\times4.8\times0.10=0.72(m^3)$

② 现浇阳台栏板工程量（010505006001）：

栏板体积$=[(1.5\times2+4.8)-0.1\times2]\times(1.1-0.1)\times0.1=0.76(m^3)$

③ 现浇阳台扶手工程量（010507005001）：

阳台扶手长度$=(1.5\times2+4.8)-0.2\times2=7.4(m)$

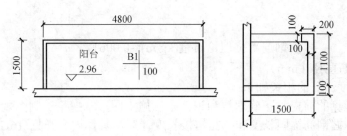

图 7.27 阳台结构图

8. 现浇混凝土后浇带（编码：010508）

后浇带按设计图示尺寸以体积计算。后浇带项目适用于梁、墙、板的后浇带。

9. 预制混凝土构件（编码：010509～010514）

（1）预制混凝土柱、梁以根计量，预制混凝土屋架以榀计量，预制混凝土板以块、套计量，预制混凝土楼梯以段计量，其他预制构件以块、根计量时，都必须描述单件体积。

（2）三角形屋架应按预制混凝土折线型屋架项目编码列项。

（3）不带肋的预制遮阳板、雨篷板、挑檐板、栏板等，应按预制混凝土板中平板项目编码列项。

（4）预制 F 形板、双 T 形板、单肋板和带反挑檐的雨篷板、挑檐板、遮阳板等，应按预制混凝土板中带肋板项目编码列项。

（5）预制大型墙板、大型楼板、大型屋面板等，应按预制混凝土板中大型板项目编码列项。

（6）预制钢筋混凝土小型池槽、压顶、扶手、垫块、隔热板、花格等，应按其他预制构件中其他构件项目编码列项。

10. 钢筋工程（编码：010515）

1）计算说明

钢筋工程量应区分项目名称（现浇构件钢筋、预制构件钢筋、钢筋网片、钢筋笼、先张法预应力筋、后张法预应力筋等），按钢筋的不同种类、规格、接头形式分别列项，并按质量（设计长度乘以单位理论质量）计算工程量。

计算钢筋工程量时，现浇构件中伸出构件的锚固钢筋应并入钢筋工程量内，除设计（包括规范规定）标明的搭接长度外，其他施工搭接不计算工程量，在综合单价中综合考虑。

现浇构件中固定位置的支撑钢筋、双层钢筋用的"铁马"（钢筋、型钢）在编制工程量清单时，如果设计未明确，其工程数量可为暂估量，结算时按现场签证数量计算。

钢筋算量软件实操-框架柱的识别

钢筋算量软件实操-新建轴网

2）钢筋工程量计算公式

钢筋质量(t)＝钢筋计算长度(m)×钢筋单位理论质量(kg/m)/1000　(7.23)

钢筋单位理论质量（线密度）可通过查表法（表 7.3）或公式法得到，钢筋的长度才是钢筋工程量计算的主要问题。

表 7.3　钢筋单位理论质量

直径（mm）	2.5	3	4	5	6	6.5	8	10	12	14
单位质量(kg/m)	0.039	0.065	0.099	0.154	0.222	0.260	0.395	0.617	0.888	1.208
直径（mm）	16	18	20	22	25	28	30	32	36	40
单位质量(kg/m)	1.578	1.998	2.466	2.984	3.850	4.834	5.549	6.313	7.990	9.865

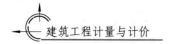

公式法：

$$钢筋单位理论质量(kg/m)=0.00617×d^2 \tag{7.24}$$

式中：d——钢筋直径（mm）。

3）钢筋长度计算的相关知识

钢筋长度计算的前提是正确理解和识读平法施工图，掌握平法制图规则和各类构件钢筋构造详图，掌握钢筋锚固长度和绑扎搭接长度计算，具体内容详见 16G101 图集，这里不再赘述。同时，还需要了解混凝土保护层厚度、钢筋弯钩长度等内容。

（1）混凝土保护层最小厚度（表 7.4）。

表 7.4　混凝土保护层的最小厚度 c（摘自 16G101-3）　　　　　　单位：mm

环境类别	板、墙		梁、柱		基础梁（顶面和侧面）		独立基础、条形基础、筏形基础（顶面和侧面）	
	≤C25	≥C30	≤C25	≥C30	≤C25	≥C30	≤C25	≥C30
一	20	15	25	20	25	20	—	—
二 a	25	20	30	25	30	25	25	20
二 b	30	25	40	35	40	35	30	25
三 a	35	30	45	40	45	40	35	30
三 b	45	40	55	50	55	50	45	40

（2）弯起钢筋斜段长度和弯钩长度的确定。

① 弯起钢筋的斜段长度。弯起钢筋的斜段长度（S）与弯起角度（α）有关，如图 7.28 所示，为了简化计算，其长度可根据弯起角度预先算出有关数据，如表 7.5 所示。

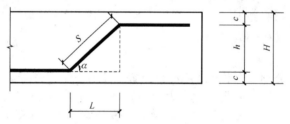

H—构件高（厚）度；c—混凝土保护层厚度；S—钢筋斜段长度；L—斜段水平投影长度；$h=H-2c$；α—弯起角度。

图 7.28　弯起钢筋斜段长度计算示意图

表 7.5　弯起钢筋斜段长度表

弯起角度（°）	45	60
斜段长度（mm）	1.414h	1.155h

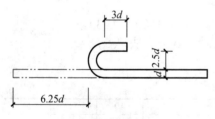

图 7.29　光面钢筋的弯钩构造

② 弯钩长度。纵向钢筋弯钩长度。《混凝土结构设计规范》规定：HPB300 钢筋作为受拉钢筋时，其末端应设置 180° 弯钩，如图 7.29 所示，以增强钢筋与混凝土的黏结力，其 180° 弯钩长度为 6.25d，（d 为受拉钢筋直径）。做受压钢筋时可不做弯钩。

③ 箍筋弯钩长度。箍筋弯钩的形式一般采用 135°/135° 的形式，它是箍筋弯钩的一般默认形式。结构抗震时采用 135°/135° 的形式，结构非抗震时可采用 90°/90°、90°/180° 等形式，当设计无具体要求时，箍筋弯钩的弯折角度为 135°。箍筋弯钩平直段长度非抗震结

构为箍筋直径的 5 倍；有抗震要求时为箍筋直径的 10 倍，且不小于 75mm，如图 7.30 所示。拉筋弯钩构造同箍筋。箍筋弯钩长度如表 7.6 所示。

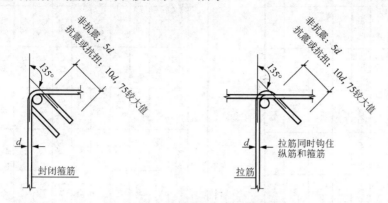

图 7.30 封闭箍筋及拉筋弯钩构造

表 7.6 箍筋弯钩长度表

弯钩形式	无抗震要求的结构构件	有抗震要求的结构构件
180°	8.25d	13.25d
135°	6.9d	1.9d＋max（10d，75）或当 d≥8 时取 11.9d
90°	5.5d	10.5d

（3）受拉钢筋锚固长度。

为方便设计、施工及预算人员开展工作，将受拉钢筋的锚固长度编成表格，以备查阅，如表 7.7 和表 7.8 所示。

4）钢筋工程典型项目清单工程量

（1）梁构件钢筋工程量计算。

根据梁构件的钢筋所在位置及功能不同，梁构件需要计算的钢筋一般有上部通长筋、支座非通长负筋、架立筋、梁侧构造钢筋或抗扭纵筋、下部纵筋、箍筋、拉筋、附加箍筋及吊筋等。图 7.31 为梁构件钢筋分布三维示意图，梁钢筋构造详见 16G101—1 图集。

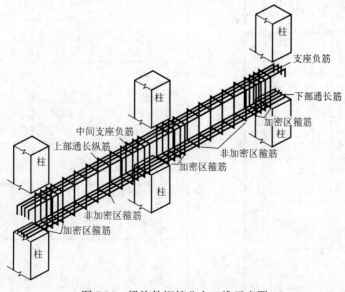

图 7.31 梁构件钢筋分布三维示意图

表 7.7　受拉钢筋锚固长度 l_a

钢筋种类	C20	C25		C30		C35		C40		C45		C50		C55		≥C60	
	d≤25	d≤25	d>25	d≤25	d>25	d≤25	d>25	d≤25	d>25	d≤25	d>25	d≤25	d>25	d≤25	d>25	d≤25	d>25
HP300	39d	34d	—	30d	—	28d	—	25d	—	24d	—	23d	—	22d	—	21d	—
HRB335、HRBF335	38d	33d	—	29d	—	27d	—	25d	—	23d	—	22d	—	21d	—	21d	—
HRB400、HRBF400 RRB400	—	40d	44d	35d	39d	32d	35d	29d	32d	28d	31d	27d	30d	26d	29d	25d	28d
HRB500、HRBR500	—	48d	53d	43d	47d	39d	43d	36d	40d	34d	37d	32d	35d	31d	34d	30d	33d

表 7.8　受拉钢筋抗震锚固长度 l_{aE}

钢筋种类及抗震等级		C20	C25		C30		C35		C40		C45		C50		C55		≥C60	
		d≤25	d≤25	d>25	d≤25	d>25	d≤25	d>25	d≤25	d>25	d≤25	d>25	d≤25	d>25	d≤25	d>25	d≤25	d>25
HRB300	一、二级	45d	39d	—	35d	—	32d	—	29d	—	28d	—	26d	—	25d	—	24d	—
	三级	41d	36d	—	32d	—	29d	—	26d	—	25d	—	24d	—	23d	—	22d	—
HRB335、HRBF335	一、二级	44d	38d	—	33d	—	31d	—	29d	—	26d	—	25d	—	24d	—	24d	—
	三级	40d	35d	—	30d	—	28d	—	26d	—	24d	—	23d	—	22d	—	22d	—
HRB400、HRBF400	一、二级	—	46d	51d	40d	45d	37d	40d	33d	37d	32d	36d	31d	35d	30d	33d	29d	32d
	三级	—	42d	46d	37d	41d	34d	37d	30d	34d	29d	33d	28d	32d	27d	30d	26d	29d
HRB500、HRBF500	一、二级	—	55d	61d	49d	54d	45d	49d	41d	46d	39d	43d	37d	40d	36d	39d	35d	38d
	三级	—	50d	56d	45d	49d	41d	45d	38d	42d	36d	39d	34d	37d	33d	36d	32d	35d

注：1. 受拉钢筋的锚固长度 l_a、l_{aE} 计算值不应小于 200。
　　2. 四级抗震时，$l_{aE}=l_a$。

楼层框架梁纵向钢筋构造如图 7.32 所示。计算时需掌握以下几个知识点。

① 上部纵筋在端支座的锚固构造；下部纵筋在端（中间）支座的锚固构造。

② 上部非通长筋截断点位置。

③ 各种情况的钢筋搭接长度。

KL 纵向钢筋计算

④ 梁侧纵筋为构造钢筋 G 时，其锚固长度及搭接长度可取 15d；梁侧纵筋为抗扭钢筋 N 时，其锚固长度 l_{aE} 或 l_a，搭接长度 l_{lE} 或 l_l，锚固方式同 KL 下部纵筋。

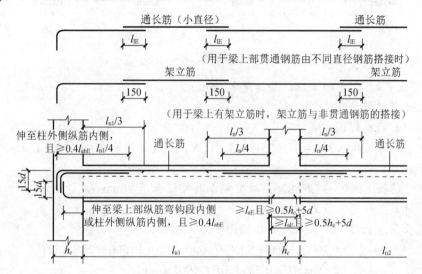

图 7.32 楼层框架梁 KL 纵向钢筋构造

框架梁（KL、WKL）箍筋加密区范围如图 7.33 所示。框架梁箍筋加密区范围由识图人员计算确定，当为一级抗震时，加密区长度为大于等于 2.0h_b 且大于等于 500；当为二～四级抗震时，加密区长度为大于等于 1.5h_b 且大于等于 500。第一道箍筋距支座边 50mm（起步距离）。尽端为梁时，尽端箍筋规格及数量见设计标注。

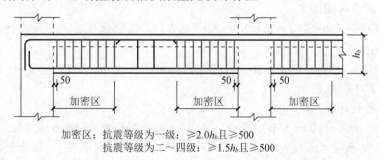

图 7.33 框架梁（KL、WKL）箍筋加密区范围

当梁侧有纵向钢筋时，就一定有拉筋，拉筋排数同梁侧纵筋排数。当梁宽小于等于 350mm 时，拉筋直径为 6mm；当梁宽大于 350mm 时，拉筋直径为 8mm。拉筋间距为非加密区箍筋间距的 2 倍。

下面结合实例来详解梁中各类钢筋长度的计算方法。

【案例7.5】如图7.34所示，混凝土强度等级C25，四级抗震（$l_{aE}=33d$），定尺长度为9000mm，绑扎搭接，计算上部通长筋、下部纵筋、支座非通长筋、梁侧钢筋 G 或 N、箍筋及拉筋、吊筋及附加箍筋等钢筋长度。

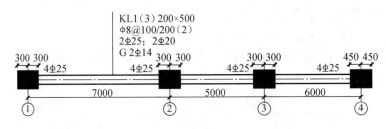

图7.34　某梁平法案例

【解】查表7.4，C25 的梁保护层厚度取 25mm。

（1）上部通长筋计算：

第一步判断两端锚固方式。

左支座（①轴）600＜33d＝33×25＝825，故弯锚，其锚固长度＝$h_c-c+15d=600-25+15×25=950$(mm)

右支座（④轴）900＞33d＝825，故直锚，其锚固长度＝$\max(l_{aE}, 0.5h_c+5d)=825$(mm)

第二步计算上部通长筋总长度。

$$上部通长筋总长度＝净长＋左支座锚固＋右支座锚固$$
$$=(7000-300+5000+6000-450)+(600-25+15d)$$
$$+\max(l_{aE}, 0.5h_c+5d)=19025(mm)$$

第三步计算接头个数（本例上部通长筋采用机械连接）。

接头个数＝上部通长筋总长度/定尺长度－1＝19025/19000－1＝2(个)

（注：上部通长筋总长度应通长计算，如采用绑扎搭接，不计算搭接长度；如采用机械连接，则要计算接头个数。）

（2）下部纵筋计算（可通长计算，也可分跨锚固计算，两种算法结果有差异）：

第一步判断两端锚固方式。

左支座（①轴）600＜33d＝33×20＝660，故弯锚，其锚固长度＝$h_c-c+15d=600-25+15×20=875$(mm)

右支座（④轴）900＞33d＝660，故直锚，其锚固长度＝$\max(l_{aE},0.5h_c+5d)=660$(mm)

第二步计算下部纵筋长度。

方法一：通长计算。

下部筋长＝$7000-300+5000+6000-450+600-25+15d+\max(l_{aE},0.5h_c+5d)$

接头个数＝总长/定尺长度－1＝18785/9000－1＝2(个)，搭接长度＝$l_{lE}×$接头个数＝1880(mm)（如采用绑扎搭接，应计算搭接长度，并计入下部纵筋总长。）

方法二：分跨计算。

第一跨下部筋长＝净长＋左支座锚固＋右支座锚固
$$=(7000-2×300)+(600-25+15d)$$
$$+\max(33d, 300+5d)=7935(mm)$$

第二跨下部筋长＝$5000-2×300+2×\max(33d, 300+5d)=5720(mm)$

第三跨下部筋长＝6000－300－450＋max(33d, 300＋5d)＋max(33d, 450＋5d)＝6570(mm)

（3）支座非通长筋计算，左、右端支座锚固同上部通长筋。

第一排跨内延伸长度 l_n/3，第二排跨内延伸长度 l_n/4（思考：l_n 怎样取值？）

支座1非通长筋2根25，长度＝左锚固长＋净跨/3

　　　　　　　　　＝600－25＋15d＋(7000－2×300)/3＝3083(mm)

支座2非通长筋2根25，长度＝两端延伸长＋支座宽

　　　　　　　　　＝2×(7000－2×300)/3＋600＝4867(mm)

支座3非通长筋2根25，长度＝两端延伸长＋支座宽

　　　　　　　　　＝2×(6000－300－450)/3＋600＝4100(mm)

支座4非通长筋2根25，长度＝净跨/3＋右锚固长

　　　　　　　　　＝(6000－300－450)/3＋max(33d,450＋5d)＝2575(mm)

（4）梁侧钢筋 G 或 N（可通长计算，也可分跨锚固计算，两种算法结果有差异）。

构造筋 G 锚固及搭接长度 15d。

方法一：通长计算。

构造筋长＝净长＋2×15d＝7000＋5000＋6000－300－450＋2×15d＝17670(mm)

接头个数＝总长/定尺长度－1＝1 个，搭接长度＝15d×接头个数＝210(mm)

方法二：分跨计算。

第一跨构造筋长＝7000－2×300＋2×15d＝6820(mm)

第二跨构造筋长＝5000－2×300＋2×15d＝4820(mm)

第三跨构造筋长＝6000－300－450＋2×15d＝5670(mm)

抗扭筋 N 计算方法同梁侧构造筋，锚固要求同 KL 下部纵筋（直锚、弯锚），搭接长度为 l_l 或 l_{lE}。

（5）箍筋及拉筋。

① 箍筋长度。箍筋单根长度可按中心线或外皮计算。

外矩形箍筋外皮长＝2×(b－2c)＋2×(h－2c)＋2

　　　　　　　　　×[max(10d,75)＋1.9d]（d 箍筋直径）

外矩形箍筋中心线长＝2×(b－2c－d)＋2×(h－2c－d)

　　　　　　　　　＋2×[max(10d,75)＋1.9d]

本例中，箍筋为 2 肢箍（矩形箍）。

其单根箍筋长度(外皮)＝2×(200－2×25)＋2×(500

　　　　　　　　　－2×25)＋2×11.9×8＝1390(mm)

知识扩展：若梁箍筋为 4 肢箍，箍筋长度分解为外矩形箍长度和内矩形箍长度，前面已介绍了外矩形箍长度计算，下面以图 7.35 为例来介绍内矩形箍长度计算。

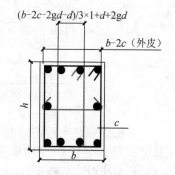

(b－2c－2gd－d)/3×1+d+2gd

b－2c（外皮）

图 7.35 复合箍筋

内矩形箍外皮长＝2×[(b－2c－2gd－d)/3×1＋d＋2gd]＋2×(h－2c)＋2

　　　　　　　　　×[max(10gd,75)＋1.9gd]（d 纵筋直径，gd 箍筋直径）

② 箍筋根数。本例箍筋有加密区与非加密区，应分跨计算。

确定箍筋加密长度＝max(1.5×500，500)＝750(mm)

加密区根数(一侧)＝(加密长度－50)/加密区箍筋间距＋1＝(750－50)/100＋1＝8(根)

非加密区根数＝(净跨－2×加密长度)/非加密区箍筋间距－1

第一跨非加密区根数＝(7000－2×300－2×750)/200－1＝24(根)

另外两跨请读者自行完成。

③ 拉筋。拉筋外皮长度＝$b-2c+2d+2\times[\max(10d,75)+1.9d]$　（d 为拉筋直径）。

本例拉筋直径为 6mm，拉筋外皮长度为 335(mm)。

拉筋根数＝[(净跨－2×50)/拉筋间距＋1]×排数

拉筋中心线长度和内皮长度公式请同学们自行完成。

第一跨拉筋根数＝(7000－2×300－2×50)/400＋1＝17(根)

（6）吊筋及附加箍筋（本例无吊筋和附加箍筋）。

吊筋及附加箍筋根数见相应的施工图纸。

如图 7.36 所示，吊筋长度＝次梁宽(b)＋2×50＋2×(梁高－$2c$)/sin45°（60°）＋2×20(d)

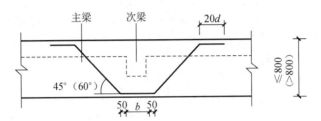

图 7.36　附加吊筋构造

非框架梁纵向钢筋构造如图 7.37 所示。上部纵筋在端支座应伸至主梁外侧纵筋内侧后弯折 $15d$，当直段长度不小于 l_a 时可不弯折。

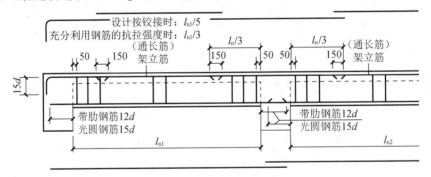

图 7.37　非框架梁纵筋构造

下部纵筋在支座的锚固分为两种情况：一是当梁不受扭时，其下部纵筋在支座的锚固长度不应小于 $12d$（带肋钢筋）或 $15d$（光面钢筋），若下部纵筋伸入边支座长度不满足 $12d$（$15d$）要求时，应按图 7.38 所示，下部纵筋 135° 弯锚；二是当梁受扭时，其下部纵筋在端支座应伸至主梁外侧纵筋内侧后弯折 $15d$，如直段长度不小于 l_a 时可直锚，如图 7.39 所示。

上部非通长筋的截断点应区分端支座和中间支座，在端支座处，非通长筋应伸出支座边缘不小于 $l_{n1}/5$（设计铰接时，梁代号为 L）或 $l_{n1}/3$（充分利用钢筋的抗拉强度时，梁代号为 Lg）。在中间支座处，非通长筋应伸出支座边缘不小于 $l_n/3$。

【案例 7.6】非框架梁 L1 平法施工图如图 7.40 所示，混凝土强度等级 C25，梁保护层厚度 c 取 25mm，梁轴线居中，计算该梁各种钢筋长度。

【解】　查表，$l_{aE}\times33d$。

（1）支座负筋（非通长）：左支座宽 250－25<$33d$，弯锚；右支座，弯钩。

①轴支座负筋 3 Φ16。

单根长＝锚固长＋净跨/5＝250－25＋15d＋(6000－250)/5＝1615(mm)

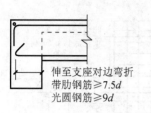

图 7.38　端支座非框架梁下部纵筋 135°弯锚构造

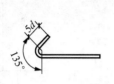

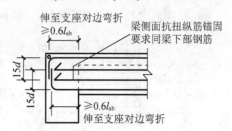

图 7.39　受扭非框架梁纵筋构造

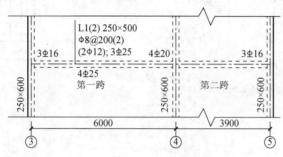

图 7.40　非框架梁 L1 平法施工图

④轴支座负筋 4Φ20

单根长＝两端延伸长＋支座宽＝2×(6000－250)/3＋250＝4083(mm)

⑤轴支座负筋 3Φ16

单根长＝250－25＋15d＋(3900－250)/5＝1195(mm)

（2）下部纵筋：分跨锚固计算。

判断两端锚固方式。

左支座：250＜12d＝300 弯锚，其锚固长度×250－25＋7.9d＝423(mm)

右支座：弯锚长 423；中间支座直锚，锚固长度＝12d

分跨计算。

第一跨下部纵筋 4Φ25，单根长度＝6000－2×125＋423＋12d＝6473(mm)

第二跨下部筋长 3Φ25，单根长度＝3900－2×125＋12d＋423＝4373(mm)

（3）架立筋：2Φ12。

第一跨单根长＝6000－250－(6000－250)/5－(6000－250)/3＋2×150＝2983(mm)

第二跨单根长＝3900－250－(6000－250)/3－(3900－250)/5＋2×150＝1303(mm)

（4）箍筋：（计算方法同 KL）该例为矩形箍，无拉筋、吊筋及附加箍筋。

箍筋长度＝2×(250－2×25)＋2×(500－2×25)＋2×11.9d＝1490(mm)(d 为 8mm)

第一跨根数＝(6000－250－2×50)/200＋1＝30(根)

第二跨根数＝(3900－250－2×50)/200＋1＝19(根)

箍筋总根数：30＋19＝49(根)

（2）柱构件钢筋工程量计算。

柱需要计算的钢筋按照所在的位置及功能不同，可以分为纵筋和箍筋两大部分。柱钢筋构造详见 16G101—1 图集。

框架柱钢筋在基础中的构造如图 7.41 所示。

请读者掌握以下几个知识点。

① 柱纵筋在基础中的锚固构造。

② 锚固区内箍筋的设置要求。

③ 基顶向上第一道箍筋位置，向下第一道箍筋位置。

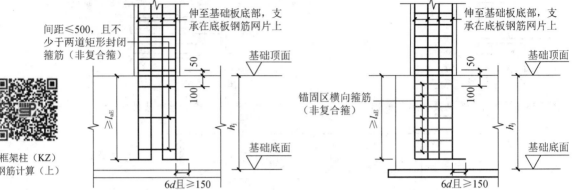

框架柱（KZ）
钢筋计算（上）

框架柱（KZ）
钢筋计算（下）

(a) 保护层厚度＞5d；基础高度满足直锚　　　　(b) 保护层厚度≤5d；基础高度满足直锚

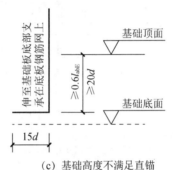

(c) 基础高度不满足直锚

图 7.41　框架柱钢筋在基础中构造

中柱柱顶纵筋构造如图 7.42 所示，边柱和角柱柱顶纵筋构造如图 7.43 所示。

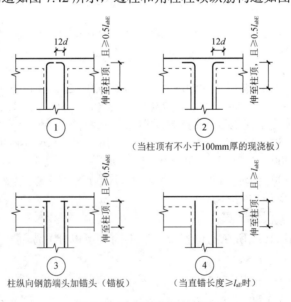

图 7.42　中柱柱顶纵筋构造

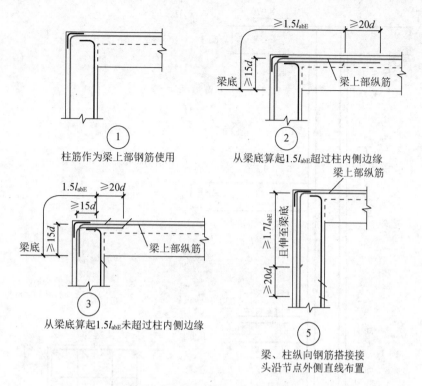

柱筋作为梁上部钢筋使用　①

从梁底算起 $1.5l_{abE}$ 超过柱内侧边缘　②

从梁底算起 $1.5l_{abE}$ 未超过柱内侧边缘　③

梁、柱纵向钢筋搭接接头沿节点外侧直线布置　⑤

图 7.43　边柱和角柱柱顶纵筋构造

【案例 7.7】某二层 KZ1，各部位标高如图 7.44（a）所示，KZ1 截面图如图 7.44（b）所示，KZ1 混凝土强度等级 C25，柱保护层厚度为 25mm，基础保护层厚度为 40mm，四级抗震（$l_{aE}=33d$），纵筋采用电渣压力焊，求柱纵筋及箍筋长度。

【解】纵筋计算：

（1）分层计算法。

$H_1=4.17-0.7-(-0.6)=4.07(\text{m})=4070(\text{mm})$

$H_2=8.07-4.17-0.7=3.2(\text{m})=3200(\text{mm})$

$l_{aE}=33d=33\times20=660(\text{mm})<700(\text{mm})$，故直锚，其顶层锚固长度$=700-25=675(\text{mm})$。

如图 7.44（a）所示，插筋长度＝基础高度－c＋弯折长度＋1100＋$H_1/3$。

当基础高度满足直锚时，弯折长度为 $6d$ 且$\geq150\text{mm}$；

当基础高度不满足直锚时，弯折长度为 $15d$。

本例中，基础高度$=2400-1700=700(\text{mm})>33d=33\times20=660(\text{mm})$，弯折长度取 $\max(6d,150)$。

插筋长度$=2400-1700-40+\max(6d,150)+1100+4070/3=3266.67(\text{mm})$

首层纵筋长度$=2/3H_1+$梁高$+\max(H_2/6,500,h_c)=2/3\times4070+700+533=3946.33(\text{mm})$

顶层纵筋长度$=H_2-\max(H_2/6,500,h_c)+$柱顶锚固长度$=3200-533+675=3342(\text{mm})$

（2）总体计算法。

纵筋长度＝屋面梁底标高＋基础底标高(负值的绝对值)－基础保护层＋下端弯折长度　　＋柱顶锚固值

$=8070-700+2400-40+\max(6d,150)+675=10555(\text{mm})$

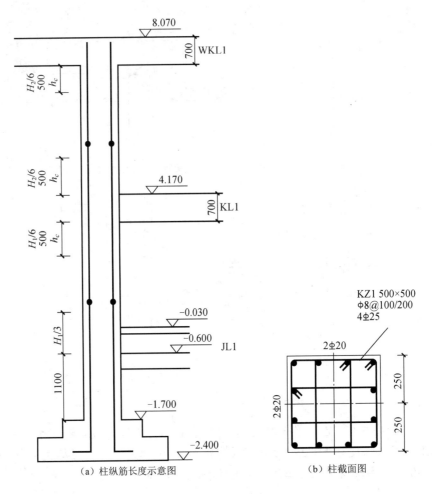

（a）柱纵筋长度示意图　　　　（b）柱截面图

图7.44　框架柱案例

箍筋计算：

外箍筋长度（外皮）计算，请读者自行完成。

内箍筋1长度(外皮)＝2[(b−2c−2gd−d)/3×1+d+2gd]+2(h−2c)
　　　　　　　　　+2×[max(10gd，75)+1.9gd]

内箍筋2长度(外皮)＝2(b−2c)+2[(h−2c−2gd−d)/3×1+d+2gd]
　　　　　　　　　+2×[max(10gd，75)+1.9gd]

式中：gd——箍筋直径；

　　　d——纵筋直径。

箍筋根数分层计算，并分别计算加密区与非加密区箍筋根数，再汇总总根数。

加密区箍筋根数＝加密区长度/加密区箍筋间距+1

非加密区箍筋根数＝非加密区长度/非加密区箍筋间距−1

（3）板构件钢筋工程量计算。

板需要计算的钢筋按照所在的位置及功能不同，可以分为板底受力筋、板面负筋、分布筋、温度筋、角部加强筋、洞口附加筋等。板钢筋构造详见16G101—1图集。

普通楼屋面板上部及下部纵筋在端部支座的锚固构造如图 7.45 所示。

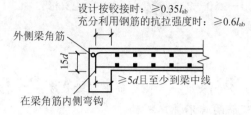

图 7.45 普通楼屋面板上部及下部纵筋在端部支座的锚固构造

【案例 7.8】计算有梁楼板钢筋。梁宽 250mm，轴线位于梁中心线，$l_{ab}=33d$，混凝土强度等级 C30，未注明分布筋为 $\Phi8@250$，不考虑温度筋，如图 7.46 所示（梁保护层 20mm，板保护层 15mm），计算板内各钢筋长度。

【解】

（1）X 方向板底筋长度＝板净跨＋左右锚固长度＋光面钢筋弯钩长度

$$=3600-250+2\max(5d,125)+2\times6.25\times10=3725(\text{mm})$$

X 方向板底筋根数＝(净跨－2×起步距离)/间距＋1

$$=(6000-250-2\times100/2)/100+1=58(\text{根})$$

同理，Y 方向板底筋长度＝$6000-250+2\max(5d,125)+2\times6.25\times10=6125(\text{mm})$

Y 方向板底筋根数＝$(3600-250-2\times150/2)/150+1=23(\text{根})$

（2）端支座负筋计算。

先判断锚固方式，再确定锚固长度。

$l_{ab}=33d=33\times8=264>250$

弯锚其锚长度＝梁宽－保护层＋15d＋光面钢筋弯钩长度＝$250-20+15d+6.25d=400(\text{mm})$

端支座负筋长度＝负筋伸入板内净长＋锚固长度＋弯折长度(板厚$h-2c$)，如图 7.47 所示。

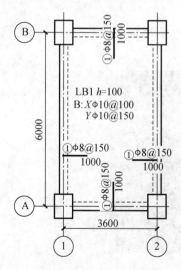

图 7.46 有梁楼板钢筋图

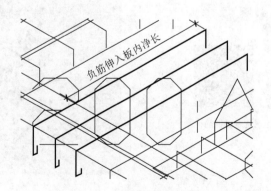

图 7.47 端支座负筋示意图

①轴负筋长度＝$1000-125+250-20+15d+6.25d+100-2\times15=1345(\text{mm})$

①轴负筋根数＝(净跨－2×起步距离)/间距＋1＝$(6000-250-2\times150/2)/150+1=39(\text{根})$

②轴负筋根数同①轴。

Ⓐ轴负筋根数=(3600−250−2×150/2)/150+1=23(根)

Ⓑ轴负筋根数同Ⓐ轴。

（3）分布筋计算。

分布筋长度=两端支座负筋之间净距+2×150

= 轴线(或净跨)长度−两侧负筋平直段长度+2×150

如图 7.48 所示，分布筋两端不考虑弯钩。

X 向分布筋长度=(3600−2×1000)+2×150=1900(mm)

X 向分布筋根数=(负筋伸入板内净长−起步距离)/分布筋间距+1

=(1000−125−250/2)/250+1=4(根)

Y 向分布筋长度及根数请读者自行计算。

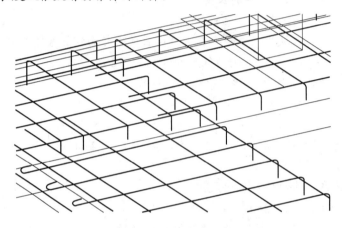

图 7.48　分布筋计算示意图

（4）独立基础钢筋工程量计算。

独立基础底板的钢筋一般为双向布置的钢筋网片，长向钢筋在下，短向钢筋在上，如图 7.49 所示，基础钢筋构造详见 16G 101—3 图集。

独立基础钢筋计算

图 7.49　独立基础底板钢筋构造示意

【案例7.9】某独立基础平法施工图和底板钢筋布置示意图如图 7.50 和图 7.51 所示，混凝土强度等级 C30，基础侧面保护层厚度取 20mm，计算其钢筋长度。

【解】

① X 向底板钢筋长度计算见表 7.9。

表 7.9　DJJ1 X 向底板钢筋长度计算

长度计算公式	外侧钢筋长度＝基础边长 X－2×基础侧面保护层 c 其余钢筋一侧缩短，其长度＝0.9×基础边长 X		
长度计算过程	参数	取值（mm）	出处
	基础侧面保护层 c	20	12G901
	基础 X 向边长	3500	图 7.50
	计算结果：外侧钢筋长度＝3500－2×20＝3460(mm) 其余钢筋一侧缩短，其长度＝0.9×3500＝3150(mm)		

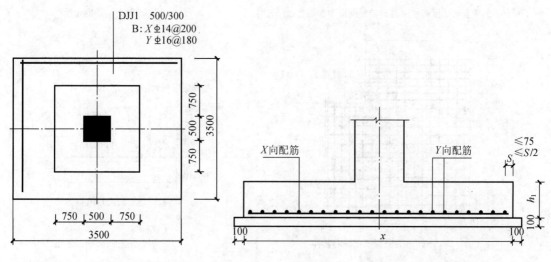

图 7.50　独立基础平法施工图　　　　　图 7.51　底板钢筋布置示意图

② X 向底板钢筋根数计算见表 7.10。

表 7.10　DJJ1 X 向底板钢筋根数计算

根数计算公式	[边长－2×min(75, S/2)]/间距＋1		
长度计算过程	参数	取值（mm）	出处
	起步间距 min(75, S/2)	2×75	16G 101—3、图 7.51
	基础 Y 向边长	3500	图 7.50
	钢筋间距 S	200	图 7.50
	计算结果：(3500－2×75)/200＋1＝18(根)		

③ Y 向钢筋长度及根数计算，请读者自行完成。

（5）条形基础钢筋工程量计算。

条形基础分为板式条形基础和梁板式条形基础两类：板式条形基础需要计算的钢筋是条基底板（TJB）钢筋；梁板式条形基础需要计算的钢筋有条基底板（TJB）钢筋（图 7.52）和基础梁（JL）钢筋两大部分。钢筋构造详见 16G101—3 图集。

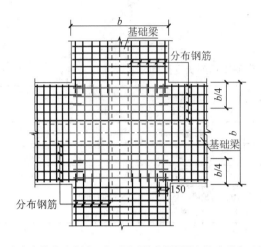

（a）十字交接基础底板，也可用于转角梁板端部均有纵向延伸

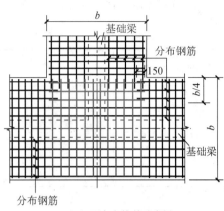

（b）丁字交接基础底板

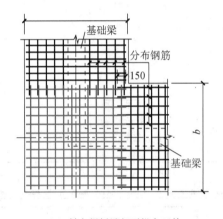

（c）转角梁板端部无纵向延伸

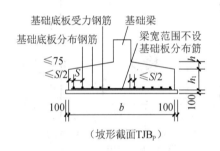

（坡形截面TJBp）

（d）条基断面图

图 7.52　梁板式条形基础底板钢筋构造

条形基础底板钢筋工程量计算：

受力筋长度＝条基宽－2×保护层厚度（注：条基宽≥2500mm 时，受力筋长度＝基底宽×0.9）

受力筋根数＝布筋范围/间距＋1

分布筋长度需具体分析。

分布筋根数＝布筋范围/间距＋1

【案例 7.10】梁板式条形基础底板（TJBP1）平法施工图如图 7.53 所示，基础梁宽均为 400mm，计算⑧轴条形基础底板钢筋长度。

【解】⑧轴条基与①轴条基十字交接，与②轴条基是丁字交接，与③轴条基是无外伸转角交接，其底板钢筋布置示意图如图 7.54 所示。

①轴受力钢筋计算。

条基端部第一根受力筋起步距离小于等于 $S/2$ 且小于等于 75mm（S 为钢筋间距），侧面钢筋保护层厚度 c 取 25mm。

受力筋长度＝2100－2c＝2100－2×25＝2050(mm)

根数如下。

①轴外伸段：$[2400-400/2-\min(S/2,75)-S/2]/S+1=15$(根)

①~③轴：$[4500+4500+900-400/2-S/2-\min(S/2,75)]/S+1=65$(根)

分布筋计算。

分布筋要分段计算，其起步距离小于等于 $S/2$ 且小于等于 75mm，与另一方向的受力筋搭接长度为 150mm。计算过程见表 7.11。

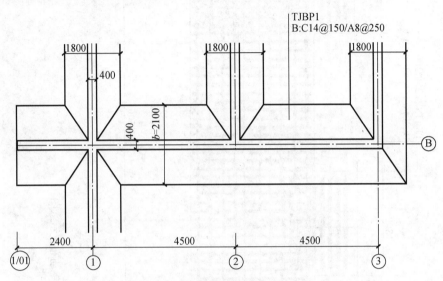

图 7.53　梁板式条形基础底板（TJBP1）平法施工图

表 7.11　Ⓑ轴分布筋 Φ8@250 计算

区段	长度	根数
基础梁一侧分布筋根数=$[(2100-400)/2-S/2-75]/S+1=[(2100-400)/2-250/2-75]/250+1=4$(根) 其中每侧 3 根与另一方向受力筋搭接，需分段计算；另 1 根通长布置。见图 7.42		
通长布置	长度=$2400+4500+4500-25-900+25+150=10650$(mm)	1×2
左端外伸段	长度=$2400-c-900+c+150=2400-25-900+25+150=1650$(mm)	3×2
内侧①~②轴段	长度=$4500-2\times900+2\times(25+150)=3050$(mm)	3
内侧②~③轴段	长度=$4500-2\times900+2\times(25+150)=3050$(mm)	3
外侧①~③轴段	长度=$4500+4500-900-900+2\times(25+150)=7550$(mm)	3

分布筋总长=$10.65\times2+1.65\times6+3.05\times3+3.05\times3+7.55\times3=72.15$(m)

（6）楼梯钢筋工程量计算。

板式楼梯由平台梁、平台板、梯段板三部分组成，平台梁钢筋参考梁的算法，平台板钢筋参考板的算法，在此我们只详细介绍梯段板内的钢筋计算，如图 7.55 所示，梯段板钢筋有下部纵筋、上部纵筋、梯板分布筋等，钢筋构造详见 16G101—2 图集。

楼梯板钢筋计算

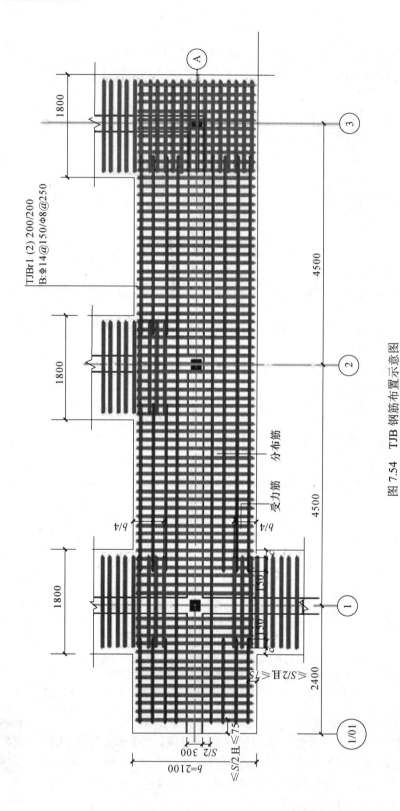

图 7.54 TJB 钢筋布置示意图

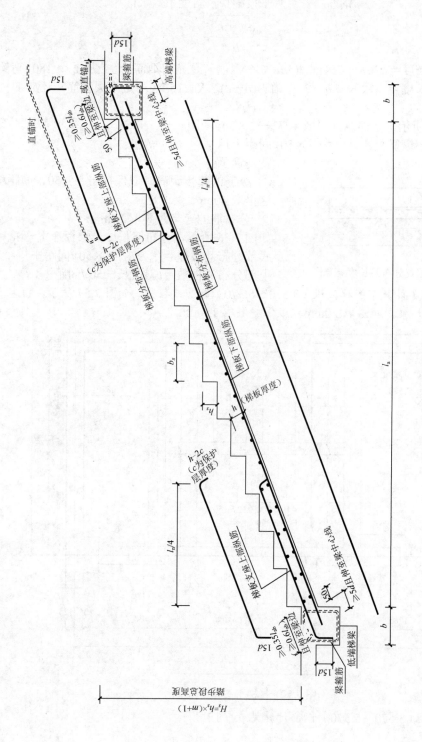

图 7.55　AT 型楼梯板配筋构造

如图 7.55 所示，梯板内斜向钢筋长度的计算方法：

$$钢筋斜长＝水平投影长×斜度系数(K)$$

$$K=\frac{\sqrt{b_s^2+h_s^2}}{b_s}$$

下部纵筋长度$=l_n×K+2×\max(5d，K×b/2)$（若是光圆钢筋，还应加 2 个 180° 弯钩长）

上部纵筋长度$=斜段长+h-2c+锚固(b-c)×K+15d$（若是光圆钢筋，还应加 180° 弯钩长）

如图 7.56 所示，下部纵筋根数$=(K_n-2×50)/间距+1$

同样，上部纵筋根数$=(K_n-2×50)/间距+1$

特别提示：

① 纵筋的起步距离有取保护层 c、50、间距/2 三种，这里取 50mm。

② 分布筋的起步距离取 50mm。

如图 7.56 所示，分布筋长度＝梯板净宽$-2c$

底部分布筋根数$=(l_n×K-2×50)/间距+1$

上部分布筋根数$=(斜段长-50)/间距+1$

图 7.56 纵筋根数及分布筋长度计算图

【案例 7.11】计算下图梯段板（3.570～5.370）钢筋工程量，如图 7.57 所示，TL1、TL2 宽均为 250mm，梁保护层取 20mm，板保护层取 15mm。

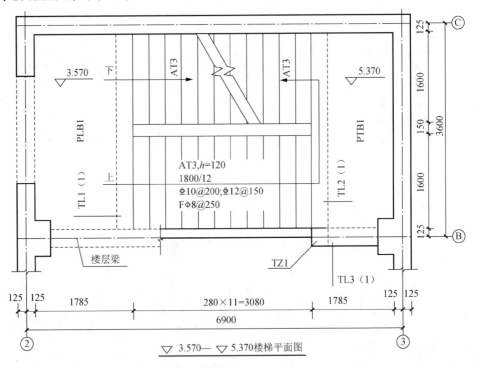

图 7.57 楼梯平法施工图示例

【解】梯段（3.570～5.370）钢筋计算见表 7.12。

$$h_s=1800/12=150$$

$$K=\frac{\sqrt{280^2+150^2}}{280}=1.1345$$

表 7.12　梯段（3.570～5.370）钢筋计算

序号	钢筋名称	单根钢筋长度计算式（mm）	相同钢筋根数（根）
1	下部纵筋 Φ12@150	$3080 \times K + 2 \times \max(5d, 250/2 \times K) = 3778$	$(1600 - 2 \times 50)/150 + 1 = 11$
2	上部纵筋 Φ10@200	$3080/4 \times K + (250-20) \times K + 15d + 120 - 2 \times 15 = 1375$	$[(1600 - 2 \times 50)/200 + 1] \times 2 = 18$
3	底分布筋 Φ8@250	$1600 - 2 \times 15 = 1570$	$(3080 \times K - 2 \times 50)/250 + 1 = 15$
4	顶分布筋 Φ8@250	$1600 - 2 \times 15 = 1570$	$[(3080/4 \times K - 50)/250 + 1] \times 2 = 10$

7.1.2　任务实施：混凝土与钢筋混凝土工程工程量清单的编制

根据任务描述中的内容如图 7.1 所示，参考清单计价规范完成以下清单工程量的计算。

1. 混凝土工程量

（1）混凝土清单工程量（表 7.13）。

表 7.13　清单工程量计算表

序号	项目编码	项目名称	计量单位	数量	计算式
1	010502003001	异形柱	m^3	9	$(0.2 \times 0.6 + 0.4 \times 0.2) \times (4.2 + 0.3) \times 10 = 9$
2	010503002001	矩形梁		0.71	与预应力空心板连接的梁： KL2：$0.2 \times 0.45 \times (4.5 - 0.5 \times 2) = 0.315$ KL3：$0.2 \times 0.35 \times (3.6 - 0.5 - 0.3) \times 2 = 0.392$ 合计：$0.315 + 0.392 = 0.71$
3	010505001001	有梁板	m^3	8.14	板厚100mm：$0.1 \times [(3.9 + 0.2) \times (4.5 + 4.2 + 0.2)] = 3.649$ 板厚120mm：$0.12 \times [4.2 \times (4.5 + 0.2)] = 2.369$ KL1：$0.2 \times (0.45 - 0.1) \times (4.5 + 4.2 - 0.6 - 0.5 \times 2) \times 2 = 0.994$ KL2：$0.2 \times 0.45 \times (4.5 - 0.5 \times 2) = 0.315$ KL3：$0.2 \times (0.35 - 0.1) \times (3.9 + 4.2 - 0.5 - 0.6 - 0.3) \times 2 = 0.670$ KL4：$0.2 \times (0.35 - 0.1) \times (3.9 - 0.5 \times 2) = 0.145$ 合计：$3.649 + 2.369 + 0.994 + 0.315 + 0.67 + 0.145 = 8.14$
4	010512002001	空心板		1.089	$6 \times 0.1592 + 1 \times 0.1342 = 1.089$

（2）混凝土分部分项工程单价措施项目清单与计价表（表 7.14）。

表 7.14　分部分项工程单价措施项目清单与计价表

序号	项目编码	项目名称	项目特征	计量单位	工程数量
1	010502003001	异形柱	1. 柱形状：L 形、T 形 2. 混凝土种类：预拌混凝土 3. 混凝土强度等级：C20		9.000
2	010503002001	矩形梁	1. 混凝土种类：预拌混凝土 2. 混凝土强度等级：C20		0.710
3	010505001001	有梁板	1. 混凝土种类：预拌混凝土 2. 混凝土强度等级：C20	m^3	8.140
4	010512002001	空心板	1. 图代号：YKB3661、YKB3651 2. 单件体积：YKB3661：0.1592m^3/块、YKB3651：0.1342m^3/块 3. 安装高度：4.2m 4. 混凝土强度等级：C30		1.089

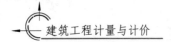

2. 钢筋工程量

（1）Z1首层钢筋工程量计算（标高为基底～板面上方500mm）。

构件非抗震，纵筋连接采用电渣压力焊，C20混凝土，其保护层厚度为25mm（当混凝土强度等级≤C25时，保护层厚度要增加5mm），锚固长度$l_a=39d=39\times18=702(mm)>$支座宽600mm，插筋伸至基底后弯折15d，基础底板保护层厚度40mm。

① 纵筋（12Φ18）计算。

纵筋长度$=4200+1000-100-40+15d+500+6.25d=5942(mm)$

纵筋根数$=12(根)$

Φ18钢筋总长$=12\times5942=71304(mm)=71.30(根)$

Φ18钢筋总重$=74.30\times1.998=142.46(kg)=0.142(t)$

② 箍筋(Φ10@150)计算。

箍筋类型为两个相等的矩形箍及两个单肢箍复合而成。

一个矩形箍筋长度$=2\times(200-2\times25)+2\times(600-2\times25)+2\times11.9d=1638(mm)$

一个单肢箍的长度$=(200-2\times25)+2\times11.9d=388(mm)$

一根复合箍筋长度$=2\times1638+2\times388=4052(mm)$

箍筋根数$=(4200+300+500-50)/150+1$（基顶～板面上方箍筋数量）
$\qquad\qquad+2$（基础高度内箍筋数量）$=36(根)$

Φ10钢筋总长$=36\times4052=145872(mm)=145.87(m)$

Φ10钢筋总重$=145.87\times0.617=90.00(kg)=0.09(t)$

（2）KL1（2）钢筋工程量计算。

构件非抗震，C20混凝土，其保护层厚度为25mm，（当混凝土强度等级≤C25时，保护层厚度要增加5mm），锚固长度$l_a=39d=39\times16=624(mm)>$支座宽600mm，采用弯锚。

① 支座负筋Φ16计算。

左端支座负筋长度$=(4200-500-300)/3$（伸入梁内长度）$+600-25+15d$（锚固长度）
$\qquad\qquad+2\times6.25d=2148(mm)$

根数$=2(根)$

中间支座负筋长度$=2\times(4500-500-300)/3+600$（支座宽）$+2\times6.25d=3267(mm)$

根数$=4(根)$

右端支座负筋长度$=(4500-500-300)/3+600-25+15d+2\times6.25d=2248(mm)$

根数$=2(根)$

② 下部钢筋Φ16计算。

第一跨长度$=4200-500-300+600-25+15d+39d+2\times6.25d=5039(mm)$（左端弯锚，中间支座直锚）

根数$=4(根)$

第二跨长度$=4500-500-300+600-25+15d+39d+2\times6.25d=5339(mm)$（右端弯锚，中间支座直锚）

根数$=4(根)$

Φ16钢筋总长$=2148\times2+3267\times4+2248\times2+5039\times4+5339\times4=63372(mm)$
$\qquad\qquad=63.37(m)$

Φ16 钢筋总重＝63.37×1.578＝100(kg)＝0.1(t)

③ 侧面钢筋 Φ10 计算。

第一跨长度＝4200－500－300＋2×15d＝3700(mm)，根数＝2(根)

第二跨长度＝4500－500－300＋2×15d＝4000(mm)，根数＝2(根)

Φ10 钢筋总长＝3700×2＋4000×2＝15400(mm)＝15.4(m)

Φ10 钢筋总重＝15.4×0.617＝9.50(kg)＝0.010(t)

④ 箍筋 7Φ8@100/200(2)计算。

箍筋长度＝2×(200－2×25)＋2×(450－2×25)＋2×11.9d＝1290(mm)（外皮）

第一跨跨中部分箍筋根数＝[4200－500－300－2×50－2×(7－1)×100]/200－1＝10(根)

第一跨箍筋根数＝7＋10＋7＝24(根)

第二跨箍筋根数＝[4500－500－300－2×50－2×(7－1)×100]/200－1＋7＋7＝25(根)

Φ8 钢筋总长＝(24＋25)×1290＝63210(mm)＝63.21(m)

Φ8 钢筋总重＝63.21×0.395＝24.97(kg)＝0.025(t)

⑤ 拉筋计算：根据 16G101 标准图集的规定，拉筋为 Φ6@400。

第一跨拉筋根数＝(4200－500－300－2×50)/400＋1＝10(根)

第二跨拉筋根数＝(4500－500－300－2×50)/400＋1＝10(根)

拉筋长度＝(200－2×25)＋2×6＋1.9d＋max(75,10d)＝248(mm)（外皮）

Φ6 钢筋总长＝(10＋10)×248＝4960(mm)＝4.96(m)

Φ6 钢筋总重＝4.96×0.222＝1.10(kg)＝0.001(t)

⑥ 架立筋计算。

第一跨架长筋长度＝(4200－500－300)/3＋2×150＝1433(mm)

第二跨架立筋长度＝(4500－500－300)/3＋2×150＝1533(mm)

架立筋总长＝(1.433＋1.533)×2＝5.93(m)

Φ12 钢筋总重＝5.93×0.888＝5.266(kg)＝0.0053(t)

现浇混凝土与钢筋工程单价措施项目清单与计价表见表 7.15。

表 7.15　现浇混凝土与钢筋工程单价措施项目清单与计价表

序号	项目编码	项目名称	项目特征	计量单位	工程数量
1	010515001001	现浇构件钢筋	钢筋种类、规格：一级钢，6mm	t	0.0010
2	010515001002	现浇构件钢筋	钢筋种类、规格：一级钢，8mm	t	0.0250
3	010515001003	现浇构件钢筋	钢筋种类、规格：一级钢，10mm	t	0.1000
4	010515001004	现浇构件钢筋	钢筋种类、规格：一级钢，12mm	t	0.0053
5	010515001005	现浇构件钢筋	钢筋种类、规格：一级钢，16mm	t	0.1000
6	010515001006	现浇构件钢筋	钢筋种类、规格：一级钢，18mm	t	0.1420

■知识链接

清单计价规范附录（表 7.16～表 7.31）。

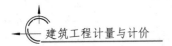

表 7.16 现浇混凝土基础（编码：010501）

项目编码	项目名称	项目特征	计量单位	工程量计算规则	工作内容
010501001	垫层	1. 混凝土种类 2. 混凝土强度等级	m³	按设计图示尺寸以体积计算。不扣除伸入承台基础的桩头所占体积	1. 模板及支撑制作、安装、拆除、堆放、运输及清理模内杂物、刷隔离剂等 2. 混凝土制作、运输、浇筑、振捣、养护
010501002	带形基础				
010501003	独立基础				
010501004	满堂基础				
010501005	桩承台基础				
010501006	设备基础	1. 混凝土种类 2. 混凝土强度等级 3. 灌浆材料及其强度等级			

表 7.17 现浇混凝土柱（编码：010502）

项目编码	项目名称	项目特征	计量单位	工程量计算规则	工作内容
010502001	矩形柱	1. 混凝土种类 2. 混凝土强度等级	m³	按设计图示尺寸以体积计算 柱高： 1. 有梁板的柱高，应自柱基上表面（或楼板上表面）至上一层楼板上表面之间的高度计算 2. 无梁板的柱高，应自柱基上表面（或楼板上表面）至柱帽下表面之间的高度计算 3. 框架柱的柱高，应自柱基上表面至柱顶高度计算 4. 构造柱按全高计算，嵌接墙体部分（马牙槎）并入柱身体积 5. 依附柱上的牛腿和升板的柱帽，并入柱身体积计算	1. 模板及支撑制作、安装、拆除、堆放、运输及清理模内杂物、刷隔离剂等 2. 混凝土制作、运输、浇筑、振捣、养护
010502002	构造柱				
010502003	异形柱	1. 柱形状 2. 混凝土种类 3. 混凝土强度等级			

表 7.18 现浇混凝土梁（编码：010503）

项目编码	项目名称	项目特征	计量单位	工程量计算规则	工作内容
010503001	基础梁	1. 混凝土种类 2. 混凝土强度等级	m³	按设计图示尺寸以体积计算。伸入墙内的梁头、梁垫并入梁体积内 梁长： 1. 梁与柱连接时，梁长算至柱侧面 2. 主梁与次梁连接时，次梁长算至主梁侧面	1. 模板及支撑制作、安装、拆除、堆放、运输及清理模内杂物、刷隔离剂等 2. 混凝土制作、运输、浇筑、振捣、养护
010503002	矩形梁				
010503003	异形梁				
010503004	圈梁				
010503005	过梁				
010503006	弧形、拱形梁				

表 7.19 现浇混凝土墙（编码：010504）

项目编码	项目名称	项目特征	计量单位	工程量计算规则	工作内容
010504001	直形墙	1. 混凝土种类 2. 混凝土强度等级	m³	按设计图示尺寸以体积计算。扣除门窗洞口及单个面积>0.3m²的孔洞所占体积，墙垛及凸出墙面部分并入墙体积内计算	1. 模板及支撑制作、安装、拆除、堆放、运输及清理模内杂物、刷隔离剂等 2. 混凝土制作、运输、浇筑、振捣、养护
010504002	弧形墙				
010504003	断肢剪力墙				
010504004	挡土墙				

表 7.20   现浇混凝土板（编码：010505）

项目编码	项目名称	项目特征	计量单位	工程量计算规则	工作内容
010505001	有梁板	1. 混凝土种类 2. 混凝土强度等级	m³	按设计图示尺寸以体积计算，不扣除单个面积≤0.3m²以内的柱、垛以及孔洞所占体积 压型钢板混凝土楼板扣除构件内压型钢板所占体积 有梁板（包括主、次梁与板）按梁、板体积之和，无梁板按板和柱帽体积之和，各类板伸入墙内的板头并入板体积内，薄壳板的肋、基梁并入薄壳体积内计算	1. 模板及支撑制作、安装、拆除、堆放、运输及清理模内杂物、刷隔离剂等 2. 混凝土制作、运输、浇筑、振捣、养护
010505002	无梁板				
010505003	平板				
010505004	拱板				
010505005	薄壳板				
010505006	栏板				
010505007	天沟（檐沟）、挑檐板			按设计图示尺寸以体积计算	
010505008	雨篷、悬挑板、阳台板			按设计图示尺寸以墙外部分体积计算。包括伸出墙外的牛腿和雨篷反挑檐的体积	
010505009	空心板			按设计图示尺寸以体积计算，空心板（GBF高强薄壁蜂巢芯板等）应扣除空心部分体积	
010505010	其他板			按设计图示尺寸以体积计算	

表 7.21   现浇混凝土楼梯（编码：010506）

项目编码	项目名称	项目特征	计量单位	工程量计算规则	工作内容
010506001	直形楼梯	1. 混凝土种类 2. 混凝土强度等级	1. m² 2. m³	1. 以m²计量，按设计图示尺寸以水平投影面积计算。不扣除宽度≤500mm的楼梯井，伸入墙内部分不计算 2. 以m³计量，按设计图示尺寸以体积计算	1. 模板及支撑制作、安装、拆除、堆放、运输及清理模内杂物、刷隔离剂等 2. 混凝土制作、运输、浇筑、振捣、养护
010506002	弧形楼梯				

表 7.22   现浇混凝土其他构件（编码：010507）

项目编码	项目名称	项目特征	计量单位	工程量计算规则	工作内容
010507001	散水、坡道	1. 垫层材料种类、厚度 2. 面层厚度 3. 混凝土种类 4. 混凝土强度等级 5. 变形缝填塞材料种类	m²	按设计图示尺寸以面积计算。不扣除单个0.3m²以内的孔洞所占面积	1. 地基夯实 2. 铺设垫层 3. 模板及支撑制作、安装、拆除、堆放、运输及清理模内杂物、刷隔离剂等 4. 混凝土制作、运输、浇筑、振捣、养护 5. 变形缝填塞
010507002	室外地坪	1. 地坪厚度 2. 混凝土强度等级			
010507003	电缆沟、地沟	1. 土壤类别 2. 沟截面净空尺寸 3. 垫层材料种类、厚度 4. 混凝土种类 5. 混凝土强度等级 6. 防护材料种类	m	按设计图示以中心线长度计算	1. 挖运土石 2. 铺设垫层 3. 模板及支撑制作、安装、拆除、堆放、运输及清理模内杂物、刷隔离剂等 4. 混凝土制作、运输、浇筑、振捣、养护 5. 刷防护材料

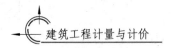

续表

项目编码	项目名称	项目特征	计量单位	工程量计算规则	工作内容
010507004	台阶	1. 踏步高、宽 2. 混凝土种类 3. 混凝土强度等级	1. m² 2. m³	1. 以 m² 计量，按设计图示尺寸以水平投影面积计算 2. 以 m³ 计量，按设计图示尺寸以体积计算	1. 模板及支撑制作、安装、拆除、堆放、运输及清理模内杂物、刷隔离剂等 2. 混凝土制作、运输、浇筑、振捣、养护
010507005	扶手、压顶	1. 截面尺寸 2. 混凝土种类 3. 混凝土强度等级	1. m 2. m³	1. 以 m 计量，按设计图示尺寸中心线延长米计算 2. 以 m³ 计量，按设计图示尺寸以体积计算	1. 模板及支撑制作、安装、拆除、堆放、运输及清理模内杂物、刷隔离剂等 2. 混凝土制作、运输、浇筑、振捣、养护
010507006	化粪池、检查井	1. 部位 2. 混凝土强度等级 3. 防水、抗渗要求	1. m³ 2. 座	1. 按设计图示尺寸以体积计算 2. 以座计量，按设计图示数量计算	
010507007	其他构件	1. 构件的类型 2. 构件规格 3. 部位 4. 混凝土种类 5. 混凝土强度等级	m³		

表 7.23　后浇带（编码：010508）

项目编码	项目名称	项目特征	计量单位	工程量计算规则	工作内容
010508001	后浇带	1. 混凝土种类 2. 混凝土强度等级	m³	按设计图示尺寸以体积计算	1. 模板及支撑制作、安装、拆除、堆放、运输及清理模内杂物、刷隔离剂等 2. 混凝土制作、运输、浇筑、振捣、养护

表 7.24　预制混凝土柱（编码：010509）

项目编码	项目名称	项目特征	计量单位	工程量计算规则	工作内容
010509001	矩形柱	1. 图代号 2. 单件体积 3. 安装高度 4. 混凝土强度等级 5. 砂浆（细石混凝土）强度等级、配合比	1. m³ 2. 根	1. 以 m³ 计量，按设计图示尺寸以体积计算 2. 以根计量，按设计图示尺寸以数量计算	1. 模板及支撑制作、安装、拆除、堆放、运输及清理模内杂物、刷隔离剂等 2. 混凝土制作、运输、浇筑、振捣、养护 3. 构件运输、安装 4. 砂浆制作、运输 5. 接头灌缝、养护
010509002	异形柱				

表 7.25　预制混凝土梁（编码：010510）

项目编码	项目名称	项目特征	计量单位	工程量计算规则	工作内容
010510001	矩形梁	1. 图代号 2. 单件体积 3. 安装高度 4. 混凝土强度等级 5. 砂浆（细石混凝土）强度等级、配合比	1. m³ 2. 根	1. 以 m³ 计量，按设计图示尺寸以体积计算 2. 以根计量，按设计图示尺寸以数量计算	1. 模板及支撑制作、安装、拆除、堆放、运输及清理模内杂物、刷隔离剂等 2. 混凝土制作、运输、浇筑、振捣、养护 3. 构件运输、安装 4. 砂浆制作、运输 5. 接头灌缝、养护
010510002	异形梁				
010510003	过梁				
010510004	拱形梁				
010510005	鱼腹式吊车梁				
010510006	其他梁				

表 7.26　预制混凝土屋架（编码：010511）

项目编码	项目名称	项目特征	计量单位	工程量计算规则	工作内容
010511001	折线型	1. 图代号 2. 单件体积 3. 安装高度 4. 混凝土强度等级 5. 砂浆（细石混凝土）强度等级、配合比	1. m³ 2. 榀	1. 以 m³ 计量，按设计图示尺寸以体积计算 2. 以榀计量，按设计图示尺寸以数量计算	1. 模板及支撑制作、安装、拆除、堆放、运输及清理模内杂物、刷隔离剂等 2. 混凝土制作、运输、浇筑、振捣、养护 3. 构件运输、安装 4. 砂浆制作、运输 5. 接头灌缝、养护
010511002	组合				
010511003	薄腹				
010511004	门式刚架				
010511005	天窗架				

表 7.27　预制混凝土板（编码：010512）

项目编码	项目名称	项目特征	计量单位	工程量计算规则	工作内容
010512001	平板	1. 图代号 2. 单件体积 3. 安装高度 4. 混凝土强度等级 5. 砂浆（细石混凝土）强度等级、配合比	1. m³ 2. 块	1. 以 m³ 计量，按设计图示尺寸以体积计算。不扣除单个面积≤300mm×300mm 孔洞所占体积，扣除空心板空洞体积 2. 以块计量，按设计图示尺寸以数量计算	1. 模板及支撑制作、安装、拆除、堆放、运输及清理模内杂物、刷隔离剂等 2. 混凝土制作、运输、浇筑、振捣、养护 3. 构件运输、安装 4. 砂浆制作、运输 5. 接头灌缝、养护
010512002	空心板				
010512003	槽形板				
010512004	网架板				
010512005	折线板				
010512006	带肋板				
010512007	大型板				
010512008	沟盖板、井盖板、井圈	1. 单件体积 2. 安装高度 3. 混凝土强度等级 4. 砂浆（细石混凝土）强度等级、配合比	1. m³ 2. 块（套）	1. 以 m³ 计量，按设计图示尺寸以体积计算 2. 以块计量，按设计图示尺寸以数量计算	

表 7.28　预制混凝土楼梯（编码：010513）

项目编码	项目名称	项目特征	计量单位	工程量计算规则	工作内容
010513001	楼梯	1. 楼梯类型 2. 单件体积 3. 混凝土强度等级 4. 砂浆（细石混凝土）强度等级	1. m³ 2. 段	1. 以 m³ 计量，按设计图示尺寸以体积计算 2. 以段计量，按设计图示尺寸以数量计算	1. 模板及支撑制作、安装、拆除、堆放、运输及清理模内杂物、刷隔离剂等 2. 混凝土制作、运输、浇筑、振捣、养护 3. 构件运输、安装 4. 砂浆制作、运输 5. 接头灌缝、养护

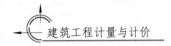建筑工程计量与计价

表 7.29 其他预制构件（编码：010514）

项目编码	项目名称	项目特征	计量单位	工程量计算规则	工作内容
010514001	烟道、垃圾道、通风道	1. 单件体积 2. 混凝土强度等级 3. 砂浆强度等级	1. m³ 2. m² 3. 根（块、套）	1. 以 m³ 计量，按设计图示尺寸以体积计算。不扣除单个面积≤300mm×300mm 的孔洞所占体积，扣除烟道、垃圾道、通风道的孔洞所占体积 2. 以 m² 计量，按设计图示尺寸以面积计算。不扣除单个面积≤300mm×300mm 的孔洞所占面积 3. 以根计量，按设计图示尺寸以数量计算	1. 模板及支撑制作、安装、拆除、堆放、运输及清理模内杂物、刷隔离剂等 2. 混凝土制作、运输、浇筑、振捣、养护 3. 构件运输、安装 4. 砂浆制作、运输 5. 接头灌缝、养护
010514002	其他构件	1. 单件体积 2. 构件类型 3. 混凝土强度等级 4. 砂浆强度等级			

表 7.30 钢筋工程（编码 010515）

项目编码	项目名称	项目特征	计量单位	工程量计算规则	工作内容
010515001	现浇构件钢筋	钢筋种类、规格		按设计图示以钢筋（网）长度（面积）乘单位理论质量计算	1. 钢筋制作运输 2. 钢筋安装 3. 焊接（搭接）
010515002	预制构件钢筋				
010515003	钢筋网片	钢筋种类、规格		按设计图示以钢筋（网）长度（面积）乘单位理论质量计算	1. 钢筋网制作、运输 2. 钢筋网安装 3. 焊接（绑扎）
010515004	钢筋笼				1. 钢筋笼制作、运输 2. 钢筋笼安装 3. 焊接（绑扎）
010515005	先张法预应力钢筋	1. 钢筋种类、规格 2. 锚具种类	t	按设计图示以钢筋长度乘单位理论质量计算	1. 钢筋制作、运输 2. 钢筋张拉
010515006	后张法预应力钢筋	1. 钢筋种类、规格 2. 钢丝种类、规格 3. 钢绞线种类、规格 4. 锚具种类 5. 砂浆强度等级		按设计图示以钢筋（丝束、绞线）长度乘单位理论质量计算 1. 低合金钢筋两端均采用螺杆锚具时，钢筋长度按孔道长度减0.35m 计算，螺杆另行计算 2. 低合金钢筋一端采用墩头插片，另一端采用螺杆锚具时，钢筋长度按孔道长度计算，螺杆另行计算 3. 低合金钢筋一端采用墩头插片，另一端采用帮条锚具时，钢筋增加0.15 计算，两端均采用帮条锚具时，钢筋长度按孔道长度增加 0.3m 计算，螺杆另行计算 4. 低合金钢筋采用后张混凝土自锚时，钢筋长度按孔道长度增加0.35m 计算 5. 低合金钢筋（钢绞线）采用 JM、XM、QM 型锚具，孔道长度≤20m时，钢筋长度增加 1m 计算，孔道长度>20m 时，钢筋长度增加 1.8m计算 6. 碳素钢丝采用锥形锚具，孔道长度≤20m 时，钢丝束长度按孔道长度增加 1m 计算，孔道长度>20m 时，钢丝束长度按孔道长度增加1.8m 计算 7. 碳素钢丝采用墩头锚具时，钢丝束长度按孔道长度增加 0.35m计算	1. 钢筋、钢丝、钢绞线制作、运输 2. 钢筋、钢丝、钢绞线安装 3. 预埋管孔道铺设 4. 锚具安装 5. 砂浆制作、运输 6. 孔道压浆、养护
010515007	预应力钢丝				
010515008	预应力钢绞线				

续表

项目编码	项目名称	项目特征	计量单位	工程量计算规则	工作内容
010515009	支撑钢筋（铁马）	1. 钢筋种类 2. 规格		按钢筋长度乘单位理论质量计算	钢筋制作、焊接、安装
010515010	声测管	1. 材质 2. 规格型号	t	按设计图示尺寸以质量计算	1. 检测管截断、封头 2. 套管制作、焊接 3. 定位、固定

表 7.31　螺栓、铁件（编码 010516）

项目编码	项目名称	项目特征	计量单位	工程量计算规则	工作内容
010516001	螺栓	1. 螺栓种类 2. 规格		按设计图示尺寸以质量计算	1. 螺栓、铁件制作、运输 2. 螺栓、铁件安装
010516002	预埋铁件	1. 钢材种类 2. 规格 3. 铁件尺寸	t		
010516003	机械连接	1. 连接方式 2. 螺纹套筒种类 3. 规格	个	按数量计算	1. 钢筋套丝 2. 套筒连接

注：编制工程量清单时，如果设计未注明，其工程量可为暂估量，实际工程量按现场签证数量计算。

任务 7.2　工程量清单计价

【知识目标】 1. 掌握混凝土及钢筋混凝土工程计价工程量计算的相关规定。
2. 掌握混凝土及钢筋混凝土工程综合单价的编制过程。
3. 在理解的基础上掌握混凝土及钢筋混凝土工程计价方法。

【能力目标】 能根据给定图纸及相关要求独立完成混凝土及钢筋混凝土工程综合单价的编制，并能自主报价。

【任务描述】 根据施工图纸图 7.1 的内容：
（1）试计算首层现预拌凝土柱、梁、板及预应力空心板计价工程量并填入计价工程量计算表。
（2）试计算以上项目的综合单价，并填入综合单价计算表中。

7.2.1　相关知识：计价工程量的计算方法

要进行综合单价的编制，需要先计算计价工程量，根据《湖北省房屋建筑与装饰工程消耗量定额及全费用基价表》（2018）的计算规则，包括现浇混凝土、预制混凝土及钢筋工程量。

1. 说明

1）混凝土

（1）定额中混凝土按预拌混凝土编制，采用现场搅拌时，执行相应的预拌混凝土项目，再执行现场搅拌混凝土调整费项目。

（2）预拌混凝土是指在混凝土厂集中搅拌、运输、泵送到施工现场并入模的混凝土。圈梁、过梁及构造柱、设备基础项目，综合考虑了因施工条件限制不能直接入模的因素。

（3）混凝土按常用强度等级考虑，设计强度等级不同时可以换算；混凝土各种外加剂统一在配合比中考虑；图纸设计要求增加的外加剂另行计算。

（4）毛石混凝土按毛石占混凝土体积的 20%计算，当设计要求不同时，可以换算。

（5）独立桩承台执行独立基础项目；带形桩承台执行带形基础项目；与满堂基础相连的桩承台执行满堂基础项目。

（6）二次灌浆，如灌注材料与设计不同时，可以换算；空心砖内灌注混凝土执行小型构件项目。

（7）斜梁（板）是按坡度>10°且≤30°综合考虑的。斜梁（板）坡度≤10°的执行梁、板项目以及坡度>30°且≤45°时人工乘以系数 1.05；坡度>45°且≤60°时人工乘以系数 1.10；坡度>60°时人工乘以系数 1.20。车库车道板按斜梁（板）项目执行。

（8）压型钢板上浇捣混凝土，执行平板项目，人工乘以系数 1.10。

（9）型钢组合混凝土构件，执行普通混凝土相应构件项目，人工、机械乘以系数 1.20。

（10）挑檐、天沟壁高度≤400mm，执行挑檐项目；挑檐、天沟壁高度>400mm，按全高执行栏板项目；单体体积 0.1m³ 以内，执行小型构件项目。

（11）单坡直行楼梯（即一个自然层无休息平台）按相应项目定额乘以系数 1.2；三跑楼梯（即一个自然层两个休息平台）按相应项目定额乘以系数 0.9；四跑楼梯（即一个自然层三个休息平台）按相应项目定额乘以系数 0.75。当图纸设计板式楼梯梯段底板（不含踏步三角部分）厚度>150mm、梁式楼梯梯段底板（不含踏步三角部分）厚度>80mm 时，混凝土消耗量按实调整，人工按相应比例调整。

（12）散水混凝土按厚度 60mm 编制，当设计厚度不同时，可以调整；散水包括了混凝土浇筑、表面压实抹光及嵌缝内容，未包括基础夯实、垫层内容。

（13）台阶混凝土含量是按 1.22m³/10m² 综合编制的，当设计含量不同时，可以换算；台阶包括了混凝土浇筑及养护内容，未包括基础夯实、垫层及面层装饰内容，发生时执行其他章节相应项目。

（14）凸出混凝土柱、梁的线条并入相应柱、梁构件内；凸出混凝土外墙面、阳台梁、栏板外侧≤300mm 的装饰线条执行扶手、压顶项目；凸出混凝土外墙、梁外侧>300mm 的板按伸出外墙的梁、板体积合并计算，执行悬挑板项目。

（15）外形尺寸体积在 1m³ 以内的独立池槽执行小型构件项目，小型构件是指单件体积 0.1m³ 以内且本节未列项目的小型构件。1m³ 以上的独立池槽及与建筑物相连的梁、板、墙结构式水池分别执行梁、板、墙相应项目。

（16）后浇带包括了与原混凝土接缝处的钢丝网用量。

2）钢筋

（1）现浇构件中固定位置的支撑、双层钢筋用的"铁马"（钢筋、型钢）按设计图示（或审定的施工组织设计）要求计算，按品种、规格执行相应项目，当采用其他材料时，另行计算。

（2）型钢组合混凝土构件中，型钢骨架执行"项目 8　金属结构工程"相应项目；钢筋执行现浇构件钢筋相应项目，人工乘以系数 1.50，机械乘以系数 1.15。

（3）弧形构件钢筋执行钢筋相应项目，人工乘以系数 1.05。

（4）坡度≥26°34′的斜板屋面，钢筋制安人工乘以系数 1.25。

（5）混凝土空心楼板（ADS 空心板）中钢筋网片，执行现浇构件钢筋相应项目，人工乘以系数 1.30，机械乘以系数 1.15。

（6）预应力混凝土构件中的非预应力钢筋按钢筋相应项目执行。

（7）现浇混凝土小型构件，执行现浇构件钢筋相应项目，人工、机械乘以系数 2。

3）预制混凝土构件安装

（1）预制混凝土构件采用成品形式，成品构件按外购列入预制混凝土构件安装项目。定额含量包含构件安装损耗，定额取定价包括混凝土构件制作及运输、钢筋制作及运输、预制混凝土模板。

（2）构件安装是按单机作业考虑的，如因构件超重（以起重机械起重量为限）须双机台吊时，按相应项目人工、机械乘以系数 1.20。

（3）构件安装是按机械起吊点中心回转半径 15m 以内距离计算。当超过 15m 时，构件须用起重机移运就位，运距在 50m 以内的，起重机械乘以系数 1.25；运距超过 50m 的，应另按构件运输项目计算。

（4）构件安装高度以 20m 以内为准，安装高度（除塔吊施工外）超过 20m 且小于等于 30m 时，按相应项目人工、机械乘以系数 1.20。安装高度（除塔吊施工外）超过 30m 时，另行计算。

（5）塔式起重机的机械台班均已包括在垂直运输机械费项目中。单层房屋屋盖系统预制混凝土构件，必须在跨外安装的，按相应项目的人工、机械乘以系数 1.18；但当使用塔式起重机施工时，不乘系数。

4）装配式混凝土结构工程

（1）装配式混凝土结构工程，指预制混凝土构件通过可靠的连接方式装配而成的混凝土结构，包括装配整体式混凝土结构、全装配混凝土结构。

（2）构件安装定额已包括构件固定所需临时支撑的搭设及拆除，支撑（含支撑用预埋铁件）种类、数量及搭设方式综合考虑。

（3）定额中装配式后浇混凝土浇筑指装配整体式结构中，用于与预制混凝土构件连接形成整体构件的现场浇筑混凝土。

2. 计价工程量

1）现浇混凝土

混凝土工程量除另有规定外，均按图示尺寸以体积计算。不扣除构件内钢筋、预埋铁件及墙、板中 $0.3m^2$ 以内的孔洞所占体积。型钢混凝土中型钢骨架所占体积按密度为 $7850kg/m^3$ 扣除。

（1）基础按设计图示尺寸以体积计算，不扣除伸入承台基础的桩头所占体积。

① 带形基础不论有肋式还是无肋式均按带形基础项目计算,有肋式带形基础,肋高(指基础扩大顶面至梁顶面的高)小于等于 1.2m 时，合并计算；大于 1.2m 时，扩大顶面以下的基础部分，按无肋带形基础项目计算，扩大顶面以上部分，按墙项目计算。

② 设备基础除块体（块体设备基础是指没有空间的实心混凝土块体基础）以外，其他类型设备基础分别按基础、柱、墙、梁、板等有关规定计算。

（2）柱按设计图示尺寸以体积计算。

（3）墙按设计图示尺寸以体积计算，扣除门窗洞口及 0.3m² 以外孔洞所占体积，墙垛及凸出部分并入墙体积内计算。直形墙中门窗洞口上的梁并入墙体积；短肢剪力墙结构砌体内门窗洞口上的梁并入梁体积。墙与柱连接时墙算至柱边；墙与梁连接时墙算至梁底；墙与板连接时墙算至板底；未凸出墙面的暗梁、暗柱并入墙体积。

（4）梁按设计图示尺寸以体积计算，伸入砖墙内的梁头、梁垫并入梁体积内。

（5）板按设计图示尺寸以体积计算，不扣除单个面积 0.3m² 以内的柱、垛及孔洞所占体积。各类板伸入砖墙内的板头并入板体积内计算，薄壳板的肋、基梁并入薄壳体积内计算。

（6）栏板、扶手按设计图示尺寸以体积计算，伸入砖墙内的部分并入栏板、扶手体积计算。

（7）凸阳台（凸出外墙外侧用悬挑梁悬挑的阳台）按阳台项目计算；凹进墙内的阳台按梁、板分别计算，阳台栏板、压顶分别按栏板、压顶项目计算。

（8）雨篷梁、板工程量合并，按雨篷以体积计算，高度≤400mm 的栏板并入雨篷体积内计算，栏板高度＞400mm 时，按栏板计算。

（9）楼梯（包括休息平台、平台梁、斜梁及楼梯的连接梁）按设计图示尺寸以水平投影面积计算，不扣除宽度小于 500mm 的楼梯井，伸入墙内部分不计算。当整体楼梯与现浇楼板无梯梁连接时，以楼梯的最后一个踏步边缘加 300mm 为界。

（10）散水、台阶按设计图示尺寸，以水平投影面积计算。台阶与平台连接时其投影面积应以最上层踏步外沿加 300mm 计算。

（11）场馆看台、地沟、混凝土后浇带按设计图示尺寸以体积计算。

2）钢筋

（1）现浇、预制构件钢筋，按设计图示钢筋长度（钢筋中心线）乘以单位理论质量计算。

（2）钢筋搭接长度应按设计图示及规范要求计算；设计图示及规范要求未标明搭接长度的，不另计算搭接长度。

（3）钢筋的搭接（接头）数量应按设计图示及规范要求计算；设计图示及规范要求未标明的，按以下规定计算。

① φ10 以内的长钢筋按每 12m 计算一个钢筋搭接（接头）。

② φ10 以上的长钢筋按每 9m 计算一个搭接（接头）。

（4）各类钢筋机械连接接头不分钢筋规格，按设计要求或施工规范规定以"个"计算，且不再计算该处的钢筋搭接长度。

（5）先张法预应力钢筋按设计图示钢筋长度以单位理论质量计算。

（6）后张法预应力钢筋按设计图示钢筋（绞丝、丝束）长度乘以单位理论质量计算。

（7）混凝土构件预埋铁件、螺栓，按设计图示尺寸以质量计算。

3）预制混凝土构件安装

（1）预制混凝土构件安装，预制混凝土均按图示尺寸以体积计算，不扣除构件内钢筋、铁件及小于 0.3m² 以内孔洞所占体积。

（2）预制混凝土构件接头灌缝，均按预制混凝土构件体积计算。

4）装配式混凝土结构工程。

（1）装配式混凝土构件安装，按成品构件设计图示尺寸的实体积计算，依附于构件制作的各类保温层、饰面层的体积并入相应构件安装中计算，不扣除构件内钢筋、预埋铁件、配管、套管、线盒及单个面积小于等于 $0.3m^2$ 的孔洞、线箱等所占体积，构件外露钢筋体积亦不再增加。

（2）装配式后浇混凝土浇捣，工程量按设计图示尺寸以实体积计算，不扣除混凝土内钢筋、预埋铁件及单个面积小于等于 $0.3m^2$ 的孔洞等所占体积。

7.2.2 任务实施：混凝土及钢筋混凝土工程计价工程量与综合单价的编制

步骤一：编制计价工程量。

根据图 7.1 的内容，在掌握计价工程量计算方法和设计图纸要求的基础上，计算下列清单项目的计价工程量（表 7.32）。

表 7.32 计价工程量计算表

序号	项目编码	项目名称	计量单位	数量	计算式
1	010502003001	异形柱	m³	9	
	A2-13	异形柱	m³	9	同清单工程量
2	010503002001	矩形梁	m³	0.71	
	A2-17	矩形梁	m³	0.71	同清单工程量
3	010505001001	有梁板	m³	8.14	
	A2-30	有梁板	m³	8.14	同清单工程量
4	010512002001	空心板	m³	1.089	
	A2-172	空心板安装焊接	m³	1.089	同清单工程量
	A2-193	接头灌缝	m³	1.089	同清单工程量

步骤二：编制综合单价（一般计税法）。

根据图 7.1 的内容，查《湖北省房屋建筑与装饰工程消耗量定额及全费用基价表》（2018）（结构·屋面），得出以下内容，如表 7.33 所示，综合单价分析表如表 7.34 所示（综合单价的计算方法见任务 1.4 的综合单价编制）。

表 7.33 《湖北省房屋建筑与装饰工程消耗量定额及全费用基价表》（2018）摘录 单位：元

序号	定额编号	项目名称	计量单位	人工费	材料费	机械费
1	A2-13	异形柱	10m³	796.92	3465.37	—
2	A2-17	矩形梁	10m³	310.88	3526.91	—
3	A2-30	有梁板	10m³	343.73	3570.07	0.77
4	A2-172	空心板安装焊接	10m³	649.89	9863.74	548.12
5	A2-193	接头灌缝	10m³	860.02	413.86	2.70

表 7.34　综合单价分析表

项目编码	项目名称	计量单位	清单综合单价组成明细											综合单价（元）
			定额编号	定额名称	定额单位	数量	单价（元）				合价（元）				
							人工费	材料费	机械费	管理费和利润	人工费	材料费	机械费	管理费和利润	
010502003001	异形柱	m³	A2-13	异形柱	10m³	0.1	796.92	3465.37	0	382.52	79.69	346.54	0	38.25	464.48
010503002001	矩形梁	m³	A2-17	矩形梁	10m³	0.1	310.88	3526.91	0	149.23	31.09	352.69	0	14.92	398.7
010505001001	有梁板	m³	A2-30	有梁板	10m³	0.1	343.73	3570.07	0.77	165.36	34.37	357.01	0.08	16.54	408
010512002001	空心板	m³									150.99	1027.76	55.08	98.92	1332.75
			A2-172	预制混凝土构件成品空心板安装焊接	10m³	0.1	649.89	9863.74	548.12	575.05	64.99	986.37	54.81	57.51	1163.68
			A2-193	预制混凝土构件接头灌缝空心板	10m³	0.1	860.02	413.86	2.70	414.10	86.00	41.39	0.27	41.41	169.07

综合实训——混凝土及钢筋混凝土工程清单工程量计算方法的运用

【实训目标】　1. 进一步掌握混凝土及钢筋混凝土工程清单工程量计算方法的运用。

2. 熟悉混凝土工程量的计算方法。

【能力要求】　能根据给定图纸及相关要求快速、准确完成混凝土及钢筋混凝土工程量计算。

【实训描述】　根据本书附后的工程实例"某办公室"施工图完成以下项目的清单工程量的计算。

（1）试计算 C15 混凝土垫层 DJ－05、DJ－08 的清单工程量。

（2）试计算 C30 商品混凝土独立基础 DJ－05、DJ－08 的清单工程量。

（3）试计算 C30 商品混凝土基础梁 JL－1、JL－2、JL－4、JL－9 的清单工程量。

（4）试计算 C25 混凝土矩形柱 KZ1、KZ2、KZ13 的清单工程量。

（5）试计算首层 C20 混凝土构造柱 GZ1 的清单工程量。

（6）试计算 2.77m 标高处 C25 混凝土有梁板部分项目的清单工程量。

（7）试计算 2.77m 标高处 C25 混凝土矩形梁的清单工程量。

（8）试计算基础构件中①轴与Ⓓ轴交汇处 DJ$_J$－09 钢筋工程量。

（9）试计算柱构件中①轴与Ⓓ轴交汇处 KZ－2 钢筋工程量。

（10）试计算梁构件中①轴 KL1（2）钢筋工程量（标高 2.77m）。

（11）试计算板构件中①/⑤～⑥轴与Ⓐ～Ⓓ轴交汇区域的 LB1 和 LB4 钢筋工程量。

任务实施

【任务实施1】试计算 C15 混凝土垫层 DJ—05、DJ—08 的清单工程量。

分析：垫层的长和宽比基础分别多出 2 个 100mm。

（1）DJ—05 ＝(2.2＋0.1×2)(2＋0.1×2)×0.1×4
　　　　　＝2.11(m³)

（2）DJ—08 ＝(3＋0.1×2)(2.4＋0.1×2)×0.1×2
　　　　　＝1.66(m³)

【任务实施2】试计算 C30 商品混凝土独立基础 DJ—05、DJ—08 的清单工程量。

分析：一层的独立基础按长方体体积计算即可，但要注意乘以个数。

（1）DJ—05 ＝2.2×2×0.45×4
　　　　　＝7.92(m³)

（2）DJ—08 ＝3×2.4×0.45×2
　　　　　＝6.48(m³)

【任务实施3】试计算 C30 商品混凝土基础梁 JL—1、JL—2、JL—4、JL—9 的清单工程量。

分析：基础梁的顶标高为－0.03m，而独立基础的顶标高最多为－0.85m（DJ—02/DJ—03），因此与基础梁交接的应该是矩形柱，而不是独立基础，所以基础梁的计算长度应扣除柱宽。

（1）JL—1 ＝0.25×0.45×(6.3×2－0.375－0.45－0.375)
　　　　　＝1.28(m³)

（2）JL—2 ＝0.25×0.45×(6.3×2－0.375－0.45－0.325)
　　　　　＝1.29(m³)

（3）JL—4 ＝0.3×0.65×(1.5－0.375－0.125)＋0.25×0.45×(23.5－0.375－0.5
　　　　　　×3－0.375)
　　　　　＝2.59(m³)

（4）JL—9 ＝0.25×0.45×(6.3×3＋3－0.125×2－0.25－0.45×2)
　　　　　＝2.31(m³)

【任务实施4】试计算 C25 混凝土矩形柱 KZ1、KZ2、KZ13 的清单工程量。

分析：该矩形柱即为框架柱，其工程量主要难在柱高的计算。我们需要找准柱下的基础型号以确定柱底标高，以及屋面板标高即柱顶标高。

（1）KZ1 ＝0.5×0.5×(5.57＋1.5－0.6)
　　　　　＝1.62(m³)

（2）KZ2 ＝0.45×0.45×(5.57＋1.5－0.45)
　　　　　＝1.34(m³)

（3）KZ13 ＝0.5×0.5×(5.57＋1.5－0.55)
　　　　　＝1.63(m³)

【任务实施5】试计算首层 C20 混凝土构造柱 GZ1 的清单工程量。

分析：

（1）构造柱应分层计算。

（2）注意确定每层构造柱的柱高：框架间的净高。

（3）当上方梁高不同时，构造柱高会不同，因此构造柱需要分开计算。

GZ1＝0.25×0.25×(2.77＋0.03－0.55)×14＋0.25×0.25×(2.77＋0.03－0.45)

        ×3＋0.25×0.25×[(2.77＋0.03－0.8)×2＋(2.77＋0.03－0.6)

        ＋(2.77＋0.03－0.65)＋(5.57＋0.03－0.9)]

    ＝3.23(m³)

此处未考虑马牙槎，马牙槎在"附录　工程实例学习"中考虑。

【任务实施6】试计算2.770m标高处C25混凝土有梁板部分项目的清单工程量。

分析：凸出板外边线的柱头，由于尺寸过小，忽略不计，不再扣除。

方法一：板（全长体积）＋梁（板下体积）。

（1）板。

    {(31.5＋0.25)(14.1＋0.25)－[25.2×4.5－(3＋0.25)×1.5]－9.6×1.8－(3－0.25)

    (6.3－0.25)}×0.1＋(0.12－0.1)(3.15＋0.25)(4.275＋0.25)

    ＋(0.13－0.1)(9.6＋0.25)(6.1＋0.25)＝33.5(m³)

（2）梁（选取了2.770m部分梁计算解析）。

① KL1＝0.25×(0.55－0.1)(2.025＋6.3－0.125－0.45－0.375)＋0.25

     ×(0.55－0.12)(4.275＋0.125－0.375)

    ＝1.26(m³)

② KL2＝0.25×(0.55－0.1)(12.6－0.375－0.45－0.325)

    ＝1.29(m³)

③ KL3＝0.25×(0.55－0.1)(6.3＋1.8＋1.5－0.375－0.4－0.45)

    ＝0.94(m³)

④ KL5＝0.25×(0.55－0.1)(1.7＋1.8－0.5)＋0.25×(0.55－0.13)(1.5＋4.6－0.375

    －0.5＋0.125)

    ＝0.9(m³)

⑤ L1＝0.25×(0.45－0.1)(2.025＋6.3－0.25×3)＋0.25×(0.45－0.12)×4.275

    ＝1.02(m³)

⑥ L6＝0.25×(0.45－0.12)(3.15－0.25)

    ＝0.24(m³)

方法二：板（梁间体积）＋梁（全高体积）。

本书最后的"附录　工程实例学习"用的就是方法二。

【任务实施7】试计算2.770m标高处C25混凝土矩形梁的清单工程量。

分析：矩形梁是未与现浇板形成整体的梁，按体积计算，但应扣除框架柱。

（1）KL5＝0.25×0.55×(2.425＋5.8)

    ＝1.13(m³)

（2）KL6＝0.25×0.55×(17.2－0.25－0.5×2－0.375)

    ＝2.14(m³)

（3）KL12＝0.25×0.8×(9.6－0.25－0.375)

    ＝1.8(m³)

【任务实施8】试计算基础构件中①轴与⑩轴交汇处DJ$_J$－09钢筋工程量。

分析：

（1）计算条件：由基础施工图得知，基础底板X、Y向边长均为2400mm＜2500mm，钢筋长度不缩短，基础高度450mm，底部配筋X、Y向均为⊈14@200，顶部未配筋，混凝土强度等级 C30，保护层厚度 40mm，环境类别为二（a）。

（2）钢筋长度及根数计算见表 7.35。

表 7.35 DJ$_J$—09 钢筋长度、根数计算表

钢筋	长度计算式＝边长－2c	根数计算式＝(边长－2×起步距离)/间距＋1
X 向底筋 $\oplus$14@200	$c＝40$(mm) 长度＝2400－2×40＝2320(mm)	起步距离＝min(S/2,75)＝75(mm) 根数＝(2400 －2×75)/200＋1＝13(根)
Y 向底筋 $\oplus$14@200	长度＝2400－2×40＝2320(mm)	根数＝(2400 －2×75)/200＋1＝13(根)

（3）质量计算：$\oplus$14 钢筋总长＝13×2.32＋13×2.32＝60.32(m)

C14 钢筋总重＝60.32×1.208＝72.87(kg)＝0.073(t)

【任务实施 9】试计算柱构件中①轴与①轴交汇处 KZ 钢筋工程量。

分析：

（1）计算条件：四级抗震，纵筋采用电渣压力焊，强度等级 C25，其下基底标高－1.500m，基础高度 450mm，其上二层梁 KL1 和顶部 WKL1 梁高均为 550mm，柱配筋见表 7.36。

表 7.36 KZ-2 配筋表

柱号	标高	$b×h$	全部纵筋	箍筋类型号	箍筋
KZ-2	基础顶面－5.570	450×450	8$\oplus$16	1(3×3)	Φ8@100/200

（2）钢筋长度及根数计算见表 7.37。

表 7.37 KZ-2 钢筋长度及根数计算

参数计算：

柱保护层 $c＝25$mm 基础底面保护层 $c＝40l_{aE}＝40d＝40×16＝640$(mm)

内侧纵筋锚固判断 WKL 高 550＜640 应弯锚，锚固长度＝550－25＋12d＝717(mm)

外侧纵筋锚固判断 1.5l_{abE}＝1.5×40d＝960(mm)（未超过柱内侧，按 16G101—1 59 页 C 做法），锚固长度＝max(550－25＋15d,1.5l_{abE})＝960(mm)

插筋弯折长度判断基础高度 450＜l_{aE}＝35d＝560(mm)，弯折长度取 15d＝15×16＝240(mm)

（插筋在基础中锚固，按基础混凝土强度等级查锚固长度）

JLL 梁顶标高－0.03H_1＝2770＋30－550＝2250(mm)

H_2＝5570－2770－550＝2250(mm)

钢筋	长度（mm）	根数（根）
纵筋 8$\oplus$16	总体计算： 内侧纵筋长度＝5570－550＋1500－40＋240＋717＝7437 外侧纵筋长度＝5570－550＋1500－40＋240＋960＝7680 分层计算： 插筋长＝1500－30－40＋H_1/3＋240＝2420 一层纵筋长＝H_1×2/3＋550＋max(h_c,500,H_2/6)＝2550 顶层内侧纵筋长＝H_2－max(h_c,500,H_2/6)＋717＝2467 顶层外侧纵筋长＝H_2－max(h_c,500,H_2/6)＋960＝2710 内侧纵筋总长＝2420＋2550＋2467＝7437 外侧总长＝2420＋2550＋2710＝7680	内侧 5 外侧 3

钢筋	长度（mm）	根数（根）
箍筋 φ8@100/200	外箍长度＝2×(450−2×25)+2×(450−2×25)+2×11.9d＝1790 X、Y向单肢箍长度＝450−2×25+2×11.9d＝594	外箍 71 X、Y向单肢各 69

注：箍筋根数计算过程

（1）基顶-嵌固部位顶面上方 $H_1/3$ 处箍筋加密区长度＝1500−450−30+$H_1/3$＝1770(mm)

基顶箍筋起步距离 50mm 加密区箍筋根数＝(1770−50)/100+1＝19(根)

（2）标高 2.770 处箍筋加密区长度＝max($H_1/6,h_c,500$)+550+max($H_2/6,h_c,500$)＝1550(mm)

加密区箍筋根数＝1550/100+1＝17(根)

（3）标高 5.570 处箍筋加密区长度＝max($H_2/6,h_c,500$)+550＝1050(mm)

加密区箍筋根数＝1050/100+1＝12(根)

（4）基础高度内 2 道外箍

（5）一层非加密区长度＝2250−max($H_1/6,h_c,500$)−$H_1/3$＝1000(mm)

非加密区箍筋根数＝1000/100−1＝9(根)

（6）二层非加密区长度＝2250−2×max($H_2/6,h_c,500$)＝1250(mm)

非加密区箍筋根数＝1250/100−1＝12(根)

外箍筋汇总＝19+17+12+2+9+12＝71(根)

X 单肢箍汇总＝19+17+12+9+12＝69(根)　Y 单肢箍汇总＝69(根)

（3）质量计算：Φ16 钢筋总长＝7.44×5+7.68×3＝60.24(m)

φ8 钢筋总长＝1.79×71+0.59×69×2＝208.51(m)

Φ16 钢筋总重＝60.24×1.578＝95.06(kg)＝0.095(t)

φ8 钢筋总重＝208.51×0.395＝82.36(kg)＝0.082(t)

构件总重＝0.095+0.082＝0.177(t)

【任务实施 10】试计算梁构件中①轴 KL1（2）钢筋工程量（标高 2.770m）。

分析：

（1）计算条件：四级抗震，混凝土强度等级 C25，梁的配筋见图 7.58，梁顶标高 2.770m，查表得保护层 c＝25mm，锚固长度 l_{aE}＝40d，钢筋定尺长度取 9m。

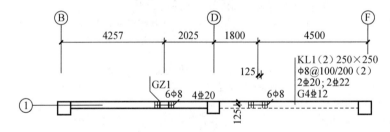

图 7.58　KL1 平法施工图

（2）钢筋长度及根数计算见表 7.38。

表 7.38　KL1(2)钢筋长度及根数计算

钢筋	计算过程	根数（根）
上部通长筋 2Φ20	判断两端支座锚固方式 l_{aE}＝40d＝40×20＝800(mm)	2
	B、F 支座宽 500<800，均弯锚，其锚固长＝$h_c−c+15d$＝775(mm)	
	长度＝4275+2025+1800+4500−2×375+2×775＝13400(mm)	
	接头个数＝13400/9000−1＝1(个)	

钢筋	计算过程	根数（根）
D 支座非通长筋 2Φ20	$l_{n1}=4275+2025-375-225=5700$(mm) $l_{n2}=1800+4500-225-375=5700$(mm) $l_n=\max(l_{n1},l_{n2})=5700$(mm) 长度$=l_n/3+$支座宽$+l_n/3=5700/3+450+5700/3=4250$(mm)	2
下部钢筋 2Φ22	判断锚固方式 $l_{aE}=40d=40\times22=880$(mm) B、F 支座宽 $500<880$，均弯锚，其锚固长$=h_c-c+15d=805$(mm) D 支座直锚，其锚固长度$=\max(l_{aE},0.5h_c+5d)=880$(mm) 第一跨长度$=4275+2025-375-225+805+880=7385$(mm) 第二跨长度$=1800+4500-225-375+880+805=7385$(mm)	2
侧面筋 G4Φ12	锚固及搭接长度均为 $15d=15\times12=180$(mm) 第一跨长度$=4275+2025-375-225+180+180=6060$(mm) 第一跨长度$=1800+4500-375-225+180+180=6060$(mm)	4
箍筋 ϕ8@100/200(2)	长度$=2\times(250-2\times25)+2\times(550-2\times25)+2\times11.9d=1590$(mm)（外皮长度）	76（见表下方）
附加箍筋 ϕ8	长度$=2\times(250-2\times25)+2\times(550-2\times25)+2\times11.9d=1590$(mm)	$2\times6=12$
拉筋 ϕ6@400 2 排	拉筋长度$=250-2\times25+1.9d+\max(75,10d)=286$(mm) 第一跨单排拉筋根数$=(5700-2\times50)/400+1=15$(根) 第二跨单排拉筋根数$=(5700-2\times50)/400+1=15$(根) 拉筋总根数$=(15+15)\times2=60$(根)	60

注：箍筋根数计算过程

（1）支座一侧加密区长度$=\max(500,1.5h_b)=\max(500,1.5\times550)=825$(mm)

支座一侧加密区根数$=(825-50)/100+1=9$(根)（第一道箍筋距支座边 50mm）

（2）第一跨非加密区根数$=(4275+2025-375-225-2\times825)/200-1=20$(根)

第二跨非加密区根数$=(1800+4500-375-225-2\times825)/200-1=20$(根)

（3）箍筋总根数$=4\times9+20+20=76$(根)

（3）质量计算：Φ20 钢筋总长$=13.4\times2+4.25\times2=35.3$(m)

Φ22 钢筋总长$=(7.39+7.39)\times2=29.56$(m)

Φ12 钢筋总长$=(6.06+6.06)\times4=48.48$(m)

ϕ8 钢筋总长$=1.59\times(76+12)=139.92$(m)

ϕ6 钢筋总长$=0.286\times60=17.16$(m)

Φ20 钢筋总重$=35.3\times2.466=87.05$(kg)$=0.087$(t)

Φ22 钢筋总重$=29.56\times2.984=88.21$(kg)$=0.088$(t)

Φ12 钢筋总重$=48.48\times0.88=42.66$(kg)$=0.043$(t)

ϕ8 钢筋总重$=139.92\times0.395=55.27$(kg)$=0.055$(t)

ϕ6 钢筋总重$=17.16\times0.222=3.81$(kg)$=0.004$(t)

构件总重$=0.087+0.088+0.043+0.055+0.004=0.277$(t)

【任务实施 11】试计算板构件中⑴⁄₃～⑥轴与Ⓐ～Ⓓ轴交汇区域的 LB1 和 LB4 钢筋工程量。

分析：配筋详见图 7.59，图板中未注明的钢筋为 ϕ^R8@200。

（1）计算条件：板混凝土强度等级 C25，图纸注明板保护层厚度 $c=15$(mm)，采用冷轧带肋钢筋 CRB，根据结构设计说明得知受拉锚固长度 $l_a=40\alpha$，下部钢筋伸入支座的锚固长度为 $\max(b/2,10d,100)$，梁宽均为 250mm，轴线居中。

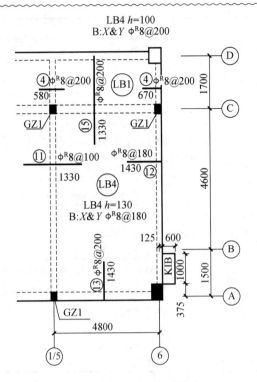

图 7.59　板平法施工图

（2）钢筋长度及根数计算见表 7.39。

表 7.39　钢筋长度及根数计算

参数计算：
板负筋端支座锚固判断梁宽 250<40d＝40×8＝320 弯锚
负筋锚固长度＝250－25＋15d
弯折长度＝板厚－2c

钢筋			计算过程
底板钢筋	LB1	X 向钢筋 ΦR8@200	长度＝4800－2×125＋2×max(125,10d,100)＝4800(mm)
			根数＝(1700－2×125－2×100)/200＋1＝8(根)
		Y 向钢筋 ΦR8@200	长度＝1700－2×125＋2×max(125,10d,100)＝1700(mm)
			根数＝(4800－2×125－2×100)/200＋1＝23(根)
	LB4	X 向钢筋 ΦR8@180	长度＝4800－2×125＋2×max(125,10d,100)＝4800(mm)
			根数＝(4600＋1500－2×125－2×90)/180＋1＝33(根)
		Y 向钢筋 ΦR8@180	长度＝4600＋1500－2×125＋2×max(125,10d,100)＝6100(mm)
			根数＝(4800－2×125－2×90)/180＋1＝26(根)
顶部负筋	④号负筋 ΦR8@200		长度＝670－125＋250－25＋15d＋100－2×15＝960(mm)
			根数＝(1700－2×125－2×100)/200＋1＝8(根)
	⑤号负筋 ΦR8@200		长度＝580＋250＋580＋2×(100－2×15)＝1550(mm)
			根数＝(1700－2×125－2×100)/200＋1＝8(根)
	⑪号负筋 ΦR8@100		长度＝1330＋250＋1330＋2×(130－2×15)＝3110(mm)
			根数＝(4600＋1500－2×125－2×50)/100＋1＝59(根)

续表

钢筋		计算过程	
顶部负筋	⑫号负筋 φ^R8@180	长度＝1430－125＋250－25＋15d＋130－2×15＝1750(mm)	
		根数＝(4600＋1500－2×125－2×90)/180＋1＝33(根)	
	⑬号负筋 φ^R8@200	长度＝1430－125＋250－25＋15d＋130－2×15＝1750(mm)	
		根数＝(4800－2×125－2×100)/200＋1＝23(根)	
	⑮号负筋 φ^R10@200	长度＝1330＋1700－125＋250－25＋15d＋130－2×15＝3350(mm)	
		根数＝(4800－2×125－2×100)/200＋1＝23(根)	
分布筋	⑪号负筋下支座一侧 分布筋 φ^R8@200	长度＝4600＋1500－1430－1330＋2×150＝3640(mm)	
		根数＝(1330－125－100)/200＋1＝7(根)	
	⑫负筋下 分布筋 φ^R8@200	长度＝4600＋1500－1430－1330＋2×150＝3640(mm)	
		根数＝(1430－125－100)/200＋1＝7(根)	
	⑬号负筋下 分布筋 φ^R8@200	长度＝4800－1330－1430＋2×150＝2340(mm)	
		根数＝(1430－125－100)/200＋1＝7(根)	
	⑮号负筋下 分布筋 φ^R8@200	LB4 一侧	长度＝4800－1330－1430＋2×150＝2340(mm)
			根数＝(1330－125－100)/200＋1＝7(根)
		LB1 一侧	长度＝4800－580－670＋2×150＝3850(mm)
			根数＝(1700－2×125－2×100)/200＋1＝8(根)

（3）质量计算。

φ^R8 钢筋总长＝4.8×8＋1.7×23＋4.8×33＋6.1×26＋0.96×8＋1.55×8＋3.11×59
　　　　　＋1.75×33＋1.75×23＋3.64×7＋3.64×7＋2.34×7
　　　　　＋2.34×7＋3.85×8＝810.59(m)

φ^R10 钢筋总长＝3.35×23＝77.05(m)

φ^R8 钢筋总重＝810.59×0.395＝320.18(kg)＝0.32(t)

φ^R10 钢筋总重＝77.05×0.617＝47.54(kg)＝0.048(t)

构件总重＝0.32＋0.048＝0.368(t)

项目

金属结构工程

■学习提示 金属结构是指建筑物内用各种型钢、钢板和钢管等金属材料或半成品，以不同的连接方式加工制作、安装而形成的结构类型，是主要建筑结构类型之一，具有强度高、材料均匀、塑性韧性好、拆迁方便等优点，但耐腐蚀性和耐火性较差。建筑工程中常见的金属构件有钢柱、钢屋架、钢托架、钢桁架、钢网架、钢梁、压型钢板楼板、钢平台、钢梯、钢栏杆、钢檩条及零星构件等。这些构件工程量计算方法按组成构件的各部分重量之和计算质量，单位为 t。制作金属构件常用钢材有钢板、圆钢、方钢、扁钢、工字钢、槽钢、角钢等，钢材的理论质量可以通过查阅五金手册得知。钢结构的连接方式主要有铆钉连接、螺栓连接以及焊接三种连接方式。

■能力目标 1．能计算金属结构工程清单工程量。
2．能计算金属结构工程计价工程量。
3．能编制金属结构工程综合单价。

■知识目标 1．掌握金属结构工程量清单的编制。
2．掌握湖北省定额中金属结构工程计价工程量计算规则。
3．掌握清单工程量与计价工程量的区别。
4．熟悉综合单价的编制方法。

■规范标准 1．《建设工程工程量清单计价规范》（GB 50500—2013）。
2．《房屋建筑与装饰工程工程量计算规范》（GB 50854—2013）。
3．《湖北省房屋建筑与装饰工程消耗量定额及全费用基价表》（2018）。
4．《湖北省建筑安装工程费用定额》（2018）。

任务 *8.1*　工程量清单编制

【知识目标】 1. 掌握金属结构工程清单工程量计算的相关规定。
2. 掌握金属结构工程量清单的编制过程。
3. 熟悉金属结构工程量计算方法。

【能力目标】 能根据给定图纸及相关要求独立完成金属结构工程量清单编制。

【任务描述】 某厂房连廊钢结构施工图如图 8.1～图 8.5 及表 8.1 所示，试计算钢柱 KZ1、钢梁 KL1、钢檩条 L2 清单工程量，并填入清单工程量计算表、分部分项工程和单价措施项目清单与计价表。

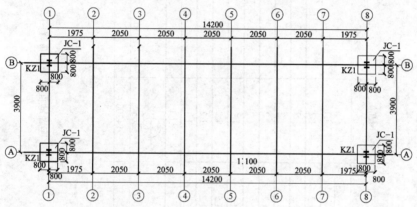

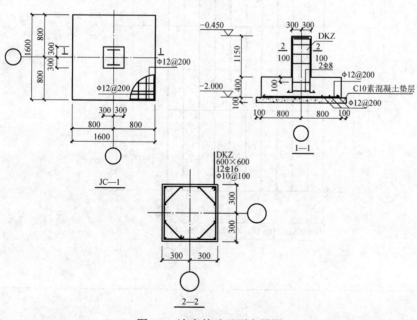

图 8.1　连廊基础平面布置图

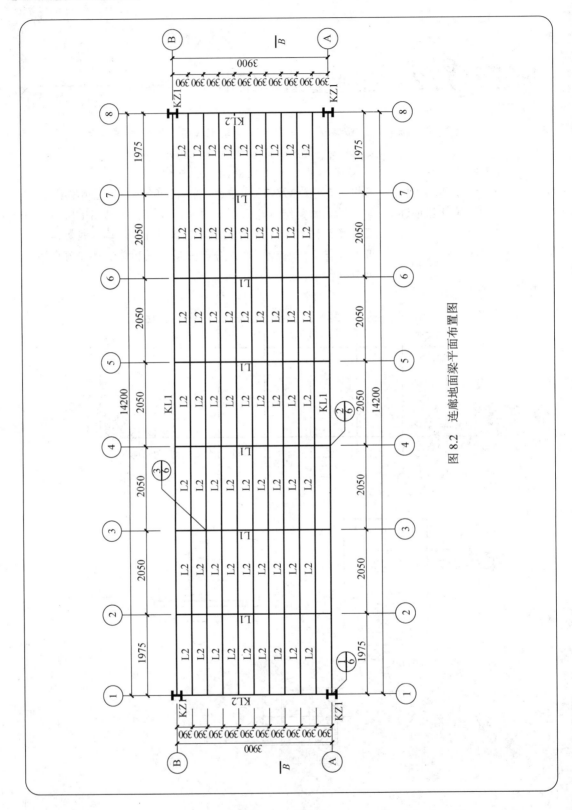

图 8.2　连廊地面梁平面布置图

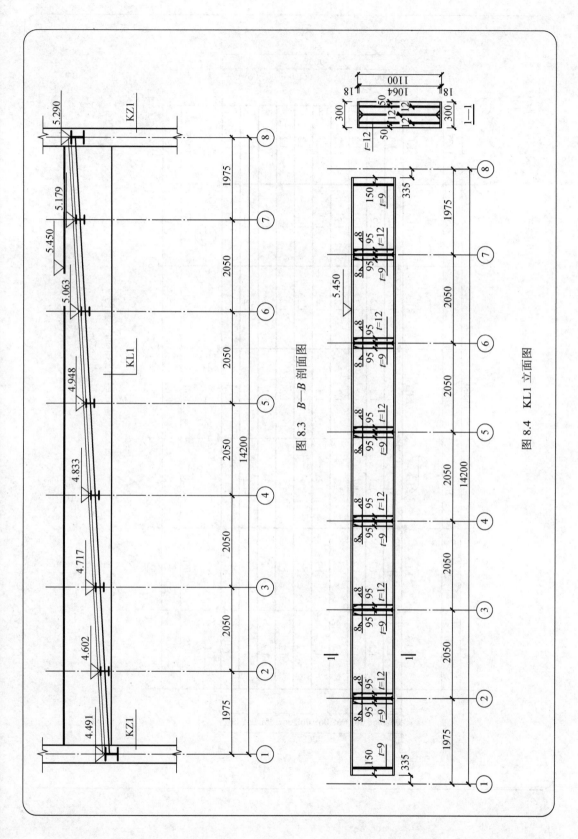

图 8.3　B—B 剖面图

图 8.4　KL1 立面图

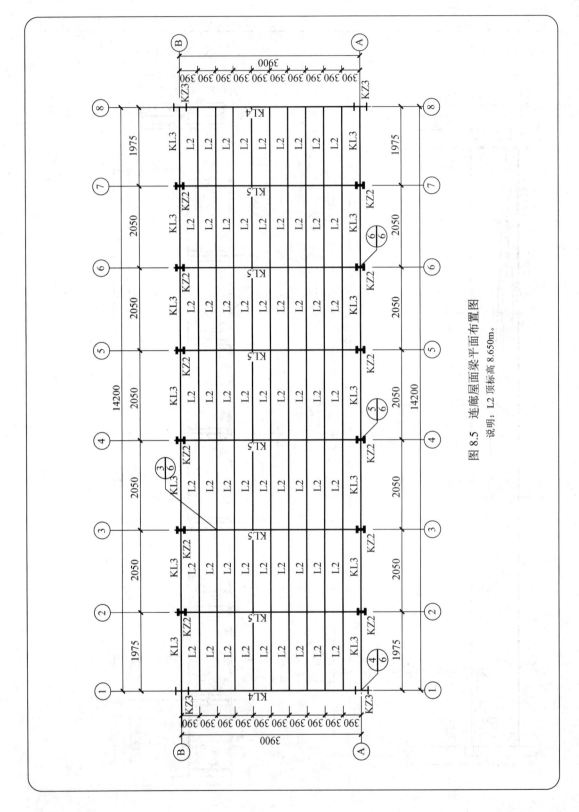

图 8.5 连廊屋面梁平面布置图

说明：L2 顶标高 8.650m。

表8.1 连廊钢构件材料表

构件编号	规格($h \times b \times t_w \times t_f$)	材质	数量
KZ1	H400×400×13×21	Q235B	4
KZ2	H200×200×8×12	Q235B	12
KZ3	H400×200×8×12	Q235B	4
KL1	H1100×300×13×18	Q235B	2
KL2	H300×300×10×15	Q235B	2
KL3	H200×200×8×12	Q235B	14
KL4	H200×200×8×12	Q235B	2
KL5	H200×200×8×12	Q235B	6
L1	H200×200×8×12	Q235B	6
L2	]100×48×5.3×8.5	Q235B	126

8.1.1 相关知识：金属结构工程清单工程量计算

金属结构工程的切边、不规则及多边形钢板发生的损耗需在综合单价中考虑，工作内容中综合了补刷油漆，但不包括刷防火涂料，金属构件刷防火涂料单独列项计算工程量。

1. 一般规则

1）钢网架

（1）钢网架项目适用于一般钢网架和不锈钢网架，不论节点形式（球形节点、板式节点等）和节点连接方式（焊接、丝接）如何均使用该项目。

（2）项目特征描述：钢材品种、规格；网架节点形式、连接方式；网架跨度、安装高度；探伤要求；防火要求等。其中防火要求指耐火极限。

2）钢屋架、钢托架、钢桁架、钢架桥

（1）钢托架是指在工业厂房中，由于工业或者交通需要而在大开间位置设置的承托屋架的钢构件。

（2）项目特征中螺栓的种类指普通螺栓或高强螺栓。

3）钢柱

（1）型钢混凝土柱浇筑钢筋混凝土，其混凝土和钢筋应按"项目7 混凝土及钢筋混凝土工程"中相关项目编码列项。

（2）实腹钢柱类型指十字形、T形、L形、H形等，空腹钢柱类型指箱形、格构式等。

4）钢梁

（1）项目特征中梁类型指H形、L形、T形、箱形、格构式等。

（2）型钢混凝土梁浇筑钢筋混凝土，其混凝土和钢筋应按"项目7 混凝土及钢筋混凝土工程"中相关项目编码列项。

5）钢板楼板、墙板

（1）钢板楼板上浇筑钢筋混凝土，其混凝土和钢筋应按"项目7 混凝土及钢筋混凝土工程"中相关项目编码列项。

（2）压型钢楼板按钢板楼板项目编码列项。

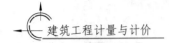

6) 钢构件

（1）钢支撑、钢拉条类型指单式、复式；钢檩条类型指型钢式、格构式；钢漏斗形式指方形、圆形；天沟形式指矩形沟或半回形沟。加工铁件等小型构件，按零星钢构件项目编码列项。

（2）钢墙架项目包括墙架柱、墙架梁和连接杆件。

7) 金属制品

抹灰钢丝网加固按砌块墙钢丝网加固项目编码列项。

2. 清单工程量计算规则

1) 钢网架（编码：010601）

（1）钢网架工程量按设计图示尺寸以质量"t"计算，不扣除孔眼的质量。

（2）注意钢网架焊条、铆钉等不另增加质量，而钢屋架除焊条、铆钉不另增加质量外，螺栓也不另增加质量。

2) 钢屋架、钢托架、钢桁架、钢架桥（编码：010602）

（1）钢屋架，以"榀"计量时，按设计图示以数量计算；以"t"计量时，按设计图示尺寸以质量计算，不扣除孔眼的质量，焊条、铆钉、螺栓等不另增加质量。以"榀"计量，按标准图设计的应注明标准图代号，按非标准图设计的项目特征必须描述单榀屋架的质量。

（2）钢托架、钢桁架、钢架桥，按设计图示尺寸以质量"t"计算。不扣除孔眼的质量，焊条、铆钉、螺栓等不另增加质量。

3) 钢柱（编码：010603）

（1）实腹柱、空腹柱，按设计图示尺寸以质量"t"计算。不扣除孔眼的质量，焊条、铆钉、螺栓等不另增加质量，依附在钢柱上的牛腿及悬臂梁等并入钢柱工程量内。

（2）钢管柱按设计图示尺寸以质量"t"计算。不扣除孔眼的质量，焊条、铆钉、螺栓等不另增加质量，钢管柱上的节点板、加强环、内衬管、牛腿等并入钢管柱工程量内。

4) 钢梁（编码：010604）

钢梁、钢吊车梁按设计图示尺寸以质量"t"计算。不扣除孔眼的质量，焊条、铆钉、螺栓等不另增加质量，制动梁、制动板、制动桁架、车挡并入钢吊车梁工程量内。

5) 钢板楼板、墙板（编码：010605）

（1）压型钢板楼板，按设计图示尺寸以铺设水平投影面积"m^2"计算。不扣除单个面积小于 $0.3m^2$ 柱、垛及孔洞所占面积。

（2）压型钢板墙板，按设计图示尺寸以铺挂面积"m^2"计算，不扣除单个面积小于或等于 $0.3m^2$ 的梁、孔洞所占面积，包角、包边、窗台泛水等不另加面积。

6) 钢构件（编码：010606）

（1）钢支撑、钢拉条、钢檩条、钢天窗架、钢挡风架、钢墙架、钢平台、钢走道、钢梯、钢栏杆、钢支架、零星钢构件，按设计图示尺寸以质量"t"计算。不扣除孔眼的质量，焊条、铆钉、螺栓等不另增加质量。

（2）钢漏斗、钢天沟板，按设计图示尺寸以质量"t"计算。不扣除孔眼的质量，焊条、铆钉、螺栓等不另增加质量，依附漏斗的型钢并入漏斗工程量内。

7）金属制品（编码：010607）

（1）成品空调金属百页护栏、成品栅栏、金属网栏，按设计图示尺寸以面积"m^2"计算。

（2）成品雨篷，以"m"计量时，按设计图示接触边以长度计算。以"m^2"计量时，按设计图示尺寸以展开面积计算。

（3）砌块墙钢丝网加固、后浇带金属网，按设计图示尺寸以面积"m^2"计算。

8.1.2　任务实施：钢结构工程工程量清单的编制

根据任务描述中的内容，参考清单计价规范完成清单工程量的计算，见表 8.2 和表 8.3。

表 8.2　清单工程量计算表

序号	项目编码	项目名称	计量单位	数量	计算式
1	010603001001	实腹钢柱	t	3.598	$(358\times13+400\times21\times2)\times0.00785\times(4.491+5.29+0.45\times2)\times2=3597.66(kg)$
2	010604001001	钢梁	t	5.491	$(1064\times13+300\times18\times2)\times0.00785\times14.2\times2=5491.46(kg)$
3	010606002001	钢檩条	t	1.260	$(83\times5.3+48\times8.5\times2)\times0.00785\times14.2\times9=1259.96(kg)$

表 8.3　分部分项工程和单价措施项目清单与计价表

序号	项目编码	项目名称	项目特征	计量单位	工程数量
1	010603001001	实腹钢柱	1. 柱种类：H 形钢柱 2. 钢材品种、规格：Q235BH 型钢 3. 单根柱质量：0.832～0.967t 4. 螺栓种类：8.8 级摩擦型、抗剪型螺栓 5. 探伤要求：焊缝探伤 6. 防火要求：防火等级二级	t	3.598
2	010604001001	钢梁	1. 梁种类：H 形钢梁 2. 钢材品种、规格：Q235BH 型钢 3. 单根质量：2.746t 4. 螺栓种类：8.8 级摩擦型、抗剪型螺栓 5. 安装高度：5.45m 6. 探伤要求：焊缝探伤 7. 防火要求：防火等级二级	t	5.491
3	010606002001	钢檩条	1. 钢材品种、规格：Q235BC 型钢 2. 构件类型：C 型钢檩条 3. 单根质量：0.14t 4. 安装高度：8.65m 5. 螺栓种类：5.6 级普通螺栓 6. 探伤要求：焊缝探伤 7. 防火要求：防火等级二级	t	1.260

▌知识链接

清单计价规范附录（表 8.4～表 8.10）。

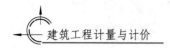

表8.4 钢网架（编码：010601）

项目编码	项目名称	项目特征	计量单位	工程量计算规则	工作内容
010601001	钢网架	1. 钢材品种、规格 2. 网架节点形式、连接方式 3. 网架跨度、安装高度 4. 探伤要求 5. 防火要求	t	按设计图示尺寸以质量计算。不扣除孔眼的质量，焊条、铆钉等不另增加质量	1. 拼装 2. 安装 3. 探伤 4. 补刷油漆

表8.5 钢屋架、钢托架、钢桁架、钢桥架（编码：010602）

项目编码	项目名称	项目特征	计量单位	工程量计算规则	工作内容
010602001	钢屋架	1. 钢材品种、规格 2. 单榀质量 3. 屋架跨度、安装高度 4. 螺栓种类 5. 探伤要求 6. 防火要求	1. 榀 2. t	1. 以榀计量，按设计图示数量计算 2. 以t计量，按设计图示尺寸以质量计算。不扣除孔眼的质量，焊条、铆钉、螺栓等不另增加质量	1. 拼装 2. 安装 3. 探伤 4. 补刷油漆
010602002	钢托架	1. 钢材品种、规格 2. 单榀质量 3. 安装高度 4. 螺栓种类 5. 探伤要求 6. 防火要求	t	按设计图示尺寸以质量计算。不扣除孔眼的质量，焊条、铆钉、螺栓等不另增加质量	
010602003	钢桁架				
010602004	钢架桥	1. 桥类型 2. 钢材品种、规格 3. 单榀质量 4. 安装高度 5. 螺栓种类 6. 探伤要求			

表8.6 钢柱（编码：010603）

项目编码	项目名称	项目特征	计量单位	工程量计算规则	工作内容
010603001	实腹钢柱	1. 柱类型 2. 钢材品种、规格 3. 单根柱质量 4. 螺栓种类 5. 探伤要求 6. 防火要求	t	按设计图示尺寸以质量计算。不扣除孔眼的质量，焊条、铆钉、螺栓等不另增加质量，依附在钢柱上的牛腿及悬臂梁等并入钢柱工程量内	1. 拼装 2. 安装 3. 探伤 4. 补刷油漆
010603002	空腹钢柱				
010603003	钢管柱	1. 钢材品种、规格 2. 单根柱质量 3. 螺栓种类 4. 探伤要求 5. 防火要求		按设计图示尺寸以质量计算。不扣除孔眼的质量，焊条、铆钉、螺栓等不另增加质量，钢管柱上的节点板、加强环、内衬管、牛腿等并入钢管柱工程量内	

表 8.7　钢梁（编码：010604）

项目编码	项目名称	项目特征	计量单位	工程量计算规则	工作内容
010604001	钢梁	1. 梁类型 2. 钢材品种、规格 3. 单根质量 4. 螺栓种类 5. 安装高度 6. 探伤要求 7. 防火要求	t	按设计图示尺寸以质量计算。不扣除孔眼的质量，焊条、铆钉、螺栓等不另增加质量，制动梁、制动板、制动桁架、车挡并入钢吊车梁工程量内	1. 拼装 2. 安装 3. 探伤 4. 补刷油漆
010604002	钢吊车梁	1. 钢材品种、规格 2. 单根质量 3. 螺栓种类 4. 安装高度 5. 探伤要求 6. 防火要求			

表 8.8　钢板楼板、墙板（编码：010605）

项目编码	项目名称	项目特征	计量单位	工程量计算规则	工作内容
010605001	钢板楼板	1. 钢材品种、规格 2. 钢板厚度 3. 螺栓种类 4. 防火要求	m²	按设计图示尺寸以铺设水平投影面积计算。不扣除单个面积小于等于 0.3m² 柱、垛及孔洞所占面积	1. 拼装 2. 安装 3. 探伤 4. 补刷油漆
010605002	钢板墙板	1. 钢材品种、规格 2. 钢板厚度、复合板厚度 3. 螺栓种类 4. 复合板夹芯材料种类、层数、型号、规格 5. 防火要求		按设计图标尺寸以铺挂展开面积计算。不扣除单个面积小于等于 0.3m² 的梁、孔洞所占面积，包角、包边、窗台泛水等不另加面积	

表 8.9　钢构件（编码：010606）

项目编码	项目名称	项目特征	计量单位	工程量计算规则	工作内容
010606001	钢支撑、钢拉条	1. 钢材品种、规格 2. 构件类型 3. 安装高度 4. 螺栓种类 5. 探伤要求 6. 防火要求	t	按设计图示尺寸以质量计算。不扣除孔眼的质量，焊条、铆钉、螺栓等不另增加质量	1. 拼装 2. 安装 3. 探伤 4. 补刷油漆
010606002	钢檩条	1. 钢材品种、规格 2. 构件类型 3. 单根质量 4. 安装高度 5. 螺栓种类 6. 探伤要求 7. 防火要求			
010606003	钢天窗架	1. 钢材品种、规格 2. 单榀质量 3. 安装高度 4. 螺栓种类 5. 探伤要求 6. 防火要求			

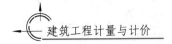

项目编码	项目名称	项目特征	计量单位	工程量计算规则	工作内容
010606004	钢挡风架	1. 钢材品种、规格 2. 单榀质量 3. 螺栓种类 4. 探伤要求 5. 防火要求	t	按设计图示尺寸以质量计算。不扣除孔眼的质量，焊条、铆钉、螺栓等不另增加质量	1. 拼装 2. 安装 3. 探伤 4. 补刷油漆
010606005	钢墙架				
010606006	钢平台	1. 钢材品种、规格 2. 螺栓种类 3. 防火要求			
010606007	钢走道				
010606008	钢梯	1. 钢材品种、规格 2. 钢梯形式 3. 螺栓种类 4. 防火要求			
010606009	钢护栏	1. 钢材品种、规格 2. 防火要求			
010606010	钢漏斗	1. 钢材品种、规格 2. 漏斗、天沟形式 3. 安装高度 4. 探伤要求		按设计图示尺寸以质量计算，不扣除孔眼的质量，焊条、铆钉、螺栓等不另增加质量，依附漏斗或天沟的型钢并入漏斗或天沟工程量内	
010606011	钢板天沟				
010606012	钢支架	1. 钢材品种、规格 2. 安装高度 3. 防火要求		按设计图示尺寸以质量计算，不扣除孔眼的质量，焊条、铆钉、螺栓等不另增加质量	
010606013	零星钢构件	1. 构件名称 2. 钢材品种、规格			

表 8.10　金属制品（编码：010607）

项目编码	项目名称	项目特征	计量单位	工程量计算规则	工作内容
010607001	成品空调金属百页护栏	1. 材料品种、规格 2. 边框材质	m²	按设计图示尺寸以框外围展开面积计算	1. 安装 2. 校正 3. 预埋铁件及安螺栓
010607002	成品栅栏	1. 材料品种、规格 2. 边框及立柱型钢品种、规格			1. 安装 2. 校正 3. 预埋铁件 4. 安螺栓及金属立柱
010607003	成品雨篷	1. 材料品种、规格 2. 雨篷宽度 3. 晾衣竿品种、规格	1. m 2. m²	1. 以 m 计量，按设计图示接触边长度计算 2. 以 m² 计量，按设计图示尺寸以展开面积计算	1. 安装 2. 校正 3. 预埋铁件及安螺栓
010607004	金属网栏	1. 材料品种、规格 2. 边框及立柱型钢品种、规格	m²	按设计图示尺寸以框外围展开面积计算	1. 安装 2. 校正 3. 安螺栓及金属立柱
010607005	砌块墙钢丝网加固	1. 材料品种、规格 2. 加固方式		按设计图示尺寸以面积计算	1. 铺贴 2. 锚固
010607006	后浇带金属网	1. 材料品种、规格 2. 加固方式			

任务 8.2　工程量清单计价

【知识目标】　1. 掌握金属结构工程计价工程量计算的相关规定。
　　　　　　　2. 掌握金属结构工程综合单价的编制过程。
　　　　　　　3. 熟悉金属结构工程计价方法。
【能力目标】　能根据给定图纸及相关要求独立完成金属结构工程综合单价的编制。
【任务描述】　根据施工图 8.1～图 8.5 及表 8.1 的内容：
　　　　　　　（1）试计算钢柱、钢梁、钢檩条的计价工程量，并填入计价工程量计算表中。
　　　　　　　（2）试计算钢柱、钢梁、钢檩条的综合单价，并填入综合单价分析表。

8.2.1　相关知识：计价工程量的计算方法

要进行综合单价的编制，需要先计算计价工程量，根据《湖北省房屋建筑与装饰工程消耗量定额及全费用基价表》（2018）的计算规则。

1. 说明

（1）预制钢网架以外购成品编制，不考虑施工损耗。

（2）预制钢结构构件安装按构件的种类及重量的不同套用定额。

（3）高层商务楼、商住楼等钢结构安装工程，可参照住宅钢结构安装相应定额。

（4）厂（库）房钢结构的柱间支撑、屋面支撑、系杆、撑杆、隅撑、墙梁、檩条、钢天窗架、钢通风气楼、钢风机架等安装套用钢支撑（钢檩条）安装定额，钢走道安装套用钢平台安装定额。

（5）厂（库）房钢结构安装的垂直运输已包括在相应定额内，不另行计算。住宅钢结构安装定额内的汽车式起重机台班用量为钢构件现场转运消耗量，垂直运输按定额相应项目另行计算。

（6）厂（库）房钢结构制动梁、制动板、制动桁架、车挡套用钢吊车梁相应定额子目。

（7）装配式钢结构是指采用钢框架或钢框架支撑结构为主体承重结构，集成装配式楼板、屋面板和集成装配式墙板为围护结构的建筑。定额中设有集成装配式内墙板和外墙板子目，其主体钢结构承重结构、楼板、屋面板可套用其他章节相应定额子目。

（8）围护体系安装时，钢楼层板混凝土浇捣所需收边板的用量，均已包括在相应定额的消耗量中，不另单独计算。

2. 计价工程量

（1）预制钢构件安装工程量按成品构件的设计图示尺寸以质量计算，不扣除单个面积

$0.3m^2$ 以内孔洞质量，焊缝、铆钉、螺栓等不另增加质量。

（2）钢网架计算工程量时，不扣除孔眼的质量，焊缝、铆钉等不另增加质量。焊接空心球网架质量包括连接钢管杆件、连接球、支托和网架支座等零件的质量，螺栓球节点网架质量包括连接钢管杆件（含高强螺栓、销子、套筒、锥头或封板）、螺栓球、支托和网架支座等零件的质量。

（3）依附在钢柱上的牛腿及悬臂梁的质量等并入钢柱的质量内，钢柱上的柱脚板、加劲板、柱顶板、隔板和肋板并入钢柱工程量内。

（4）钢管柱上的节点板、加强环、内衬板（管）、牛腿等并入钢管柱的质量内。

（5）钢平台的工程量包括钢平台的柱、梁、板、斜撑等的质量，依附于钢平台上的钢扶梯及平台栏杆，并入钢平台的工程量内。

（6）钢楼梯的工程量包括楼梯平台、楼梯梁、楼梯踏步等的质量，钢楼梯上的扶手、栏杆并入钢楼梯的工程量内。

（7）围护体系安装时，钢楼层板、屋面板按设计图示尺寸的铺设面积以"m^2"计算，不扣除单个面积 $0.3m^2$ 以内柱、垛及孔洞所占面积；硅酸钙板墙面板按设计图示尺寸的铺设面积以"m^2"计算，不扣除单个面积 $0.3m^2$ 以内孔洞所占面积。

8.2.2 任务实施：钢结构工程计价工程量与综合单价的编制

步骤一：编制计价工程量。

根据图8.1～图8.5及表8.1的内容，在掌握计价工程量计算方法和设计图纸要求的基础上，计算清单项目的计价工程量（表8.11）。

表8.11 计价工程量计算表

序号	项目编码	项目名称	计量单位	数量	计算式
1	010603001001	实腹钢柱	t	3.598	
	A3-24	钢柱	t	3.598	同清单工程量
2	010604001001	钢梁	t	5.491	
	A3-29	钢梁	t	5.491	同清单工程量
3	010606002001	钢檩条	t	1.26	
	A3-40	钢檩条	t	1.26	同清单工程量

步骤二：编制综合单价（一般计税法）。

根据图8.1～图8.5及表8.1的内容，查《湖北省房屋建筑与装饰工程消耗量定额及全费用基价表》（2018）（结构·屋面），得出以下内容，如表8.12所示，综合单价分析表如表8.13所示（综合单价的计算方法见任务1.4的综合单价编制）。

表8.12 《湖北省房屋建筑与装饰工程消耗量定额及全费用基价表》（2018）摘录 单位：元

序号	定额编号	项目名称	计量单位	人工费	材料费	机械费
1	A3-24	钢柱	t	394.45	4920.76	173.29
2	A3-29	钢梁	t	239.89	4930.63	207.62
3	A3-40	钢檩条	t	323.33	4131.24	244.50

表 8.13　综合单价分析表

项目编码	项目名称	计量单位	清单综合单价组成明细											综合单价（元）
			定额编号	定额名称	定额单位	数量	单价（元）				合价（元）				
							人工费	材料费	机械费	管理费和利润	人工费	材料费	机械费	管理费和利润	
010603001001	实腹钢柱	t	A3-24	钢柱安装	t	1	394.45	4920.76	173.29	272.52	394.45	4920.76	173.29	272.52	5761.02
010604001001	钢梁	t	A3-29	钢梁安装	t	1	239.89	4930.63	207.62	214.80	239.89	4930.63	207.62	214.80	5592.94
010606002001	钢檩条	t	A3-40	钢檩条	t	1	323.33	4131.24	244.5	272.56	323.33	4131.24	244.50	272.56	4971.63

项目 9

木结构工程

▌**学习提示** 木结构是指单纯由木材或主要由木材承受荷载的结构,通过各种金属连接件或榫卯手段进行连接和固定。这种结构建造简单,材料容易准备,费用较低。建筑工程中常见的木结构构件有木屋架、木柱、木梁、木檩、木楼梯等。

▌**能力目标** 1．能计算木结构工程清单工程量。
　　　　　 2．能计算木结构工程计价工程量。
　　　　　 3．能编制木结构工程综合单价。

▌**知识目标** 1．掌握木结构工程量清单的编制。
　　　　　 2．掌握湖北省定额中木结构工程计价工程量计算规则。
　　　　　 3．掌握清单工程量与计价工程量的区别。
　　　　　 4．熟悉综合单价的编制方法。

▌**规范标准** 1．《建设工程工程量清单计价规范》(GB 50500—2013)。
　　　　　 2．《房屋建筑与装饰工程工程量计算规范》(GB 50854—2013)。
　　　　　 3．《湖北省房屋建筑与装饰工程消耗量定额及全费用基价表》(2018)。
　　　　　 4．《湖北省建筑安装工程费用定额》(2018)。

任务 **9.1** 工程量清单编制

【知识目标】 1. 掌握木结构工程清单工程量计算的相关规定。
2. 掌握木结构工程量清单的编制过程。
3. 熟悉木结构工程量计算方法。

【能力目标】 能根据给定图纸及相关要求独立完成木结构工程量清单编制。

【任务描述】 某建筑物采用四榀木屋架，施工图如图9.1和图9.2所示，试计算木屋架（WJ）、木檩（LT）清单工程量，并填入清单工程量计算表、分部分项工程和单价措施项目清单与计价表。

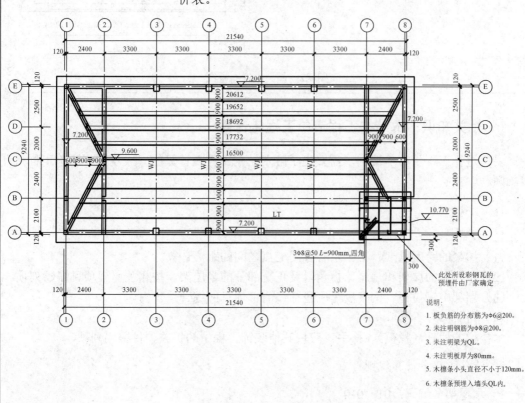

图 9.1 屋架和墙头上木檩条布置图

说明：
1. 板负筋的分布筋为Φ6@200。
2. 未注明钢筋为Φ8@200。
3. 未注明梁为QL。
4. 未注明板厚为80mm。
5. 木檩条小头直径不小于120mm。
6. 木檩条预埋入墙头QL内。

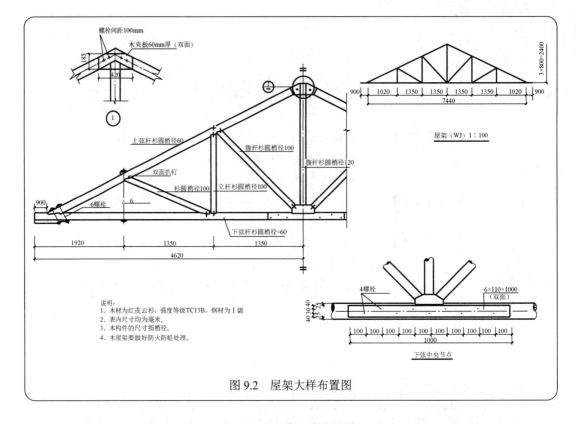

图 9.2　屋架大样布置图

9.1.1　相关知识：木结构工程清单工程量计算

要想进行工程量清单编制，需要先了解木结构工程量计算的一般规则和清单工程量计算规则。

1．一般规则

1）木屋架

（1）屋架的跨度以上、下弦中心线两交点之间的距离计算。

（2）带气楼的屋架和马尾、折角以及正交部分的半屋架，按相关屋架项目编码列项。

（3）屋架中钢拉杆、钢夹板等应包括在清单项目的综合单价内。

2）木构件

木楼梯的栏杆（栏板）、扶手，应按其他装饰工程中的相关项目编码列项。

2．清单工程量计算规则

1）木屋架（编码：010701）

（1）木屋架以"榀"计量时，按设计图示数量计算；以"m^3"计量时，按设计图示尺寸以体积计算。

（2）钢木屋架以"榀"计量，按设计图示数量计算。

（3）以"榀"计量，按标准图设计的应注明标准图代号，按非标准图设计的项目特征需要描述木屋架的跨度、材料品种及规格、刨光要求、拉杆及夹板种类、防护材料种类。

2）木构件（编码：010702）

（1）木柱、木梁，按设计图示尺寸以体积 "m^3" 计算。

（2）木檩条以 "m^3" 计量时，按设计图示尺寸以体积计算；以 "m" 计量时，按设计图示尺寸以长度计算。若按图示尺寸以 "m" 计量，项目特征必须描述构件规格尺寸。

（3）木楼梯，按设计图示尺寸以水平投影面积 "m^2" 计算，不扣除宽度小于 300mm 的楼梯井，伸入墙内部分不计算。

9.1.2　任务实施：木结构工程工程量清单的编制

根据任务描述中的内容，参考清单计价规范完成清单工程量的计算，如表 9.1 和表 9.2 所示。

表 9.1　清单工程量计算表

序号	项目编码	项目名称	计量单位	数量	计算式
1	010701001001	木屋架	榀	4	
2	010702003001	木檩	m	169.88	$(20.612＋19.652＋18.692＋17.732)×2＋16.5＝169.88$

表 9.2　分部分项工程和单价措施项目清单与计价表

序号	项目编码	项目名称	项目特征	计量单位	工程数量
1	010701001001	木屋架	1. 跨度：9m 2. 材料品种、规格：红皮云杉 3. 刨光要求：刨光 4. 拉杆及夹板种类：60mm 木夹板 5. 防护材料种类：刷防腐油	榀	4
2	010702003001	木檩	1. 构件规格尺寸 2. 木材种类：红皮云杉，木檩条小头直径不小于 120mm 3. 刨光要求：刨光 4. 防护材料种类：刷防腐油	m	169.88

知识链接

清单计价规范附录（表 9.3～表 9.5）。

表 9.3　木屋架（编码：010701）

项目编码	项目名称	项目特征	计量单位	工程量计算规则	工作内容
010701001	木屋架	1. 跨度 2. 材料品种、规格 3. 刨光要求 4. 拉杆及夹板种类 5. 防护材料种类	1. 榀 2. m^3	1. 以榀计量，按设计图示数量计算 2. 以 m^3 计量，按设计图示尺寸以体积计算	1. 制作 2. 运输 3. 安装 4. 刷防护材料
010701002	钢木屋架	1. 跨度 2. 木材品种、规格 3. 刨光要求 4. 材料品种、规格 5. 防护材料种类	榀	以榀计量，按设计图示数量计算	

表 9.4 木构件（编码：010702）

项目编码	项目名称	项目特征	计量单位	工程量计算规则	工作内容
010702001	木柱	1. 构件规格尺寸 2. 木材种类 3. 刨光要求 4. 防护材料种类	m³	按设计图示尺寸以体积计算	1. 制作 2. 运输 3. 安装 4. 刷防护材料
010702002	木梁				
010702003	木檩		1. m³ 2. m	1. 以 m³ 计量，按设计图示尺寸以体积计算 2. 以 m 计量，按设计图示尺寸以长度计算	
010702004	木楼梯	1. 楼梯形式 2. 木材种类 3. 刨光要求 4. 防护材料种类	m²	按设计图示尺寸以水平投影面积计算。不扣除宽度≤300mm 的楼梯井，伸入墙内部分不计算	1. 制作 2. 运输 3. 安装 4. 刷防护材料
010702005	其他木构件	1. 构件名称 2. 构件规格尺寸 3. 木材种类 4. 刨光要求 5. 防护材料种类	1. m³ 2. m	1. 以 m³ 计量，按设计图示尺寸以体积计算 2. 以 m 计量，按设计图示尺寸以长度计算	

表 9.5 屋面木基层（编码：010703）

项目编码	项目名称	项目特征	计量单位	工程量计算规则	工作内容
010703001	屋面木基层	1. 椽子断面尺寸及椽距 2. 望板材料种类、厚度 3. 防护材料种类	m²	按设计图示尺寸以斜面积计算。不扣除房上烟囱、风帽底座、风道、小气窗、斜沟等所占面积。小气窗的出檐部分不增加面积	1. 椽子制作、安装 2. 望板制作、安装 3. 顺水条和挂瓦条制作、安装 4. 刷防护材料

任务 *9.2* 工程量清单计价

【知识目标】 1. 掌握木结构工程计价工程量计算的相关规定。
2. 掌握木结构工程综合单价的编制过程。
3. 熟悉木结构工程计价方法。

【能力目标】 能根据给定图纸及相关要求独立完成木结构工程综合单价的编制。

【任务描述】 根据施工图纸图 9.1 和图 9.2 的内容：

（1）试计算木屋架、木檩的计价工程量，并填入计价工程量计算表中。

（2）试计算木屋架、木檩的综合单价，并填入综合单价分析表。

9.2.1 相关知识：计价工程量的计算方法

要进行综合单价的编制，需要先计算计价工程量，根据《湖北省房屋建筑与装饰工程消耗量定额及全费用基价表》（2018）的计算规则。

1．说明

（1）木材木种均以一、二类木种取定。当采用三、四类木种时，相应定额制作人工、机械分别乘以系数 1.35。

（2）设计刨光的屋架、檩条屋面板在计算木料体积时，应加刨光损耗，方木一面刨光加 3mm，两面刨光加 5mm；圆木直径加 5mm；板一面刨光加 2mm，两面刨光加 3.5mm。

（3）木屋面板制作厚度与定额项目中不同可以进行调整。

（4）木屋架、钢木屋架定额项目中的钢板、型钢、圆钢用量与设计不同时，可按设计数量另加 8%损耗进行换算，其余不再进行调整。

2．计价工程量

1）木屋架

（1）木屋架按设计图示的规格尺寸以体积计算。附属于其上的木夹板、垫木、风撑、挑檐木均按木料体积并入屋架工程量内。

（2）圆木屋架上的挑檐木、风撑等设计规定为方木时，应将方木木料体积乘以系数 1.7 折合成圆木并入圆木屋架工程量内。

（3）钢木屋架工程量按设计图示的规格尺寸以体积计算。定额内已包括钢构件的用量，不再另外计算。

（4）带气楼的屋架，其气楼屋架并入所依附屋架工程量内计算。

（5）屋架的马尾、折角和正交部分半屋架，并入相连屋架工程量内计算。

2）木构件

（1）木柱、木梁按设计图示尺寸以体积计算。

（2）木楼梯按设计图示尺寸以水平投影面积计算。不扣除宽度≤300mm 的楼梯井，伸入墙内部分不计算。

3）屋面木基层

（1）檩条工程量按设计图示的规格尺寸以体积计算。附属于其上的檩条三角条按木料体积并入檩条工程量内。单独挑檐木并入檩条工程量内。檩托木、檩垫木已包括在定额项目内，不另计算。

（2）简支檩木长度按设计计算，设计无规定时，按相邻屋架或山墙中距增加 0.20m 接头计算，两端出山檩条算至博风板；连续檩的长度按设计长度增加 5%的接头长度计算。

（3）屋面椽子、屋面板、挂瓦条、竹帘子工程量按设计图示尺寸以屋面斜面积计算，不扣除屋面烟囱、风帽底座、风道、小气窗及斜沟等所占面积。小气窗的出檐部分亦不增加面积。

（4）封檐板工程量按设计图示檐口外围长度计算。博风板按斜长度计算，每个大刀头增加长度 0.50m。

9.2.2　任务实施：木结构工程计价工程量与综合单价的编制

步骤一：编制计价工程量。

根据图 9.1 和图 9.2 的内容，在掌握计价工程量计算方法和设计图纸要求的基础上，计算下列清单项目的计价工程量（表 9.6）。

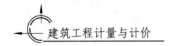

表9.6　计价工程量计算表

序号	项目编码	项目名称	计量单位	数量	计算式
1	010701001001	木屋架	榀	4	
	A4-1	圆木屋架	m³	0.672	上弦：3.14×0.03×0.03×SQRT(2.4×2.4+3.72×3.72)×2=0.025 下弦：3.14×0.03×0.03×9.24=0.026 腹杆：3.14×0.06×0.06×2.4=0.027 3.14×0.05×0.05×SQRT(0.658×0.658+1.35×1.35)×2=0.024 3.14×0.05×0.05×SQRT(1.529×1.529+1.35×1.35)×2=0.032 小计：0.027+0.024+0.032=0.083 立杆：3.14×0.05×0.05×[tan(32.829)×1.02+tan(32.829)×(1.02+1.35)]×2=0.034 合计：(0.025+0.026+0.083+0.034)×4=0.672
2	010702003001	木檩	m	169.88	
	A4-22	圆檩木	m³	1.92	169.88×3.14×0.06×0.06=1.92

步骤二：编制综合单价（一般计税法）。

根据图9.1和图9.2的内容，查《湖北省房屋建筑与装饰工程消耗量定额及全费用基价表》（2018）（结构·屋面），得出本任务清单工程定额及全费用基价表，如表9.7所示，综合单价分析表如表9.8所示（综合单价的计算方法见任务1.4的综合单价编制）。

表9.7　《湖北省房屋建筑与装饰工程消耗量定额及全费用基价表》（2018）摘录　单位：元

序号	定额编号	项目名称	计量单位	人工费	材料费	机械费
1	A4-1	圆木屋架	10m³	6700.33	28834.64	—
2	A4-22	圆檩木	10m³	2452.43	18890.66	—

表9.8　综合单价分析表

项目编码	项目名称	计量单位	定额编号	定额名称	定额单位	数量	单价（元）				合价（元）				综合单价（元）
							人工费	材料费	机械费	管理费和利润	人工费	材料费	机械费	管理费和利润	
010701001001	木屋架	榀	A4-1	圆木屋架跨度≤10m	10m³	0.0168	6700.33	28834.64	0	3216.16	112.57	484.42	0	54.03	651.02
010702003001	木檩	m	A4-22	圆檩木	10m³	0.0011	2452.43	18890.66	0	1177.16	2.77	21.35	0	1.33	25.45

项 目

门 窗 工 程

▎**学习提示** 门窗按其所处的位置不同分为围护构件或分隔构件,根据不同的设计要求要分别具有保温、隔热、隔声、防水、防火等功能。门窗密闭性的要求,是节能设计中的重要内容。门窗是建筑物围护结构系统中重要的组成部分,又是建筑造型的重要组成部分。门窗工程包括木门、金属门、金属卷帘(闸)门、厂库房大门及特种门、其他门、木窗、金属窗、门窗套、窗台板、窗帘、窗帘盒(轨)等。

▎**能力目标** 1.能计算门窗工程清单工程量。
2.能计算门窗工程计价工程量。
3.能编制门窗工程综合单价。

▎**知识目标** 1.掌握门窗工程量清单的编制。
2.掌握湖北省定额中门窗工程计价工程量计算规则。
3.掌握清单工程量与计价工程量的区别。
4.熟悉综合单价的编制方法。

▎**规范标准** 1.《建设工程工程量清单计价规范》(GB 50500—2013)。
2.《房屋建筑与装饰工程工程量计算规范》(GB 50854—2013)。
3.《湖北省房屋建筑与装饰工程消耗量定额及全费用基价表》(2018)。
4.《湖北省建筑安装工程费用定额》(2018)。

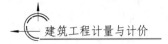

任务 *10.1* 工程量清单编制

【知识目标】 1. 掌握门窗工程清单工程量计算的相关规定。
2. 掌握门窗工程量清单的编制过程。
3. 熟悉门窗工程量计算方法。

【能力目标】 能根据给定图纸及相关要求独立完成门窗工程量清单编制。

【任务描述】 某工程某户居室门窗布置如图 10.1 所示，分户门为成品钢质防盗门，室内门为成品实木门带套，⑥轴上Ⓑ～Ⓒ轴间为成品塑钢门带窗（无门套）；①轴上Ⓒ～Ⓔ轴间为塑钢门，框边安装成品门套，展开宽度为 350mm；所有窗为成品塑钢窗，具体尺寸详见表 10.1。

试计算门窗、门窗套清单工程量，并填入清单工程量计算表、分部分项工程和单价措施项目清单与计价表。

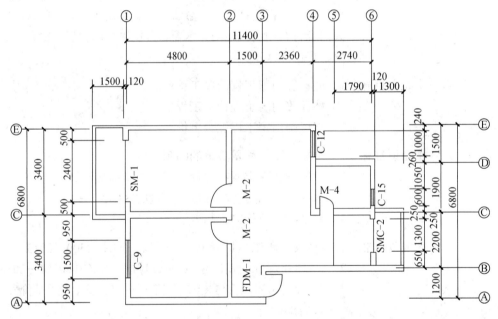

图 10.1 某户居室门窗平面布置图

表 10.1　某户居室门窗表

名称	代号	洞口尺寸（mm×mm）	备注
成品钢质防盗门	FDM-1	800×2100	含锁、五金
成品实木门带套	M-2	800×2100	含锁、普通五金
	M-4	700×2100	
成品平开塑钢窗	C-9	1500×1500	夹胶玻璃（6+2.5+6），型钢为钢塑 90 系列，普通五金
	C-12	1000×1500	
	C-15	600×1500	
成品塑钢门带窗	SMC-2	门（700×2100） 窗（600×1500）	
成品塑钢门	SM-1	2400×2100	

10.1.1　相关知识：门窗工程清单工程量计算

要想进行工程量清单编制，需要先了解门窗工程量计算的一般规则和清单工程量计算规则。

1．一般规则

1）木门

（1）木质门应区分镶板木门、企口木板门、实木装饰门、胶合板门、夹板装饰门、木纱门、全玻门（带木质扇框）、木质半玻门（带木质扇框）等项目，分别编码列项。

（2）木门五金应包括折页、插销、门碰珠、弓背拉手、搭机、木螺丝、弹簧折页（自动门）、管子拉手（自由门、地弹门）、地弹簧（地弹门）、角铁、门轧头（地弹门、自由门）等，五金安装应计算在综合单价中。需要注意的是，木门五金不含门锁，门锁安装单独列项计算。

（3）木质门带套计量按洞口尺寸以面积计算，不包括门套的面积，但门套应计算在综合单价中。单独门套的制作、安装，按木门窗项目编码列项计算工程量。

（4）工程量以"樘"计量，项目特征必须描述洞口尺寸；以"m²"计量，项目特征可不描述洞口尺寸。

2）金属门

（1）金属门应区分金属平开门、金属推拉门、金属地弹门、全玻门（带金属扇框）、金属半玻门（带扇框）等项目，分别编码列项。

（2）金属门五金包括 L 形执手插锁（双舌）、执手锁(单舌)、门轧头、地锁、防盗门机、门眼（猫眼）、门碰珠、电子锁（磁卡锁）、闭门器、装饰拉手等；铝合金门五金包括地弹簧、门锁、拉手、门插、门铰、螺丝等。五金安装应计算在综合单价中。但应注意，金属门门锁已包含在门五金中，不需要另行计算。

（3）工程量以"樘"计量，项目特征必须描述洞口尺寸，没有洞口尺寸必须描述门框或扇外围尺寸；以"m²"计量，项目特征可不描述洞口尺寸及框、扇的外围尺寸。

3）金属卷帘（闸）门

工程量以"樘"计量，项目特征必须描述洞口尺寸；以"m²"计量，项目特征可不描述洞口尺寸。

4）厂库房大门、特种门

（1）特种门应区分冷藏门、冷冻间门、保温门、变电室门、隔音门、防射线门、人防门、金库门等项目，分别编码列项。

（2）工程量以"樘"计量，项目特征必须描述洞口尺寸，没有洞口尺寸，必须描述门框或扇外围尺寸；以"m²"计量，项目特征可不描述洞口尺寸及框、扇的外围尺寸。

（3）木板大门、钢木大门、全钢板大门、金属格栅门、特种门，刷防护涂料应包括在综合单价中。

5）其他门

工程量以"樘"计量，项目特征必须描述洞口尺寸，没有洞口尺寸，必须描述门框或扇外围尺寸；以"m²"计量，项目特征可不描述洞口尺寸及框、扇的外围尺寸。

6）木窗

（1）木质窗应区分木百叶窗、木组合窗、木固定窗、木装饰空花窗等项目，分别编码列项。

（2）工程量以"樘"计量，项目特征必须描述洞口尺寸，没有洞口尺寸，必须描述窗框外围尺寸；以"m²"计量，项目特征可不描述洞口尺寸及框的外围尺寸。

（3）木橱窗、木飘（凸）窗以"樘"计量，项目特征必须描述框截面及外围展开面积。

（4）木窗五金包括折页、插销、风钩、木螺丝、滑轮滑轨（推拉窗）等。

7）金属窗

（1）金属窗应区分金属组合窗、防盗窗等项目，分别编码列项。

（2）工程量以"樘"计量，项目特征必须描述洞口尺寸，没有洞口尺寸，必须描述窗框外围尺寸；以"m²"计量，项目特征可不描述洞口尺寸及框的外围尺寸。

（3）金属橱窗、飘（凸）窗工程量以"樘"计量，项目特征必须描述框外围展开面积。

（4）金属窗五金包括折页、螺丝、执手、卡锁、铰拉、风撑、滑轨、拉把、拉手、角码、牛角制等。

8）门窗套

（1）木门窗套适用于单独门窗套的制作、安装。

（2）工程量以"樘"计量，项目特征必须描述洞口尺寸、门窗套展开宽度；以"m²"计量，项目特征可不描述洞口尺寸、门窗套展开宽度；当以"m"计量时，项目特征必须描述门窗套展开宽度、筒子板及贴脸宽度。

9）窗帘、窗帘盒、窗帘轨

（1）窗帘若是双层，项目特征必须描述每层材质。

（2）工程量窗帘以"m"计量，项目特征必须描述窗帘高度和宽度。

2.清单工程量计算规则

1）木门（编码：010801）

（1）木质门、木质门带套、木质连窗门、木质防火门工程量，以"樘"计量，按设计图示数量计算；以"m²"计量，按设计图示洞口尺寸以面积计算。

（2）木门框工程量以"樘"计量，按设计图示数量计算；以"m"计量，按设计图示框的中心线以延长米计算。单独制作安装木门框按木门框项目编码列项。

（3）门锁安装工程量，按设计图示数量以"个（套）"计算。

2）金属门（编码：010802）

金属（塑钢）门、彩板门、钢质防火门、防盗门工程量，以"樘"计量，按设计图示数量计算；以"m²"计量，按设计图示洞口尺寸以面积计算，若无设计图示洞口尺寸，按门框、扇外围以面积计算。

3）金属卷帘（闸）门（编码：010803）

金属卷帘（闸）门、防火卷帘（闸）门工程量，以"樘"计量，按设计图示数量计算；以"m²"计量，按设计图示洞口尺寸以面积计算。

金属卷帘（闸）门

4）厂库房大门、特种门（编码：010804）

（1）木板大门、钢木大门、全钢板大门、金属格栅门、特种门工程量，以"樘"计量，按设计图示数量计算；以"m²"计量，按设计图示洞口尺寸以面积计算，若无设计图示洞口尺寸，按门框、扇外围以面积计算。

（2）防护铁丝门、钢质花饰大门工程量，以"樘"计量，按设计图示数量计算；以"m²"计量，按设计图示门框或扇以面积计算。

5）其他门（编码：010805）

其他门工程量，以"樘"计量，按设计图示数量计算；以"m²"计量，按设计图示洞口尺寸以面积计算，若无设计图示洞口尺寸，按门框、扇外围以面积计算。

6）木窗（编码：010806）

（1）木质窗工程量，以"樘"计量，按设计图示数量计算；以"m²"计量，按设计图示洞口尺寸以面积计算。

（2）木飘（凸）窗、木橱窗工程量，以"樘"计量，按设计图示数量计算；以"m²"计量，按设计图示尺寸以框外围展开面积计算。

（3）木纱窗工程量，以"樘"计量，按设计图示数量计算；以"m²"计量，按框的外围尺寸以面积计算。

（4）木窗工程量以"m²"计量，无设计图示洞口尺寸，按窗框、扇外围以面积计算。

7）金属窗（编码：010807）

（1）金属（塑钢、断桥）窗、金属防火窗、金属百叶窗、金属格栅窗的工程量，以"樘"计量，按设计图示数量计算；以"m²"计量，按设计图示洞口尺寸以面积计算。

（2）金属纱窗的工程量，以"樘"计量，按设计图示数量计算；以"m²"计量，按框的外围尺寸以面积计算。

（3）金属（塑钢、断桥）橱窗、金属（塑钢、断桥）飘（凸）窗的工程量，以"樘"计量，按设计图示数量计算；以"m²"计量，按设计图示尺寸以框外围展开面积计算。

（4）彩板窗、复合材料窗工程量，以"樘"计量，按设计图示数量计算；以"m²"计量，按设计图示尺寸或框外围以面积计算。

（5）金属窗工程量以"m²"计量，无设计图示洞口尺寸，按门框、扇外围以面积计算。

8）门窗套（编码：010808）

（1）木门窗套、木筒子板、饰面夹板筒子板、金属门窗套、石材门窗套、成品木门窗套工程量，以"樘"计量，按设计图示数量计算；以"m²"计量，按设计图示尺寸以展开面积计算；以"m"计量，按设计图示中心线以延长米计算。

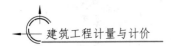

（2）门窗贴脸工程量，以"樘"计量，按设计图示数量计算；以"m"计量，按设计图示尺寸以延长米计算。

9）窗台板（编码：010809）

窗台板包括木窗台板、铝塑窗台板、金属窗台板、石材窗台板，工程量按设计图示尺寸以展开面积计算。

10）窗帘、窗帘盒、窗帘轨（编码：010810）

（1）窗帘工程量，以"m"计量，按设计图示尺寸以成活后长度计算；以"m²"计量，按图示尺寸以成活后展开面积计算。

（2）木窗帘盒、饰面夹板、塑料窗帘盒、铝合金属窗帘盒、窗帘轨工程量，按设计图示尺寸以长度"m"计算。当窗帘盒为弧形时，其长度应按中心线计算。

10.1.2 任务实施：门窗工程工程量清单的编制

根据任务描述中的内容，参考清单计价规范完成清单工程量的计算，如表10.2和表10.3所示。

表10.2 清单工程量计算表

序号	项目编码	项目名称	计量单位	数量	计算式
1	010802004001	成品钢质防盗门	m²	1.68	$S=0.8\times2.1=1.68$
2	010801002001	成品实木门带套	m²	4.83	$S=0.8\times2.1\times2+0.7\times2.1\times1=4.83$
3	010807001001	成品平开塑钢窗	m²	5.55	$S=1.5\times1.5+1\times1.5+0.6\times1.5\times2=5.55$
4	010802001001	成品塑钢门	m²	6.51	$S=0.7\times2.1+2.4\times2.1=6.51$
5	010808007001	成品门套	樘	1	$n=1$

表10.3 分部分项工程和单价措施项目清单与计价表

序号	项目编码	项目名称	项目特征	计量单位	工程数量
1	010802004001	成品钢质防盗门	1. 门代号及洞口尺寸：FDM-1（800mm×2100mm） 2. 门框、扇材质：钢质	m²	1.68
2	010801002001	成品实木门带套	门代号及洞口尺寸：M-2（800mm×2100mm）、M-4（700mm×2100mm）	m²	4.83
3	010807001001	成品平开塑钢窗	1. 窗代号及洞口尺寸： C-9（1500mm×1500mm） C-12（1000mm×1500mm） C-15（600mm×1500mm） 2. 框扇材质：塑钢90系列 3. 玻璃品种、厚度：夹胶玻璃（6+2.5+6）	m²	5.55
4	010802001001	成品塑钢门	1. 门代号及洞口尺寸：SM-1、SMC-2；洞口尺寸详见门窗表 2. 门框、扇材质：塑钢90系列 3. 玻璃品种、厚度：夹胶玻璃（6+2.5+6）	m²	6.51
5	010808007001	成品门套	1. 门代号及洞口尺寸：SM-1（2400mm×2100mm） 2. 门框、扇材质：塑钢90系列 3. 玻璃品种、厚度：夹胶玻璃（6+2.5+6）	樘	1

■知识链接■

清单计价规范附录（表10.4～表10.13）。

表10.4 木门（编码：010801）

项目编码	项目名称	项目特征	计量单位	工程量计算规则	工作内容
010801001	木质门	1. 门代号及洞口尺寸 2. 镶嵌玻璃品种、厚度	1. 樘 2. m²	1. 以樘计量，按设计图示数量计算 2. 以 m² 计量，按设计图示洞口尺寸以面积计算	1. 门安装 2. 玻璃安装 3. 五金安装
010801002	木质门带套				
010801003	木质连窗门				
010801004	木质防火门				
010801005	木门框	1. 门代号及洞口尺寸 2. 框截面尺寸 3. 防护材料种类	1. 樘 2. m	1. 以樘计量，按设计图示数量计算 2. 以 m 计量，按设计图示框的中心线以延长米计算	1. 木门框制作、安装 2. 运输 3. 刷防护材料
010801006	门锁安装	1. 锁品种 2. 锁规格	个（套）	按设计图示数量计算	安装

表10.5 金属门 （编码：010802）

项目编码	项目名称	项目特征	计量单位	工程量计算规则	工作内容
010802001	金属（塑钢）门	1. 门代号及洞口尺寸 2. 门框或扇外围尺寸 3. 门框、扇材质 4. 玻璃品种、厚度	1. 樘 2. m²	1. 以樘计量，按设计图示数量计算 2. 以 m² 计量，按设计图示洞口尺寸以面积计算	1. 门安装 2. 五金安装 3. 玻璃安装
010802002	彩板门	1. 门代号及洞口尺寸 2. 门框或扇外围尺寸			
010802003	钢质防火门	1. 门代号及洞口尺寸 2. 门框或扇外围尺寸 3. 门框、扇材质			1. 门安装 2. 五金安装
010802004	防盗门				

表10.6 金属卷帘（闸）门（编码：010803）

项目编码	项目名称	项目特征	计量单位	工程量计算规则	工作内容
010803001	金属卷帘（闸）门	1. 门代号及洞口尺寸 2. 门材质 3. 启动装置品种、规格	1. 樘 2. m²	1. 以樘计量，按设计图示数量计算 2. 以 m² 计量，按设计图示洞口尺寸以面积计算	1. 门运输、安装 2. 启动装置、活动小门、五金安装
010803002	防火卷帘（闸）门				

表10.7 厂库房大门、特种门（编码：010804）

项目编码	项目名称	项目特征	计量单位	工程量计算规则	工作内容
010804001	木板大门	1. 门代号及洞口尺寸 2. 门框或扇外围尺寸 3. 门框、扇材质 4. 五金种类、规格 5. 防护材料种类	1. 樘 2. m²	1. 以樘计量，按设计图示数量计算 2. 以 m² 计量，按设计图示洞口尺寸以面积计算	1. 门（骨架）制作、运输 2. 门、五金配件安装 3. 刷防护材料
010804002	钢木大门				
010804003	全钢板大门				
010804004	防护铁丝门			1. 以樘计量，按设计图示数量计算 2. 以 m² 计量，按设计图示门框或扇以面积计算	

续表

项目编码	项目名称	项目特征	计量单位	工程量计算规则	工作内容
010804005	金属格栅门	1. 门代号及洞口尺寸 2. 门框或扇外围尺寸 3. 门框、扇材质 4. 启动装置的品种、规格	1. 樘 2. m²	1. 以樘计量，按设计图示数量计算 2. 以 m² 计量，按设计图示洞口尺寸以面积计算	1. 门安装 2. 启动装置、五金配件安装
010804006	钢质花饰大门	1. 门代号及洞口尺寸 2. 门框或扇外围尺寸 3. 门框、扇材质		1. 以樘计量，按设计图示数量计算 2. 以 m² 计量，按设计图示门框或扇面积计算	1. 门安装 2. 五金配件安装
010804007	特种门			1. 以樘计量，按设计图示数量计算 2. 以 m² 计量，按设计图示洞口尺寸以面积计算	

表 10.8 其他门（编码：010805）

项目编码	项目名称	项目特征	计量单位	工程量计算规则	工作内容
010805001	电子感应门	1. 门代号及洞口尺寸 2. 门框或扇外围尺寸 3. 门框、扇材质 4. 玻璃品种、厚度 5. 启动装置的品种、规格 6. 电子配件品种、规格	1. 樘 2. m²	1. 以樘计量，按设计图示数量计算 2. 以 m² 计量，按设计图示洞口尺寸以面积计算	1. 门安装 2. 启动装置、五金、电子配件安装
010805002	旋转门				
010805003	电子对讲门	1. 门代号及洞口尺寸 2. 门框或扇外围尺寸 3. 门材质 4. 玻璃品种、厚度 5. 启动装置的品种、规格 6. 电子配件品种、规格			
010805004	电动伸缩门				
010805005	全玻自由门	1. 门代号及洞口尺寸 2. 门框或扇外围尺寸 3. 框材质 4. 玻璃品种、厚度			1. 门安装 2. 五金安装
010805006	镜面不锈钢饰面门	1. 门代号及洞口尺寸 2. 门框或扇外围尺寸 3. 框、扇材质 4. 玻璃品种、厚度			
010805007	复合材料门				

表 10.9 木窗 （编码：010806）

项目编码	项目名称	项目特征	计量单位	工程量计算规则	工作内容
010806001	木质窗	1. 窗代号及洞口尺寸 2. 玻璃品种、厚度	1. 樘 2. m²	1. 以樘计量，按设计图示数量计算 2. 以 m² 计量，按设计图示洞口尺寸以面积计算	1. 窗安装 2. 五金、玻璃安装
010806002	木飘（凸）窗				
010806003	木橱窗	1. 窗代号 2. 框截面及外围展开面积 3. 玻璃品种、厚度 4. 防护材料种类		1. 以樘计量，按设计图示数量计算 2. 以 m² 计量，按设计图示尺寸以框外围展开面积计算	1. 窗制作、运输、安装 2. 五金、玻璃安装 3. 刷防护材料
010806004	木纱窗	1. 窗代号及框的外围尺寸 2. 窗纱材料品种、规格		1. 以樘计量，按设计图示数量计算 2. 以 m² 计量，按框的外围尺寸以面积计算	1. 窗安装 2. 五金安装

表 10.10　金属窗（编码：010807）

项目编码	项目名称	项目特征	计量单位	工程量计算规则	工作内容
010807001	金属（塑钢、断桥）窗	1. 窗代号及洞口尺寸 2. 框、扇材质 3. 玻璃品种、厚度		1. 以樘计量，按设计图示数量计算 2. 以 m² 计量，按设计图示洞口尺寸以面积计算	1. 窗安装 2. 五金、玻璃安装
010807002	金属防火窗				
010807003	金属百叶窗	1. 窗代号及洞口尺寸 2. 框、扇材质 3. 玻璃品种、厚度			
010807004	金属纱窗	1. 窗代号及框的外围尺寸 2. 框材质 3. 窗纱材料品种、规格		1. 以樘计量，按设计图示数量计算 2. 以 m² 计量，按框的外围尺寸以面积计算	1. 窗安装 2. 五金安装
010807005	金属格栅窗	1. 窗代号及洞口尺寸 2. 框外围尺寸 3. 框、扇材质	1. 樘 2. m²	1. 以樘计量，按设计图示数量计算 2. 以 m² 计量，按设计图示洞口尺寸以面积计算	
010807006	金属（塑钢、断桥）橱窗	1. 窗代号 2. 框外围展开面积 3. 框、扇材质 4. 玻璃品种、厚度 5. 防护材料种类		1. 以樘计量，按设计图示数量计算 2. 以 m² 计量，按设计图示尺寸以框外围展开面积计算	1. 窗制作、运输、安装 2. 五金、玻璃安装 3. 刷防护材料
010807007	金属（塑钢、断桥）飘（凸）窗	1. 窗代号 2. 框外围展开面积 3. 框、扇材质 4. 玻璃品种、厚度			1. 窗安装 2. 五金、玻璃安装
010807008	彩板窗	1. 窗代号及洞口尺寸 2. 框外围尺寸 3. 框、扇材质 4. 玻璃品种、厚度		1. 以樘计量，按设计图示数量计算 2. 以 m² 计量，按设计图示洞口尺寸或框外围以面积计算	
010807009	复合材料窗				

表 10.11　门窗套（编码：010808）

项目编码	项目名称	项目特征	计量单位	工程量计算规则	工作内容
010808001	木门窗套	1. 窗代号及洞口尺寸 2. 门窗套展开宽度 3. 基层材料种类 4. 面层材料品种、规格 5. 线条品种、规格 6. 防护材料种类	1. 樘 2. m² 3. m	1. 以樘计量，按设计图示数量计算 2. 以 m² 计量，按设计图示尺寸以展开面积计算 3. 以 m 计量，按设计图示中心线以延长米计算	1. 清理基层 2. 立筋制作、安装 3. 基层板安装 4. 面层铺贴 5. 线条安装 6. 刷防护材料
010808002	木筒子板	1. 筒子板宽度 2. 基层材料种类 3. 面层材料品种、规格 4. 线条品种、规格 5. 防护材料种类			
010808003	饰面夹板筒子板				
010808004	金属门窗套	1. 窗代号及洞口尺寸 2. 门窗套展开宽度 3. 基层材料种类 4. 面层材料品种、规格 5. 防护材料种类			1. 清理基层 2. 立筋制作、安装 3. 基层板安装 4. 面层铺贴 5. 刷防护材料

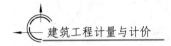

项目编码	项目名称	项目特征	计量单位	工程量计算规则	工作内容
010808005	石材门窗套	1. 窗代号及洞口尺寸 2. 门窗套展开宽度 3. 黏结层厚度、砂浆配合比 4. 面层材料品种、规格 5. 线条品种、规格	1. 樘 2. m² 3. m	1. 以樘计量，按设计图示数量计算 2. 以m²计量，按设计图示尺寸以展开面积计算 3. 以m计量，按设计图示中心线以延长米计算	1. 清理基层 2. 立筋制作、安装 3. 基层抹灰 4. 面层铺贴 5. 线条安装
010808006	门窗木贴脸	1. 窗代号及洞口尺寸 2. 贴脸板宽度 3. 防护材料种类	1. 樘 2. m	1. 以樘计量，按设计图示数量计算 2. 以m计量，按设计图示尺寸以延长米计算	安装
010808007	成品木门窗套	1. 门窗代号及洞口尺寸 2. 门窗套展开宽度 3. 门窗套材料品种、规格	1. 樘 2. m² 3. m	1. 以樘计量，按设计图示数量计算 2. 以m²计量，按设计图示尺寸以展开面积计算 3. 以m计量，按设计图示中心线以延长米计算	1. 清理基层 2. 立筋制作、安装 3. 板安装

表 10.12　窗台板（编码：010809）

项目编码	项目名称	项目特征	计量单位	工程量计算规则	工作内容
010809001	木窗台板	1. 基层材料种类 2. 窗台面板材质、规格、颜色 3. 防护材料种类	m²	按设计图示尺寸以展开面积计算	1. 清理基层 2. 基层制作、安装 3. 窗台板制作、安装 4. 刷防护材料
010809002	铝塑窗台板				
010809003	金属窗台板				
010809004	石材窗台板	1. 黏结层厚度、砂浆配合比 2. 窗台板材质、规格、颜色			1. 清理基层 2. 抹找平层 3. 窗台板制作、安装

表 10.13　窗帘、窗帘盒、轨（编码：010810）

项目编码	项目名称	项目特征	计量单位	工程量计算规则	工作内容
010810001	窗帘	1. 窗帘材质 2. 窗帘高度、宽度 3. 窗帘层数 4. 带幔要求	1. m 2. m²	1. 以m计量，按设计图示尺寸以成活后长度计量 2. 以m²计量，按图示尺寸以成活后展开面积计算	1. 制作、运输 2. 安装
010810002	木窗帘盒	1. 窗帘盒材质、规格 2. 防护材料种类	m	按设计图示尺寸以长度计算	1. 制作、运输、安装 2. 刷防护材料
010810003	饰面夹板、塑料窗帘盒				
010810004	铝合金窗帘盒				
010810005	窗帘轨	1. 窗帘轨材质、规格 2. 轨的数量 3. 防护材料种类			

任务 *10.2* 工程量清单计价

【知识目标】　1. 掌握门窗工程计价工程量计算的相关规定。
　　　　　　　2. 掌握门窗工程综合单价的编制过程。
　　　　　　　3. 熟悉门窗工程计价方法。
【能力目标】　能根据给定图纸及相关要求独立完成门窗工程综合单价的编制。
【任务描述】　根据施工图纸图 10.1 和表 10.1 的内容。
　　　　　　　（1）试计算门窗、门窗套的计价工程量，并填入计价工程量计算表中。
　　　　　　　（2）试计算门窗、门窗套的综合单价，并填入综合单价分析表。

10.2.1　相关知识：计价工程量的计算方法

要进行综合单价的编制，需要先计算计价工程量，根据《湖北省房屋建筑与装饰工程消耗量定额及全费用基价表》（2018）的计算规则。

1. 说明

1）木门

成品套装门安装包括门套和门扇的安装，定额子目以门的开启方式、安装方法不同进行划分。成品木门（带门套）定额中，已包括了相应的贴脸及装饰线条安装人工及材料消耗量，不另单独计算。

2）金属门、窗、防盗栅（网）

（1）铝合金成品门窗安装项目按隔热断桥铝合金型材考虑，当设计为普通铝合金型材时，按相应项目执行，其中人工乘以系数 0.8。

（2）金属门连窗，门、窗应分别执行相应项目。

（3）彩板钢窗附框安装执行彩板钢门附框安装项目。

（4）金属防盗栅（网）制作安装如单位面积主材超过定额主材含量 20%时，可以调整主材含量。

3）金属卷帘（闸）

（1）金属卷帘（闸）项目是按卷帘侧装（即安装在门洞口内侧或外侧）考虑的，当设计为中装（即安装在洞口中）时，按相应项目执行，其中人工乘以系数 1.1。

（2）金属卷帘（闸）项目是按不带活动小门考虑的，当设计为带活动小门时，按相应项目执行，其中人工乘以系数 1.07，材料调整为带活动小门金属卷帘（闸）。

（3）防火卷帘（闸）（无机布基防火卷帘除外）按镀锌钢板卷帘（闸）项目执行，并将材料中的镀锌钢板卷帘换为相应的防火卷帘。

4）厂库房大门、特种门

（1）厂库房大门项目是按一、二类木种考虑的。当采用三、四类木种时，制作按相应项目执行，人工和机械乘以系数 1.3；安装按相应项目执行，人工和机械乘以系数 1.35。

（2）厂库房大门的钢骨架制作以钢材重量表示，已包括在定额中，不再另列项计算。厂库房大门门扇上所用铁件均已列入定额。

5）其他门

（1）全玻璃门扇安装项目按地弹门考虑，其中地弹簧消耗量可按实际调整。

（2）全玻璃门门框、横梁、立柱钢架的制作安装及饰面装饰，按门钢架相应项目执行。

6）门钢架、门窗套、包门框（扇）

（1）包门框设计只包单边框时，按定额含量的 60% 计算。

（2）包门扇如设计与定额不同时，饰面板材可以换算，定额人工含量不变。

7）门五金

（1）成品木门扇安装项目中五金配件的安装仅包括合页安装人工和合页材料费，成品套装木门安装项目中五金配件的安装包括合页、门锁、门磁吸和大门暗插销的安装人工和相应的材料费，设计要求的其他五金另按门特殊五金相应项目执行。

（2）成品木门安装定额中的五金件，设计规格和数量与定额不同时，应进行调整换算。

（3）成品金属门窗、金属卷帘（闸）、特种门、其他门安装项目包括五金安装的人工费，五金材料费包括在成品门窗价格中。

（4）成品全玻璃门扇安装项目中仅包括地弹簧安装的人工和材料费，设计要求的其他五金另执行门特殊五金相应项目。五金材料的设计规格和数量与定额不同时，应该进行调整换算。

（5）厂库房大门项目均包括五金铁件安装的人工费，五金铁件材料费另执行相应项目，当设计与定额取定不同时，按设计规定计算。

2. 计价工程量

1）木门

（1）成品木门框安装按设计图示框的中心线长度计算。

（2）成品木门扇安装按设计图示扇面积计算。

（3）成品套装木门安装按设计图示数量计算。

（4）木质防火门安装按设计图示洞口面积计算。

（5）纱门安装按设计图示扇外围面积计算。

2）金属门、窗，防盗栅（网）。

（1）铝合金门窗（飘窗、阳台封闭窗除外）、塑钢门窗、塑料节能门窗均按设计图示门、窗洞口面积计算。

（2）彩板钢门窗按设计图示门、窗洞口面积计算。彩板钢门窗附框按框中心线长度计算。

（3）门连窗按设计图示洞口面积分别计算门、窗面积，其中窗的宽度算至门框的外边线。

（4）纱窗扇按设计图示扇外围面积计算。

（5）飘窗、阳台封闭窗按设计图示框型材外边线尺寸以展开面积计算。

（6）钢质防火、防盗门按设计图示门洞口面积计算。

（7）不锈钢格栅防盗门、电控防盗门按设计图示门洞口面积计算。

（8）电控防盗门控制器按设计图示套数计算。

（9）防盗窗按设计图示窗洞口面积计算。

（10）钢质防火窗按设计图示窗洞口面积计算；金属防盗栅（网）制作安装按洞口尺寸以面积计算。

3）金属卷帘（闸）门

金属卷帘（闸）门按设计图示卷帘门宽度乘以卷帘门高度（包括卷帘箱高度）以面积计算。电动装置安装按设计图示套数计算。

4）厂库房大门、特种门

厂库房大门、特种门按设计图示门洞口面积计算。百页钢门按设计尺寸以重量计算，不扣除孔眼、切肢、切片、切角的重量。

5）其他门

（1）全玻转门按设计图示数量计算。

（2）不锈钢伸缩门按设计图示以延长米计算。

（3）电子感应门安装按设计图示数量计算。

6）门钢架、门窗套、包门框（扇）

（1）门钢架按设计图示尺寸以质量计算。

（2）门窗套（筒子板）龙骨、面层、基层均按设计图示饰面外围尺寸展开面积计算。

（3）成品门窗套按设计图示饰面外围尺寸展开面积计算。

（4）包门框按展开面积计算。包门扇及木门扇镶贴饰面板按门扇垂直投影面积计算。

7）窗台板、窗帘盒、窗帘轨

（1）窗台板按设计图示长度乘宽度以面积计算。图纸未注明尺寸的，窗台板长度可按窗框的外围宽度两边共加 100m 计算。窗台板凸出墙面的宽度按墙面外加 50mm 计算。

（2）窗帘盒、窗帘轨按设计图示长度计算。

10.2.2 任务实施：门窗工程计价工程量与综合单价的编制

步骤一：编制计价工程量。

根据图 10.1 和表 10.1 的内容，在掌握计价工程量计算方法和设计图纸要求的基础上，计算下列清单项目的计价工程量（表 10.14）。

表 10.14 计价工程量计算表

序号	项目编码	项目名称	计量单位	数量	计算式
1	010802004001	成品钢质防盗门	m²	1.68	
	A5-23	钢质防盗门安装	m²	1.68	同清单工程量（根据计价说明，成品金属门窗安装项目包括五金安装人工，五金材料费包括在成品门窗价格中）
2	010801002001	成品实木门带套	m²	4.83	
	A5-5	带门套成品装饰平开实木门	樘	3	按数量计算（根据清单计价说明，成品木门（带门套）定额中已包括了相应的贴脸及装饰线条安装人工及材料消耗量，不另单独计算。成品套装木门安装项目中五金配件的安装包括合页、门锁、门磁吸和大门暗插销的安装人工和相应的材料费）

续表

序号	项目编码	项目名称	计量单位	数量	计算式
3	010807001001	成品平开塑钢窗	m²	5.55	
	A5-93	塑钢成品窗安装（平开）	m²	5.55	同清单工程量（根据计价说明，成品金属门窗安装项目包括五金安装人工，五金材料费包括在成品门窗价格中）
4	010802001001	成品塑钢门	m²	6.51	
	A5-16	平开门	m²	1.47	0.7×2.1＝1.47（定额按平开门、推拉门分别列项）
	A5-15	推拉门	m²	5.04	2.4×2.1＝5.04（定额按平开门、推拉门分别列项）
5	010808007001	成品门套	樘	1	
	A5-127	成品门窗套（筒子板）木质	m²	2.31	(2.1×2＋2.4)×0.35＝2.31（按展开面积计算）

步骤二：编制综合单价（一般计税法）。

根据图 10.1 和表 10.1 的内容，查《湖北省房屋建筑与装饰工程消耗量定额及全费用基价表》（2018）（结构·屋面），得出本任务清单工程定额及全费用基价表，如表 10.15 所示，综合单价分析表如表 10.16 所示（综合单价的计算方法见任务 1.4 的综合单价编制）。

表 10.15　《湖北省房屋建筑与装饰工程消耗量定额及全费用基价表》（2018）摘录　单位：元

序号	定额编号	项目名称	计量单位	人工费	材料费	机械费
1	A5-23	钢质防盗门安装	100m²	4039.11	25654.67	64.65
2	A5-5	带门套成品装饰平开实木门	樘	109.33	1791.03	—
3	A5-93	塑钢成品窗安装（平开）	100m²	2365.73	30901.74	—
4	A5-16	塑钢成品门安装（平开）	100m²	3185.49	29986.40	—
5	A5-15	塑钢成品门安装（推拉）	100m²	2634.07	28554.22	—
6	A5-127	成品门窗套（筒子板）木质	10m²	172.38	1124.46	—

表 10.16　综合单价分析表

项目编码	项目名称	计量单位	定额编号	定额名称	定额单位	数量	单价（元）				合价（元）				综合单价（元）
							人工费	材料费	机械费	管理费和利润	人工费	材料费	机械费	管理费和利润	
0108020 04001	成品钢质防盗门	m²	A5-23	钢质防盗门安装	100m²	0.01	4039.11	25654.67	64.65	1969.80	40.39	256.55	0.65	19.7	317.29
0108010 02001	成品实木门带套	m²	A5-5	带门套成品装饰平开实木门	樘	0.6211	109.33	1791.03	0	52.48	67.91	1112.44	0	32.6	1212.95
0108070 01001	成品平开塑钢窗	m²	A5-93	塑钢成品窗安装（平开）	100m²	0.01	2365.73	30901.74	0	1135.55	23.66	309.02	0	11.36	344.04
0108020 01001	塑钢成品门	m²									27.58	288.77	0	13.24	329.59
			A5-16	平开门	100m²	0.0023	3185.49	29986.40	0	1529.04	7.19	67.71	0	3.45	78.35
			A5-15	推拉门	100m²	0.0077	2634.07	28554.22	0	1264.35	20.39	221.06	0	9.79	251.24
0108080 07001	成品门套	樘	A5-127	成品门窗套（筒子板）木质	10m²	0.231	172.38	1124.46	0	82.74	39.82	259.75	0	19.11	318.69

项　目

屋面及防水工程

▌学习提示　在屋面及防水工程项目中主要介绍屋面工程及防水工程两大部分内容，其中，最常见的屋面工程有瓦屋面、型材屋面、阳光板屋面、玻璃钢屋面、膜结构屋面等，而防水工程分为屋面防水，墙面、楼（地）面防水防潮内容。

▌能力目标　1. 能计算屋面及防水工程清单工程量。
　　　　　　2. 能计算屋面及防水工程计价工程量。
　　　　　　3. 能编制屋面及防水工程综合单价。

▌知识目标　1. 掌握屋面及防水工程工程量清单的编制。
　　　　　　2. 掌握湖北省定额中屋面及防水工程计价工程量的计算规则。
　　　　　　3. 掌握清单工程量与计价工程量的区别。
　　　　　　4. 熟悉综合单价的编制方法。

▌规范标准　1. 《建设工程工程量清单计价规范》（GB 50500—2013）。
　　　　　　2. 《房屋建筑与装饰工程工程量计算规范》（GB 50854—2013）。
　　　　　　3. 《湖北省房屋建筑与装饰工程消耗量定额及全费用基价表》（2018）。
　　　　　　4. 《湖北省建筑安装工程费用定额》（2018）。

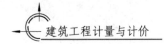

任务 11.1 工程量清单编制

【知识目标】 1. 掌握屋面及防水工程清单工程量计算的相关规定。

2. 掌握屋面及防水工程工程量清单的编制过程。

【能力目标】 能根据给定图纸及相关要求独立完成屋面及防水工程工程量清单编制。

【任务描述】 某工程已知：

（1）SBS改性沥青防水卷材防水屋面平面、剖面（图11.1），其结构层由下向上的做法为：①钢筋混凝土板上用1:12水泥珍珠岩找坡，坡度2%，最薄处60mm；②保温隔热层上1:3水泥砂浆找平层反边高300mm，找平层上刷冷底子油，加热烤铺，贴3mm厚SBS改性沥青防水卷材一道（反边高度300mm），在防水卷材上抹1:2.5水泥砂浆找平层（反边高度300mm）。

（2）首层卫生间（图11.2）防水做法为：钢筋混凝土楼板，素水泥结合层一道，1.5mm厚单组分聚氨酯防水涂料四周卷起200mm。

（3）本工程墙基防潮层位于墙身-0.30m处，做法为20mm厚1:2水泥砂浆加5%防水剂。

试根据以上已知条件列出屋面及防水工程相关工程量清单。

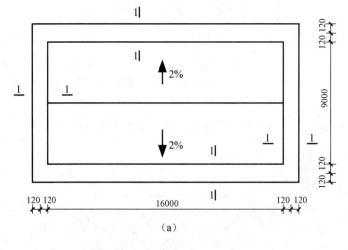

图 11.1 某工程屋面平面图、剖面图

238

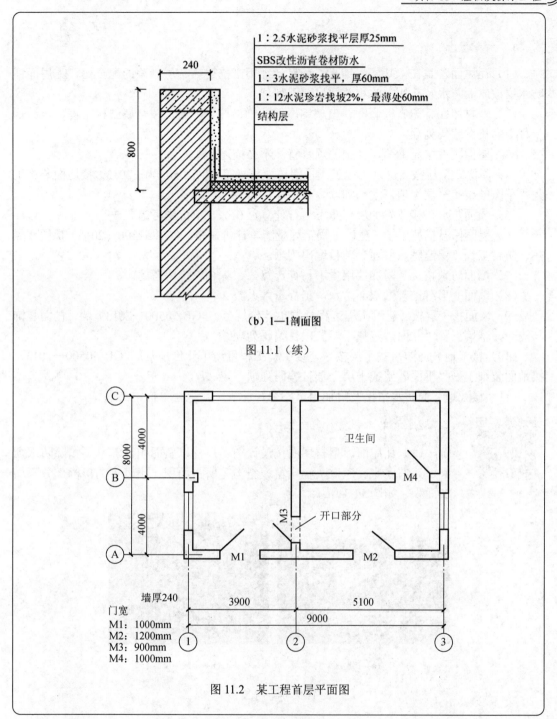

（b）1—1剖面图

图 11.1（续）

图 11.2 某工程首层平面图

11.1.1 相关知识：屋面及防水工程清单工程量计算

要想进行工程量清单编制，需要先了解屋面及防水工程工程量计算的一般规则以及清单工程量计算方法。

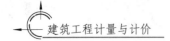

1. 一般规则

（1）瓦屋面若是在木基层上铺瓦，项目特征不必描述黏结层砂浆的配合比，瓦屋面铺防水层按屋面防水及其他中的相关项目编码列项。

（2）型材屋面、阳光板屋面、玻璃钢屋面的梁、柱、屋架，按金属结构工程、木结构工程中的相关编码列项。

（3）屋面刚性层无钢筋，其钢筋项目特征不必描述。

（4）屋面找平层按《建设工程工程量清单计价规范》（GB 50500—2013）楼地面装饰工程"平面砂浆找平层"项目编码列项。

（5）屋面防水搭接及附加层用量不另行计算，在综合单价中考虑。

（6）屋面保温找坡层按《建设工程工程量清单计价规范》（GB 50500—2013）保温、隔热、防腐工程"保温隔热屋面"项目编码列项。

（7）墙面防水搭接及附加层用量不另行计算，在综合单价中考虑。

（8）墙面变形缝，若做双面防水，工程量乘系数 2。

（9）墙面找平层按《建设工程工程量清单计价规范》（GB 50500—2013）墙、柱面装饰与隔断、幕墙工程"立面砂浆找平层"项目编码列项。

（10）楼（地）面防水找平层按《建设工程工程量清单计价规范》（GB 50500—2013）楼地面装饰工程"平面砂浆找平层"项目编码列项。

（11）楼（地）面防水搭接及附加用量不另行计算，在综合单价中考虑。

瓦屋面工程量计算

2. 清单工程量计算方法

（1）瓦屋面、型材屋面按设计图示尺寸以斜面积计算，不扣除防水烟囱、风帽底座、风道、小气窗、斜沟等所占面积，小气窗的出檐部分不增加面积，如图 11.3 所示。

　　　（a）瓦屋面　　　　　　　　　　（b）金属铝屋面

图 11.3　屋面示意图

其中，斜面积=按图示尺寸计算的水平投影面积×屋面坡度系数 C

坡度系数即延尺系数指斜面与水平面的关系系数（图 11.4）：

$$坡度系数=斜长/水平长 \tag{11.1}$$

图 11.4 中，设水平长度为 A，斜长为 C，当水平长 A 为 1 时，坡度系数即为斜长 C 值。

延尺系数的计算有两种方法：一是查表法；二是计算法。为了方便快捷地计算屋面工程量，可按表 11.1 计算。

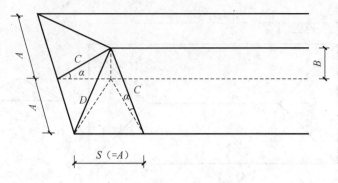

图 11.4 屋面坡度示意图

注：1. 两坡水、四坡水屋面面积均为其水平投影面积乘以延迟系数 C。
　　2. 四坡排水屋面斜脊长度＝$A×D$。
　　3. 沿山墙泛水长度＝$A×C$。

表 11.1 屋面坡度系数表

坡度 $B/A(A=1)$	坡度 $B/2A(A=1)$	坡度角度 (α)	延尺系数 $C(A=1)$	隅延尺系数 $D(A=1)$
1.000	1/2	45°	1.4142	1.7321
0.750	—	36°52'	1.2500	1.6008
0.700	—	35°	1.2207	1.5779
0.666	1/3	33°40'	1.2015	1.5635
0.650	—	33°01'	1.1926	1.5564
0.600	—	30°58'	1.1662	1.5362
0.577	—	30°	1.1547	1.5274
0.550	—	28°49'	1.1413	1.5174
0.500	1/4	26°34'	1.1180	1.5000
0.450	—	24°14'	1.0966	1.4839
0.400	1/5	21°48'	1.0770	1.4697
0.350	—	19°17'	1.0594	1.4569
0.300	—	16°42'	1.0440	1.4457
0.250	—	14°02'	1.0308	1.4362
0.200	1/10	11°19'	1.0198	1.4283
0.150	—	8°32'	1.0112	1.4221
0.125	—	7°8'	1.007	1.4197
0.100	1/20	5°42'	1.0050	1.4177
0.083	—	4°45'	1.0035	1.4166
0.066	1/30	3°49'	1.0022	1.4157

【案例 11.1】 某工程屋面为彩色水泥瓦四坡屋面，基层为 1：2 水泥砂浆黏结（图 11.5），试计算该项目的清单工程量，并填入清单工程量计算表、分部分项工程和单价措施项目清单与计价表。

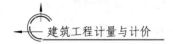

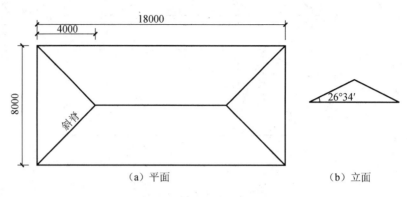

(a) 平面　　　　　　　　(b) 立面

图 11.5　四坡瓦屋面示意图

【解】清单工程量计算表如表 11.2 所示，分部分项工程和单价措施项目清单与计价表如表 11.3 所示。

表 11.2　清单工程量计算表

序号	项目编码	项目名称	计量单位	数量	计算式
1	010901001001	瓦屋面	m²	160.99	$S=$水平面积×坡度系数 C $=8×18×1.118$（查表）$=160.99$

表 11.3　分部分项工程和单价措施项目清单与计价表

序号	项目编码	项目名称	项目特征描述	计量单位	工程数量
1	010901001001	瓦屋面	1. 瓦品种、规格：彩色水泥瓦 420mm×330mm 2. 黏结层砂浆的配合比：1∶2 水泥砂浆	m²	160.99

（2）阳光板屋面（图 11.6）是指主要由 PC/PET/PMMA/PP 料制作的采光屋面，玻璃钢屋面是以玻璃纤维或其制品作为增强材料的增强塑料的屋面，既具有玻璃耐高温、抗腐蚀的性质，又具有钢铁一样坚硬不碎的特点，阳光板屋面、玻璃钢屋面为清单新增项目。

（3）膜结构屋面按设计图示尺寸以需要覆盖的水平投影面积计算（图 11.7）。

图 11.6　阳光板屋面

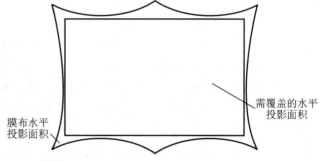

膜布水平投影面积

需覆盖的水平投影面积

图 11.7　膜结构屋面

（4）屋面卷材防水、屋面涂膜防水按设计图示尺寸以面积计算。斜屋顶（不包括平屋顶找坡）按斜面积计算，平屋顶按水平投影面积计算，不扣除房上烟囱、风帽底座、风道、屋面小气窗和斜沟所占面积，屋面的女儿墙、伸缩缝和天窗等处的弯起部分，并入屋面工程量内，如图 11.8 所示。

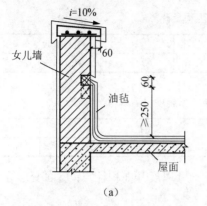

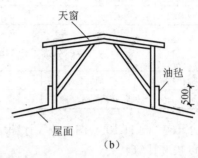

屋面卷材防水
工程量计算

（a）　　　　　　　　　　　　　（b）

图 11.8　卷材屋面女儿墙、天窗油毡弯起部分示意图

（5）屋面排水管按设计图示尺寸以长度计算。如设计未标注尺寸，以檐口至设计室外散水上表面垂直距离计算。

【案例 11.2】图 11.9 为 φ100 塑料水落管，檐口标高 10.40m，室内外高差 0.8m，试列出此排水管工程量清单。

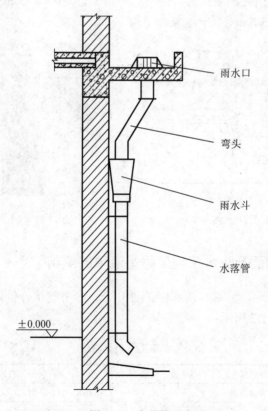

雨水口

弯头

雨水斗

水落管

±0.000

图 11.9　水落管示意图

【解】清单工程量计算表如表 11.4 所示，分部分项工程和单价措施项目清单与计价表如表 11.5 所示。

表 11.4　清单工程量计算表

序号	项目编码	项目名称	计量单位	数量	计算式
1	010902004001	屋面排水管	m	11.2	$L=10.4+0.8=11.2$

表 11.5　分部分项工程和单价措施项目清单与计价表

序号	项目编码	项目名称	项目特征描述	计量单位	工程数量
1	010902004001	屋面排水管	排水管品种、规格：ϕ100 塑料水落管	m	11.2

（6）屋面天沟（图 11.10）、檐沟按设计图示尺寸以展开面积计算；屋面变形缝（图 11.11）按设计图示以长度计算。

（7）墙面卷材防水、涂膜防水、砂浆防水（防潮）按设计图示尺寸以面积计算。墙面变形缝按长度计算。

墙面、楼（地）面防水防潮工程量计算

（8）楼（地）面卷材防水、涂膜防水、砂浆防水（潮）均按设计图示尺寸以面积计算。其中，楼（地）面防水：按主墙间净空面积计算，扣除凸出地面的构筑物、设备基础等所占面积，不扣除间壁墙及单个面积≤0.3m² 以内的柱、垛、烟囱和孔洞所占面积；楼（地）面防水反边高度≤300mm 算作地面防水，反边高度＞300mm 按墙面防水计算。

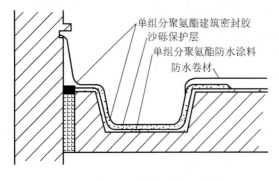

图 11.10　屋面天沟示意图

图 11.11　屋面变形缝示意图

11.1.2　任务实施：屋面及防水工程工程量清单的编制

根据任务描述中的内容，如图 11.1 和图 11.2 所示，参考清单计价规范完成清单工程量的计算，如表 11.6 和表 11.7 所示。

表 11.6　清单工程量计算表

序号	项目编码	项目名称	计量单位	数量	计算式
1	010902001001	屋面卷材防水	m²	159	$S=16\times9+(16+9)\times2\times0.3=159$
2	010904002001	楼（地）面涂膜防水	m²	21.72	$S_{地面净空面积}=(5.1-0.24)\times(4-0.24)=18.27$ $S_{反边面积}=((5.1-0.24)+(4-0.24))\times2\times0.2=3.45$ $S=18.27+3.45=21.72$

续表

序号	项目编码	项目名称	计量单位	数量	计算式
3	010903003001	墙面砂浆防潮	m²	8.74	$L_{外墙中心线}=(9+8)\times2=34$ $L_{内墙净长线}=(8-0.24)+(5.1-0.24)=2.42$ $S=(34+2.42)\times0.24=8.74$

表 11.7 分部分项工程和单价措施项目清单与计价表

序号	项目编码	项目名称	项目特征	计量单位	工程数量
1	010902001001	屋面卷材防水	1. 卷材品种、规格、厚度：3mm 厚 SBS 改性沥青防水卷材 2. 防水层数：一道 3. 防水层做法：卷材底刷冷底子油，加热烤铺	m²	159
2	010904002001	楼（地）面涂膜防水	1. 1.5mm 厚单组分聚氨酯防水涂料 2. 四周卷起 200mm		21.72
3	010903003001	墙面砂浆防潮	20 厚 1：2 水泥砂浆加 5%防水剂		8.74

■知识链接

清单计价规范附录（表 11.8～表 11.11）。

表 11.8 瓦、型材及其他屋面（编码：010901）

项目编码	项目名称	项目特征	计量单位	工程量计算规则	工作内容
010901001	瓦屋面	1. 瓦品种、规格 2. 黏结层砂浆的配合比		按设计图示尺寸以斜面积计算，不扣除防水烟囱、风帽底座、风道、小气窗、斜沟等所占面积。小气窗的出檐部分不另增加面积	1. 砂浆制作、运输、摊铺、养护 2. 安瓦、做瓦脊
010901002	型材屋面	1. 型材品种、规格 2. 金属檩条材料品种、规格 3. 接缝、嵌缝材料种类			1. 檩条制作、运输、安装 2. 屋面型材安装 3. 接缝、嵌缝
010901003	阳光板屋面	1. 阳光板品种、规格 2. 骨架材料品种、规格 3. 接缝、嵌缝材料种类 4. 油漆品种、刷漆遍数	m²	按设计图示尺寸以斜面积计算，不扣除屋面面积≤0.3m² 孔洞所占面积	1. 骨架制作、运输、安装、刷防护材料、油漆 2. 阳光板安装 3. 接缝、嵌缝
010901004	玻璃钢屋面	1. 玻璃钢品种、规格 2. 骨架材料品种、规格 3. 玻璃钢固定方式 4. 接缝、嵌缝材料种类 5. 油漆品种、刷漆遍数			1. 骨架制作、运输、安装、刷防护材料、油漆 2. 玻璃钢制作、安装 3. 接缝、嵌缝
010901005	膜结构屋面	1. 膜布品种、规格 2. 支柱（网架）钢材品种、规格 3. 钢丝绳品种、规格 4. 锚固基座做法 5. 油漆品种、刷漆遍数		按设计图示尺寸以需要覆盖的水平投影面积计算	1. 膜布热压胶接 2. 支柱（网架）制作、安装 3. 膜布安装 4. 穿钢丝绳、锚头锚固 5. 锚固基座、挖土、回填 6. 刷防护材料，油漆

表 11.9　屋面防水及其他（编码：010902）

项目编码	项目名称	项目特征	计量单位	工程量计算规则	工作内容
010902001	屋面卷材防水	1. 卷材品种、规格 2. 防水层数 3. 防水层做法	m²	按设计图示尺寸以面积计算 1. 斜屋顶（不包括平屋顶找坡）按斜面积计算，平屋顶按水平投影面积计算 2. 不扣除房上烟囱、风帽底座、风道、屋面小气窗和斜沟所占面积 3. 屋面的女儿墙、伸缩缝和天窗等处的弯起部分，并入屋面工程量内	1. 基层处理 2. 刷底油 3. 铺油毡卷材、接缝、嵌缝
010902002	屋面涂膜防水	1. 防水膜品种 2. 涂膜厚度、遍数 3. 增强材料种类			1. 基层处理 2. 刷基层处理剂 3. 铺布、喷涂防水层
010902003	屋面刚性防水	1. 刚性层厚度 2. 混凝土种类 3. 混凝土强度等级 4. 嵌缝材料种类 5. 钢筋规格、型号		按设计图示尺寸以面积计算。不扣除房上烟囱、风帽底座、风道等所占面积	1. 基层处理 2. 混凝土制作、运输、铺筑、养护 3. 钢筋制安
010902004	屋面排水管	1. 排水管品种、规格 2. 接缝、嵌缝材料种类 3. 油漆品种、刷漆遍数	m	按设计图示尺寸以长度计算。如设计未标注尺寸，以檐口至设计室外地面垂直距离计算	1. 排水管及配件安装、固定 2. 雨水斗、山墙出水口、雨水算子安装 3. 接缝、嵌缝 4. 刷漆
010902005	屋面排（透）气管	1. 排（透）气管品种、规格 2. 接缝、嵌缝材料种类 3. 油漆品种、刷漆遍数		按设计图示尺寸以长度计算	1. 排（透）气管及配件安装、固定 2. 铁件制作、安装 3. 接缝、嵌缝 4. 刷漆
010902006	屋面（廊、阳台）泄（吐）水管	1. 吐水管品种、规格 2. 接缝、嵌缝材料种类 3. 吐水管长度 4. 油漆品种、刷漆遍数	根（个）	按设计图示数量计算	1. 水管及配件安装、固定 2. 接缝、嵌缝 3. 刷漆
010902007	屋面天沟、檐沟	1. 材料品种、规格 2. 接缝、嵌缝材料种类	m²	按设计图示尺寸以展开面积计算	1. 天沟材料铺设 2. 天沟配件安装 3. 接缝、嵌缝 4. 刷防护材料
010902008	屋面变形缝	1. 嵌缝材料种类 2. 止水带材料种类 3. 盖缝材料 4. 防护材料种类	m	按设计图示尺寸以长度计算	1. 清缝 2. 填塞防水材料 3. 止水带安装 4. 盖缝制作、安装 5. 刷防护材料

表 11.10　清单附录规范墙面防水、防潮（编码：010903）

项目编码	项目名称	项目特征	计量单位	工程量计算规则	工作内容
010903001	墙面卷材防水	1. 卷材品种、规格、厚度 2. 防水层数 3. 防水层做法	m²	按设计图示尺寸以面积计算	1. 基层处理 2. 刷黏结剂 3. 铺防水卷材 4. 接缝、嵌缝
010903002	墙面涂膜防水	1. 防水膜品种 2. 涂膜厚度、遍数 3. 增强材料种类			1. 基层处理 2. 刷基层处理剂 3. 铺布、喷涂防水层
010903003	墙面砂浆防水（潮）	1. 防水层做法 2. 砂浆厚度、配合比 3. 钢丝网规格			1. 基层处理 2. 挂钢丝网片 3. 设置分格缝 4. 砂浆制作、运输、摊铺、养护
010903004	墙面变形缝	1. 嵌缝材料种类 2. 止水带材料种类 3. 盖缝材料 4. 防护材料种类	m	按设计图示尺寸以长度计算	1. 清缝 2. 填塞防水材料 3. 止水带安装 4. 盖缝制作、安装 5. 刷防护材料

表 11.11　楼（地）面防水、防潮（编码：010904）

项目编码	项目名称	项目特征	计量单位	工程量计算规则	工作内容
010904001	楼（地）面卷材防水	1. 卷材品种、规格、厚度 2. 防水层数 3. 防水层做法 4. 反边高度	m²	按设计图示尺寸以面积计算 1. 楼（地）面防水：按主墙间净空面积计算，扣除凸出地面的构筑物、设备基础等所占面积，不扣除间壁墙及单个面积≤0.3m² 以内的柱、垛、烟囱和孔洞所占面积 2. 楼（地）面防水反边高度≤300mm 算作地面防水，反边高度＞300mm 按墙面防水计算	1. 基层处理 2. 刷黏结剂 3. 铺防水卷材 4. 接缝、嵌缝
010904002	楼（地）面涂膜防水	1. 防水膜品种 2. 涂膜厚度、遍数 3. 增强材料种类 4. 反边高度			1. 基层处理 2. 刷基层处理剂 3. 铺布、喷涂防水层
010904003	楼（地）面砂浆防水（潮）	1. 防水层做法 2. 砂浆厚度、配合比 3. 反边高度			1. 基层处理 2. 砂浆制作、运输、摊铺、养护
010904004	楼（地）面变形缝	1. 嵌缝材料种类 2. 止水带材料种类 3. 盖缝材料 4. 防护材料种类	m	按设计图示尺寸以长度计算	1. 清缝 2. 填塞防水材料 3. 止水带安装 4. 盖缝制作、安装 5. 刷防护材料

任务 11.2 工程量清单计价

【知识目标】 1. 掌握屋面及防水工程计价工程量计算的相关规定。
2. 掌握屋面及防水工程综合单价的编制过程。
3. 在理解的基础上掌握屋面及防水工程计价方法。

【能力目标】 能根据给定图纸及相关要求独立完成屋面及防水工程综合单价的编制，并能自主报价。

【任务描述】 根据施工图 11.1 和图 11.2 的内容：
（1）试计算屋面卷材防水、卫生间地面涂膜防水及墙基砂浆防潮计价工程量并填入计价工程量计算表。
（2）试计算以上项目的综合单价，并填入综合单价计算表中。

11.2.1 相关知识：计价工程量的计算方法

要进行综合单价的编制，首先需要根据《湖北省房屋建筑与装饰工程消耗量定额及全费用基价表》（2018）的计算规则计算计价工程量，包括屋面及防水工程。

1. 说明

本章节中瓦屋面、金属板屋面、采光板屋面、玻璃采光顶、卷材防水、水落管、水口、水斗、沥青砂浆填缝、变形缝盖板、止水带等项目是按标准或常用材料编制，设计与定额不同时，材料可以换算，人工、机械不变。

屋面保温等项目执行"项目 12 保温、隔热、防腐工程"相应项目，找平层等项目执行装饰工程中的楼地面工程。

1）屋面工程

（1）金属板屋面中一般金属板屋面，执行彩钢板和彩钢夹心板项目；装配式单层金属压型板屋面区分不同檩距执行定额项目。

（2）膜结构屋面的钢支柱、锚固支座混凝土基础等执行其他相应项目。

（3）25%＜坡度≤45%及人字形、锯齿形、弧形等不规则瓦屋面，人工乘以系数 1.3；坡度＞45%的，人工乘以系数 1.43。

2）防水工程

（1）细石混凝土防水层，使用钢筋网时，执行本定额"项目 7 混凝土及钢筋混凝土工程"相应项目。

（2）平（屋）面以坡度≤15%为准，15%＜坡度≤25%的，按相应项目的人工乘以系数 1.18；25%＜坡度≤45%及人字形、锯齿形、弧形等不规则屋面或平面，人工乘以系数 1.3；坡度＞45%的，人工乘以系数 1.43。

（3）防水卷材、防水涂料及防水砂浆，定额以平面和立面列项，实际施工桩头、地沟、零星部位时，人工乘以系数 1.43；单个房间楼地面面积≤8m^2 时，人工乘以系数 1.3。

（4）改性沥青防水卷材定额取定卷材厚度 3mm，聚氯乙烯防水卷材定额取定卷材厚度 1.2mm，卷材的层数定额按一层编制。卷材设计厚度不同时，卷材价格按价差处理。卷材设计层数为两层时，主材按相应定额子目乘以系数 2.0，人工、辅材乘以系数 1.8。

（5）立面是以直形为依据编制的，弧形者，相应项目的人工乘以系数 1.18。

2. 计价工程量

1）屋面工程

（1）各种屋面和型材屋面（包括挑檐部分），均按设计图示尺寸以面积计算（斜屋面按斜面面积计算），不扣除房上烟囱、风帽底座、风道、小气窗、斜沟和脊瓦等所占面积，屋面小气窗的出檐部分也不增加。

$$斜屋面面积 = 水平投影面积 \times 延尺系数 \; C \qquad (11.2)$$
$$四坡排水屋面斜脊长度 = A \times D（偶延尺系数） \qquad (11.3)$$

（2）西班牙瓦、瓷质波形瓦、英红瓦屋面的正斜脊瓦、檐口线，按设计图示尺寸以长度计算。

（3）膜结构屋面按设计图示尺寸以需要覆盖的水平投影面积计算，膜材料可以调整含量。

【案例 11.3】 依据案例 11.1，计算该项目的计价工程量，并填入计价工程量计算表中。

【解】 按照《湖北省房屋建筑与装饰工程消耗量定额及全费用基价表》（2018）（结构·屋面）列项计算，如表 11.12 所示。

表 11.12　计价工程量计算表

序号	项目编码	项目名称	计量单位	数量	计算式
1	010901001001	瓦屋面	m^2	160.99	
	A6-16	砂浆条为基层的彩色水泥瓦	m^2	160.99	同清单工程量
	A6-18	屋脊	m	34	$L_{斜脊} = 8 \times 0.5 \times 1.5 \times 4 = 24$ $L_{正脊} = 18 - 8 = 10$ $L = 24 + 10 = 34$

2）防水工程

（1）屋面防水按设计图示尺寸以面积计算（斜屋面按斜面面积计算），不扣除房上烟囱、风帽底座、风道、屋面小气窗和斜沟所占面积；屋面的女儿墙、伸缩缝和天窗等处的弯起部分，按设计图示尺寸计算；设计无规定时，伸缩缝的弯起部分按 250mm 计算，女儿墙、天窗的弯起部分按 500mm 计算，计入立面工程量内。

$$坡屋面卷材防水工程量 = 斜铺面积 = 设计总长度 \times 总宽度 \times 延尺系数 \qquad (11.4)$$
$$平屋面防水面积 = 水平投影面积 \qquad (11.5)$$

（2）楼地面防水、防潮层按设计图示尺寸以主墙间净面积计算，扣除凸出地面的构筑物、设备基础等所占面积，不扣除间壁墙及单个面积在 0.3m^2 以内的柱、垛、烟囱和孔洞所占面积。平面与立面交接处，上翻高度≤300mm 时，按展开面积并入平面工程量内计算，高度>300mm 时，按立面防水层计算。

$$楼地面防水、防潮层工程量 = 主墙间净长度 \times 主墙间净宽度 \pm 增减面积 \qquad (11.6)$$

（3）墙基防水、防潮层，外墙按外墙中心线长度，内墙按墙体净长度，均乘以宽度以面积计算。

项目 11　屋面及防水工程

249

$$S=(L_{外中}+L_{内净})\times墙厚 \tag{11.7}$$

（4）墙的立面防水、防潮层，不论内墙、外墙，均按设计图示尺寸以面积计算。

（5）基础底板的防水、防潮层按设计图示尺寸以面积计算，不扣除桩头所占面积。桩头处外包防水按桩头投影外扩 300mm 以面积计算，地沟处防水按展开面积计算，均计入平面工程量，执行相应规定。

（6）屋面分格缝，按设计图示尺寸，以长度计算。

3）屋面排水

（1）水落管、镀锌铁皮天沟、檐沟按设计图示尺寸，以长度计算。

（2）水斗、下水口、雨水口、弯头、短管等，均按设计图示数量计算。

（3）变形缝（嵌填缝与盖板）与止水带均按设计图示尺寸，以长度计算。

（4）屋面检修孔以"块"计算。

【案例 11.4】依据案例 11.2，计算该项目的计价工程量，并填入计价工程量计算表中。

【解】按照《湖北省房屋建筑与装饰工程消耗量定额及全费用基价表》（2018）（结构·屋面）列项计算，如表 11.13 所示。

表 11.13　计价工程量计算表

序号	项目编码	项目名称	计量单位	数量	计算式
1	010902004001	PVC 塑料排水管	m	11.2	
	A6-78	φ100 塑料水落管	m	11.2	同清单工程量
	A6-81	φ100 塑料雨水口	个	1	
	A6-84	φ100 塑料雨水斗	个	1	
	A6-87	φ100 塑料弯头	个	1	

11.2.2　任务实施：屋面及防水工程计价工程量与综合单价的编制

步骤一：编制计价工程量。

根据图 11.1 和图 11.2 的内容，在掌握计价工程量计算方法和设计图纸要求的基础上，计算下列清单项目的计价工程量（表 11.14）。

表 11.14　计价工程量计算表

序号	项目编码	项目名称	计量单位	数量	计算式
1	010902001001	屋面卷材防水	m²	159	
	A6-52	SBS 改性沥青防水卷材平面	m²	144	$S=16\times9=144$
	A6-53	SBS 改性沥青防水卷材立面	m²	15	$S=(16+9)\times2\times0.3=15$
2	010904002001	楼（地）面涂膜防水	m²	21.62	
	A6-95	2mm 厚单组分聚氨酯涂膜防水	m²	21.62	同清单工程量
	A6-97	每增减 0.5mm 厚单组分聚氨酯涂膜防水	m²	21.62	
3	010903003001	墙面砂浆防潮	m²	8.74	
	A6-119	墙基防潮	m²	8.74	同清单工程量

步骤二：编制综合单价。

根据图 11.1 和图 11.2 的内容，查《湖北省房屋建筑与装饰工程消耗量定额及全费用基价表》（2018）（结构·屋面），得出以下内容，如表 11.15 所示，综合单价分析表如表 11.16 所示（综合单价的计算方法见任务 1.4 的综合单价编制）。

表 11.15 《湖北省房屋建筑与装饰工程消耗量定额及全费用基价表》（2018）摘录 单位：元

序号	定额编号	项目名称	计量单位	人工费	材料费	机械费
1	A6-52	SBS 改性沥青防水卷材平面	100m²	529.1	4642.21	—
2	A6-53	SBS 改性沥青防水卷材立面	100m²	918.52	4642.21	—
3	A6-95	2mm 厚单组分聚氨酯涂膜防水	100m²	493.35	2752.50	—
4	A6-97	每增减 0.5mm 厚单组分聚氨酯涂膜防水	100m²	123.83	732.03	
5	A6-119	墙基防潮	100m²	927.81	2922.88	18.54

表 11.16 综合单价分析表

项目编码	项目名称	计量单位	定额编号	定额名称	定额单位	数量	单价（元） 人工费	材料费	机械费	管理费和利润	合价（元） 人工费	材料费	机械费	管理费和利润	综合单价（元）
010902001001	高聚物改性沥青防水卷材屋面	m²									5.66	46.42	0	2.72	54.8
			A6-52	SBS 改性沥青防水卷材平面	100m²	0.0091	529.1	4642.21	0	253.97	4.79	42.04	0	2.3	49.13
			A6-53	SBS 改性沥青防水卷材立面	100m²	0.0009	918.52	4642.21	0	440.89	0.87	4.38	0	0.42	5.67
010904002001	楼（地）面涂膜防水	m²									6.17	34.85	0	2.96	43.98
			A6-95	2mm 厚单组分聚氨酯涂膜防水	100m²	0.01	493.35	2752.5	0	236.81	4.93	27.53	0	2.37	34.83
			A6-97	每增减0.5mm厚单组分聚氨酯涂膜防水	100m²	0.01	123.83	732.03	0	59.44	1.24	7.32	0	0.59	9.15
010903003001	墙面砂浆防潮	m²	A6-119	墙基防潮	100m²	0.01	927.81	2922.88	18.54	454.24	9.28	29.23	0.19	4.54	43.25

综合实训——屋面及防水工程清单工程量计算方法的运用

【实训目标】 1. 进一步掌握屋面及防水工程清单工程量计算方法的运用。
2. 熟悉屋面及防水工程量的计算方法。

【能力要求】 能根据给定图纸及相关要求快速、准确完成屋面及防水工程量清单编制。

【实训描述】 根据本书附后的工程实例"某办公室"施工图纸完成以下项目的清单工程量编制。

（1）试计算②～⑤轴与Ⓑ～⑭轴形成的瓦屋面及屋面卷材防水清单工程量。

（2）试计算①轴与Ⓐ～Ⓕ轴相交墙体在标高−0.30m处墙基防潮清单工程量。

（3）试计算①～⑪轴与Ⓑ～Ⓓ轴形成的男卫生间墙、地面涂膜防水清单工程量。

（4）试计算生化处理室⑤～⑥轴与⑱～Ⓗ轴形成的防腐地面清单工程量。

任务实施

【任务实施1】试计算②～⑤轴与Ⓑ～⑭轴形成的瓦屋面及屋面卷材防水清单工程量。

分析：本工程屋面为两坡屋面工程，具体做法见建施说明装修表中的屋面1；从屋顶平面图可知，坡度 i 为29.6%。

由 $i=29.6\%$ 可知：

（1） $S_{瓦屋面清单工程量}=S_{屋面水平投影面积}×坡度系数C$

$C=\sqrt{1+0.296^2}=1.043$

$$S_{瓦屋面清单工程量}=[(6.3+3+6.3)×(6.3+1.8+0.125×2+0.6×2)]×1.043$$
$$=15.6×9.55×1.043$$
$$=155.39(m^2)$$

（2） $S_{卷材屋面清单工程量}=S_{瓦屋面清单工程量}=155.39(m^2)$

【任务实施2】试计算①轴与Ⓐ～Ⓕ轴相交墙体在标高−0.30m处墙基防潮清单工程量。

分析：本工程防潮层为20mm厚1:2.5水泥砂浆加5%防水剂，位于墙身−0.30m处。

$$S_{墙基防潮砂浆}=(6.3+1.8+4.5−0.375−0.45−0.375)×0.25$$
$$=2.85(m^2)$$

【任务实施3】试计算①～⑰轴与Ⓑ～Ⓓ轴形成的男卫生间墙、地面涂膜防水清单工程量。

分析：根据建施说明装修表中内墙1做法可知：本工程卫生间墙、地面"刷1.5mm厚JS防水涂膜地面并沿墙面高1.8m"。

（1） $S_{地面防水}=(3.15−0.25)×(6.3−0.25)=17.55(m^2)$

（2）当楼（地）面防水反边高度>300mm按墙面防水计算，

$S_{墙面防水}=S_{内墙}−S_{门窗洞口}$

$L_{内墙}=[(3.15−0.25)+(6.3−0.25)]×2+(3.15−0.25)×2=23.7(m)$

$S_{内墙}=23.7×1.8=42.66(m^2)$

$S_{门窗洞口}=1.35×1.8+1.2×1.25×2+0.8×1.8=6.87(m^2)$

$S_{墙面防水}=42.66−6.87=35.79(m^2)$

【任务实施4】试计算生化处理室⑤～⑥轴与⑱～Ⓗ轴形成的防腐地面清单工程量。

分析：根据建施说明装修表中的地面1做法可知：生化处理室为环氧树脂防腐涂料地面。

$$S_{环氧树脂防腐涂料}=S_{主墙间净面积}−S_{地坑}$$
$$=(9.6−0.25)×(1.675+1.7+4.6+6.3×2−0.25)−2.5×1.5$$
$$=186.34(m^2)$$

项 目

保温、隔热、防腐工程

▌**学习提示** 在保温、隔热、防腐工程项目中主要介绍保温、隔热及防腐工程两大部分内容，其中，最常见的保温、隔热有：保温隔热屋面、保温隔热天棚、保温隔热墙面及保温隔热楼地面等，而防腐面层有防腐混凝土面层、防腐胶泥面层、防腐砂浆面层、块料防腐面层等。

▌**能力目标** 1. 能计算保温、隔热、防腐工程清单工程量。
2. 能计算保温、隔热、防腐工程计价工程量。
3. 能编制保温、隔热、防腐工程综合单价。

▌**知识目标** 1. 掌握保温、隔热、防腐工程工程量清单的编制。
2. 掌握湖北省定额中保温、隔热、防腐工程计价工程量的计算规则。
3. 掌握清单工程量与计价工程量的区别。
4. 熟悉综合单价的编制方法。

▌**规范标准** 1.《建设工程工程量清单计价规范》（GB 50500—2013）。
2.《房屋建筑与装饰工程工程量计算规范》（GB 50854—2013）。
3.《湖北省房屋建筑与装饰工程消耗量定额及全费用基价表》（2018）。
4.《湖北省建筑安装工程费用定额》（2018）。

任务 **12.1** 工程量清单编制

【知识目标】 1. 掌握保温、隔热、防腐工程清单工程量计算的相关规定。
2. 掌握保温、隔热、防腐工程工程量清单的编制过程。

【能力目标】 能根据给定图纸及相关要求独立完成保温、隔热、防腐工
程工程量清单编制。

【任务描述】 某工程建筑屋面工程如图12.1和图12.2所示,已知该工程:
(1)屋面保温层做法:用1:12水泥珍珠岩找坡,坡度2%,
最薄处60mm。
(2)外墙保温做法:①基层表面清理;②刷界面砂浆5mm;
③刷25mm厚胶粉聚苯颗粒;④铺网格布抹防渗抗裂砂浆;
⑤门窗边做保温宽度为120mm。
试列出该工程屋面及外墙外保温的清单工程量计算表及分
部分项工程和单价措施项目清单计价表。

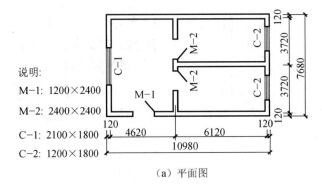

说明:
M-1: 1200×2400
M-2: 2400×2400
C-1: 2100×1800
C-2: 1200×1800

(a) 平面图

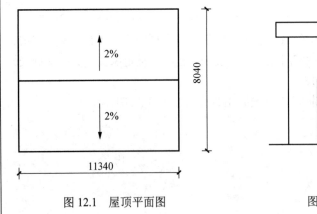

图12.1 屋顶平面图

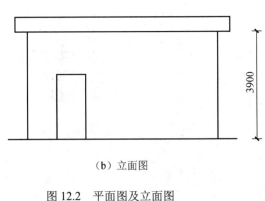

(b) 立面图

图12.2 平面图及立面图

12.1.1 相关知识：保温、隔热、防腐工程清单工程量计算

要想进行工程量清单编制，需要先了解保温、隔热、防腐工程工程量计算的一般规则以及清单工程量的基本概念。

1. 一般规则

（1）保温隔热装饰面层，按《房屋建筑与装饰工程工程量计算规范》（GB 50854—2013）附录装饰章节相关项目编码列项；仅做找平层按附录楼地面装饰工程"平面砂浆找平层"或墙、柱面装饰与隔断、幕墙工程"立面砂浆找平层"项目编码列项。

（2）柱帽保温隔热应并入天棚保温隔热工程量内。

（3）池槽保温隔热应按其他保温隔热项目编码列项。

（4）保温隔热方式指内保温、外保温、夹心保温。

（5）保温柱、梁适用于不与墙、天棚相连的独立柱、梁。

（6）防腐踢脚线，应按本规范附录楼地面装饰工程中"踢脚线"项目编码列项。

（7）浸渍砖砌法指平砌、立。

2. 清单工程量

（1）保温隔热屋面按设计图示尺寸以面积计算，扣除面积$>0.3m^2$孔洞及占位面积。

（2）保温隔热天棚按设计图示尺寸以面积计算，扣除面积$>0.3m^2$柱、垛、孔洞所占面积，与天棚相连的梁按展开面积计算并入天棚工程量内。

（3）保温隔热墙面按设计图示尺寸以面积计算，扣除门窗洞口以及面积$>0.3m^2$梁、孔洞所占面积；门窗洞口侧壁以及与墙相连的柱，并入保温墙体工程量内。

保温隔热墙面做法如图 12.3 所示。

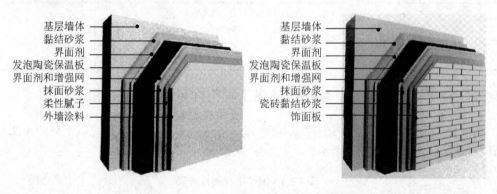

图 12.3 保温隔热墙面做法示意图

（4）防腐面层包括防腐混凝土面层、防腐砂浆面层、防腐胶泥面层、玻璃钢防腐面层、聚氯乙烯板面层、块料防腐面层，均按设计图示尺寸以面积计算。

平面防腐：扣除凸出地面的构筑物、设备基础等以及面积$>0.3m^2$孔洞、柱、垛所占面积，门洞、空圈、暖气包槽、壁龛的开口部分不增加面积。

立面防腐：扣除门、窗、洞口以及面积$>0.3m^2$孔洞、梁所占面积，门、

防腐面层工程量
计算

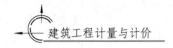

窗、洞口侧壁、垛凸出部分按展开面积并入墙面积内。

【案例 12.1】某库房地面做 1.2：1.3：3.5 耐酸沥青砂浆防腐面层（图 12.4），厚度为 30mm，墙厚均为 240mm，门洞地面做防腐面层，试计算该项目的清单工程量，并填入清单工程量计算表、分部分项工程和单价措施项目清单与计价表。

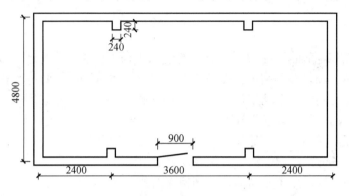

图 12.4 某库房平面图

【解】清单工程量计算表如表 12.1 所示，分部分项工程和单价措施项目清单与计价表如表 12.2 所示。

表 12.1 清单工程量计算表

序号	项目编码	项目名称	计量单位	数量	计算式
1	011002002001	防腐砂浆面层	m²	37.21	$S=(2.4+3.6+2.4-0.24)\times(4.8-0.24)=37.21$

表 12.2 分部分项工程和单价措施项目清单与计价表

序号	项目编码	项目名称	项目特征描述	计量单位	工程数量
1	011002002001	防腐砂浆面层	1. 防腐部位：地面 2. 厚度：30mm 3. 砂浆种类、配合比：耐酸沥青砂浆，配合比为 1.2：1.3：3.5	m²	37.21

12.1.2 任务实施：保温、隔热、防腐工程工程量清单的编制

根据任务描述中的内容（图 12.1 和图 12.2），参考清单计价规范完成下列清单工程量的计算，如表 12.3 和表 12.4 所示。

表 12.3 清单工程量计算表

序号	项目编码	项目名称	计量单位	数量	计算式
1	011001001001	屋面保温	m²	91.17	$S=11.34\times8.04=91.17$
2	011001003001	保温墙面		137.67	墙面：$S1=[(10.74+0.24)+(7.44+0.24)]\times2\times3.9-(1.2\times2.4+2.1\times1.8+1.2\times1.8\times2)=134.57$ 门窗侧边：$S2=[(2.1+1.8)\times2+(1.2+1.8)\times4+(2.4+1.2)]\times0.12=3.1$

表 12.4　分部分项工程和单价措施项目清单与计价表

序号	项目编码	项目名称	项目特征	计量单位	工程数量
1	011001001001	屋面保温	1. 材料品种：1∶12 水泥珍珠岩 2. 保温厚度：最薄处 60mm		91.17
2	011001003001	保温墙面	1. 保温隔热部位：墙面 2. 保温隔热方式：外保温 3. 保温隔热面层材料品种、厚度：25mm 厚胶粉聚苯颗粒 4. 基层材料：5mm 厚界面砂浆 5. 铺网格布，抹防渗抗裂砂浆	m²	137.67

■知识链接

清单计价规范附录（表 12.5～表 12.7）。

表 12.5　保温、隔热（编码：011001）

项目编码	项目名称	项目特征	计量单位	工程量计算规则	工作内容
011001001	保温隔热屋面	1. 保温隔热材料品种、规格、厚度 2. 隔气层材料品种、厚度 3. 黏结材料种类、做法 4. 防护材料种类、做法		按设计图示尺寸以面积计算。扣除面积>0.3m² 孔洞及占位面积	1. 基层清理 2. 刷黏结材料 3. 铺粘保温层 4. 铺、刷（喷）防护材料
011001002	保温隔热天棚	1. 保温隔热面层材料品种、规格、性能 2. 保温隔热材料品种、规格及厚度 3. 黏结材料种类及做法 4. 防护材料种类及做法		按设计图示尺寸以面积计算。扣除面积>0.3m² 上柱、垛、孔洞所占面积，与天棚相连的梁按展开面积计算并入天棚工程量内	
011001003	保温隔热墙面	1. 保温隔热部位 2. 保温隔热方式 3. 踢脚线、勒脚线保温做法 4. 龙骨材料品种、规格 5. 保温隔热面层材料品种、规格、性能 6. 保温隔热材料品种、规格及厚度 7. 增强网及抗裂防水砂浆种类 8. 黏结材料种类及做法 9. 防护材料种类及做法	m²	按设计图示尺寸以面积计算。扣除门窗洞口以及面积>0.3m² 梁、孔洞所占面积；门窗洞口侧壁以及与墙相连的柱，并入保温墙体工程量内	1. 基层清理 2. 刷界面剂 3. 安装龙骨 4. 填贴保温材料 5. 保温板安装 6. 粘贴面层 7. 铺设增强格网，抹抗裂、防水砂浆面层 8. 嵌缝 9. 铺、刷（喷）防护材料
011001004	保温柱、梁	1. 保温隔热部位 2. 保温隔热方式 3. 踢脚线、勒脚线保温做法 4. 龙骨材料品种、规格 5. 保温隔热面层材料品种、规格、性能 6. 保温隔热材料品种、规格及厚度 7. 增强网及抗裂防水砂浆种类 8. 黏结材料种类及做法 9. 防护材料种类及做法		按设计图示尺寸以面积计算 1. 柱按设计图示柱断面保温层中心线展开长度乘保温层高度以面积计算，扣除面积>0.3m² 梁所占面积 2. 梁按设计图示梁断面保温层中心线展开长度乘保温层长度以面积计算	

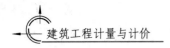

续表

项目编码	项目名称	项目特征	计量单位	工程量计算规则	工作内容
011001005	保温隔热楼地面	1. 保温隔热部位 2. 保温隔热材料品种、规格、厚度 3. 隔气层材料品种、厚度 4. 黏结材料种类、做法 5. 防护材料种类、做法	m²	按设计图示尺寸以面积计算。扣除面积>0.3m²柱、垛、孔洞等所占面积。门洞、空圈、暖气保槽、壁龛的开口部分不增加面积	1. 基层清理 2. 刷黏结材料 3. 铺粘保温层 4. 铺、刷（喷）防护材料
011001006	其他保温隔热	1. 保温隔热部位 2. 保温隔热方式 3. 隔气层材料品种、厚度 4. 保温隔热面层材料品种、规格、性能 5. 保温隔热材料品种、规格及厚度 6. 黏结材料种类及做法 7. 增强网及抗裂防水砂浆种类 8. 防护材料种类及做法		按设计图示尺寸以展开面积计算。扣除面积>0.3m²孔洞及占位面积	1. 基层清理 2. 刷界面剂 3. 安装龙骨 4. 填贴保温材料 5. 保温板安装 6. 粘贴面层 7. 铺设增强格网，抹抗裂防水砂浆面层 8. 嵌缝 9. 铺、刷（喷）防护

表 12.6 防腐面层（编码：011002）

项目编码	项目名称	项目特征	计量单位	工程量计算规则	工作内容
011002001	防腐混凝土面层	1. 防腐部位 2. 面层厚度 3. 混凝土种类 4. 胶泥种类、配合比	m²	按设计图示尺寸以面积计算 1. 平面防腐：扣除凸出地面的构筑物、设备基础等以及面积>0.3m²孔洞、柱、垛等所占面积，门洞、空圈、暖气包槽、壁龛的开口部分不增加面积 2. 立面防腐：扣除门、窗、洞口以及面积>0.3m²孔洞、梁所占面积，门、窗、洞口侧壁、垛凸出部分按展开面积并入墙面积内	1. 基层清理 2. 基层刷稀胶泥 3. 混凝土制作、运输、摊铺、养护
011002002	防腐砂浆面层	1. 防腐部位 2. 面层厚度 3. 砂浆、胶泥种类、配合比			1. 基层清理 2. 基层刷稀胶泥 3. 砂浆制作、运输、摊铺、养护
011002003	防腐胶泥面层	1. 防腐部位 2. 面层厚度 3. 胶泥种类、配合比			1. 基层清理 2. 胶泥调制、摊铺
011002004	玻璃钢防腐面层	1. 防腐部位 2. 玻璃钢种类 3. 贴布材料的种类、层数 4. 面层材料品种			1. 基层清理 2. 刷底漆、刮腻子 3. 胶浆配制、涂刷 4. 粘布、涂刷面层
011002005	聚氯乙烯板面层	1. 防腐部位 2. 面层材料品种、厚度 3. 黏结材料种类			1. 基层清理 2. 配料、涂胶 3. 聚氯乙烯板铺设
011002006	块料防腐面层	1. 防腐部位 2. 块料品种、规格 3. 黏结材料种类 4. 勾缝材料种类			1. 基层清理 2. 铺贴块料 3. 胶泥调制、勾缝

续表

项目编码	项目名称	项目特征	计量单位	工程量计算规则	工作内容
011002007	池、槽块料防腐面层	1. 防腐池、槽名称、代号 2. 块料品种、规格 3. 黏结材料种类 4. 勾缝材料种类	m²	按设计图示尺寸以展开面积计算	1. 基层清理 2. 铺贴块料 3. 胶泥调制、勾缝

表 12.7　其他防腐（编码：011003）

项目编码	项目名称	项目特征	计量单位	工程量计算规则	工作内容
011003001	隔离层	1. 隔离层部位 2. 隔离层材料品种 3. 隔离层做法 4. 粘贴材料种类	m²	按设计图示尺寸以面积计算 1. 平面防腐：扣除凸出地面的构筑物、设备基础等以及面积>0.3m²孔洞、柱、垛等所占面积，门洞、空圈、暖气包槽、壁龛的开口部分不增加面积 2. 立面防腐：扣除门、窗、洞口以及面积>0.3m²孔洞、梁所占面积，门、窗、洞口侧壁、垛凸出部分按展开面积并入墙面积内	1. 基层清理、刷油 2. 煮沥青 3. 胶泥调制 4. 隔离层铺设
011003002	砌筑沥青浸渍砖	1. 砌筑部位 2. 浸渍砖规格 3. 浸渍砖砌法（平砌、立砌）	m³	按设计图示尺寸以体积计算	1. 基层清理 2. 胶泥调制 3. 浸渍砖铺砌
011003003	防腐涂料	1. 涂刷部位 2. 基层材料类型 3. 涂料品种、刷涂遍数	m²	按设计图示尺寸以面积计算 1. 平面防腐：扣除凸出地面的构筑物、设备基础等以及面积>0.3m²孔洞、柱、垛等所占面积，门洞、空圈、暖气包槽、壁龛的开口部分不增加面积 2. 立面防腐：扣除门、窗、洞口以及面积>0.3m²孔洞、梁所占面积，门、窗、洞口侧壁、垛凸出部分按展开面积并入墙面积内	1. 基层清理 2. 刮腻子 3. 刷涂料

任务 12.2　工程量清单计价

【知识目标】　1. 掌握保温、隔热、防腐工程计价工程量计算的相关规定。

　　　　　　　2. 掌握保温、隔热、防腐工程综合单价的编制过程。

　　　　　　　3. 在理解的基础上掌握保温、隔热、防腐工程计价方法。

【能力目标】　能根据给定图纸及相关要求独立完成保温、隔热、防腐工程综合单价的编制，并能自主报价。

【任务描述】　根据图 12.1 和图 12.2 的内容：

（1）试计算保温隔热屋面、墙面计价工程量并填入计价工程量计算表。

（2）试计算以上项目的综合单价，并填入综合单价计算表中。

12.2.1 相关知识：计价工程量的计算方法

要进行综合单价的编制，首先需要根据《湖北省房屋建筑与装饰工程消耗量定额及全费用基价表》（2018）的计算规则计算计价工程量，包括保温、隔热、防腐工程。

1. 说明

1）保温、隔热工程

（1）保温隔热定额仅包括保温隔热层材料的铺贴，不包括隔气防潮、保护层或衬墙等。

（2）保温层的保温材料配合比、材质、厚度与设计不同时，可以换算调整。

（3）柱面保温根据墙面保温定额项目人工乘以系数1.19，材料乘以系数1.04。

（4）各类保温隔热涂料，如实际与定额取定厚度不同时，材料含量可以调整，人工不变。

（5）弧形墙墙面保温隔热层，按相应项目的人工乘以系数1.1。

（6）抗裂保护层工程如采用塑料膨胀螺栓固定时，每1m²增加：人工0.03工日，塑料膨胀螺栓6.12套。

2）防腐工程

（1）各种胶泥、砂浆、混凝土配合比以及各种整体面层的厚度，当与设计不同时，可以换算。定额中已综合考虑各种块料面层的结合层、胶结料厚度及灰缝宽度。

（2）整体面层踢脚板按整体面层相应项目执行，块料面层踢脚板按立面砌块相应项目人工乘以系数1.2。

（3）块料防腐中面层材料的规格、材质与定额不同时，可以调整换算。

保温隔热天棚、墙面和地面

2. 计价工程量

1）保温隔热工程

（1）屋面保温隔热层工程量按设计图示尺寸以面积计算。扣除面积＞0.3m²的孔洞所占面积。其他项目按设计图示尺寸以定额项目规定的计量单位计算。

当保温层兼做找坡时，如图12.5所示。

屋面保温层平均厚度＝保温层宽度÷2×坡度÷2＋最薄处厚度　　　（12.1）

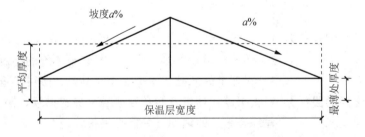

图12.5　保温层平均厚度计算示意图

（2）天棚保温隔热层工程量按设计图示尺寸以面积计算。扣除面积＞0.3m²的柱、垛、孔洞所占面积，与天棚相连的梁按展开面积计算，其工程量并入天棚内。

（3）墙面保温隔热层工程量按设计图示尺寸以面积计算。扣除门窗洞口及面积＞0.3m²

的梁、孔洞所占面积；门窗洞口侧壁以及与墙相连的柱，并入保温墙体工程量内。墙体及混凝土板下铺贴隔热层不扣除木框架及木龙骨的体积。其中外墙按隔热层中心线长度计算，内墙按隔热层净长度计算。

（4）柱、梁保温隔热层工程量按设计图示尺寸以面积计算。柱按设计图示柱断面保温层中心线展开长度乘高度以面积计算，扣除面积＞0.3m²的梁所占面积。梁按设计图示梁断面保温层中心线展开长度乘以保温层长度以面积计算。

（5）楼地面保温隔热层工程量按设计图示尺寸以面积计算。扣除柱、垛及单个面积＞0.3m²的孔洞所占面积。

（6）其他保温隔热层工程量按设计图示尺寸以面积计算。扣除面积＞0.3m²的孔洞及占位面积。

（7）大于 0.3m²的孔洞侧壁周围及梁头、连系梁等其他零星工程保温隔热工程量，并入墙面的保温隔热工程量内。

（8）柱帽保温隔热层，并入天棚保温隔热层工程量内。

（9）屋面预制混凝土架空隔热板、屋面预制纤维板水泥架空板凳按设计图示尺寸以面积计算。

2）防腐工程

（1）防腐工程面层、隔离层及防腐油漆工程量均按设计图示尺寸以面积计算。

（2）平面防腐工程量应扣除凸出地面的构筑物、设备基础等以及面积＞0.3m²的孔洞、柱、垛等所占面积，门洞、空圈、暖气包槽、壁龛的开口部分不增加。

$$防腐平面工程量＝设计图示净长×净宽－应扣面积 \qquad (12.2)$$

（3）立面防腐工程量应扣除门、窗、洞口以及面积＞0.3m²的孔洞、梁所占面积，门、窗、洞口侧壁、垛凸出部分按展开面积并入墙面内。

（4）踢脚板防腐工程量按设计图示长度乘高度以面积计算，扣除门洞所占面积，并相应增加洞口侧壁展开面积。

【案例 12.2】依据案例 12.1，计算该项目的计价工程量，并填入计价工程量计算表中。

【解】按照《湖北省房屋建筑与装饰工程消耗量定额及全费用基价表》（2018）（结构·屋面）列项计算，如表 12.8 所示。

表 12.8　计价工程量计算表

序号	项目编码	项目名称	计量单位	数量	计算式
1	011002002001	防腐砂浆面层	m²	37.21	
	A7-148	30mm 厚耐酸沥青砂浆	m²	37.21	同清单工程量

12.2.2　任务实施：保温、隔热、防腐工程计价工程量与综合单价编制

步骤一：编制计价工程量。

根据图 12.1 和图 12.2 的内容，在掌握计价工程量计算方法和设计图纸要求的基础上，计算清单项目的计价工程量（表 12.9）。

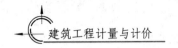

表 12.9　计价工程量计算表

序号	项目编码	项目名称	计量单位	数量	计算式
1	011001001001	保温屋面	m²	91.17	
	A7-15	现浇水泥珍珠岩	m²	91.17	$H_{保温层平均厚度}＝8.04÷2×2\%÷2＋0.06＝0.1m$ S 同清单工程量
2	011001003001	保温墙面	m²	137.67	
	A7-74	25mm 厚胶粉聚苯颗粒外墙保温	m²	137.67	同清单工程量

步骤二：编制综合单价。

根据图 12.1 和图 12.2 的内容，查《湖北省房屋建筑与装饰工程消耗量定额及全费用基价表》（2018）（结构·屋面），得出以下内容，如表 12.10 所示，综合单价分析表如表 12.11 所示（综合单价的计算方法见任务 1.4 的综合单价编制）。

表 12.10　《湖北省房屋建筑与装饰工程消耗量定额及全费用基价表》（2018）摘录　单位：元

序号	定额编号	项目名称	计量单位	人工费	材料费	机械费
1	A7-15	现浇水泥珍珠岩	100m²	751.14	1354.41	—
2	A7-74	25mm 厚胶粉聚苯颗粒外墙保温	100m²	1682.52	781.26	70.09

表 12.11　工程量清单综合单价分析表

项目编码	项目名称	计量单位	定额编号	定额名称	定额单位	数量	单价（元）人工费	材料费	机械费	管理费和利润	合价（元）人工费	材料费	机械费	管理费和利润	综合单价（元）
011001001001	屋面保温	m²	A7-15	现浇水泥珍珠岩	100m²	0.01	751.14	1354.41	0	360.55	7.51	13.54	0	3.61	24.65
011001003001	保温墙面	m²	A7-74	25mm 厚胶粉聚苯颗粒外墙保温	100m²	0.01	1682.52	781.26	70.09	841.25	16.83	7.81	0.7	8.41	33.75

项目

单价措施项目清单计价

■学习提示 措施项目是指为了完成工程施工,发生于该工程施工前和施工
过程中主要技术、生活、安全等方面的非工程实体项目,包括
总价措施项目和单价措施项目,其中单价措施项目又包括脚手
架、混凝土模板及支架(撑)、垂直运输、超高施工增加、大
型机械设备进出场及安拆和施工排水、降水。单价措施项目清
单计价的综合单价按消耗量定额,并结合工程的施工组织设计
或施工方案计算。

■能力目标 1. 能计算单价措施项目清单工程量。

2. 能计算单价措施项目计价工程量。

3. 能编制单价措施项目综合单价。

■知识目标 1. 掌握单价措施项目工程量清单的编制。

2. 掌握湖北省定额中单价措施项目计价工程量的计算规则。

3. 掌握清单工程量与计价工程量的区别。

4. 熟悉综合单价的编制方法。

■规范标准 1.《建设工程工程量清单计价规范》(GB 50500—2013)。

2.《房屋建筑与装饰工程工程量计算规范》(GB 50854—2013)。

3.《湖北省房屋建筑与装饰工程消耗量定额及全费用基价表》
(2018)。

4.《湖北省建筑安装工程费用定额》(2018)。

任务 *13.1* 脚手架工程

【知识目标】 1. 掌握脚手架工程清单工程量及计价工程量计算的相关规定。
2. 掌握脚手架工程量清单的编制过程。
3. 熟悉脚手架工程计算方法，编制综合单价。

【能力目标】 能根据给定图纸及相关要求独立完成脚手架工程量清单及综合单价的编制。

【任务描述】 某框架结构教学楼（图 13.1），分别由图示 A、B、C 单元楼组成一幢整体建筑，室外地坪标高−0.450m。A 楼 15 层，檐口滴水标高 46.50m。每层建筑面积 500m²；B 楼、C 楼均为 10 层，檐口滴水标高均为 31.80m，每层建筑面积 300m²。
（1）试完成该教学楼脚手架工程的分部分项工程量清单的编制。
（2）试计算该教学楼脚手架工程计价工程量，并填入计价工程量计算表中。
（3）试计算脚手架工程各项目的综合单价，并填入综合单价分析表。

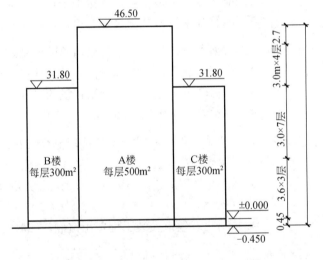

图 13.1 某教学楼框架示意图

13.1.1 相关知识：脚手架工程工程量清单与计价工程量

要想进行工程量清单编制，需要先了解脚手架工程量计算的一般规则以及清单工程量计算规则。

1．工程量清单的编制

1）一般规则

（1）使用综合脚手架时，不再使用外脚手架、里脚手架等单项脚手架；综合脚手架适用于能够按"建筑面积计算规则"计算建筑面积的建筑工程脚手架，不适用于房屋加层、构筑物及附属工程脚手架。

脚手架工程的
工程量清单编制

（2）同一建筑物有不同檐高时，按建筑物竖向切面分别按不同檐高编列清单项目。

（3）整体提升架已包括 2m 高的防护架体设施。

（4）脚手架材质可以不描述，但应注明由投标人根据工程实际情况按照国家现行标准《建筑施工扣件式钢管脚手架安全技术规范》（JGJ 130—2011）、《建筑施工附着升降脚手架管理暂行规定》（建〔2000〕230 号）等规范自行确定。

2）清单工程量计算规则（编码：011701）

（1）综合脚手架按建筑面积计算。

（2）外脚手架、里脚手架按所服务对象的垂直投影面积计算。

（3）悬空脚手架按搭设的水平投影面积计算。

（4）挑脚手架按搭设长度乘以搭设层数以延长米计算。

（5）满堂脚手架按搭设的水平投影面积计算。

（6）整体提升架按所服务对象的垂直投影面积计算。

（7）外装饰吊篮按所服务对象的垂直投影面积计算。

2．计价工程量

要想进行综合单价的编制，需要先计算计价工程量，根据《湖北省房屋建筑与装饰工程消耗量定额及全费用基价表》（2018）的计算规则，包括综合脚手架、单项脚手架及其他脚手架等。

1）说明

（1）建筑物檐高以设计室外地坪至檐口滴水高度（平屋顶指屋面板底高度，斜屋面指外墙外边线与斜屋面板底的交点）为准。凸出主体建筑屋顶的楼梯间、电梯间、水箱间、屋面天窗等不计入檐口高度之内。

（2）综合脚手架包括外墙砌筑及外墙粉饰、3.6m 以内的内墙砌筑及混凝土浇捣用脚手架以及内墙面和天棚粉饰脚手架。

单层建筑综合脚手架适用于檐高 20m 以内的单层建筑工程。凡单层建筑工程执行单层建筑综合脚手架项目，二层及二层以上的建筑工程执行多层建筑综合脚手架项目，地下室执行地下室综合脚手架项目。

按建筑面积计算的综合脚手架，是按一个整体工程考虑的。当建筑工程（主体结构）与装饰装修工程不是一个单位施工时，建筑工程综合脚手架按定额子目的 80% 计算，装饰装修工程另按实际使用的单项脚手架或其他脚手架计算。

执行综合脚手架有下列情况者可另执行单项脚手架项目。

① 满堂基础或者高度（垫层上皮至基础顶面）在 1.2m 以上的混凝土或钢筋混凝土基础按满堂脚手架基本层定额乘以系数 0.3；高度超过 3.6m，每增加 1m 按满堂脚手架增加层

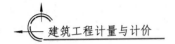

定额乘以系数 0.3。

② 独立柱、现浇混凝土单（连续）梁、施工高度超过 3.6m 的框架柱、剪力墙，柱、梁、墙分别按柱周长、梁长、墙长乘以操作高度的面积执行双排外脚手架定额项目乘以系数 0.3。

③ 砌筑高度在 3.6m 以上的砖及砌块内墙，按墙长乘以操作高度的面积执行双排脚手架定额乘以系数 0.3。

④ 砌筑高度在 1.2m 以上的屋顶烟囱的脚手架，按设计图示烟囱外围周长另加 3.6m 乘以烟囱出屋顶高度以面积计算，执行里脚手架项目。

⑤ 砌筑高度在 1.2m 以上的管沟墙及砖基础（含砖胎模），按设计图示砌筑长度乘以高度以面积计算，执行里脚手架项目。

⑥ 高度在 3.6m 以上，墙面装饰不能利用原砌筑脚手架时，执行内墙面粉饰脚手架项目。层高超过 3.6m 天棚，需抹灰、刷油、吊顶等装饰者，可计算满堂脚手架。室内凡计算了满堂脚手架，墙面装饰不再计算墙面粉饰脚手架，只按每 $100m^2$ 墙面垂直投影面积增加改架一般技工 1.28 工日。

⑦ 幕墙施工的吊篮费用实际发生时，按批准的施工方案计算。

⑧ 按照建筑面积计算规范的有关规定未计入建筑面积，但施工过程中需搭设脚手架的施工部位以及不适宜使用综合脚手架的项目，均可按相应的单项脚手架项目执行。

（3）单项脚手架。

① 外脚手架消耗量中已综合斜道、上料平台、护卫栏杆等。

② 建筑物外墙脚手架，设计室外地坪至檐口的砌筑高度在 15m 以下的按单排脚手架计算；砌筑高度在 15m 以上或砌筑高度虽不足 15m，但外墙门窗及装饰面积超过外墙表面积 60%以上时，执行双排脚手架项目。

③ 建筑物内墙脚手架，设计室内地坪至板底（或山墙高度的 1/2 处）的砌筑高度在 3.6m 以内的，执行里脚手架项目。

④ 层高 3.6m 以内内墙、柱面、天棚面装饰用架，执行 3.6m 以内墙、柱面及天棚面粉饰用架。

⑤ 围墙脚手架，室外地坪至围墙顶面的砌筑高度在 3.6m 以内的，按里脚手架执行；砌筑高度在 3.6m 以外的，执行单排外脚手架项目。

⑥ 悬空脚手架适用于有露明屋架的屋面板勾缝、油漆或喷浆等部位。

⑦ 整体提升架适用于高层建筑的外墙施工。

2）计算规则

（1）综合脚手架。

综合脚手架按设计图示尺寸以建筑面积计算。同一建筑物有不同檐高且上层建筑面积小于下层建筑面积 50%时，纵向分割，分别计算建筑面积，并按各自的檐高执行相应项目。

（2）单项脚手架。

① 外脚手架、整体提升架按外墙外边线长度（含墙垛及附墙井道）乘以外墙高度以面积计算。

② 计算内、外墙脚手架时，均不扣除门、窗、洞口、空圈等所占面积。同一建筑物高度不同时，应按不同高度分别计算。

③ 里脚手架按墙面垂直投影面积计算，均不扣除门、窗、洞口、空圈等所占面积。

④ 满堂脚手架按室内净面积计算,其高度在 3.6～5.2m 之间时计算基本层,5.2m 以外,每增加 1.2m 计算一个增加层,达到 0.6m 按一个增加层计算,不足 0.6m 按一个增加层乘以系数 0.5 计算。计算公式为

$$满堂脚手架增加层 = (室内净高 - 5.2)/1.2m$$

⑤ 整体提升架按提升范围的外墙外边线长度乘以外墙高度以面积计算,不扣除门窗、洞口所占面积。

⑥ 挑脚手架按搭设长度乘以层数以长度计算。

⑦ 悬空脚手架按搭设水平投影面积计算。

⑧ 吊篮脚手架按外墙垂直投影面积计算,不扣除门窗洞口所占面积。

⑨ 内墙面粉饰脚手架按内墙面垂直投影面积计算,不扣除门窗洞口所占面积。

⑩ 挑出式安全网按挑出的水平投影面积计算。

(3)其他脚手架。

电梯井架按单孔以座计算。

13.1.2 任务实施:脚手架工程工程量清单与综合单价分析表的编制

1. 工程量清单的编制

根据任务描述中的内容,如图 13.1 所示,该教学楼项目可以计算建筑面积,但有两个不同檐高,所以应按两个综合脚手架项目列项,参考清单计价规范完成以下清单工程量的计算,如表 13.1 和表 13.2 所示。

表 13.1 清单工程量计算表

序号	项目编码	项目名称	计量单位	数量	计算式
1	011701001001	综合脚手架	m²	7500	500×15=7500
2	011701001002	综合脚手架	m²	6000	300×10×2=6000

表 13.2 分部分项工程和单价措施项目清单与计价表

序号	项目编码	项目名称	项目特征描述	计量单位	工程数量
1	011701001001	综合脚手架	1. 建筑结构形式:框架结构 2. 檐口高度:46.95m	m²	7500
2	011701001002	综合脚手架	1. 建筑结构形式:框架结构 2. 檐口高度:32.25m	m²	6000

2. 综合单价的编制

步骤一:编制计价工程量。

根据计价工程量计算方法和设计图纸要求,计算下列清单项目(表 13.3)。

表 13.3 计价工程量计算表

序号	项目编码	项目名称	计量单位	数量	计算式
1	011701001001	综合脚手架	m²	7500	
	A17-10	多层建筑综合脚手架檐高 50m 以内	m²	7500	500×15=7500
2	011701001002	综合脚手架	m²	6000	
	A17-9	多层建筑综合脚手架檐高 40m 以内	m²	6000	600×10=6000

步骤二：编制综合单价。

根据查《湖北省房屋建筑与装饰工程消耗量定额及全费用基价表》（2018）（结构·屋面），查得以下内容，如表 13.4 所示，综合单价分析表如表 13.5 和表 13.6 所示（综合单价的计算方法见任务 1.4 的综合单价编制）。

表 13.4 《湖北省房屋建筑与装饰工程消耗量定额及全费用基价表》（2018）摘录 单位：元

序号	定额编号	项目名称	计量单位	人工费	材料费	机械费
1	A17-10	多层建筑综合脚手架檐高 50m 以内	100m²	1191.45	5761.96	186.54
2	A17-9	多层建筑综合脚手架檐高 40m 以内	100m²	1029.51	5001.25	188.70

表 13.5 综合单价分析表（一）

项目编码	011701001001		项目名称	综合脚手架		计量单位	m²	数量	7500
清单综合单价组成明细									
定额编码	定额名称	定额单位	数量	单价（元）				合价（元）	

定额编码	定额名称	定额单位	数量	人工费	材料费	机械费	管理费和利润	人工费	材料费	机械费	管理费和利润
A17-10	多层建筑综合脚手架 檐高 50m 以内	100m²	0.01	1191.45	5761.96	186.54	661.44	11.91	57.62	1.87	6.61
小计								11.91	57.62	1.87	6.61
清单项目综合单价（元）								78.02			

表 13.6 综合单价分析表（二）

项目编码	011701001002	项目名称	综合脚手架	计量单位	m²	数量	6000

定额编码	定额名称	定额单位	数量	人工费	材料费	机械费	管理费和利润	人工费	材料费	机械费	管理费和利润
A17-9	多层建筑综合脚手架 檐高 40m 以内	100m²	0.01	1029.51	5001.25	188.70	584.74	10.30	50.01	1.89	5.85
小计								10.30	50.01	1.89	5.85
清单项目综合单价（元）								68.04			

■知识链接

清单计价规范附录（表 13.7）。

表 13.7 脚手架工程（编码：011701）

项目编码	项目名称	项目特征	计量单位	工程量计算规则	工作内容
011701001	综合脚手架	1. 建筑结构形式 2. 檐口高度	m²	按建筑面积计算	1. 场内、场外材料搬运 2. 搭、拆脚手架、斜道、上料平台 3. 安全网的铺设 4. 选择附墙点与主体连接 5. 测试电动装置、安全锁等 6. 拆除脚手架后材料的堆放

续表

项目编码	项目名称	项目特征	计量单位	工程量计算规则	工作内容
011701002	外脚手架	1. 搭设方式 2. 搭设高度 3. 脚手架材质	m²	按所服务对象的垂直投影面积计算	1. 场内、场外材料搬运 2. 搭、拆脚手架、斜道、上料平台 3. 安全网的铺设 4. 拆除脚手架后材料的堆放
011701003	里脚手架				
011701004	悬空脚手架	1. 搭设方式 2. 悬挑宽度 3. 脚手架材质		按搭设的水平投影面积计算	
011701005	挑脚手架		m	按搭设长度乘以搭设层数以延长米计算	
011701006	满堂脚手架	1. 搭设方式 2. 搭设高度 3. 脚手架材质	m²	按搭设的水平投影面积计算	
011701007	整体提升架	1. 搭设方式及启动装置 2. 搭设高度		按所服务对象的垂直投影面积计算	1. 场内、场外材料搬运 2. 选择附墙点与主体连接 3. 搭、拆脚手架、斜道、上料平台 4. 安全网的铺设 5. 测试电动装置、安全锁等 6. 拆除脚手架后材料的堆放
011701008	外装饰吊篮	1. 升降方式及启动装置 2. 搭设高度及吊篮型号		按所服务对象的垂直投影面积计算	1. 场内、场外材料搬运 2. 吊篮的安装 3. 测试电动装置、安全锁、平衡控制器等 4. 吊篮的拆卸

综合实训——脚手架工程清单工程量计算方法的运用

【实训目标】　1. 进一步掌握脚手架工程清单工程量编制方法的运用。
　　　　　　　2. 熟悉脚手架工程量的计算方法。

【能力要求】　能根据给定图纸及相关要求快速、准确完成脚手架工程量清单编制。

【实训描述】　根据本书附后的工程实例"某办公室"施工图纸（建施 01-05）完成脚手架工程的清单工程量编制。

【任务实施】本工程室外地坪标高为－0.45m，檐口滴水标高为 5.57m，故檐高为 6.02m。按建筑面积设置综合脚手架项目即可。

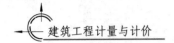

任务 *13.2* 混凝土模板及支架（撑）工程

【知识目标】
1. 掌握混凝土模板及支架（撑）工程清单工程量及计价工程量计算的相关规定。
2. 掌握混凝土模板及支架（撑）工程量清单的编制过程。
3. 熟悉混凝土模板及支架（撑）工程计算方法，编制综合单价。

【能力目标】 能根据给定图纸及相关要求独立完成混凝土模板及支架（撑）工程量清单及综合单价的编制。

【任务描述】 如图 13.2 所示，某框架结构建筑物某层现浇钢筋混凝土柱梁板结构图（柱外边线与梁外边线重合），层高 3.0m，其中板厚为 120mm，梁、板顶标高为+6.00m，柱的区域部分为（+3.0m～+6.00m）。招标文件要求，模板单列，不计入混凝土实体项目综合单价，采用胶合板模板（不采用清水模板）。

（1）试列出该层现浇混凝土柱、梁、板模板工程的分部分项工程量清单。

（2）试计算现浇混凝土柱、梁和板的模板的计价工程量，并填入计价工程量计算表中。

（3）试计算现浇混凝土柱、梁和板的综合单价，并填入综合单价分析表。

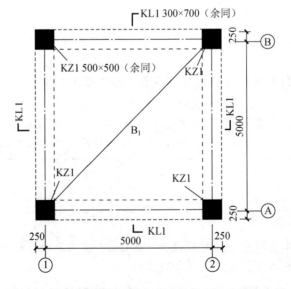

图 13.2 某现浇混凝土及钢筋混凝土柱梁板结构示意图

13.2.1　相关知识：混凝土模板及支架（撑）工程工程量清单与计价工程量

要想进行工程量清单编制，需要先了解混凝土模板及支架（撑）工程量计算的一般规则以及清单工程量的基本概念。

基础模板

1. 工程量清单的编制

1）一般规则

（1）混凝土模板及支撑（支架）项目，只适用于以"m^2"计量的项目，以"m^3"计量的模板及支撑（支架）项目，按混凝土及钢筋混凝土实体项目执行，其综合单价中应包含模板及支撑（支架）。

柱模板

（2）个别混凝土项目的模板及支撑（支架）在《建设工程工程量清单计价规范》（GB 50500—2013）中未列，例如垫层等，按混凝土及钢筋混凝土实体项目执行，其综合单价中应包括模板及支撑。

（3）原槽浇灌的混凝土基础，不计算模板。

（4）采用清水模板时，应在特征中注明。

板模板

（5）若现浇混凝土梁、板支撑高度超过 3.6m 时，项目特征应描述支撑高度。

2）清单工程量计算规则（编码：011702）

（1）混凝土基础、柱、梁、墙、板按模板与现浇混凝土构件的接触面积以"m^2"计算。

① 现浇钢筋混凝土墙、板单孔面积≤0.3m^2的孔洞不予扣除，洞侧壁模板亦不增加；单孔面积＞0.3m^2时应予以扣除，洞侧壁模板面积并入墙、板工程量内计算。

② 现浇框架分别按梁、板、柱有关规定计算：附墙柱、暗梁、暗柱并入墙内工程量计算。

③ 柱、梁、墙、板相互连接的重叠部分，均不计算模板面积。

④ 构造柱按图示外露部分计算模板面积。

（2）混凝土天沟、檐沟、其他现浇构件、电缆沟、地沟、扶手、散水、后浇带、化粪池、检查井等按模板与现浇混凝土构件的接触面积以"m^2"计算。

（3）混凝土雨篷、悬挑板、阳台板按图示外挑部分尺寸的水平投影面积以"m^2"计算，挑出墙外的悬臂梁及板边不另计算。

（4）混凝土楼梯按楼梯（包括休息平台、平台梁、斜梁和楼层板的连接梁）的水平投影面积以"m^2"计算，不扣除宽度≤500mm 的楼梯井所占面积，楼梯踏步、踏步板、平台梁等侧面模板不另计算，伸入墙内部分亦不增加。

（5）混凝土台阶按图示台阶水平投影面积计算，台阶端头两侧不另计算模板面积。架空式混凝土台阶，按现浇楼梯计算。

2. 计价工程量

要想进行综合单价的编制，需要先计算计价工程量，根据《湖北省房屋建筑与装饰工程消耗量定额及全费用基价表》（2018）的计算规则，包括现浇混凝土和预制混凝土模板及支架（撑）工程量。

1）说明

（1）现浇混凝土梁、板、柱、墙的支模高度基本层按 3.6m 列项，支模高度小于等于3.6m、支模高度超过 3.6m、支模高度超过 8m、支模高度超过 20m、支模高度超过 30m，如表 13.8 所示。

表 13.8 支模高度不同时的套项取定表

序号	支模高度	模板套项	模板工程量
1	≤3.6m	支模高度 3.6m 以内	全部
2	>3.6m≤8m	支模高度 3.6m 以内	全部
		高度超过 3.6m，每增加 1m	超高部分工程量×超高米数
3	>8m≤20m	支模高度 8m 以内	全部
		高度超过 8m，每增加 1m	超高部分工程量×超高米数
4	>20m≤30m	支模高度 20m 以内	全部
		高度超过 20m，每增加 1m	超高部分工程量×超高米数
5	>30m	施工方案	

（2）圆弧带形基础模板执行带形基础模板项目，人工、材料、机械乘以系数 1.15。

（3）地下室底板模板执行满堂基础子目；满堂基础模板包括集水井模板杯壳。

（4）基础砖胎模执行砖基础相应项目。

（5）独立桩承台执行独立基础子目；带形桩承台执行带形基础项目；与满堂基础相连的桩承台执行满堂基础项目。高杯基础杯口高度大于杯口大边长 3 倍以上时，杯口高度部分执行柱项目，杯形基础执行独立基础项目。

（6）柱模板如遇弧形与异形组合时，执行圆柱项目。

（7）短肢剪力墙是指截面厚度≤300mm，各肢截面高度与厚度之比的最大值大于 4，但小于等于 8 的剪力墙；各肢截面高度与厚度之比的最大值≤4 的剪力墙执行柱子目。

（8）板中暗梁并入板内计算；墙、梁弧形且半径≤9m 时，执行弧形墙、梁子目。现浇空心板执行平板项目，内模安装另行计算。

（9）梁中间距≤1m 或井字（梁中）面积≤5m² 时，套用密肋梁、井字板定额。

（10）梁板结构的弧形有梁板按有梁板计算外，再按弧形梁的模板接触面积计算工程量，执行弧形有梁板增加费项目。

（11）型钢组合混凝土构件模板，按构件相应项目执行。

（12）屋面混凝土女儿墙高度大于 1.2m 时执行相应墙项目，小于等于 1.2m 时执行相应栏板项目。

（13）混凝土栏板高度（含压顶扶手及翻沿），净高按 1.2m 以内考虑，超过 1.2m 时执行相应墙项目。

（14）现浇混凝土阳台板、雨篷板按三面悬挑形式编制，如一面为弧形栏板且半径≤9m 时，执行圆弧形阳台板、雨篷项目；如非三面悬挑形式的阳台、雨篷，执行梁、板相应项目。

（15）挑檐、天沟壁高度≤400mm，执行挑檐项目；挑檐、天沟壁高度>400mm 时，按全高执行栏板项目。单件体积 0.1m³ 以内，执行小型构件项目。

（16）预制板间补现浇板缝执行平板项目。

（17）现浇飘窗板、空调板执行悬挑板项目。散水模板执行垫层相应项目。

（18）楼梯是按建筑物一个自然层双跑楼梯考虑的，如单坡直行楼梯，按相应项目人工、材料、机械乘以系数 1.2；三跑楼梯，按相应项目人工、材料、机械乘以系数 0.9；四跑楼梯，按相应项目人工、材料、机械乘以系数 0.75；剪刀楼梯执行单坡直行楼梯项目。

（19）与主体结构不同时浇筑的厨房、卫生间等墙体下部现浇混凝土翻边的模板，执行圈梁项目。

（20）当设计要求为清水混凝土模板时，执行相应模板项目，并做如下调整：胶合板模板材料换算为镜面胶合板，机械不变，其人工按表 13.9 增加工日。

表 13.9　清水混凝土模板增加工日表　　　　　　　　　　单位：工日/100m²

项目	柱			梁			墙		板
	矩形柱	圆形柱	异形柱	矩形梁	异形梁	弧形、拱形梁	直形墙、弧形墙、电梯井壁墙	短肢剪力墙	有梁板、无梁板、平板
工日	4	5.2	6.2	5	5.2	5.8	3	2.4	4

2）计价工程量

（1）现浇混凝土构件模板。

① 现浇混凝土主体构件模板，除另有规定外，均按模板与混凝土的接触面积（扣除后浇带所占面积）计算。

注意：柱、墙、梁、板、栏板相互连接重叠部分，均不扣除模板面积；柱高从柱基或板上表面算至上一层楼板下表面，牛腿模板面积并入柱中；墙与板相交，墙高算至板的底面，墙对拉螺栓堵眼增加费按墙面、柱面、梁面模板接触面分别计算工程量。

② 现浇混凝土悬挑板、雨篷、阳台按外挑部分尺寸的水平投影面积计算。挑出墙外的悬臂梁及板边不另计算。

③ 现浇混凝土楼梯（包括休息平台、平台梁、斜梁和楼层板的连接梁）按水平投影面积计算。不扣除宽度≤500mm 的楼梯井所占面积，楼梯踏步、踏步板、平台梁等侧模板不另计算，伸入墙内部分亦不增加。当整体楼梯与现浇楼板无梯梁连接时，以楼梯的最后一个踏步边缘加 300mm 为界。

④ 混凝土台阶不包括梯带，按台阶水平投影面积计算，台阶端头两侧不另计算模板面积。架空式混凝土台阶，按现浇楼梯计算；场馆看台按设计尺寸，以水平投影面积计算。

⑤ 后浇带按模板与后浇带的接触面积计算。

（2）装配式工程模板。

① 后浇混凝土模板工程量按后浇混凝土与模板接触面的面积以"m²"计算，伸出后浇混凝土与预制构件抱合部分的模板面积不另计算。不扣除后浇混凝土墙、板上单孔面积小于 0.3m² 的孔洞，洞侧壁模板亦不增加；应扣除单孔面积小于等于 0.3m² 的孔洞，孔洞侧壁模板面积并入相应的墙、板模板工程量内计算。

② 铝合金模板工程量按混凝土与模板接触面积以"m²"计算。

③ 柱与梁、柱与墙、梁与梁等连接重叠部分以及伸入墙内的梁头、板头与砖接触部分，均不计算模板面积。

④ 楼梯模板工程量按水平投影面积计算。

13.2.2　任务实施：混凝土模板及支架（撑）工程工程量清单与综合单价分析表的编制

1. 工程量清单的编制

根据任务描述中的内容（图 13.2），参考清单计价规范完成清单工程量的计算，如

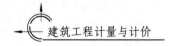

表 13.10 和表 13.11 所示。

表 13.10　清单工程量计算表

序号	项目编码	项目名称	计量单位	数量	计算式
1	011702002001	矩形柱	m²	22.13	4×(3×0.5×4−0.3×0.7×2−0.2×0.12×2)=22.13
2	011702014001	有梁板		52.29	KL1：[(5−0.5)×(0.7×2+0.3)]×4−4.5×0.12×4=28.44 板：(5.5−2×0.3)×(5.5−2×0.3)−0.2×0.2×4=23.85 合计：28.44+23.85=52.29

表 13.11　单价措施项目清单与计价表

序号	项目编码	项目名称	项目特征	计量单位	工程数量
1	011702002001	矩形柱		m²	22.13
2	011702014001	有梁板		m²	52.29

注：规范规定，若现浇混凝土梁、板支撑高度超过 3.6m 时，项目特征需要描述支撑高度，否则不描述。

2. 综合单价分析表的编制

步骤一：编制计价工程量。

根据计价工程量计算方法和设计图纸要求，计算下列清单项目（表 13.12）。

表 13.12　计价工程量计算表

序号	项目编码	项目名称	计量单位	数量	计算式
1	011702002001	矩形柱	m²	22.13	
	A16-50	矩形柱	m²	23.04	0.5×4(3−0.12)×4=23.04 （计价规则：柱、墙、梁、板、栏板相互连接重叠部分，均不扣除模板面积；柱高从柱基或板上表面算至上一层楼板下表面计算）
2	011702014001	有梁板	m²	52.29	
	A16-101	有梁板	m²	54.61	KL1：[(5−0.5)×(0.7×2+0.3)]×4=30.6 板：(5.5−2×0.3)×(5.5−2×0.3)=24.01 合计：30.6+24.01=54.61 （计价规则：柱、墙、梁、板、栏板相互连接重叠部分，均不扣除模板面积）

步骤二：编制综合单价（一般计税法）。

根据《湖北省房屋建筑与装饰工程消耗量定额及全费用基价表》（2018）（结构·屋面），查得以下内容，如表 13.13 所示，综合单价分析表如表 13.14 所示（综合单价的计算方法见任务 1.4 的综合单价编制）。

表 13.13　《湖北省房屋建筑与装饰工程消耗量定额及全费用基价表》（2018）摘录　单位：元

序号	定额编号	项目名称	计量单位	人工费	材料费	机械费
1	A16-50	矩形柱胶合板模板钢支撑 3.6m 以内	100m²	2824.24	2529.57	1.65
2	A16-101	有梁板胶合板模板钢支撑 3.6m 以内	100m²	2764.45	2482.16	2.51

表 13.14　综合单价分析表

项目编码	项目名称	计量单位	定额编号	定额名称	定额单位	数量	清单综合单价组成明细								综合单价（元）
							单价（元）				合价（元）				
							人工费	材料费	机械费	管理费和利润	人工费	材料费	机械费	管理费和利润	
011702002001	矩形柱	m²	A16-50	矩形柱胶合板模板钢支撑3.6m以内	100m²	0.0104	2824.24	2529.57	1.65	1356.43	29.40	26.34	0.02	14.12	69.88
011702014001	有梁板		A16-101	有梁板胶合板模板钢支撑3.6m以内	100m²	0.0104	2764.45	2482.16	2.51	1328.14	28.87	25.92	0.03	13.87	68.69

■知识链接

清单计价规范附录（表 13.15）。

表 13.15　混凝土模板及支架（撑）（编码：011702）

项目编码	项目名称	项目特征	计量单位	工程量计算规则	工作内容
011702001	基础	基础类型	m²	按模板与现浇混凝土构件的接触面积计算 1. 现浇钢筋混凝土墙、板单孔面积≤0.3m² 的孔洞不予扣除，洞侧壁模板亦不增加；单孔面积＞0.3m²时应予以扣除，洞侧壁模板面积并入墙、板工程量内计算 2. 现浇框架分别按梁、板、柱有关规定计算；附墙柱、暗梁、暗柱并入墙内工程量内计算 3. 柱、梁、墙、板相互连接的重叠部分，均不计算模板面积 4. 构造柱按图示外露部分计算模板面积	1. 模板制作 2. 模板安装、拆除、整理堆放及场内外运输 3. 清理模板黏结物及模内杂物、刷隔离剂等
011702002	矩形柱				
011702003	构造柱				
011702004	异性柱	柱截面形状			
011702005	基础梁	梁截面形状			
011702006	矩形梁	支撑高度			
011702007	异形梁	1. 梁截面形状 2. 支撑高度			
011702008	圈梁				
011702009	过梁				
011702010	弧形梁、拱形梁	1. 梁截面形状 2. 支撑高度			
011702011	直形墙				
011702012	弧形墙				
011702013	短肢剪力墙、电梯井壁				
011702014	有梁板				
011702015	无梁板				
011702016	平板				
011702017	拱板				
011702018	薄壳板	支撑高度			
011702019	空心板				
011702020	其他板				
011702021	栏板				

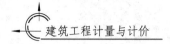

续表

项目编码	项目名称	项目特征	计量单位	工程量计算规则	工作内容
011702022	天沟、檐沟	构件类型		按模板与现浇混凝土构件的接触面积计算	
011702023	雨篷、悬挑板、阳台板	1. 构件类型 2. 板厚度		按图示外挑部分尺寸的水平投影面积计算，挑出墙外的悬臂梁及板边不另计算	
011702024	楼梯	类型		按楼梯（包括休息平台、平台梁、斜梁和楼层板的连接梁）的水平投影面积计算，不扣除宽度≤500mm 的楼梯井所占面积，楼梯踏步、踏步板、平台梁等侧面模板不另计算，伸入墙内部分亦不增加	1. 模板制作 2. 模板安装、拆除、整理堆放及场内外运输 3. 清理模板黏结物及模内杂物、刷隔离剂等
011702025	其他现浇构件	构件类型	m²	按模板与现浇混凝土构件的接触面积计算	
011702026	电缆沟、地沟	1. 沟类型 2. 沟截面		按模板与电缆沟、地沟接触的面积计算	
011702027	台阶	台阶踏步宽		按图示台阶水平投影面积计算，台阶端头两侧不另计算模板面积。架空式混凝土台阶，按现浇楼梯计算	
011702028	扶手	扶手断面尺寸		按模板与扶手的接触面积计算	
011702029	散水			按模板与散水的接触面积计算	
011702030	后浇带	后浇带部位		按模板与后浇带的接触面积计算	
011702031	化粪池	1. 化粪池部位 2. 化粪池规格		按模板与混凝土的接触面积计算	
011702032	检查井	1. 检查井部位 2. 检查井规格			

综合实训——混凝土及支架（撑）工程清单工程量编制方法的运用

【实训目标】　1. 进一步掌握混凝土模板及支架（撑）工程清单工程量计算方法的运用。

　　　　　　　2. 熟悉混凝土模板及支架（撑）工程量的计算方法。

【能力要求】　能根据给定图纸及相关要求快速、准确完成混凝土模板及支架（撑）工程量清单编制。

【实训描述】　根据本书附后的工程实例"某办公室"施工图纸（结施01-07）完成以下项目的清单工程量编制。

（1）试计算 DJ_J—05、DJ_J—08 垫层模板工程量。

（2）试计算 DJ_J—05、DJ_J—08 独立基础模板工程量。

（3）试计算 JL—1、JL—2、JL—4、JL—9 基础梁模板工程量。

（4）试计算矩形柱 KZ1 模板工程量。

（5）试计算首层构造柱⑪/1～Ⓑ轴线、①/2～⑪/B轴线、①/1～①/D轴线 GZ1 模板工程量。

（6）试计算首层矩形梁 KL5、KL12 模板工程量。

【任务实施1】 计算 DJ_J—05、DJ_J—08 垫层模板工程量。

分析：垫层应支设四面侧模。

（1）DJ_J—05＝$(2.2+0.1\times2+2+0.1\times2)\times2\times0.1\times4$
$\qquad\qquad=3.68(m^2)$

（2）DJ_J—08＝$(3+0.1\times2+2.4+0.1\times2)\times2\times0.1\times2$
$\qquad\qquad=2.32(m^2)$

【任务实施2】 计算 DJ_J—05、DJ_J—08 独立基础模板工程量。

分析：独立基础坐在垫层上，应支设四面侧模。

（1）DJ_J—05＝$(2.2+2)\times2\times0.45\times4$
$\qquad\qquad=15.12(m^2)$

（2）DJ_J—08＝$(3+2.4)\times2\times0.45\times2$
$\qquad\qquad=9.72(m^2)$

【任务实施3】 计算 JL—1、JL—2、JL—4、JL—9 基础梁模板工程量。

分析：

① 根据结构设计说明，基础梁下均有垫层，因此基础梁仅在两侧支设模板。

② 基础梁模板的计算长度与其混凝土工程量的计算长度完全相同。

③ 要注意基础梁与基础梁之间的交接面，在模板工程量的计算上是需要扣除的。

（1）JL—1＝$0.45\times2\times(6.3\times2-0.375-0.45-0.375)-0.25\times0.35-0.25\times0.45$
$\qquad\qquad=10.06(m^2)$

（2）JL—2＝$0.45\times2\times(6.3\times2-0.375-0.45-0.325)-0.25\times0.45\times2$
$\qquad\qquad=10.08(m^2)$

（3）JL—4＝$0.65\times2\times(1.5-0.375-0.125)+0.45\times2\times(23.5-0.375-0.5\times3-0.375)$
$\qquad\qquad-0.25\times0.45\times2$
$\qquad\qquad=20.20(m^2)$

（4）JL—9＝$0.45\times2\times(6.3\times3+3-0.125\times2-0.25-0.45\times2)-0.25\times0.4\times4$
$\qquad\qquad=18.05(m^2)$

【任务实施4】 计算矩形柱 KZ1 模板工程量。

分析：

① 矩形柱需要支设四面侧模，模板的支设高度同其混凝土工程量的计算高度。

② 矩形柱需扣除基础梁与其的交接面。

③ 矩形柱需扣除每层梁、板与其的交界面。

KZ1＝$(1.5-0.6+5.57)\times0.5\times4-0.3\times0.65-0.25\times0.45-0.25\times0.55\times4-$
$\qquad(0.25+0.25)\times0.1\times2-(0.25+0.25)\times0.12\times2=11.86(m^2)$

【任务实施5】 计算首层构造柱⑰～⑧轴线、①2～⑱轴线、①1～⑭轴线 GZ1 模板工程量。

分析:

① 构造柱模板的支设高度同其混凝土工程量的计算高度。

② 判断构造柱哪些侧面需要支模时,需要根据建施图中的首层平面图中构造柱四周墙体的布置情况来定。

（1）⑰～Ⓑ轴线 GZ1＝(0.25＋0.06×6)(2.77＋0.03－0.55)
$$＝1.37(m^2)$$

（2）⑰2～⑰B轴线 GZ1＝(0.25×2＋0.06×4)(2.77＋0.03－0.45)
$$＝1.74(m^2)$$

（3）⑰1～⑰4轴线 GZ1＝(0.06×8)(2.77＋0.03－0.55)
$$＝1.08(m^2)$$

【任务实施 6】计算首层矩形梁 KL5、KL12 模板工程量。

分析:

① 矩形梁应支一面底模两面侧模。

② 矩形梁模板的支设长度同其混凝土工程量的计算长度。

（1）KL5＝(0.25＋0.55×2)(2.425＋5.8)
$$＝11.10(m^2)$$

（2）KL12＝(0.25＋0.8×2)(9.6－0.25－0.375)
$$＝16.60(m^2)$$

任务 13.3 垂直运输

【知识目标】 1. 掌握垂直运输工程清单工程量及计价工程量计算的相关规定。

2. 掌握垂直运输工程量清单的编制过程。

3. 熟悉垂直运输工程计算方法,编制综合单价。

【能力目标】 能根据给定图纸及相关要求独立完成垂直运输工程量清单及综合单价的编制。

【任务描述】 某框架结构教学楼（图 13.1），分别由图示 A、B、C 单元楼组成一幢整体建筑，室外地坪标高为－0.450m。A 楼 15 层，檐口滴水标高 46.50m，每层建筑面积 500m²；B 楼、C 楼均为 10 层，檐口滴水标高均为 31.80m，每层建筑面积 300m²。

（1）试完成该教学楼垂直运输工程的分部分项工程量清单。

（2）试计算该教学楼垂直运输工程计价工程量，并填入计价工程量计算表中。

（3）试计算垂直运输工程各项目的综合单价，并填入综合单价分析表。

13.3.1　相关知识：垂直运输工程工程量清单与计价工程量

要想进行工程量清单编制，需要先了解垂直运输工程量计算的一般规则以及清单工程量的基本概念。

1. 工程量清单的编制

1）一般规则

（1）建筑物的檐口高度是指设计室外地坪至檐口滴水的高度（平屋顶系指屋面板底高度），凸出主体建筑物屋顶的电梯机房、楼梯出口间、瞭望塔、排烟机房等不计入檐口高度。

（2）垂直运输是指施工工程在合理工期内所需垂直运输机械。

（3）同一建筑物有不同檐高时，按建筑物的不同檐高做纵向分割，分别计算建筑面积，以不同檐高分别编码列项。

2）清单工程量计算规则（编码：011703）

垂直运输工程量以"m²"为计量单位，按建筑面积计算；以天计量，按施工工期日历天数计算（注：湖北省地区按"m²"计算）。

2. 计价工程量

要想进行综合单价的编制，需根据《湖北省房屋建筑与装饰工程消耗量定额及全费用基价表》（2018）的计算规则，计算计价工程量。

1）说明

（1）垂直运输工作内容，包括单位工程在合理工期内完成全部工程项目所需要的垂直运输机械台班，不包括机械的场外往返运输、一次安拆及路基铺垫和轨道铺拆等的费用。

垂直运输

（2）按建筑面积计算的垂直运输，是按一个整体工程考虑的，当建筑工程（主体结构）与装饰装修工程不是一个单位施工的时，建筑工程垂直运输按定额子目的 80%计算，装饰装修工程垂直运输按定额子目的 20%计算。

（3）檐高 3.6m 以内的单层建筑，不计算垂直运输机械台班。

（4）定额层高按 3.6m 考虑，超过 3.6m 者，应另计层高超高垂直运输增加费，每超过 1m，其超高部分按相应套用定额增加 10%，超高不足 1m 按 1m 计算。

（5）厂（库）房钢结构工程的垂直运输费用已包括在相应的安装定额项目内，不另单独计算。

2）计价工程量

（1）建筑物垂直运输，区分不同建筑物檐高按建筑面积计算。同一建筑物有不同檐高且上层建筑面积小于下层建筑面积 50%时，纵向分割，分别计算建筑面积，并按各自的檐高执行相应项目。地下室垂直运输按地下室建筑面积计算。

（2）本章按泵送混凝土考虑，如采用非泵送，垂直运输费按以下方法增加：相应项目乘以调整系数 1.08，再乘以非泵送混凝土量占全部混凝土量的百分比。

（3）基坑支护的水平支撑梁等垂直运输，按经批准的施工组织设计计算。

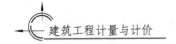

13.3.2 任务实施：垂直运输工程工程量清单与综合单价分析表的编制

1. 工程量清单的编制

根据任务描述中的内容，该教学楼项目有两个不同檐高，所以应按两个项目列项。参考清单计价规范完成清单工程量的计算，如表 13.16 和表 13.17 所示。

表 13.16　清单工程量计算表

序号	项目编码	项目名称	计量单位	数量	计算式
1	011703001001	垂直运输	m²	7500	500×15＝7500
2	011703001002	垂直运输		6000	300×10×2＝6000

表 13.17　分部分项工程和单价措施项目清单与计价表

序号	项目编码	项目名称	项目特征描述	计量单位	工程数量
1	011703001001	垂直运输	1. 建筑结构形式：框架结构 2. 檐口高度：46.95m，15 层	m²	7500
2	011703001002	垂直运输	1. 建筑结构形式：框架结构 2. 檐口高度：32.25m，10 层		6000

2. 综合单价的编制

步骤一：编制计价工程量。

根据计价工程量计算方法和设计图纸要求，该项目为多层建筑，故应按照不同檐高分别计算垂直运输费用，如表 13.18 所示。

表 13.18　计价工程量计算表

序号	项目编码	项目名称	计量单位	数量	计算式
1	011703001001	垂直运输	m²	7500	
	A18-8	20m 以上塔式起重机施工檐高 50m 以内	m²	7500	500×15＝7500
2	011703001002	垂直运输	m²	6000	
	A18-7	20m 以上塔式起重机施工檐高 40m 以内	m²	6000	300×10×2＝6000

步骤二：编制综合单价。

根据《湖北省房屋建筑与装饰工程消耗量定额及全费用基价表》（2018）（结构·屋面），查得以下内容，如表 13.19 所示，综合单价分析表如表 13.20 和表 13.21 所示（综合单价的计算方法见任务 1.4 的综合单价编制）。

表 13.19　《湖北省房屋建筑与装饰工程消耗量定额及全费用基价表》（2018）摘录　　单位：元

序号	定额编号	项目名称	计量单位	人工费	材料费	机械费
1	A18-8	20m 以上塔式起重机施工檐高 50m 以内	100m²	400.31	383.02	1880.52
2	A18-7	20m 以上塔式起重机施工檐高 40m 以内	100m²	395.13	352.62	1629.20

表 13.20   综合单价分析表（一）

项目编码	011703001001			项目名称		垂直运输		计量单位	m²	数量	7500
清单综合单价组成明细											
定额编码	定额名称	定额单位	数量	单价（元）				合价（元）			
				人工费	材料费	机械费	管理费和利润	人工费	材料费	机械费	管理费和利润
A18-8	20m 以上塔式起重机施工檐高 50m 以内	100m²	0.01	400.31	383.02	1880.52	1094.80	4	3.83	18.81	10.95
小计								4	3.83	18.81	10.95
清单项目综合单价（元）								37.59			

表 13.21   综合单价分析表（二）

项目编码	011703001002			项目名称		垂直运输		计量单位	m²	数量	6000
清单综合单价组成明细											
定额编码	定额名称	定额单位	数量	单价（元）				合价（元）			
				人工费	材料费	机械费	管理费和利润	人工费	材料费	机械费	管理费和利润
A18-7	20m 以上塔式起重机施工檐高 40m 以内	100m²	0.01	395.13	352.62	1629.20	971.68	3.95	3.53	16.29	9.72
小计								3.95	3.53	16.29	9.72
清单项目综合单价（元）								33.48			

■**知识链接**

清单计价规范附录（表 13.22）。

表 13.22   垂直运输（编码：011703）

项目编码	项目名称	项目特征	计量单位	工程量计算规则	工作内容
011703001	垂直运输	1. 建筑物建筑类型及结构形式 2. 地下室建筑面积 3. 建筑物檐口高度、层数	1. m² 2. 天	1. 按建筑面积计算 2. 按施工工期日历天数计算	1. 垂直运输机械的固定装置、基础制作、安装 2. 行走式垂直运输机械轨道的铺设、拆除、摊销

综合实训——垂直运输工程清单工程量计算方法的运用

【实训目标】 1. 进一步掌握垂直运输工程清单工程量计算方法的运用。
　　　　　　 2. 熟悉垂直运输工程量的计算方法。

【能力要求】 能根据给定图纸及相关要求快速、准确完成垂直运输工程量清单编制。

【实训描述】 根据本书附后的工程实例"某办公室"施工图纸（建施01-05）完成垂直项目的清单工程量编制。

任务实施

本工程室外地坪标高为 -0.450m，檐口滴水标高为 5.57m，故檐高为 6.02m。按建筑面积执行垂直运输项目即可。

任务 *13.4*　超高施工增加

【知识目标】　1. 掌握超高施工增加清单工程量及计价工程量计算的相关规定。
　　　　　　　2. 掌握超高施工增加工程量清单的编制过程。

【能力目标】　能根据给定图纸及相关要求独立完成超高施工增加工程量清单的编制。

【任务描述】　某框架结构教学楼（图 13.1），分别由图示 A、B、C 单元楼组成一幢整体建筑，室外地坪标高为 -0.450m。A 楼 15 层，檐口滴水标高 46.50m，每层建筑面积 500m²；B 楼、C 楼均为 10 层，檐口滴水标高均为 31.80m，每层建筑面积 300m²。试完成该教学楼垂直运输工程的分部分项工程和单价措施项目清单与计价表的编制。

13.4.1　相关知识：超高施工增加工程工程量清单与计价工程量

要想进行工程量清单编制，需要先了解超高施工增加工程量计算的一般规则以及清单工程量的计算规则。

1. 工程量清单的编制

1）一般规则

（1）单层建筑物檐口高度超过 20m，多层建筑物超过 6 层时，可按超高部分的建筑面积计算超高施工增加。计算层数时，地下室不计入层数。

（2）同一建筑物有不同檐高时，可按不同高度分别计算建筑面积，以不同檐高分别编码列项。

2）清单工程量计算规则（编码：011704）

超高施工增加按建筑物超高部分的建筑面积计算。

2. 计价工程量

要想进行综合单价的编制，需要根据《湖北省房屋建筑与装饰工程消耗量定额及全费用基价表》（2018）的计算规则，计算计价工程量。

1）说明

（1）建筑物超高增加人工、机械定额适用于建筑物檐口高度超过 20m 的项目。

（2）按建筑面积计算的建筑物超高增加费，是按一个整体工程考虑的，当建筑工程（主体结构）与装饰装修工程不是一个单位施工的时，建筑工程超高增加费按定额子目的 80%计算，装饰装修工程超高增加费按定额子目的 20%计算。

（3）装配式混凝土结构工程的建筑物超高增加费按本定额相应项目计算，其中人工消耗量乘以系数 0.7。

（4）装配式钢结构工程的建筑物超高增加费按本定额相应项目计算，其中人工消耗量乘以系数 0.7。

2）计价工程量

（1）各项定额中包括的内容指建筑物檐口高度超过 20m 的全部工程项目，但不包括垂直运输、各类构件的水平运输及各项脚手架。

（2）建筑物超高增加费的人工、机械区分不同檐高，按建筑物超高部分的建筑面积计算。当上层建筑面积小于下层建筑面积 50%时，进行纵向分割。

13.4.2　任务实施：超高施工增加工程工程量清单与综合单价分析表的编制

1. 工程量清单的编制

根据任务描述中的内容，该教学楼项目有两个不同檐高，所以应按两个项目列项。参考清单计价规范完成清单工程量的计算，如表 13.23 和表 13.24 所示。

表 13.23　清单工程量计算表

序号	项目编码	项目名称	计量单位	数量	计算式
1	011704001001	超高施工增加	m²	4500	7～15 层超高 500×9＝4500
2	011704001002	超高施工增加		2400	7～10 层超高 600×4＝2400

表 13.24　分部分项工程和单价措施项目清单与计价表

序号	项目编码	项目名称	项目特征描述	计量单位	工程数量
1	011704001001	超高施工增加	1. 建筑结构形式：框架结构 2. 檐口高度：46.95m，15 层 3. 超过 6 层部分的建筑面积：4500m²	m²	4500
2	011704001002	超高施工增加	1. 建筑结构形式：框架结构 2. 檐口高度：32.25m，10 层 3. 超过 6 层部分的建筑面积：2000m²		2400

2. 综合单价的编制

步骤一：编制计价工程量。

根据计价工程量计算方法和设计图纸要求，该项目为多层建筑，故应按照不同檐高分别计算建筑物超高增加费用，如表 13.25 所示。

表 13.25　计价工程量计算表

序号	项目编码	项目名称	计量单位	数量	计算式
1	011704001001	超高施工增加	m²	4500	
	A19-3	20m 以上塔式起重机施工 檐高 50m 以内	m²	4500	500×9＝4500
2	011704001002	超高施工增加	m²	2400	
	A19-2	20m 以上塔式起重机施工 檐高 40m 以内	m²	2400	600×4＝2400

步骤二：编制综合单价。

根据《湖北省房屋建筑与装饰工程消耗量定额及全费用基价表》(2018)(结构·屋面)，查得以下内容，如表 13.26 所示，综合单价分析表如表 13.27 和表 13.28 所示。

表 13.26　《湖北省房屋建筑与装饰工程消耗量定额及全费用基价表》(2018)摘录　单位：元

序号	定额编号	项目名称	计量单位	人工费	材料费	机械费
1	A19-3	建筑物超高增加费 檐高 50m 以内	100m²	2075.13	11.83	116.76
2	A19-2	建筑物超高增加费 檐高 40m 以内	100m²	1556.33	8.38	80.65

表 13.27　综合单价分析表（一）

项目编码	011704001001		项目名称	超高施工增加	计量单位	m²	数量	4500

定额编码	定额名称	定额单位	数量	单价（元）				合价（元）			
				人工费	材料费	机械费	管理费和利润	人工费	材料费	机械费	管理费和利润
A19-3	建筑物超高增加费 檐高 50m 以内	100m²	0.01	2075.13	11.83	116.76	1052.11	20.75	0.12	1.17	10.52
				小计				20.75	0.12	1.17	10.52
		清单项目综合单价（元）						32.56			

表 13.28　综合单价分析表（二）

项目编码	011704001002		项目名称	超高施工增加	计量单位	m²	数量	2400

定额编码	定额名称	定额单位	数量	单价（元）				合价（元）			
				人工费	材料费	机械费	管理费和利润	人工费	材料费	机械费	管理费和利润
A19-2	超高施工增加费 檐高 40m 以内	100m²	0.01	1556.33	8.38	80.65	785.75	15.56	0.08	0.81	7.86
				小计				15.56	0.08	0.81	7.86
		清单项目综合单价（元）						24.31			

■ 知识链接

清单计价规范附录（表 13.29）。

表 13.29　超高施工增加（编码：011704）

项目编码	项目名称	项目特征	计量单位	工程量计算规则	工作内容
011704001	超高施工增加	1．建筑物建筑类型及结构形式 2．建筑物檐口高度、层数 3．单层建筑物檐口高度超过20m，多层建筑物超过6层部分的建筑面积	m²	按建筑物超高部分的建筑面积计算	1．建筑物超高引起的人工工效降低以及由于人工工效降低引起的机械降效 2．高层施工用水加压水泵的安装、拆除及工作台班 3．通信联络设备的使用及摊销

任务 13.5　大型机械设备进出场及安拆

【知识目标】　1. 掌握大型机械设备进出场及安拆工程清单工程量及计价工程量计算的相关规定。
2. 掌握大型机械设备进出场及安拆工程量清单的编制过程。
3. 熟悉大型机械设备进出场及安拆工程计算方法，编制综合单价。

【能力目标】　能根据给定图纸及相关要求独立完成大型机械设备进出场及安拆工程量清单及综合单价的编制。

【任务描述】　某建筑工程施工高度为 60m，施工方案采用 1 部室外施工电梯。试计算该工程大型设备机械进出场及安拆的清单工程量、计价工程量及综合单价。

13.5.1　相关知识：大型机械设备进出场及安拆工程工程量清单与计价工程量

1. 工程量清单的编制

工程量清单编制中，大型机械设备进出场及安拆按使用机械设备的数量计算。

2. 计价工程量

要想进行综合单价的编制，需要先计算计价工程量，根据《湖北省建设工程公共专业消耗量定额及全费用基价表》（2018）的计算规则，包括大型设备进出场及安拆工程量。

1）说明

（1）常用大型机械安拆及场外运输费用分为常用大型机械每安装和拆卸一次费用及常用大型机械场外运输费用（25km 以内）。

（2）常用大型机械安装和拆卸一次费用取消了部分机械安装和拆卸的试车台班。

（3）常用大型机械场外运输费（25km 以内）取消了机械本机台班。

（4）常用大型机械场外运输费（25km 以内）将机械回程费综合到机械费用中。

（5）自升式塔式起重机的安拆高度以塔顶高度 30m 为准，以后每增加塔身 10m（每标准节为 2.5m×4）的安装和拆卸，人工增加 12 个（工日），本机台班 0.5（台班）。自升式塔式起重机的附着臂（附墙）安拆费，按人工增加 10 个（工日）/每道。

（6）自升式塔式起重机的附着装置运输费用未包括在本定额内，发生时按实计算。

（7）塔式起重机及自升式塔式起重机 25km 以内运输费是以塔顶高度 30m 计算的，超过 30m 时（若运输标准节，每标准节为 2.5m），每四个标准节收取人工 1.2 个（工日），8t 载重汽车 1.2 个（台班），16t 汽车吊 0.6 个（台班）。

（8）26～35km 场外运输按 25km 以内定额表列的机械费增加 15%，36km 起按湖北省汽车运价规定实施细则执行。原定额表中各子项的人工费、材料费等仍需计算。

（9）拖式铲运机的场外运输费按相应规格的履带式推土机乘以 1.10 系数计算。

（10）静力压桩机、三轴搅拌桩机安装和拆卸一次费用及场外运输费按规格型号综合考虑。

（11）塔式起重机（包括自升式塔式起重机）、走道式及轨道式打桩机的轨道（管道）枕木铺设、拆除以及垫层、路基压实修筑费用未包含在定额内，发生时按实计算。

（12）塔式起重机（包括自升式塔式起重机）塔吊固定式基础处理设计有规定的，按设计要求计算，执行《湖北省房屋建筑与装饰工程消耗量定额及全费用基价表》（2018）相应项目。没有规定的，发生时，费用按实计算。

（13）运输车辆、汽车式起重机过桥如需收取费用，按当地人民政府有关文件规定收费。

2）计价工程量

（1）大型机械每安装和拆卸一次费用均以"台次"计算。

（2）大型机械场外运输费用均以"台次"计算。

13.5.2 任务实施：大型机械设备进出场及安装工程工程量清单与综合单价分析表的编制

根据任务描述中的内容，参考清单计价规范完成以下清单工程量的计算，如表 13.30 和表 13.31。

表 13.30 清单工程量计算表

序号	项目编码	项目名称	计量单位	数量	计算式
1	011705001001	大型设备机械进出场及安拆	台次	1	1

表 13.31 分部分项工程和单价措施项目清单与计价表

序号	项目编码	项目名称	项目特征描述	计量单位	工程数量
1	011705001001	大型设备机械进出场及安拆	1. 室外施工电梯 2. 提升高度：60m	台次	1

大型机械设备进出场及安装工程综合单价分析表的编制。

步骤一：编制计价工程量。

根据计价工程量计算方法和设计图纸要求，计算下列清单项目（表 13.32）。

表 13.32   计价工程量计算表

序号	项目编码	项目名称	计量单位	数量	计算式
1	011705001001	大型设备机械进出场及安拆	台次	1	
	G5-11	室外施工电梯安装及拆卸一次提升高度75m以内	台次	1	同清单工程量
	G5-30	室外施工电梯场外运输费用25km以内	台次	1	同清单工程量

步骤二：编制综合单价。

根据《湖北省建设工程公共专业消耗量定额及全费用基价表》（2018）（土石方·地基处理·桩基础·排水降水），查得以下内容，如表 13.33 所示，综合单价分析表如表 13.34 所示（综合单价的计算方法见任务 1.4 的综合单价编制）。

表 13.33   《湖北省房屋建筑与装饰工程消耗量定额及全费用基价表》（2018）摘录   单位：元

序号	定额编号	项目名称	计量单位	人工费	材料费	机械费
1	G5-11	室外施工电梯安装及拆卸一次提升高度75m以内	台次	5214.24	393.01	1694.09
2	G5-30	室外施工电梯场外运输费用25km以内	台次	289.68	1010.02	2264.88

表 13.34   综合单价分析表

项目编码	011705001001		项目名称	大型设备机械进出场及安拆		计量单位	台次	数量	1
清单综合单价组成明细									
定额编码	定额名称	定额单位	数量	单价（元）				合价（元）	
				人工费	材料费	机械费	管理费和利润	人工费	材料费	机械费	管理费和利润
G5-11	室外施工电梯安装及拆卸一次提升高度75m以内	台次	1	5214.24	393.01	1694.09	3315.99	5214.24	393.01	1694.09	3315.99
G5-30	室外施工电梯场外运输费用25km以内	台次	1	289.68	1010.02	2264.88	1226.18	289.68	1010.02	2264.88	1226.18
小计								5503.92	1403.03	3958.97	4542.17
清单项目综合单价（元）								15408.09			

知识链接

清单计价规范附录（表 13.35）。

表13.35　大型机械设备进出场及安拆（编码：011705）

项目编码	项目名称	项目特征	计量单位	工程量计算规则	工作内容
011705001	大型机械设备进出场及安拆	1. 机械设备名称 2. 机械设备规格型号	台次	按使用机械设备的数量计算	1. 安拆费包括施工机械、设备在现场进行安装拆卸所需人工、材料、机械和试运转费用以及机械辅助设施的折旧、搭设、拆除等费用 2. 进出场费包括施工机械、设备整体或分体自停放地点运至施工现场或由一施工地点运至另一施工地点所发生的运输、装卸、辅助材料等费用

任务 13.6　施工排水降水

【知识目标】　1. 掌握施工排水降水工程清单工程量及计价工程量计算的相关规定。
　　　　　　2. 掌握施工排水降水工程量清单的编制过程。
　　　　　　3. 熟悉施工排水降水工程计算方法，编制综合单价。
【能力目标】　能根据给定图纸及相关要求独立完成施工排水降水工程量清单及综合单价的编制。
【任务描述】　某建筑工程在夏季施工时，为预防季节性暴雨，特制定应急雨水抽排方案：拟采用200S63A型双吸离心泵1台及200hW-7.5kW潜水泵6台连接3φ200mm排水管，将雨水排至施工现场附近湖泊。根据气象资料，预计抽排时间为一天24h，抽排水量可达$10m^3/h$。
　　　　　　试计算该工程施工排水、降水的清单工程量、计价工程量及综合单价。

13.6.1　相关知识：施工排水降水工程工程量清单与计价工程量

1. 工程量清单的编制

要想进行工程量清单编制，需要先了解施工排水降水工程量计算方法。

（1）成井按设计图示尺寸以钻孔深度计算。

（2）排水、降水按排、降水日历天数计算。

（3）如果相应专项设计不具备时，施工排水降水可按暂估量计算。

2. 施工排水降水工程计价工程量

要想进行综合单价的编制，需要先计算计价工程量，根据《湖北省建设工程公共专业消耗量定额及全费用基价表》（2018）的计算规则，包括施工排水降水工程量。

1）说明

要想进行综合单价的编制，需要先计算计价工程量，根据《湖北省建设工程公共专业消耗量定额及全费用基价表》（2018）的计算规则，包括施工排水降水工程量。

（1）轻型井点以 50 根为一套，喷射井点以 30 根为一套，使用时累计根数轻型井点少于 25 根，喷射井点少于 15 根，使用费按相应定额乘以系数 0.7。

（2）井管间距应根据地质条件和施工降水要求，按施工组织设计确定，施工组织设计未考虑时，可按轻型井点管距 1.2m、喷射井点管距 2.5m 确定。

（3）直流深井降水成孔直径不同时，只调整相应的黄砂含量，其余不变；PVC-U 加筋管直径不同时，调整管材价格的同时，按管子周长的比例调整相应的密目网及铁丝。

（4）排水井分集水井和大口井两种。集水井定额项目按基坑内设置考虑，井深在 3m以内，按本定额计算。如井深超过 3m，定额按比例调整。大口井按井管直径分两种规格，抽水结束时回填大口井的人工和材料未包括在消耗量内，实际发生时应另行计算。

（5）施工排水降水的成井费用中，不包括出水连接管安拆费用，发生时按批准的施工组织设计另计。

（6）抽排明水，编制预算时按抽水量套用定额；工程结算时按实际使用抽水机台班套用定额。

2）计价工程量

（1）轻型井点、喷射井点排水的井管安装、拆除以"根"为单位计算，使用以"套·天"计算；真空深井、自流深井排水的安装、拆除以每口井计算，使用以"每口井·天"计算。使用天数以每昼夜（24h）为一天，并按施工组织设计要求的使用天数计算。

（2）井点降水总根数不足一套时，可按一套计算使用费，超过一套后，超过部分按实计算。

（3）集水井按设计图示数量以"座"计算，大口井按累计井深以长度计算。

（4）抽明水工程量，按抽水量时以体积计算，按抽水机使用台班时以台班量计算。抽排明水，编制预算时按抽水量套用定额；工程结算时按实际使用抽水机台班套用定额。

13.6.2　任务实施：施工排水降水工程工程量清单与综合单价分析表的编制

1. 工程清单编制

根据任务描述中的内容，参考清单计价规范完成清单工程量的计算，如表 13.36 和表 13.37 所示。

表 13.36　清单工程量计算表

序号	项目编码	项目名称	计量单位	数量	计算式
1	011706002001	排水、降水	昼夜	1	1

表 13.37　分部分项工程和单价措施项目清单与计价表

序号	项目编码	项目名称	项目特征描述	计量单位	工程数量
1	011706002001	排水、降水	1. 200S63A 型双吸离心泵 2. 200hW-7.5kW 潜水泵 3. φ200mm 排水管	昼夜	1

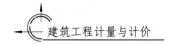

2. 综合单价分析表编制

步骤一：编制计价工程量。

根据计价工程量计算方法和设计图纸要求，计算清单项目（表 13.38）。

表 13.38　计价工程量计算表

序号	项目编码	项目名称	计量单位	数量	计算式
1	011706002001	排水降水	昼夜	1	
	G4-18	抽明水	m³	240	10×24＝240

步骤二：编制综合单价。

根据《湖北省建设工程公共专业消耗量定额及全费用基价表》（2018）（土石方·地基处理·桩基础·排水降水），查得以下内容，如表 13.39 所示，综合单价分析表如表 13.40所示（综合单价的计算方法见任务 1.4 的综合单价编制）。

表 13.39　《湖北省建设工程公共专业消耗量定额及全费用基价表》（2018）摘录　单位：元

序号	定额编号	项目名称	计量单位	基价	人工费	材料费	机械费
1	G4-18	抽明水	1000m³	460.72	—	91.16	374.61

表 13.40　综合单价分析表

项目编码		011706002001		项目名称		排水、降水		计量单位		昼夜		数量		1
清单综合单价组成明细														
定额编码	定额名称	定额单位	数量	单价（元）				合价（元）						
				人工费	材料费	机械费	管理费和利润	人工费	材料费	机械费	管理费和利润			
G4-18	抽明水	1000m³	0.24	0	91.16	374.61	179.81	0	21.88	89.91	43.15			
小计								0	21.88	89.91	43.15			
清单项目综合单价（元）								154.94						

■知识链接

清单计价规范附录（表 13.41）。

表 13.41　施工排水、降水（编码：011706）

项目编码	项目名称	项目特征	计量单位	工程量计算规则	工作内容
011706001	成井	1. 成井方式 2. 地层情况 3. 成井直径 4. 井（滤）管类型、直径	m	按设计图示尺寸以钻孔深度计算	1. 准备钻孔机械、埋设护筒、钻机就位；泥浆制作、固壁；成孔、出渣、清孔等 2. 对接上、下井管（滤管），焊接，安放，下滤料，洗井，连接试抽等
011706002	排水、降水	1. 机械规格型号 2. 降排水管规格	昼夜	按排、降水日历天数计算	1. 管道安装、拆除，场内搬运等 2. 抽水、值班、降水设备维修等

项目

总价措施项目清单计价

学习提示 在建筑工程中，分部分项工程和单价措施项目采用"量"作为清单的方式编制，列出项目编码、项目名称、项目特征、计量单位和工程量计算规则。而总价措施项目是不能计算工程量的项目清单，以"项"为计量单位。

能力目标 1. 能确定总价措施项目。
2. 能计算总价措施项目费用。

知识目标 1. 掌握总价措施项目的计费基数。
2. 熟悉总价措施项目的编制方法。

规范标准 1.《建设工程工程量清单计价规范》（GB 50500—2013）。
2.《房屋建筑与装饰工程工程量计算规范》（GB 50854—2013）。
3.《湖北省建筑安装工程费用定额》（2018）。

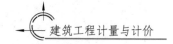
任务 **14.1** 工程量清单编制

【知识目标】 1. 掌握总价措施项目的相关规定。
2. 掌握总价措施项目清单的编制过程。
【能力目标】 能根据给定图纸及相关要求独立完成总价措施项目清单编制。
【任务描述】 某工程项目，框架结构 5 层，地下独立基础，建筑面积 680m²。试确定建筑工程总价措施项目清单，包括安全文明施工费、夜间施工增加费和冬雨季施工增加费。

14.1.1 相关知识：总价措施项目清单编制要求

总价措施费报价
计算规则

要想进行工程量清单编制，需要先了解总价措施项目清单的编制项目及标准格式。

1. 总价措施项目费

总价措施项目费（即一般措施项目）包括现场安全文明施工费、夜间施工增加费、二次搬运费、冬雨季施工增加费及已完工程及设备保护费。

1）安全文明施工费

安全文明施工费是指按照国家现行的施工安全、施工现场环境与卫生标准和有关规定，购置更新和安装施工安全防护用具及设施、改善安全生产条件和作业环境，以及施工企业为进行工程施工所必须搭设的生活和生产用的临时建筑物、构筑物和其他临时设施的搭设、维修、拆除、清理费或摊销的费用等。该费用包括以下内容。

（1）安全施工费：是指按国家现行的建筑施工安全标准和有关规定，购置和更新施工安全防护用品及设施，改善安全生产条件所需的各项费用。

（2）文明施工费：是指施工现场文明施工所需要的各项费用。

（3）环境保护费：是指施工现场为达到国家环保部门要求的环境和卫生标准，改善生产条件和作业环境所需要的各项费用。

（4）临时设施费：是指施工企业为进行建设工程施工所必须搭设的生活和生产用的临时建筑物、构筑物和其他临时设施的搭设、维修、拆除、清理费或摊销费等。

2）夜间施工增加费

夜间施工增加费是指因夜间施工所发生的夜班补助费、夜间施工降效、夜间施工照明设备摊销及照明用电等费用。

3）二次搬运费

二次搬运费是指因施工场地狭小等特殊情况而发生的材料、构配件、半成品等一次运输不能到达堆放地点，必须进行二次或多次搬运所发生的费用。

4）冬雨季施工增加费

冬雨季施工增加费是指冬季或雨季施工需增加的临时设施、防滑、排除雨雪，人工及施工机械效率降低等费用。

5）已完工程及设备保护费

指竣工验收前，对已完工程及设备采取的必要保护措施所发生的费用。

2. 总价措施项目清单表格

总价措施项目是不能计算工程量的项目清单，以"项"为计量单位进行编制，其格式如表 14.1 所示。

表 14.1　总价措施项目清单与计价表

工程名称：　　　　　　　　标段：　　　　　　　　　　　　　　第　页　共　页

序号	项目编码	项目名称	计算基础	费率（%）	金额（元）	调整费率（%）	调整后金额（元）	备注
		安全文明施工费						
		夜间施工增加费						
		二次搬运费						
		冬雨季施工增加费						
		已完工程及设备保护费						

投标人可根据工程实际情况结合施工组织设计，自主确定措施项目费。对招标人所列的措施项目可以进行增补。这是由于各投标人拥有的施工装备、技术水平和采用的施工方法有所差异，招标人提出的措施项目清单是根据一般情况确定的，没有考虑不同投标人的"个性"，投标人投标时应根据自身编制的投标施工组织设计或施工方案确定措施项目，对招标人提供的措施项目进行调整。投标人根据投标施工组织设计或施工方案调整和确定的措施项目应通过评标委员会的评审。

14.1.2　任务实施：总价措施项目清单编制

根据任务描述，该工程总价措施项目清单与计价表，如表 14.2 所示。

表 14.2　总价措施项目清单与计价表

工程名称：　　　　　　　　标段：　　　　　　　　　　　　　　第　页　共　页

序号	项目编码	项目名称	计算基础	费率（%）	金额（元）	调整费率（%）	调整后金额（元）	备注
1	011707001001	安全文明施工费						
2	011707002001	夜间施工增加费						
3	011707005001	冬雨季施工增加费						

■ **知识链接** ▬▬▬▬

清单计价规范附录（表 14.3）。

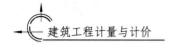

表 14.3　安全文明施工及其他措施项目（编码：011707）

项目编码	项目名称	工作内容及包含范围
011707001	安全文明施工（含环境保护、文明施工、安全施工、临时设施）	1. 环境保护：现场施工机械设备降低噪声、防扰民措施费用；水泥和其他易飞扬细颗粒建筑材料密闭存放或采取覆盖措施等费用；工程防扬尘洒水费用；土石方、建渣外运车辆冲洗、防洒漏等费用；现场污染源的控制、生活垃圾清理外运、场地排水排污措施的费用；其他环境保护措施费用 2. 文明施工："五牌一图"的费用；现场围挡的墙面美化（包括内外粉刷、刷白、标语等）、压顶装饰费用；现场厕所便槽刷白、贴面砖，水泥砂浆地面或地砖费用，建筑物内临时便溺设施费用；其他施工现场临时设施的装饰装修、美化措施费用；现场生活卫生设施费用；符合卫生要求的饮水设备、淋浴、消毒等设施费用；生活用洁净燃料费用；防煤气中毒、防蚊虫叮咬等措施费用；施工现场操作场地的硬化费用；现场绿化费用、治安综合治理费用；现场配备医药保健器材、物品费用和急救人员培训费用；用于现场工人的防暑降温费、电风扇、空调等设备及用电费用；其他文明施工措施费用 3. 安全施工：安全资料、特殊作业专项方案的编制，安全施工标志的购置及安全宣传的费用；"三宝"（安全帽、安全带、安全网）、"四口"（楼梯口、电梯井口、通道口、预留洞口），"五临边"（阳台围边、楼板围边、屋面围边、槽坑围边、卸料平台两侧），水平防护架、垂直防护架、外架封闭等防护的费用；施工安全用电的费用，包括配电箱三级配电、两级保护装置要求、外电防护措施；起重机、塔吊等起重设备（含井架、门架）及外用电梯的安全防护措施（含警示标志）费用及卸料平台的临边防护、层间安全门、防护棚等设施费用；建筑工地起重机械的检验检测费用；施工机具防护棚及其围栏的安全保护设施费用；施工安全防护通道的费用；工人的安全防护用品、用具购置费用；消防设施与消防器材的配置费用；电气保护、安全照明设施费；其他安全防护措施费用 4. 临时设施：施工现场采用彩色、定型钢板、砖、混凝土砌块等围挡的安砌、维修、拆除费或摊销费；施工现场临时建筑物、构筑物的搭设、维修、拆除或摊销的费用，如临时宿舍、办公室、食堂、厨房、厕所、诊疗所、临时文化福利用房、临时仓库、加工场、搅拌台、临时简易水塔、水池。施工现场临时设施的搭设、维修、拆除或摊销的费用，如临时供水管道、临时供电管线、小型临时设施等；施工现场规定范围内临时简易道路铺设，临时排水沟、排水设施安砌、维修、拆除的费用；其他临时设施费搭设、维修、拆除或摊销的费用
011707002	夜间施工	1. 夜间固定照明灯具和临时可移动照明灯具的设置、拆除 2. 夜间施工时，施工现场交通标志、安全标牌、警示灯等的设置、移动、拆除 3. 包括夜间照明设备摊销及照明用电、施工人员夜班补助、夜间施工劳动效率降低等
011707003	非夜间施工照明	为保证工程施工正常进行，在如地下室等特殊施工部位施工时所采用的照明设备的安拆、维护、摊销及照明用电等
011707004	二次搬运	包括由于施工场地条件限制而发生的材料、成品、半成品等一次运输不能到达堆放地点，必须进行二次或多次搬运
011707005	冬雨季施工	1. 冬雨（风）季施工时增加的临时设施（防寒保温、防雨、防风设施）的搭设、拆除 2. 冬雨（风）季施工时，对砌体、混凝土等采取的特殊加温、保温和养护措施 3. 冬雨（风）季施工时，对施工现场的防滑处理，对影响施工的雨雪的清除 4. 包括冬雨（风）季施工时增加的临时设施的摊销、施工人员的劳动保护用品、冬雨（风）季施工劳动效率降低等
011707006	地上、地下设施、建筑物的临时保护设施	在工程施工过程中，对已建成的地上、地下设施和建筑物进行的遮盖、封闭、隔离等必要保护措施
011707007	已完工程及设备保护	对已完工程及设备采取的覆盖、包裹、封闭、隔离等必要保护措施

任务 *14.2*　工程量清单计价

【知识目标】　1. 掌握总价措施项目计算的相关规定。
　　　　　　　2. 掌握总价措施项目计价的编制过程。
　　　　　　　3. 在理解的基础上掌握总价措施项目计价方法。

【能力目标】　能根据给定图纸及相关要求独立完成总价措施项目计价的编制，并能自主报价。

【任务描述】　某建筑工程实体项目，框架结构 5 层。分部分项工程费 1760 万元，其中人工费 264 万元，施工机具使用费 140.8 万元；单价措施项目费 59 万元，其中人工费 8.85 万元，施工机具使用费 4.72 万元。
　　　　　　　试采用一般计税法计算该项目的总价措施项目费。

14.2.1　相关知识：总价措施项目费用的编制

要想进行总价措施项目的费用编制，需要根据《湖北省建筑安装工程费用定额》（2018）的费率标准进行工程量清单计价。

1. 总价措施项目计算规则

总价措施项目费中的安全文明施工费应当按照国家或省级、行业建设主管部门的规定标准计价，该部分不得作为竞争性费用。招标人不得要求投标人对该项费用进行优惠，投标人也不得利用该项费用参与市场竞争。采用费率法时需确定某项费用的计费基数及其费率，结果应是包括除规费、税金以外的全部费用。计算公式为

$$\text{以“项”计量的措施项目清单费} = \text{措施项目计费基数} \times \text{费率} \qquad (14.1)$$

2. 总价措施项目计价

根据《湖北省建筑安装工程费用定额》（2018），其中总价措施项目（表 14.4）按费率计价以分部分项与单价措施项目的人工费与施工机具使用费之和为基数。费率及计算程序见"导入 0.2　建筑工程计价费用构成"的相关内容。

表 14.4　《湖北省建筑安装工程费用定额》（2018）总价措施项目构成表

总价措施项目费	安全文明施工费		1. 安全施工费 2. 文明施工费 3. 环境保护 4. 临时设施费
	其他总价措施项目费	夜间施工增加费	—
		二次搬运费	—
		冬雨季施工增加费	—
		工程定位复测费	指工程施工过程中进行全部施工测量放线和复测工作的费用

（1）安全文明施工费（表 0.2）。

（2）其他总价措施项目费（表 0.3）。

（3）总价措施项目费计算程序（表 0.9）。

14.2.2 任务实施：总价措施项目费的计算

根据任务描述中的内容，参照清单计价规范及《湖北省建筑安装工程费用定额》（2018），按一般计税法完成总价措施项目计价费用，费率详见"导入 0.2 建筑工程计价费用构成"中表 0.1 和表 0.2。

安全文明施工费 $=(264+140.8+8.85+4.72)\times 13.64\%=57.07(万元)$

其他总价措施项目费 $=(264+140.8+8.85+4.72)\times 0.7\%=2.93(万元)$

总价措施项目费 $=$ 安全文明施工费 $+$ 其他总价措施项目费

$=57.07+2.93=60(万元)$

综合实训——总价措施项目清单编制方法的运用

【实训目标】 1. 进一步掌握总价措施项目清单编制方法的运用。

2. 熟悉总价措施项目计价的计算方法。

【能力要求】 能根据给定图纸及相关要求快速、准确完成总价措施项目清单与计价表编制。

【实训描述】 根据本书附后的工程实例"某办公室"施工图以及计算式完成该项目总价措施项目单价。

任务实施

分析：根据《湖北省建筑安装工程费用定额》（2018），总价措施项目清单与计价表如表 14.5 所示。

表 14.5 总价措施项目清单与计价表

工程名称：某办公大厦

项目编码	项目名称	计算基础	费率（%）	金额（元）
1.1	安全文明施工费			24815
011707001001	安全文明施工费（房屋建筑工程）	建筑人工费＋建筑机械费	13.64	22827.88
011707001002	安全文明施工费（装饰工程）	装饰人工费＋装饰机械费	5.39	555.30
011707001003	安全文明施工费（土石方工程）	土石方人工费＋土石方机械费	6.58	1431.82
1.2	夜间施工增加费			351.83
011707002001	夜间施工增加费（房屋建筑工程）	建筑人工费＋建筑机械费	0.16	267.78
011707002002	夜间施工增加费（装饰工程）	装饰人工费＋装饰机械费	0.14	14.42
011707002003	夜间施工增加费（土石方工程）	土石方人工费＋土石方机械费	0.32	69.63
1.3	二次搬运费			—

续表

项目编码	项目名称	计算基础	费率（%）	金额（元）
1.4	冬雨季施工增加费			858.97
011707005001	冬雨季施工增加费（房屋建筑工程)	建筑人工费＋建筑机械费	0.40	669.44
011707005002	冬雨季施工增加费（装饰工程)	装饰人工费＋装饰机械费	0.34	35.03
011707005003	冬雨季施工增加费（土石方工程)	土石方人工费＋土石方机械费	0.71	154.50
1.5	工程定位复测费			303.24
01B997	工程定位复测费（房屋建筑工程)	建筑人工费＋建筑机械费	0.14	234.30
01B998	工程定位复测费（装饰工程)	装饰人工费＋装饰机械费	0.12	12.36
01B999	工程定位复测费（土石方工程)	土石方人工费＋土石方机械费	0.26	56.58
1.6	其他			

项 目

其他项目及规费、税金清单计价

▌学习提示 其他项目费中暂列金额包括在合同价之内,但并不直接属承包
人所有,而是由发包人暂定并掌握使用的一笔款项。暂估价是
招标人在工程量清单中提供的用于支付必然发生但暂时不能
确定价格的材料的单价以及专业工程的金额。规费与税金在我
国目前建筑市场存在过度竞争的情况下。
规定规费和税金为不可竞争的费用。

▌能力目标 1. 能确定其他项目及规费、税金项目。
2. 能计算其他项目及规费、税金项目费用。

▌知识目标 1. 掌握其他项目及规费、税金项目的编制。
2. 熟悉其他项目及规费、税金项目费用的编制方法。

▌规范标准 1.《建设工程工程量清单计价规范》(GB 50500—2013)。
2.《湖北省建筑安装工程费用定额》(2018)。

任务 *15.1*　工程量清单编制

【知识目标】　1. 掌握其他项目及规费、税金项目的相关规定。
　　　　　　　2. 掌握其他项目及规费、税金项目的编制过程。
【能力目标】　能根据给定图纸及相关要求独立完成其他项目及规费、税
　　　　　　　金项目编制。
【任务描述】　某工程项目专业分包基坑支护暂估价为 180 万元、桩基工
　　　　　　　程暂估价 300 万元，总承包服务费费率为 1.5%。
　　　　　　　试确定总承包服务费。

15.1.1　相关知识：其他项目及规费、税金清单编制

要想进行工程量清单编制，需要先了解其他项目清单、规费与税金清单编制要求。

1. 其他项目清单编制

其他项目清单是指分部分项工程量清单、措施项目清单所包含的内容以外，因招标人的特殊要求而发生的与拟建工程有关的其他费用项目和相应数量的清单。工程建设标准的高低、工程的复杂程度、工程的工期长短、工程的组成内容、发包人对工程管理要求等都直接影响其他项目清单的具体内容。

其他项目清单包括暂列金额、暂估价（包括材料暂估价单价、工程设备暂估单价、专业工程暂估价）、计日工、总承包服务费。其他项目清单与计价汇总表如表 15.1 所示。

表 15.1　其他项目清单与计价汇总表

工程名称：　　　　　　　　　　标段：　　　　　　　　　　　　第　页　共　页

序号	项目名称	金额（元）	结算金额（元）	备注
1	暂列金额			
2	暂估价			
2.1	材料（工程设备）暂估单价/结算价		—	
2.2	专业工程暂估价/结算价			
3	计日工			
4	总承包服务费			
5	索赔与现场签证		—	
合计				

注：材料（工程设备）暂估单价进入清单项目综合单价，此处不汇总。

1）暂列金额

暂列金额指的是用于施工合同签订时尚未确定或者不可预见的所需材料、设备、服务的采购，施工中可能发生的工程变更、合同约定调整因素出现时的工程价款调整以及发生的索赔、现场签证确认等的费用。

目前，不管采用何种合同形式，其理想的标准是，一份合同的价格就是其最终竣工结算价格，或者至少两者应尽可能接近。我国规定对政府投资工程实行概算管理，经项目审批部门批复的设计概算是工程投资控制的刚性指标，即使是商业性开发项目也有成本的预先控制问题，否则，无法相对准确预测投资的收益和科学合理地进行投资控制。但工程建设自身的特性决定了工程的设计需要根据工程进展不断地进行优化和调整，业主需求可能会随工程建设进展出现变化，工程建设过程还会存在一些不可预见、不可确定的因素。消化这些因素必然会影响合同价格，暂列金额正是因这类不可避免的价格调整而设立，以便达到合理确定和有效控制工程造价的目的。设立暂列金额并不能保证合同结算价格就不会出现超过合同价格的情况，是否超出合同价格完全取决于工程量清单编制人对暂列金额预测的准确性，以及工程建设过程是否出现了其他事先未预测到的事件。

暂列金额明细如表 15.2 所示。暂列金额应根据工程特点按有关计价规定估算，一般可按分部分项工程费和措施项目费的 10%～15% 为参考。

表 15.2　暂列金额明细表

工程名称：　　　　　　　　　标段：　　　　　　　　　　　　　　第　页　共　页

序号	项目名称	计量单位	暂定金额（元）	备注
1				
2				
3				
合计				

注：本表由招标人填写，如不能详列，也可只列暂定金额总额，投标人应将上述暂列金额计入投标总价中。

2）暂估价

暂估价指招标人在工程量清单中提供的用于支付必然发生但暂时不能确定价格的材料、工程设备的单价以及专业工程的金额，包括材料暂估单价、工程设备暂估单价和专业工程暂估价。暂估价类似于 FIDIC 合同条款中的 Prime Cost Items，在招标阶段预见肯定要发生，只是因为标准不明确或者需要由专业承包人完成，暂时无法确定的价格。暂估价数量和拟用项目应当结合工程量清单中的"暂估价表"予以补充说明。为方便合同管理，需要纳入分部分项工程量清单项目综合单价中的暂估价应只是材料、工程设备暂估单价，以方便投标人组价。

专业工程的暂估价一般应是综合暂估价，应当包括除规费和税金以外的管理费、利润等费用。总承包招标时，专业工程设计深度往往是不够的，一般需要交由专业设计人设计。国际上，出于提高可建造性考虑，一般由专业承包人负责设计，以发挥其专业技能和专业施工经验的优势。这类专业工程交由专业分包人完成是国际工程的良好实践，目前在我国工程建设领域也已经比较普遍。公开透明地合理确定这类暂估价的实际开支金额的最佳途径就是通过施工总承包人与工程建设项目招标人共同组织的招标。

暂估价中的材料、工程设备暂估单价应根据工程造价信息或参照市场价格估算，列出明细表；专业工程暂估价应分不同专业，按有关计价规定估算，列出明细表。暂估价如表 15.3 和表 15.4 所示。

表 15.3　材料（工程设备）暂估单价及调整表

工程名称：　　　　　　　　　　　标段：　　　　　　　　　　　　第　页　共　页

序号	材料（工程设备）名称、规格、型号	计量单位	数量		暂估（元）		确认（元）		差额（±元）		备注
			暂估	确认	单价	合价	单价	合价	单价	合价	
合计											

注：本表由招标人填写"暂估单价"，并在备注栏说明暂估价的材料、工程设备拟用在哪些清单项目上，投标人应将上述材料暂估单价计入工程量清单综合单价报价中。

表 15.4　专业工程暂估价及结算价表

工程名称：　　　　　　　　　　　标段：　　　　　　　　　　　　第　页　共　页

序号	工程名称	工作内容	暂估金额（元）	结算金额（元）	差额（±元）	备注
合计						

注：本表由招标人填写，投标人应将上述专业工程暂估价计入投标总价中。

3）计日工

计日工是指在施工过程中，承包人完成发包人提出的施工图纸以外的零星项目或工作，按合同中约定的综合单价计价的一种方式。计日工是为了解决现场发生的零星工作的计价而设立的，其为额外工作和变更的计价提供了一个方便快捷的途径。计日工适用的所谓零星项目或工作一般是指合同约定之外的或者因变更而产生的、工程量清单中没有相应项目的额外工作，尤其是那些难以事先商定价格的额外工作。

国际上常见的标准合同条款中，大多数都设立了计日工计价机制。计日工对完成零星工作所消耗的人工工时、材料数量、施工机械台班进行计量，并按照计日工表中填报的适用项目的单价进行计价支付。

计日工应列出项目名称、计量单位和暂估数量。计日工表如表 15.5 所示。

表 15.5　计日工表

工程名称：　　　　　　　　　　　标段：　　　　　　　　　　　第　页　共　页

编号	项目名称	单位	暂定数量	实际数量	综合单价（元）	合价（元）
一	人工					
1						
2						
人工小计						
二	材料					
1						
2						
材料小计						
三	施工机械					
1						
2						
施工机械小计						
四、企业管理费和利润						
总计						

注：本表项目名称、暂定数量由招标人填写，编制招标控制价时，单价由招标人按有关计价规定确定；投标时，单价由投标人自主报价，按暂定数量计算合价计入投标总价中。计算时，按承发包双方确认的实际数量计算合价。

4）总承包服务费

总承包服务费是指总承包人为配合协调发包人进行的专业工程发包，对发包人自行采购的材料、工程设备等进行保管以及施工现场管理、竣工资料汇总整理等服务所需的费用。

设置总承包服务费是为了解决招标人在法律、法规允许的条件下进行专业工程发包以及自行供应材料、设备，并需要总承包人对发包的专业工程提供协调和配合服务（如分包人使用总承包人的脚手架、水电配合等）；对供应的材料、设备提供收、发和保管服务以及对施工现场进行统一管理；对竣工资料进行统一汇总整理等并向总承包人支付的费用。招标人应当预估该项费用并按投标人的投标报价向投标人支付该项费用。

总承包服务费应列出服务项目及其内容等。总承包服务费计价表如表 15.6 所示。

表 15.6　总承包服务费计价表

工程名称：　　　　　　　　　　　标段：　　　　　　　　　　　第　页　共　页

序号	项目名称	项目价值（元）	服务内容	计算基础	费率（%）	金额（元）
1	发包人发包专业工程					
2	发包人提供材料					
合计		—		—	—	

注：本表项目名称、服务内容由招标人填写，编制招标控制价时，费率及金额由招标人按有关计价规定确定；投标时，费率及金额由投标人自主报价，计入投标总价中。

2. 规费、税金项目清单编制

规费项目清单应按照下列内容列项：社会保险费，包括养老保险费、失业保险费、医疗保险费、工伤保险费、生育保险费、住房公积金、工程排污费，出现计价规范中未列的项目，应根据省级政府或省级有关权力部门的规定列项。

税金项目清单应包括下列内容：营业税、城市维护建设税、教育费附加及地方教育附加。出现计价规范未列的项目，应根据税务部门的规定列项。

规费、税金项目清单与计价表如表 15.7 所示。

表 15.7　规费、税金项目计价表

工程名称：　　　　　　　　　　　标段：　　　　　　　　　　　第　页　共　页

序号	项目名称	计算基础	计算基数	计算费率（%）	金额（元）
1	规费	定额人工费			
1.1	社会保险费	定额人工费			
（1）	养老保险费	定额人工费			
（2）	失业保险费	定额人工费			
（3）	医疗保险费	定额人工费			
（4）	工伤保险费	定额人工费			
（5）	生育保险费	定额人工费			
1.2	住房公积金	定额人工费			
1.3	工程排污费	按工程所在地环境保护部门收取标准，按实计入			
2	税金	分部分项工程费＋措施项目费＋其他项目费＋规费－按规定不计税的工程设备金额			
合计					

编制人（造价人员）：　　　　　　　复核（造价工程师）：

15.1.2　任务实施：总承包服务费的确定

根据任务描述要求，总承包服务费计算如下：

基坑支护总承包服务费＝180×1.5%＝2.7(万元)

桩基工程总承包服务费＝300×1.5%＝4.5(万元)

该项目总承包服务费合计＝2.7＋4.5＝7.2(万元)

工程量清单计价

【知识目标】
1. 掌握其他项目及规费、税金项目计算的相关规定。
2. 掌握其他项目及规费、税金项目计价的编制过程。
3. 在理解的基础上掌握其他项目及规费、税金项目计价方法。

【能力目标】 能根据给定图纸及相关要求独立完成其他项目及规费、税金项目计价的编制，并能报价。

【任务描述】 某框架 6 层住宅工程采用工程量清单招标。按工程所在地武汉市的计价依据规定，经计算该工程分部分项工程费总计为 6300000 元，其中：人工费为 1200000 元，施工机具使用费为 160000 元；单价措施项目费合计为 560000 万元，其中：人工费为 150000 元，施工机具使用费为 30000 元。招标文件中载明，该工程其他项目费：暂列金额 330000 元、专业工程暂估价 100000 元、计日工费用 20000 元、总承包服务费 20000 元，其中：人工费为 55000 元，施工机具使用费为 29000 元。

试依据《建设工程工程量清单计价规范》（GB 50500—2013）及《湖北省建筑安装工程费用定额》（2018）的规定，结合工程背景资料，按一般计税法编制建筑工程招标控制价。

15.2.1 相关知识：其他项目及规费、税金清单计价

其他项目清单、规费与税金清单的费用编制，需要根据《湖北省建筑安装工程费用定额》（2018）中一般计税法或简易计税法的费率标准（见"导入 0.2 建筑工程计价费用构成"）进行工程量清单计价。

1. 其他项目清单计价

其他项目清单计价，应遵循以下原则。

1）暂列金额和暂估价

一般计税法时，暂列金额和专业工程暂估价为不含进项税额的费用；简易计税法时，暂列金额和专业工程暂估价为含进项税额的费用。

2）总承包服务费

总承包服务费应按照省级或行业建设主管部门的规定计算，在计算时可参考以下标准。

（1）招标人仅要求对分包的专业工程进行总承包管理和协调时：

$$总承包服务费＝分包的专业工程造价×1.5\% \tag{15.1}$$

其他项目费、规费
及税金的清单
计价规则

（2）招标人要求对分包的专业工程进行总承包管理和协调，并同时提供配合服务。配合服务的内容包括：对分包单位的管理、协调和施工配合等费用；施工现场水电设施、管线铺设的摊销费用；共用脚手架搭拆的摊销费用；共用垂直运输设备，加压设备的使用、折旧、维修费用等：

$$总承包服务费＝分包的专业工程造价×（3\%～5\%） \tag{15.2}$$

（3）招标人自行供应材料、工程设备的，按招标人供应材料价值的 1% 计算。

暂列金额、专业工程暂估价和总承包服务费均不含增值税。

其他项目费计算程序见"导入 0.2　建筑工程计价费用构成"中表 0.9、表 0.13。

2. 规费、税金清单计价

规费和税金应按国家或省级、行业建设主管部门的规定计算，不得作为竞争性费用。这是由于规费和税金的计取标准是依据有关法律、法规和政策规定制定的，具有强制性。因此，在报价时必须按照国家或省级、行业建设主管部门的有关规定计算规费和税金。

按照《湖北省建筑安装工程费用定额》（2018），规费、税金内容如下。

1）规费计价

（1）社会保险费：指企业按规定标准为职工缴纳的各项社会保险费。

① 养老保险费：指企业按规定标准为职工缴纳的基本养老保险费。

② 失业保险费：指企业按规定标准为职工缴纳的失业保险费。

③ 医疗保险费：指企业按规定标准为职工缴纳的基本医疗保险费。

④ 工伤保险费：指企业按规定标准为职工缴纳的工伤保险费。

⑤ 生育保险费：指企业按规定标准为职工缴纳的生育保险费。

（2）住房公积金：指企业按规定标准为职工缴纳的住房公积金。

（3）工程排污费：指企业按规定缴纳的施工现场工程排污费。

其他应列而未列入的规费，按实际发生计取。其中，规费的各项费用组成的划分比例见"导入 0.2　建筑工程计价费用构成"中表 0.5。

2）税金计价

税金指国家税法规定的应计入建筑安装工程造价内的增值税。增值税的计取基数为分部分项工程量清单计价合计、措施项目清单计价合计、其他项目清单计价合计及规费之和。增值税的税率及取费基数详见"导入 0.2　建筑工程计价费用构成"中表 0.6 和表 0.10。

3）规费和税金项目计算程序见"导入 0.2　建筑工程计价费用构成"中表 0.10、表 0.12和表 0.13。

15.2.2　任务实施

根据任务描述中的内容，参考清单计价规范及《湖北省建筑安装工程费用定额》（2018），按照"导入 0.2　建筑工程计价费用构成"中的一般计税法的费率标准完成招标控制价编制，如表 15.8～表 15.11 所示。

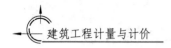

表 15.8　总价措施项目费计算程序表

序号	费用项目	计算方法	金额（元）
1	分部分项工程费		6300000
1.1	人工费		1200000
1.2	施工机具使用费		160000
2	单价措施项目费		560000
2.1	人工费		150000
2.1	施工机具使用费		30000
3	总价措施项目费	3.1＋3.2	220836
3.1	安全文明施工费	(1.1＋1.2＋2.1＋2.2)×费率	210056
3.2	其他总价措施项目费	(1.1＋1.2＋2.1＋2.2)×费率	10780

表 15.9　其他项目清单与计价汇总表

序号	项目名称	金额（元）	结算金额（元）	备注
1	暂列金额	330000		
2	暂估价	100000		
2.1	材料暂估价	—		
2.2	专业工程暂估价	100000		
3	计日工	20000		
4	总承包服务费	20000		
5	索赔与现场签证	—		
	合计	470000		—

表 15.10　规费、税金计算程序表

序号	项目名称	计算基础	费率（%）	金额（元）
1	规费	人工费＋施工机具使用费	26.85	436044.0
1.1	社会保险费	1.1＋1.2＋3.1＋3.2	20.08	326099.2
1.1.1	养老保险费	1.1＋1.2＋3.1＋3.2	12.68	205923.2
1.1.2	失业保险费	1.1＋1.2＋3.1＋3.2	1.27	20624.8
1.1.3	医疗保险费	1.1＋1.2＋3.1＋3.2	4.02	65284.8
1.1.4	工伤保险费	1.1＋1.2＋3.1＋3.2	1.48	24035.2
1.1.5	生育保险费	1.1＋1.2＋3.1＋3.2	0.63	10231.2
1.2	住房公积金	1.1＋1.2＋3.1＋3.2	5.29	85909.6
1.3	工程排污费	1.1＋1.2＋3.1＋3.2	1.48	24035.2
2	增值税	6860000＋220836＋470000＋436044	9	718819.2

注：本表中"计算基础"列的 3.1 和 3.2 为表 15.11 中的 3.1 和 3.2 中的相应内容。

表 15.11　单位工程招标控制价

序号	费用项目	计算方法	金额（元）
1	分部分项工程和单价措施项目费	∑分部分项工程和单价措施项目费	6860000.0
1.1	人工费	∑人工费	1350000.0
1.2	施工机具使用费	∑施工机具使用费	190000.0
2	总价措施项目	∑总价措施项目	220836.0
3	其他项目费	∑其他项目费	470000.0
3.1	人工费	∑人工费	5000.0
3.2	施工机具使用费	∑施工机具使用费	8000.0
4	规费	(1.1+1.2+3.1+3.2)×费率	416980.5
5	增值税	(1+2+3+4+5)×税率	717103.5
6	招标控制价合计	1+2+3+4+5	8684920.0

注：本案例中，增值税税率按现行的9%计取，该税率为浮动税率。

综合实训——其他项目及规费、税金清单编制方法的运用

【实训目标】　1. 进一步掌握其他项目及规费、税金项目清单计价编制方法的运用。

2. 熟悉其他项目及规费、税金项目计价的计算方法。

【能力要求】　能根据给定图纸及相关要求快速、准确完成总价措施项目清单与计价表编制。

【实训描述】　根据本书附后的工程实例"某办公室"施工图以及计算式，以《湖北省建筑安装工程费用定额》（2018）为依据，采用工程量清单计价方式完成该项目其他项目清单与计价汇总表。

首先，根据项目特点，暂设暂列金额 30000 元整，如表 15.12 所示。

表 15.12　其他项目清单与计价汇总表

工程名称：某办公大厦　　　　　　　　　　标段：　　　　　　　　　　第1页　共1页

序号	项目名称	金额（元）	结算金额（元）	备注
1	暂列金额	30000		
2	暂估价			
2.1	材料暂估价			
2.2	专业工程暂估价			
3	计日工			
4	总承包服务费			
5	索赔与现场签证	—		
	合计	30000		—

其次，根据"某办公楼"施工图纸以及计算式确定出分部分项工程费、措施项目费、其他项目费。具体内容详见"附录　工程实例学习"中的建筑工程工程量清单计价表。

最后，在分部分项工程费、措施项目费、其他项目费的费用之和基础上采用一般计税法确定规费和税金，如表 15.13 所示。

表 15.13　规费、税金项目计价表

工程名称：某办公大厦　　　　　　　　标段：　　　　　　　　　　　　第 1 页　共 1 页

序号	项目名称	计算基础	计算费率（%）	金额（元）
1	规费	社会保险费＋住房公积金＋工程排污费		48499.47
1.1	社会保险费	养老保险费＋失业保险费＋医疗保险费＋工伤保险费＋生育保险费		36269.03
1.1.1	养老保险费	房屋建筑工程＋装饰工程＋土石方工程		22917.59
1.1.1.1	房屋建筑工程	建筑人工费＋建筑机械费＋其他项目建筑工程人工费＋其他项目建筑工程机械费	12.68	21221.23
1.1.1.2	装饰工程	装饰人工费＋装饰机械费＋其他项目装饰工程人工费＋其他项目装饰工程机械费	4.87	501.73
1.1.1.3	土石方工程	土石方人工费＋土石方机械费＋其他项目土石方工程人工费＋其他项目土石方工程机械费	5.49	1194.63
1.1.2	失业保险费	房屋建筑工程＋装饰工程＋土石方工程		2294.60
1.1.2.1	房屋建筑工程	建筑人工费＋建筑机械费＋其他项目建筑工程人工费＋其他项目建筑工程机械费	1.27	2125.47
1.1.2.2	装饰工程	装饰人工费＋装饰机械费＋其他项目装饰工程人工费＋其他项目装饰工程机械费	0.48	49.45
1.1.2.3	土石方工程	土石方人工费＋土石方机械费＋其他项目土石方工程人工费＋其他项目土石方工程机械费	0.55	119.68
1.1.3	医疗保险费	房屋建筑工程＋装饰工程＋土石方工程		7251.63
1.1.3.1	房屋建筑工程	建筑人工费＋建筑机械费＋其他项目建筑工程人工费＋其他项目建筑工程机械费	4.02	6727.86
1.1.3.2	装饰工程	装饰人工费＋装饰机械费＋其他项目装饰工程人工费＋其他项目装饰工程机械费	1.43	147.32
1.1.3.3	土石方工程	土石方人工费＋土石方机械费＋其他项目土石方工程人工费＋其他项目土石方工程机械费	1.73	376.45
1.1.4	工伤保险费	房屋建筑工程＋装饰工程＋土石方工程		2668.39
1.1.4.1	房屋建筑工程	建筑人工费＋建筑机械费＋其他项目建筑工程人工费＋其他项目建筑工程机械费	1.48	2476.93
1.1.4.2	装饰工程	装饰人工费＋装饰机械费＋其他项目装饰工程人工费＋其他项目装饰工程机械费	0.57	58.72

续表

序号	项目名称	计算基础	计算费率（%）	金额（元）
1.1.4.3	土石方工程	土石方人工费＋土石方机械费＋其他项目土石方工程人工费＋其他项目土石方工程机械费	0.61	132.74
1.1.5	生育保险费	房屋建筑工程＋装饰工程＋土石方工程		1136.82
1.1.5.1	房屋建筑工程	建筑人工费＋建筑机械费＋其他项目建筑工程人工费＋其他项目建筑工程机械费	0.63	1054.37
1.1.5.2	装饰工程	装饰人工费＋装饰机械费＋其他项目装饰工程人工费＋其他项目装饰工程机械费	0.23	23.70
1.1.5.3	土石方工程	土石方人工费＋土石方机械费＋其他项目土石方工程人工费＋其他项目土石方工程机械费	0.27	58.75
1.2	住房公积金	房屋建筑工程＋装饰工程＋土石方工程		9546.24
1.2.1	房屋建筑工程	建筑人工费＋建筑机械费＋其他项目建筑工程人工费＋其他项目建筑工程机械费	5.29	8853.33
1.2.2	装饰工程	装饰人工费＋装饰机械费＋其他项目装饰工程人工费＋其他项目装饰工程机械费	1.91	196.78
1.2.3	土石方工程	土石方人工费＋土石方机械费＋其他项目土石方工程人工费＋其他项目土石方工程机械费	2.28	496.13
1.3	工程排污费	房屋建筑工程＋装饰工程＋土石方工程		2684.20
1.3.1	房屋建筑工程	建筑人工费＋建筑机械费＋其他项目建筑工程人工费＋其他项目建筑工程机械费	1.48	2476.93
1.3.2	装饰工程	装饰人工费＋装饰机械费＋其他项目装饰工程人工费＋其他项目装饰工程机械费	0.66	68.00
1.3.3	土石方工程	土石方人工费＋土石方机械费＋其他项目土石方工程人工费＋其他项目土石方工程机械费	0.64	139.27
2	增值税	分部分项工程费＋措施项目合计－税后包干价＋其他项目费＋规费	9	83474.29
合计				131973.76

项 目

合同价款调整

▌学习提示　在工程施工阶段，由于项目实际情况的变化，发承包双方在施工合同中约定的合同价款会由于一些因素或一些事件的发生而发生变化。在这种情况下，就会发生合同价款的调整。合同价款的调整涉及法律法规的变化、工程变更、项目特征不符、工程量清单缺项、工程量偏差、计日工、物价变化、暂估价、不可抗力、提前竣工（赶工补偿）、误期赔偿、现场签证及暂列金额等内容。

▌能力目标　1. 能识别合同价款调整的内容。
　　　　　　2. 能按规定程序有效进行合同价款的调整。
　　　　　　3. 能正确进行合同价款调整的计算。

▌知识目标　1. 掌握合同价款调整的内容。
　　　　　　2. 掌握合同价款调整的程序。
　　　　　　3. 熟悉合同价款调整的方法。

▌规范标准　1.《建设工程工程量清单计价规范》（GB 50500—2013）。
　　　　　　2.《房屋建筑与装饰工程工程量计算规范》（GB 50854—2013）。

任务 16.1 合同价款调整的相关内容

【知识目标】 1. 掌握发承包双方合同价款调整的内容。

2. 熟悉合同价款调整的程序，注意时效。

【能力目标】 能根据项目实际，独立确定合同价款的调整内容。

【任务描述】 某施工单位（承包人）于 2018 年 2 月参加某综合楼工程的投标，根据业主提供的全部施工图纸和工程量清单提出的报价并中标，2018 年 3 月开始施工。该工程采用的合同方式为以工程量清单为基础的固定单价合同，计价依据为《建设工程工程量清单计价规范》（GB 50500—2013）。施工过程中发生了以下事件。

（1）工程量清单给出的基础垫层工程量为 180m³，而根据施工图纸计算的垫层工程量为 185m³。

（2）施工过程中，由于预拌混凝土出现质量问题，导致部分梁的承载能力不足，经设计和业主同意，对梁进行了加固，设计单位进行了计算并提出加固方案。由于此项设计变更造成费用增加 8000 元。

（3）因业主改变部分房间用途，提出设计变更，防静电活动地面由原来的 400m² 增加到 500m²，合同确定的综合单价为 420 元/m²，施工时市场价格水平发生变化，施工单位根据市场价格水平提出 435 元/m²，业主和监理工程师审核并批准。

（4）业主将招标时确定的砖墙项目特征描述 M5 混合砂浆，变更为（或施工图纸本就标注为）M7.5 混合砂浆，这时施工单位重新确定了综合单价。

（5）原现浇混凝土钢筋在招标时确定暂估价为 4000 元/t，因市场价格变动，将目前钢筋加权平均值认定为 4295 元/t，因此，施工单位将综合单价以 4295 元取代 4000 元。

问题：该项目施工过程中所发生的以上事件，是否可以进行相应合同价款的调整？

16.1.1 相关知识：合同价款调整内容

要想进行合同价款调整的计算，需要先了解相关基础知识，主要是合同价款调整的范围和内容。

建设工程的特殊性决定了工程造价不可能是固定不变的,为了建设工程合同价款的合理性、合法性,减少履行合同甲乙双方的纠纷,维护合同双方合法利益,有效控制工程造价,合同履行过程中必然会发生各种干扰事件,使招标、投标确定的合同价款不再合适,合同价款必须做出一定的调整,以适应不断变化的合同状态。

以下事项(但不限于)发生,发承包双方应当按照合同约定调整合同价款。

(1)法律法规变化。

(2)工程变更。

(3)与项目特征描述不符。

(4)工程量清单缺项。

(5)工程量偏差。

(6)计日工变化。

(7)物价变化。

(8)暂估价变化。

(9)不可抗力事件发生。

(10)提前竣工(赶工补偿)。

(11)误期赔偿。

(12)施工索赔。

(13)现场签证变化。

(14)暂列金额变化。

(15)发承包双方约定的其他调整事项。

出现合同价款调增事项(不含工程量偏差、计日工变化、现场签证变化、施工索赔)后的 14d 内,承包人应向发包人提交合同价款调增报告并附上相关资料,若承包人在 14d 内未提交合同价款调增报告,视为承包人对该事项不存在调整价款;发包人应在收到承包人合同价款调增报告及相关资料之日起 14d 内对其核实,予以确认的应书面通知承包人。如有疑问,应向承包人提出协商意见。发包人在收到合同价款调增报告之日起 14d 内未确认也未提出协商意见的,视为承包人提交的合同价款调增报告已被发包人认可。若发包人提出协商意见,承包人应在收到协商意见后的 14d 内对其核实,予以确认的应书面通知发包人。如承包人在收到发包人的协商意见后 14d 内既不确认也未提出不同意见,视为发包人提出的意见已被承包人认可。

如发包人与承包人对意见不能达成一致的,只要不实质影响发承包双方履约的,双方应实施该结果,直到其按照合同约定的争议解决方式得到处理。

出现合同价款调减事项(不含工程量偏差、施工索赔)后的 14d 内,发包人应向承包人提交合同价款调减报告并附相关资料,若发包人在 14d 内未提交合同价款调减报告,视为发包人对该事项不存在调整价款。

经发承包双方确认调整的合同价款,作为追加(减)合同价款,与工程进度款或结算款同期支付。

1. 法律法规变化

招标工程以投标截止日前 28d,非招标工程以合同签订前 28d 为基准日,其后国家的法律、法规、规章和政策发生变化引起工程造价增减变化的，发承包双方应当按照省级或行业建设主管部门或其授权的工程造价管理机构据此发布的规定调整合同价款。

因承包人原因导致工期延误，且以上规定的调整时间在合同工程原定竣工时间之后，合同价款调增的不予调整，合同价款调减的予以调整。

2.　工程变更

工程变更引起已标价工程量清单项目或其工程数量发生变化，应按照下列规定调整。

（1）已标价工程量清单中有适用于变更工程项目的，采用该项目的单价；但当工程变更导致该清单项目的工程量发生变化，且工程量偏差超过 15%，此时，该项目单价应进行调整。

（2）已标价工程量清单中没有适用、但有类似于变更工程项目的，可在合理范围内参照类似项目的单价。

（3）已标价工程量清单中没有适用也没有类似于变更工程项目的，由承包人根据变更工程资料、计量规则和计价办法、工程造价管理机构发布的信息价格和承包人报价浮动率提出变更工程项目的单价，报发包人确认后调整。承包人报价浮动率可按下列公式计算。

① 招标工程：

$$\text{承包人报价浮动率 } L = (1 - \text{中标价}/\text{招标控制价}) \times 100\% \tag{16.1}$$

② 非招标工程：

$$\text{承包人报价浮动率 } L = (1 - \text{报价值}/\text{施工图预算}) \times 100\% \tag{16.2}$$

（4）已标价工程量清单中没有适用也没有类似于变更工程项目，且工程造价管理机构发布的信息价格缺价的，由承包人根据变更工程资料、计量规则、计价办法和通过市场调查等取得有合法依据的市场价格提出变更工程项目的单价，报发包人确认后调整。

工程变更引起施工方案改变，并使措施项目发生变化的，以及承包人提出调整措施项目费的，应事先将拟实施的方案提交发包人确认，并详细说明与原方案措施项目相比的变化情况。拟实施的方案经发承包双方确认后执行。该情况下，应按照下列规定调整措施项目费。

（1）安全文明施工费，按照实际发生变化的措施项目调整。

（2）采用单价计算的措施项目费，按照实际发生变化的措施项目按以上规定确定单价。

（3）按总价（或系数）计算的措施项目费，按照实际发生变化的措施项目调整，但应考虑承包人报价浮动因素，即调整金额按照实际调整金额乘以承包人报价浮动率计算。

如果承包人未事先将拟实施的方案提交给发包人确认，则视为工程变更不引起措施项目费的调整或承包人放弃调整措施项目费的权利。

如果发包人提出的工程变更，因为非承包人原因删减了合同中的某项原定工作或工程，致使承包人发生的费用或（和）得到的收益不能被包括在其他已支付或应支付的项目中，也未被包含在任何替代的工作或工程中，则承包人有权提出并得到合理的利润补偿。

3.　与项目特征描述不符

承包人在招标工程量清单中对项目特征的描述，应是准确的和全面的，并且应与实际施工要求相符合。承包人应按照发包人提供的工程量清单，根据其项目特征描述的内容及有关要求实施合同工程，直到其被改变为止。

合同履行期间，出现实际施工设计图纸（含设计变更）与招标工程量清单任一项目的特征描述不符，且该变化引起该项目的工程造价增减变化的，应按照实际施工的项目特征重新确定相应工程量清单项目的综合单价，计算调整的合同价款。

4. 工程量清单缺项

（1）合同履行期间，出现招标工程量清单项目缺项的，发承包双方应调整合同价款。

（2）招标工程量清单中出现缺项，造成新增工程量清单项目的，应合理确定单价，调整分部分项工程费。

（3）由于招标工程量清单中分部分项工程出现缺项，引起措施项目发生变化的，在承包人提交的实施方案被发包人批准后，计算调整措施项目费用。

5. 工程量偏差

合同履行期间，应予以计算的实际工程量与招标工程量清单出现偏差，且符合以下规定的，发承包双方应调整合同价款。

（1）对于任一招标工程量清单项目，如果因工程量偏差和工程变更等原因导致工程量偏差超过15%，调整的原则为：当工程量增加15%以上时，其增加部分的工程量的综合单价应予以调低；当工程量减少15%以上时，减少后剩余部分的工程量的综合单价应予以调高。此时，按下列公式调整结算分部分项工程费。

① 当 $Q_1 > 1.15Q_0$ 时，

$$S = 1.15Q_0 \times P_0 + (Q_1 - 1.15Q_0) \times P_1 \tag{16.3}$$

② 当 $Q_1 < 0.85Q_0$ 时，

$$S = Q_1 \times P_1 \tag{16.4}$$

式中：S——调整后的某一分部分项工程费结算价；

Q_1——最终完成的工程量；

Q_0——招标工程量清单中列出的工程量；

P_1——按照最终完成工程量重新调整后的综合单价；

P_0——承包人在工程量清单中填报的综合单价。

（2）如果工程量出现以上变化，且该变化引起相关措施项目相应发生变化，如按系数或单一总价方式计价的，工程量增加的措施项目费调增，工程量减少的措施项目费适当调减。

6. 计日工变化

发包人通知承包人以计日工方式实施的零星工作，承包人应予执行。采用计日工计价的任何一项变更工作，承包人应在该项变更的实施过程中，每天提交以下报表和有关凭证送发包人复核：①工作名称、内容和数量；②投入该工作所有人员的姓名、工种、级别和耗用工时；③投入该工作的材料名称、类别和数量；④投入该工作的施工设备型号、台数和耗用台时；⑤发包人要求提交的其他资料和凭证。

（1）任一计日工项目持续进行时，承包人应在该项工作实施结束后的 24h 内，向发包人提交有计日工记录汇总的现场签证报告一式三份。发包人在收到承包人提交现场签证报告后的 2d 内予以确认并将其中一份返还给承包人，作为计日工计价和支付的依据。发包人逾期未确认也未提出修改意见的，视为承包人提交的现场签证报告已被发包人认可。

（2）任一计日工项目实施结束，发包人应按照确认的计日工现场签证报告核实该类项目的工程量，并根据核实的工程量和承包人已标价工程量清单中的计日工单价计算，提出应付价款；已标价工程量清单中没有该类计日工单价的，由发承包双方商定计日工单价计算。

（3）每个支付期末，承包人应向发包人提交本期间所有计日工记录的签证汇总表，以说明本期间自己认为有权得到的计日工价款，列入进度款支付。

7. 物价变化

合同履行期间，因人工、材料、工程设备和机械台班价格波动影响合同价款时，应根据合同约定按公式（16.5）调整合同价款。

（1）承包人采购材料和工程设备的，应在合同中约定可调材料、工程设备价格变化的范围或幅度，如没有约定，且材料、工程设备单价变化超过 5%，超过部分的价格应按照公式（16.5）计算调整材料、工程设备费。

（2）发生合同工程工期延误的，应按照下列规定确定合同履行期用于调整的价格或单价。

① 因发包人原因导致工期延误的，则计划进度日期后续工程的价格或单价，采用计划进度日期与实际进度日期两者的较高者。

② 因承包人原因导致工期延误的，则计划进度日期后续工程的价格或单价，采用计划进度日期与实际进度日期两者的较低者。

发包人供应材料和工程设备的，不适用以上规定的，应由发包人按照实际变化调整，列入合同工程的工程造价内。

物价变化合同价款调整公式为

$$\Delta P = P_0 \left[A + \left(B_1 \times \frac{F_{t1}}{F_{01}} + B_2 \times \frac{F_{t2}}{F_{02}} + B_3 \times \frac{F_{t3}}{F_{03}} + \cdots + B_n \times \frac{F_{tn}}{F_{0n}} \right) - 1 \right] \tag{16.5}$$

式中：ΔP——需调整的价格差额；

P_0——约定的付款证书中承包人应得到的已完成工程量的金额。此项金额应不包括价格调整、不计质量保证金的扣留和支付、预付款的支付和扣回。约定的变更及其他金额已按现行价格计价的，也不计在内。

A——定值权重（即不调部分的权重）。

B_1，B_2，B_3，$\cdots$，B_n——各可调因子的变值权重（即可调部分的权重），为各可调因子在投标函投标总报价中所占的比例。

F_{t1}，F_{t2}，F_{t3}，$\cdots$，F_{tn}——各可调因子的现行价格指数，指约定的付款证书相关周期最后一天的前 42d 的各可调因子的价格指数。

F_{01}，F_{02}，F_{03}，$\cdots$，F_{0n}——各可调因子的基本价格指数，指基准日期的各可调因子的价格指数。

8. 暂估价变化

（1）发包人在招标工程量清单中给定暂估价的材料、工程设备属于依法必须招标的，由发承包双方以招标的方式选择供应商。中标价格与招标工程量清单中所列的暂估价的差额以及相应的规费、税金等费用，应列入合同价格。

（2）发包人在招标工程量清单中给定暂估价的材料和工程设备不属于依法必须招标的，由承包人按照合同约定采购。经发包人确认的材料和工程设备价格与招标工程量清单中所列的暂估价的差额以及相应的规费、税金等费用，应列入合同价格。

（3）发包人在工程量清单中给定暂估价的专业工程不属于依法必须招标的，应按照清单计价规范相应条款的规定确定专业工程价款。经确认的专业工程价款与招标工程量清单中所列的暂估价的差额以及相应的规费、税金等费用，应列入合同价格。

（4）发包人在招标工程量清单中给定暂估价的专业工程，依法必须招标的，应当由发承包双方依法组织招标选择专业分包人，并接受有管辖权的建设工程招标投标管理机构的监督。

① 除合同另有约定外，承包人不参与投标的专业工程分包招标，应由承包人作为招标人，但招标文件评标工作、评标结果应报送发包人批准。与组织招标工作有关的费用应当被认为已经包括在承包人的签约合同价（投标总报价）中。

② 承包人参加投标的专业工程分包招标，应由发包人作为招标人，与组织招标工作有关的费用由发包人承担。同等条件下，应优先选择承包人中标。

③ 应以专业工程发包中标价为依据取代专业工程暂估价，调整合同价款。

9. 不可抗力事件发生

因不可抗力事件导致的费用，发承包双方应按以下原则分别承担并调整工程价款。

（1）工程本身的损害、因工程损害导致第三方人员伤亡和财产损失以及运至施工场地用于施工的材料和待安装的设备的损害，由发包人承担。

（2）发包人、承包人人员伤亡由其所在单位负责，并承担相应费用。

（3）承包人的施工机械设备损坏及停工损失，由承包人承担。

（4）停工期间，承包人应发包人要求留在施工场地的必要的管理人员及保卫人员的费用由发包人承担。

（5）工程所需清理、修复费用，由发包人承担。

10. 提前竣工（赶工补偿）

招标人应依据相关工程的工期定额合理计算工期，压缩的工期天数不得超过定额工期的 20%，超过者，应在招标文件中明示增加赶工费用。

发包人要求承包人提前竣工，应征得承包人同意后与承包人商定采取加快工程进度的措施，并修订合同工程进度计划。发包人应承担承包人由此增加的提前竣工（赶工补偿）费。发承包双方应在合同中约定提前竣工每日历天应补偿额度，此项费用应作为增加合同价款列入竣工结算文件中，与结算款一并支付。

11. 误期赔偿

承包人未按照合同约定施工，导致实际进度迟于计划进度的，发包人应要求承包人加快进度，实现合同工期。

合同工程发生误期，承包人应赔偿发包人由此造成的损失，并按照合同约定向发包人支付误期赔偿费。即使承包人支付误期赔偿费，也不能免除承包人按照合同约定应承担的任何责任和应履行的任何义务。

发承包双方应在合同中约定误期赔偿费，并明确每日历天应赔额度。误期赔偿费应列入竣工结算文件中，并在结算款中扣除。

在工程竣工之前，合同工程内的某单位工程已通过了竣工验收，且该单位工程接收证书中表明的竣工日期并未延误，而是合同工程的其他部分产生了工期延误，则误期赔偿费应按照已颁发工程接收证书的单位工程造价占合同价款的比例幅度予以扣减。

12. 施工索赔

当合同一方向另一方提出索赔时，应有正当的索赔理由和有效证据，并应符合合同的相关约定。

（1）根据合同约定，承包人认为因非承包人原因发生的事件造成了承包人的损失，应按以下程序向发包人提出索赔。

① 承包人应在索赔事件发生后 28d 内，向发包人提交索赔意向通知书，说明发生索赔事件的事由。承包人逾期未发出索赔意向通知书的，丧失索赔的权利。

② 承包人应在发出索赔意向通知书后 28d 内，向发包人正式提交索赔通知书。索赔通知书应详细说明索赔理由和要求，并附必要的记录和证明材料。

③ 索赔事件具有连续影响的，承包人应继续提交延续索赔通知，说明连续影响的实际情况和记录。

④ 在索赔事件影响结束后的 28d 内，承包人应向发包人提交最终索赔通知书，说明最终索赔要求，并附必要的记录和证明材料。

（2）承包人索赔应按下列程序处理。

① 发包人收到承包人的索赔通知书后，应及时查验承包人的记录和证明材料。

② 发包人应在收到索赔通知书或有关索赔的进一步证明材料后的 28d 内，将索赔处理结果答复承包人，如果发包人逾期未作出答复，视为承包人索赔要求已经发包人认可。

③ 承包人接受索赔处理结果的，索赔款项在当期进度款中进行支付；承包人不接受索赔处理结果的，按合同约定的争议解决方式办理。

（3）承包人要求赔偿时，可以选择以下一项或几项方式获得赔偿。

① 延长工期。

② 要求发包人支付实际发生的额外费用。

③ 要求发包人支付合理的预期利润。

④ 要求发包人按合同的约定支付违约金。

当承包人的费用索赔与工期索赔要求相关联时，发包人在做出费用索赔的批准决定时，应结合工程延期，综合做出费用赔偿和工程延期的决定。

发承包双方在按合同约定办理了竣工结算后，应被认为承包人已无权再提出竣工结算前所发生的任何索赔。承包人在提交的最终结清申请中，只限于提出竣工结算后的索赔，提出索赔的期限自发承包双方最终结清时终止。

根据合同约定，发包人认为由于承包人的原因造成发包人的损失，应参照承包人索赔的程序进行索赔。

（4）发包人要求赔偿时，可以选择以下一项或几项方式获得赔偿。

① 延长质量缺陷修复期限。

② 要求承包人支付实际发生的额外费用。

③ 要求承包人按合同的约定支付违约金。

承包人应付给发包人的索赔金额可从拟支付给承包人的合同价款中扣除，或由承包人以其他方式支付给发包人。

13. 现场签证变化

承包人应发包人要求完成合同以外的零星项目、非承包人责任事件等工作的，发包人应及时以书面形式向承包人发出指令，提供所需的相关资料；承包人在收到指令后，应及时向发包人提出现场签证要求。

承包人应在收到发包人指令后的 7d 内，向发包人提交现场签证报告，报告中应写明所需的人工、材料和施工机械台班的消耗量等内容。发包人应在收到现场签证报告后的 48h 内对报告内容进行核实，予以确认或提出修改意见。发包人在收到承包人现场签证报告后的 48h 内未确认也未提出修改意见的，视为承包人提交的现场签证报告已被发包人认可。

现场签证的工作如已有相应的计日工单价，则现场签证中应列明完成该类项目所需的人工、材料、工程设备和施工机械台班的数量。如现场签证的工作没有相应的计日工单价，应在现场签证报告中列明完成该签证工作所需的人工、材料设备和施工机械台班的数量及其单价。

合同工程发生现场签证事项，未经发包人签证确认，承包人便擅自施工的，除非征得发包人同意，否则发生的费用由承包人承担。

现场签证工作完成后的 7d 内，承包人应按照现场签证内容计算价款，报送发包人确认后，作为追加合同价款，与工程进度款同期支付。

14. 暂列金额变化

已签约合同价中的暂列金额由发包人掌握使用。

发包人按照以上 1～13 条规定所做支付后，暂列金额如有余额归发包人。

16.1.2 任务实施：施工过程中的合同价款调整办法分析

根据任务描述中的内容，合同价款调整内容如下。

（1）事件一：不可调整。工程量清单的基础垫层工程量与按施工图纸计算工程量的差额幅度为$(185-180) \div 180 = 2.78(\%) < 15(\%)$。

（2）事件二：不可调整。预拌混凝土出现质量问题属于承包商的问题，因承包人自身原因导致的工程变更，承包人无权要求追加合同价款。

（3）事件三：可调整。因为该事件是由于设计变更引起的工程量增加，其增加的幅度为$(500-400)/400 = 25(\%)$，增加幅度已超过 15%，按合同约定可以进行综合单价调整。应结算的价款如下。

① 按原综合单价计算的工程量为$400 \times (1+15\%) = 460(m^2)$。

② 按新的综合单价计算的工程量为$[500-400 \times (1+15\%)] = 500-460 = 40(m^2)$。

③ 调整后的价款为 $420 \times 460 + 435 \times 40 = 210600$(元)。

（4）事件四：可调整。因为与项目特征描述不符时，可按照实际施工的项目特征重新确定相应的综合单价。

（5）事件五：可调整。暂估价经双方协商确认单价后取代暂估价，调整合同价款。

任务 16.2　合同价款调整方法

【知识目标】　1. 熟悉合同价款调整的方法。

2. 熟练掌握工程变更、工程量偏差的合同价款调整的计算。

3. 掌握综合单价调整表的编制。

【能力目标】　能根据项目实际，独立进行合同价款的调整。

【任务描述】　某项目编制投标报价时，其中综合单价分析表的填写如表 16.1 所示，在施工过程中，由于合同价款调整等因素的影响，对人工单价、材料单价进行置换，工程结算时形成调整后的综合单价表如表 16.2 所示。

试编制综合单价调整表，如表 16.3 所示。

表 16.1　综合单价分析表（一）

工程名称：　　　　　　　　　　　　标段：　　　　　　　　　　　　第　页　共　页

项目编码	010515001001		项目名称		现浇构件钢筋	计量单位		t	工程量		200

清单综合单价组成明细

定额编号	定额名称	定额单位	数量	单价（元）				合价（元）			
				人工费	材料费	机械费	管理费和利润	人工费	材料费	机械费	管理费和利润
AD0899	现浇构件钢筋制安	t	1.07	294.75	4327.70	62.42	102.29	294.75	4327.70	62.42	102.29
人工单价			小计					294.75	4327.70	62.42	102.29
80 元/工日			未计价材料费								
清单项目综合单价								4787.16			

材料费明细	主要材料名称、规格、型号	单位	数量	单价（元）	合价（元）	暂估单价（元）	暂估合价（元）
	螺纹钢筋 Q235，Φ14	t	1.07			4000	4280
	焊条	kg	8.64	4	34.56		
	其他材料费			—	13.14	—	
	材料费小计			—	47.70	—	4280

项目编码	011407001001		项目名称		外墙乳胶漆	计量单位		m²	工程量		4050

清单综合单价组成明细（元）

定额编号	定额名称	定额单位	数量	单价（元）				合价（元）			
				人工费	材料费	机械费	管理费和利润	人工费	材料费	机械费	管理费和利润
BE0267	抹灰面满刮耐水腻子	100m²	0.01	338.52	2625.00		127.76	3.39	26.25		1.28
BE0267	底漆一遍、面漆两遍	100m²	0.01	317.97	940.37		120.01	3.18	9.40		1.20

续表

				6.57	35.65		2.48
人工单价	小计			6.57	35.65		2.48
80 元/工日	未计价材料费						
清单项目综合单价（元）					44.70		

材料费明细	主要材料名称、规格、型号	单位	数量	单价（元）	合价（元）	暂估单价（元）	暂估合价（元）
	耐水成品腻子	kg	2.5	10.5	26.25		
	乳胶漆面漆	kg	0.353	20.0	7.06		
	乳胶漆底漆	kg	0.136	17.0	2.31		
	其他材料费			—	0.03	—	
	材料费小计			—	35.65	—	

表 16.2　综合单价分析表（二）

工程名称：　　　　　　　　　　　标段：　　　　　　　　　　第　　页　共　　页

项目编码	010515001001	项目名称	现浇构件钢筋	计量单位	t	工程量	200

				清单综合单价组成明细							
定额编号	定额名称	定额单位	数量	单价（元）				合价（元）			
				人工费	材料费	机械费	管理费和利润	人工费	材料费	机械费	管理费和利润
AD0899	现浇构件钢筋制安	t	1.07	324.23	4643.35	62.42	102.29	324.23	4643.35	62.42	102.29
人工单价		小计						324.23	4643.35	62.42	102.29
80 元/工日		未计价材料费									
清单项目综合单价（元）								5132.29			

材料费明细	主要材料名称、规格、型号	单位	数量	单价（元）	合价（元）	暂估单价（元）	暂估合价（元）
	螺纹钢筋 Q235，φ14	t	1.07	4295	4595.65		
	焊条	kg	8.64	4	34.56		
	其他材料费			—	13.14		
	材料费小计			—	4643.35	—	

项目编码	011407001001	项目名称	外墙乳胶漆	计量单位	m²	工程量	4050

				清单综合单价组成明细							
定额编号	定额名称	定额单位	数量	单价（元）				合价（元）			
				人工费	材料费	机械费	管理费和利润	人工费	材料费	机械费	管理费和利润
BE0267	抹灰面满刮耐水腻子	100m²	0.01	372.37	2625.00		127.76	3.72	26.25		1.28
BE0267	底漆一遍、面漆两遍	100m²	0.01	349.77	940.37		120.01	3.50	9.40		1.20
人工单价		小计						7.22	35.65		2.48
80 元/工日		未计价材料费									
清单项目综合单价（元）								45.35			

续表

材料费明细	主要材料名称、规格、型号	单位	数量	单价（元）	合价（元）	暂估单价（元）	暂估合价（元）
	耐水成品腻子	kg	2.500	10.5	26.25		
	乳胶漆面漆	kg	0.353	20.0	7.06		
	乳胶漆底漆	kg	0.136	17.0	2.31		
	其他材料费			—	0.03	—	
	材料费小计			—	35.65	—	

表 16.3　综合单价调整表

序号	项目编码	项目名称	已标价清单综合单价（元）					调整后综合单价（元）				
			综合单价	人工费	材料费	机械费	管理费和利润	综合单价	人工费	材料费	机械费	管理费和利润

16.2.1　相关知识：合同价款调整的计算方法

工程变更和工程量偏差是施工中最常见的引起合同价款调整的因素。要进行合同价款调整的计算，需要先掌握不同情况下综合单价的调整方法。

1. 工程变更

建设工程施工合同是以签订时静态的承包范围、设计标准、施工条件等为前提的，发承包双方的权利和义务的分配也是以此为基础的。因此，工程实施过程中如果这种静态前提被打破，则必须在新的承包范围、新的设计标准或新的施工条件等前提下建立新的平衡，追求新的公平。由于施工条件变化和发包人要求变化等原因，往往会发生合同约定的工程材料性质和品种、建筑物结构形式、施工工艺和方法等的变动，此时必须变更才能维护合同的公平。

（1）直接采用适用的项目单价，其前提是采用的材料、施工工艺和方法相同，也不因此增加关键线路上工程的施工时间。

【案例 16.1】某工程施工过程中，由于设计变更，新增加轻质材料隔墙1200m²，已标价工程量清单中有此轻质隔墙项目综合单价，且新增部分工程量偏差在15%以内，就应直接采用该项目综合单价。

（2）采用适用的项目单价，其前提是采用的材料、施工工艺和方法基本相似，不增加关键线路上工程的施工时间，可仅就其变更后的差异部分，参考类似的项目单价由发承包双方协商新的项目单价。

【案例 16.2】某工程现浇混凝土梁为 C25，施工过程中设计调整为 C30，此时，可仅将 C30 混凝土价格替换 C25 混凝土价格，其余不变，组成新的综合单价。

（3）当无法找到适用和类似的项目单价时，应采用招投标时的基础资料和工程造价管理机构发布的信息价格，按成本加利润的原则由发承包双方协商新的综合单价。

【案例 16.3】 某工程招标控制价为 8413949 元，中标人的投标报价为 7972282 元，承包人报价浮动率为多少？施工过程中，屋面防水采用 PE 高分子防水卷材（1.5mm），清单项目中无类似项目，工程造价管理机构发布有该卷材单价为 18 元/m^2，该项目综合单价如何确定？

【解】

① 承包人报价浮动率＝$(1-7972282 \div 8413949) \times 100\% = 5.25\%$ [查公式（16.1）]。

② 经查找所在地该项目定额人工费为 3.78 元，除卷材外的其他材料费为 0.65 元，管理费和利润为 1.13 元，则该项目综合单价为

$$(3.78 + 18 + 0.65 + 1.13) \times (1 - 5.25\%) = 22.32 (元)$$

（4）无法找到适用和类型项目单价，工程造价管理机构也没有发布此类信息价格，由发承包双方协商确定。

2. 工程量偏差

施工过程中，由于施工条件、地质水文、工程变更等变化以及招标工程量清单编制人专业水平的差异，往往在合同履行期间，应予计算的工程量与招标工程量清单出现偏差，工程量偏差过大，对综合成本的分摊带来影响，如突然增加太多，仍按原综合单价计价，对发包人不公平；而突然减少太多，仍按原综合单价计价，对承包人不公平。并且，这给有经验的承包人的不平衡报价打开了方便之门。

工程量偏差的计算重点在于如何确定新的综合单价，即 P_1。确定的方法，一是发承包双方协商确定，二是与招标控制价相联系，当工程量偏差项目出现承包人在工程量清单中填报的综合单价与发包人招标控制价相应清单项目的综合单价偏差超过 15% 时，工程量偏差项目综合单价的调整可参考以下公式：

（1）当 $P_0 < P_2 \times (1-L) \times (1-15\%)$ 时，该类项目的综合单价为

$$P_2 \times (1-L) \times (1-15\%) \tag{16.6}$$

（2）当 $P_0 > P_2 \times (1+15\%)$ 时，该类项目的综合单价为

$$P_2 \times (1+15\%) \tag{16.7}$$

（3）当 $P_0 > P_2 \times (1-L) \times (1-15\%)$ 或 $P_0 < P_2 \times (1+15\%)$ 时，可不调整。

式中：P_0——承包人在工程量清单中填报的综合单价；

P_2——承包人招标控制价相应项目的综合单价；

L——承包人报价浮动率。

【案例 16.4】 某工程项目招标控制价的综合单价为 350 元，投标报价的综合单价为 287 元，该工程投标报价下浮率为 6%，综合单价是否调整？

【解】 $287 \div 350 = 82\%$，偏差为 18%；

按公式（16.6）：$350 \times (1-6\%) \times (1-15\%) = 279.65 (元)$

由于 287 元＞279.65 元，该项目变更后的综合单价可不予调整。

【案例 16.5】 某工程项目招标控制价的综合单价为 350 元，投标报价的综合单价为 406 元，工程变更后的综合单价如何调整。

【解】406÷350＝1.16，偏差为16%；

按公式（16.7）：350×(1＋15%)＝402.50(元)

由于406元＞402.50元，该项目变更后的综合单价应调整为402.50元。

【案例16.6】某工程项目招标工程量清单数量为1520m³，施工中由于设计变更调增为18240m³，增加20%，该项目招标控制价综合单价为350元，投标报价为406元，应如何调整分部分项工程费结算价？

【解】

① 见案例16.5，其综合单价应调整为402.50元。

② 用公式（16.3）：$S＝1.15×1520×406+(1824-1.15×1500)×402.50$

$＝709608+76×402.50$

$＝740198(元)$

【案例16.7】某工程项目招标工程量清单数量为1520m³，施工中由于设计变更调减为1216m³，减少20%，该项目招标控制价为350元，投标报价为287元，应如何调整分部分项工程费结算价？

【解】

① 见案例16.4，综合单价不予调整。

② 用公式（16.4）：$S＝1216×287＝348992(元)$

16.2.2　任务实施：合同价款调整中综合单价调整表的编制

分析：表16.4是新增表格，用于由于各种合同调整因素出现时调整，综合单价，此表是汇总性质的表格，各种调整依据应附表后。需要注意：项目编码、项目名称必须与已标价工程量清单保持一致，不得发生错漏，以免发生争议。

根据表16.1和表16.2，编制综合单价调整表16.4。

表 16.4　综合单价调整表

序号	项目编码	项目名称	已标价清单综合单价（元）					调整后综合单价（元）				
			综合单价	其中				综合单价	其中			
				人工费	材料费	机械费	管理费和利润		人工费	材料费	机械费	管理费和利润
1	010515001001	现浇构件钢筋	4787.16	294.75	4327.7	62.42	102.29	5132.29	324.23	4643.35	62.42	102.29
2	011407001001	外墙乳胶漆	44.70	6.57	35.65		2.48	45.35	7.22	35.65		2.48

项目

施工图预算编制

▌学习提示 施工图预算的工程项目划分即预算定额中的项目划分，一般土建定额有几千个项目，其划分原则是按工程的不同部位、不同材料、不同工艺、不同施工机械、不同施工方法和材料规格型号进行详细划分。工程量清单计价的工程项目划分较之定额项目的划分有较大的综合性。按施工图预算分项工程的定额基价是工料单价，即只包括人工费、材料费、施工机具使用费。

▌能力目标 1. 能确定建筑工程施工图预算计价的费用构成并了解其含义。
2. 能计算单位工程施工图预算工程造价。

▌知识目标 1. 掌握建筑施工图预算计价模式的费用构成。
2. 熟悉单位工程施工图预算的编制方法。

▌规范标准 1.《湖北省房屋建筑与装饰工程消耗量定额及全费用基价表》（2018）。
2.《湖北省建筑安装工程费用定额》（2018）。

任务 *17.1* 概述

【知识目标】 1. 掌握建筑工程施工图预算的基本概念。
2. 熟悉施工图预算的编制依据。
【能力目标】 能够区分施工图预算对于不同项目主体所起到的作用。
【任务描述】 试确定 C20 现浇混凝土矩形柱 $10m^3$ 的全费用基价、人工费和材料量。

17.1.1 相关知识：施工图预算的基本概念

要想进行施工图预算编制，需要先熟悉施工图预算的含义、作用及编制依据和原则。

1. 施工图预算的含义

施工图预算是在施工图设计完成后，工程开工前，根据已批准的施工图纸、现行的预算定额、费用定额和地区人工、材料、设备与机械台班等资源价格，在施工方案或施工组织设计已大致确定的前提下，按照规定的计算程序计算分部分项工程费、措施项目费、其他项目费、规费和增值税等费用，确定单位工程造价的技术经济文件。

施工图预算价格既可以是按照政府统一规定的预算单价、取费标准、计价程序计算得到的属于计价或预期性质的施工图预算价格，也可以是通过招标投标法定程序后施工企业根据自身的实力即企业定额、资源市场单价以及市场供求及竞争状况计算得到的反映市场性质的施工图预算价格。

2. 施工图预算的作用

施工图预算作为建设工程建设程序中一个重要的技术经济文件，在工程建设实施过程中具有十分重要的作用，可以归纳为以下几个方面。

1）施工图预算对投资方的作用

（1）施工图预算是设计阶段控制工程造价的重要环节，是控制施工图设计部突破设计概算的重要措施。

（2）施工图预算是控制造价及资金合理使用的依据。施工图预算确定的预算造价是工程的计划成本，投资方按施工图预算造价筹集建设资金，合理安排建设资金计划，确保建设资金的有效使用，保证项目建设顺利进行。

（3）施工图预算是确定工程招标控制价的依据。在设置招标控制价的情况下，建筑安装工程的招标控制价可按照施工图预算来确定。招标控制价通常是在施工图预算的基础上考虑工程的特殊施工措施、工程质量要求、目标工期、招标工程范围以及自然条件等因素进行编制的。

（4）施工图预算可以作为确定合同价款、拨付工程进度款及办理工程结算的基础。

2）施工图预算对施工企业的作用

（1）施工图预算是建筑施工企业投标报价的基础。在激烈的建筑市场竞争中，建筑施工企业需要根据施工图预算，结合企业的投标策略，确定投标报价。

（2）施工图预算是建筑工程预算包干的依据和签订施工合同的主要内容。在采用总价合同的情况下，施工单位通过与建设单位协商，可在施工图预算的基础上，考虑设计或施工变更后可能发生的费用与其他风险因素，增加一定系数作为工程造价一次性包干价。同样，施工单位与建设单位签订施工合同时，其中工程价款的相关条款也必须以施工图预算为依据。

（3）施工图预算是施工企业安排调配施工力量、组织材料供应的依据。施工企业在施工期，可以根据施工图预算的工、料、机分析，编制资源计划，组织材料、机具、设备和劳动力供应，并编制进度计划，统计完成的工作量，进行经济核算并考核经营成果。

（4）施工图预算是施工企业控制工程成本的依据。根据施工图预算确定的中标价格是施工企业收取工程款的依据，企业只有合理利用各项资源，采取先进技术和管理方法，将成本控制在施工图预算价格以内，才能获得良好的经济效益。

（5）施工图预算是进行"两算"对比的依据。施工企业可以通过施工图预算和施工预算的对比分析，找出差距，采取必要的措施。

3）施工图预算对其他方面的作用

（1）对于工程咨询单位而言，尽可能客观、准确地为委托方做出施工图预算，不仅体现出其水平、素质和信誉，而且强化了投资方对工程造价的控制，有利于节省投资，提高建设项目的投资效益。

（2）对于工程项目管理、监督等中介服务企业而言，客观准确的施工图预算是为业主方提供投资控制的依据。

（3）对于工程造价管理部门而言，施工图预算是其监督、检查执行定额标准、合理确定工程造价、测算造价指数以及审定工程招标控制价的重要依据。

（4）如在履行合同的过程中发生经济纠纷，施工图预算还是有关仲裁、管理、司法机关按照法律程序处理、解决问题的依据。

3. 施工图预算的编制依据

（1）国家、行业和地方政府有关工程建设和造价管理的法律、法规和规定。

（2）经过批准和会审的施工图设计文件。包括设计说明书、标准图、图纸会审纪要、设计变更通知及经建设主管部门批准的设计概算文件。

（3）施工现场勘察地质、水文、地貌、交通、环境及标高测量资料等。

（4）预算定额（或单位估价表）、地区材料市场与预算价格等相关信息以及颁布的材料预算价格、工程造价信息、材料调价通知、取费调整通知等。

（5）当采用新结构、新材料、新工艺、新设备而定额缺项时，按规定编制的补充预算定额，也是编制施工图预算的依据。

（6）合理的施工组织设计和施工方案等文件。

（7）工程量清单、招标文件、工程合同或协议书。它明确了施工单位承包的工程范围，应承担的责任、权利和义务。

（8）项目有关的设备、材料供应合同、价格及相关说明书。

（9）项目的技术复杂程度，以及新技术、专利使用情况等。

（10）项目所在地区有关的气候、水文、地质地貌等的自然条件。

（11）项目所在地区有关的经济、人文等社会条件。

（12）预算工作手册、常用的各种数据、计算公式、材料换算表、常用标准图集及各种必备的工具书。

4. 施工图预算的编制原则

（1）严格执行国家的建设方针和经济政策的原则。施工图预算要严格按照党和国家的方针、政策办事，坚决执行勤俭节约的方针，严格执行规定的设计和建设标准。

（2）完整、准确地反映设计内容的原则。编制施工图预算时，要认真了解设计意图，根据设计文件、图纸准确计算工程量，避免重复和漏算。

（3）坚持结合拟建工程的实际，反映工程所在地当时价格水平的原则。编制施工图预算时，要求实事求是地对工程所在地的建设条件、可能影响造价的各种因素进行认真的调查研究。在此基础上，正确使用定额、费率和价格等各项编制依据，按照现行工程造价的构成，根据有关部门发布的价格信息及价格调整指数，考虑建设期的价格变化因素，使施工图预算尽可能地反映设计内容、施工条件和实际价格。

17.1.2 任务实施：定额计价法下人、材、机费用确定

分析：根据任务描述，查找《湖北省房屋建筑与装饰工程消耗量定额及全费用基价表》（2018）（结构·屋面），详见项目 1 表 1.14 的内容。

C20 现浇混凝土矩形柱定额全费用基价为 5402.37 元/10m³。人工费、材料费具体如下。

A2-11

现浇混凝土矩形柱全费用基价 = 5402.37(元/10m³)

人工费 = 3.569×92(普工)+2.920×142(技工) = 742.99(元/10m³)

材料费 = 9.797×341.94(预拌混凝土 C20)+0.303×330(预拌水泥砂浆)+0.912

×5.99(土工布)+0.911×3.39(水)+3.750×0.75(电)

= 3461.34(元/10m³)

任务 17.2 施工图预算编制内容

【知识目标】 1. 掌握建筑工程施工图预算的编制方法。
2. 掌握单位工程施工图预算编制的步骤。

【能力目标】 能根据项目给定的相关参数编制单位建筑工程施工图预算。

【任务描述】 某工程项目 12 层，建设地点位于湖北省某市内，经计算该
项目建筑工程有关费用如下：分部分项工程费 1200 万元
（不含管理费和利润），其中人工费 240 万元，材料费 840 万
元，机具使用费 120 万元；单价措施项目费 150 万元（不
含管理费和利润），其中人工费 25 万元，材料费 90 万元，
施工机具使用费 35 万元。
试依据《湖北省建筑安装工程费用定额》（2018），采用定
额计价，计算该项目建筑工程的含税工程造价。

17.2.1 相关知识：施工图预算编制方法

要想进行施工图预算编制，需要了解单位工程施工图预算的编制程序，按照当地省、市预算定额确定分项工程单价和分部分项工程费，根据规定的税率、费率和相应的计费基础，分别计算措施项目费、其他项目费、规费和税金。

1. 施工图预算的编制程序

施工图预算编制的程序主要包括三大内容：单位工程施工图预算编制、单项工程综合预算编制、建设项目总预算编制。单位工程施工图预算是施工图预算的关键。施工图预算的编制应在设计交底及会审图纸的基础上，按照图 17.1 所示的步骤进行。

2. 单位工程施工图预算的编制

施工图预算的编制步骤一般是按照施工图预算的编制依据，结合工程的实际情况先划分拟编制预算工程的项目分项，按照预算定额中各分部分项工程量计算说明及计算规则计算出各分部分项工程量。然后将所计算的工程量进行汇总，同时将同类项目编排在同一分部，如混凝土这一部分是将工程量中各项目（混凝土框架柱、混凝土剪力墙、混凝土框架梁板、混凝土零星构件等）都集中排列，以便于套用定额后再计算各项费用。

1）收集、熟悉有关文件和资料

（1）收集编制施工图预算的基础文件及有关资料。一般包括施工图及设计说明、施工组织设计文件，现行有关预算定额或各省、市、地区单位估价表、费用定额、材料预算价格等。

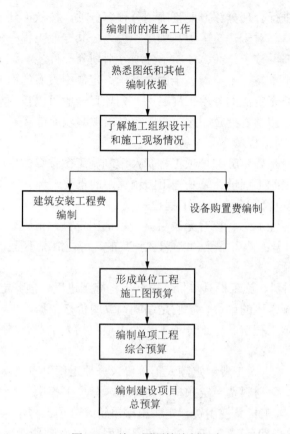

图 17.1　施工图预算编制程序

（2）熟悉掌握预算定额有关规定。预算定额是确定工程造价的主要依据，能否正确应用预算定额及其规定是工程量计算的基础，因此必须熟悉现行预算定额的全部内容与子目划分，了解和掌握各分部工程的定额说明以及定额子目中的工作内容、施工方法、计算单位、工程量计算规则等。

（3）阅读及审查施工图纸及设计说明。设计图纸和设计说明书是编制工程预算的依据，图纸和说明书反映或表达了工程的构造、做法、材料等内容，并为编制工程预算、确定分项工程项目、选择套用定额子目、取定尺寸和计算各项工程量提供了重要数据。因此，必须对设计图纸和设计说明书进行阅读和审查。

（4）了解和掌握施工组织设计的有关内容。预算编制人员应到施工现场了解施工条件、周围环境、水文地质条件等情况，还应掌握施工方法、施工机械配备、施工进度安排、技术组织措施及现场平面布置等与施工组织设计有关的内容，这些都是影响工程造价的因素。

2）熟悉预算定额及其工程量计算规则

熟悉预算定额的分部分项工程划分方法及分项工程的工作内容，以便正确地将拟建工程按预算定额的分部分项工程划分方法进行分解；熟悉预算定额使用方法规定，以便正确选用定额、换算定额和补充定额；熟悉工程计算规则，以便正确计算工程量。

3）正确划分预算子目，排列工程项目

在掌握了图纸、施工组织设计及预算定额的基础上，根据预算定额的分部分项工程划分方法，将拟建工程进行合理分解，要正确划分预算分项。按从下到上，先框架后分项的顺序排列工程预算清单。对于建筑工程其顺序一般为公共专业工程→建筑工程→装饰工程等划分，然后每个分部再按子分部、分项子分项分别划分子目。

列项目要求做到不重复、不遗漏、全面、准确，定额中没有的而施工图有的项目，应先补充定额，再列出补充定额的分项工程名称。列项目一般可以按预算定额的分部分项工程排列顺序进行罗列，初学者更应如此，否则容易出现漏项或重复。

4）准确计算各分项工程量

正确计算工程量，是确定分部分项工程费及编制施工图预算的中心环节，也是确定工程造价的前提条件，因此工程量计算是施工图预算中的重要一环。

5）确定分项工程单价和分部分项工程费

工程量计算完毕并经汇总、核对无误后就可以选用定额，俗称套定额来确定分项工程单价。选用定额应"对号入座"；无法"对号入座"的，可视情况不同，换算定额后再套用；实在不行的可补充定额。

（1）确定人工、材料、施工机具单价。根据工程施工进度、预算定额和市场价格信息，确定人工、材料、机械台班的单价，它们是编制预算的价格依据。

（2）确定分部分项工程费。分部分项工程费主要包括人工费、材料费、施工机具使用费、管理费和利润。其中：

$$人工费＝定额人工单价×分项工程量$$
$$材料费＝定额材料费单价×分项工程量$$
$$施工机具使用费＝定额机械单价×分项工程量$$
$$管理费＝(人工费＋施工机具使用费)×管理费费率$$
$$利润＝(人工费＋施工机具使用费)×利润费率$$

6）编制工料分析表

工料分析是按照各分项工程，依据定额或单位估价表，首先从定额项目表中分别将各分项工程消耗的每项材料和人工的定额消耗量查出；再分别乘以该工程项目的工程量，得到分项工程工料消耗量，最后将各分项工程工料消耗量加以汇总，得出单位工程人工、材料的消耗数量，即

$$人工消耗量＝某工种定额用工量×某分项工程量$$
$$材料消耗量＝某种材料定额用工量×某分项工程量$$

分部分项工程工料分析表如表 17.1 所示。

表 17.1　分部分项工程工料分析表

序号	名称及规格	单位	数量	市场价（元）	合计（元）
一	人工				
1	普工	工日	0.5480	92.00	50.42
2	技工	工日	0.6700	142.00	95.14
	小计				145.56
二	材料				
1	水泥 32.5	kg	51.9200	0.34	17.65
2	混凝土实心砖 240mm×115mm×53mm	千块	0.5236	295.18	154.56

序号	名称及规格	单位	数量	市场价（元）	合计（元）
3	中（粗）砂	m³	0.2785	128.68	35.84
4	水	m³	0.1687	3.39	0.57
	小计				208.62
三	配比材料				
1	水泥砂浆 M5	m³	0.236	227.56	53.70
	小计				53.70

7）按计价程序计取其他费用，并汇总造价

根据规定的税率、费率和相应的计取基础，分别计算措施项目费、其他项目费、规费和税金。

8）计算技术经济指标

将上述费用累计后，求出单位工程预算造价，应当结合工程特点计算各项技术经济指标。其计算公式为

$$技术经济指标=\frac{工程预算造价}{规定计量单位的工程量}$$

9）复核

对项目填列、工程量计算公式、计算结果、套用单价、取费费率、数字计算结果、数据精确度等进行全面复核，及时发现差错并修改，以保证预算的准确性。

10）填写封面、编制说明

封面应写明工程编号、工程名称、预算总造价和单方造价等，编制说明。将封面、编制说明、预算费用汇总表、材料汇总表、工程预算表，按顺序编排并装订成册，便完成了单位施工图预算的编制工作。

定额计价法是编制施工图预算的常用方法，具有计算简便、工作量较小和编制速度较快、便于工程造价管理部门集中统一管理的优点。但由于单价法采用的是地区统一的单位估价表进行计价，承包商之间竞争的并不是自身的施工、管理水平，所以定额计价法并不完全适应市场经济环境。

17.2.2　任务实施：定额计价法的编制

根据任务描述中的内容，参考《湖北省建筑安装工程费用定额》（2018），采用定额计价法计算含税工程造价，如表 17.2 所示。

表 17.2　工程造价编制程序

序号	项目名称	计算方式	金额（万元）
1	分部分项工程费	1.1＋1.2＋1.3	1200
1.1	人工费		240
1.2	材料费		840
1.3	施工机具使用费		120
2	措施项目费	2.1＋2.2	210.23
2.1	单价措施项目费	2.1.1＋2.1.2＋2.1.3	150

续表

序号	项目名称	计算方式	金额（万元）
2.1.1	人工费		25
2.1.2	材料费		90.00
2.1.3	施工机具使用费		35.00
2.2	总价措施项目费	2.2.1＋2.2.2	60.23
2.2.1	安全文明施工费	(1.1＋1.3＋2.1.1＋2.1.3)×13.64%	57.29
2.2.2	其他总价措施项目费	(1.1＋1.3＋2.1.1＋2.1.3)×0.7%	2.94
3	总承包服务费		—
4	企业管理费	(1.1＋1.3＋2.1.1＋2.1.3)×28.27%	118.73
5	利润	(1.1＋1.3＋2.1.1＋2.1.3)×19.73%	82.87
6	规费	(1.1＋1.3＋2.1.1＋2.1.3)×26.85%	112.77
7	不含税工程造价	1＋2＋3＋4＋5＋6	1724.60
8	税金	7×9%	155.21
9	含税工程造价	7＋8	1879.81

综合实训——单位工程施工图预算的编制

【实训目标】 1. 进一步掌握单位工程施工图预算的编制步骤。

2. 熟悉施工图预算单位工程费用组成。

【能力要求】 能根据给定图纸及相关要求快速、准确完成单位工程项目费用编制。

【实训描述】 根据工程实例办公大厦施工图纸以及计算式，按照《湖北省建筑安装工程费用定额》（2018）为依据，采用定额计价，确定该项目建筑工程的含税工程造价。

根据实训描述的内容，参考"附录 工程实例学习"某办公大厦图纸，试按一般计税法综合各项费率确定该项目建筑工程的含税造价，具体见表 17.3。

表 17.3 单位工程项目费用汇总表

工程项目：某办公大厦

序号	费用名称	取费基数	费用金额（元）
1	分部分项工程和单价措施项目费	分部分项合计（含包干）＋单价措施（含包干）	1024543.51
1.1	人工费	分部分项人工费＋单价措施人工费	183395.82
1.2	材料费	分部分项材料费＋分部分项主材费＋分部分项设备费＋单价措施材料费＋单价措施主材费＋单价措施设备费	562794.77
1.3	施工机具使用费	分部分项机械费＋单价措施机械费	21519.15
1.4	费用	分部分项费用＋单价措施费用	172238.17
1.4.1	安全文明施工费	安全文明施工费	29500.34

续表

序号	费用名称	取费基数	费用金额（元）
1.5	增值税	分部分项增值税＋单价措施增值税	84595.60
1.6	包干价	税前包干价＋税后包干价＋其他包干价	
2	其他项目费	其他项目合计	
2.1	总承包服务费	总承包服务费	
2.2	索赔与现场签证费	索赔与现场签证	
2.3	增值税	其他项目增值税	
3	甲供费用（单列不计入造价)	甲供材料费＋甲供主材费＋甲供设备费	
4	含税工程造价	分部分项工程和单价措施项目费＋其他项目费	1024543.51

附录　工程实例学习

1. 学习目的

"建筑工程计量与计价"是一门实践性较强的课程，通过完成一个真实的建筑工程项目的建筑工程清单编制、招标控制价编制、施工图预算编制，进一步提高建筑工程识图能力、熟悉建筑工程的构造与施工工艺、使学生将所学的理论内容进行实务性操作，强化学生实际动手能力，提高学生独立思考、独立解决问题的能力。

2. 学习内容

要求学生根据某办公楼施工图纸，完成相应实训任务。

工程概况：某办公室为框架结构二层，建筑面积 764.12m²。本工程围护结构为非承重砌体填充墙，除图中注明外，所有外墙为 B05 级 250mm 厚加气混凝土砌块墙，内隔墙为 250mm 厚加气混凝土砌块墙，卫生间隔墙为 120mm 厚加气混凝土砌块墙。凡钢筋混凝土与墙体连接处，做室内外抹灰时，加铺 200mm 宽小孔钢丝网一层。所有设置地漏的房间，其楼地面均设坡向地漏，坡度为 0.5%；防水做法见装修说明，卫生间楼板除门洞外均于周边砖墙下部加做 200mm 高 C20 素混凝土翻边，凡穿过卫生间楼板及屋面板的立管做预埋套管，套管高出地面 30mm，管间封防水膏，卫生间填充材料为煤渣。所有玻璃窗选用中空玻璃（中空白玻 6＋9A＋6），型材选用彩铝窗型材（灰色）。

3. 学习要求

根据课程特点，实训主要要求学生将所学的课程内容以及其他相关的建筑构造、建筑施工技术、建筑材料等课程相结合，在教师的指导下，系统地完成包括分部分项工程量清单、措施项目清单、其他项目清单、规费与税金项目清单在内的完整的建筑工程量清单编制、招标控制价编制和施工图预算编制。

4. 项目要求

本工程项目设计基本地震烈度六度，抗震等级四级。本工程独立基础、挡土墙、基础梁均采用 C30 预拌混凝土。基础梁下面均做 C15 混凝土垫层 100mm 厚，其每侧比基础承台外边缘各宽出 100mm。

本工程项目根据招标文件规定，暂列金额 30000 元整。

1）钢筋

本工程项目使用的钢筋要求如下。

钢筋表

符号	钢筋	强度设计值 f_y	强度标准值 f_{yk}	选用范围	焊条
ϕ	HPB300	$270N/mm^2$	$300N/mm^2$	$\phi6\sim\phi20$	E43
Φ	HRB400	$360N/mm^2$	$400N/mm^2$	$\Phi6\sim\Phi25$	E50
ϕ^R	CRB550	$400N/mm^2$	$550N/mm^2$	$\phi^R5\sim\phi^R11$	

2）混凝土强度等级

本工程项目不同部位使用的混凝土强度等级如下。

混凝土强度等级表

使用部位	梁板	柱	楼梯	注
基础顶面～第二层	C25	C25	C25	
基础部分	垫层为 C15			
构造柱压顶为 C20	其他未注明均为 C25			

3）门窗

本工程项目的门窗表如下。

门窗表

类型	设计编号	洞口尺寸（mm×mm）	数量	名称	备注
普通门	M-1	800×2100	2	成品名漆夹板门	门样式待二次装修处理
	M-2	900×2100	185	成品防撬门	
	M-3	1800×2100	2	成品防撬门	
	M-4	3600×4700	1	卷帘门	
普通窗	C-1	1500×1250	6	彩铝推拉窗	窗框颜色为灰色，外置防盗网，方钢20mm×20 mm×1.2 mm，自带成品窗花（窗花规格样式由甲方自定）
	C-2	1200×1250	7	彩铝推拉窗	
	C-3	1200×1350	6	彩铝推拉窗	
	C-4	1500×1350	6	彩铝推拉窗	
	C-5	1800×1350	2	彩铝推拉窗	
	C-6	2400×1350	10	彩铝推拉窗	
	C-7	2700×1450	4	彩铝推拉窗	
	C-8	2400×1250	6	彩铝推拉窗	

4）装修做法

本工程项目的装修做法如下。

装修做法表

类别	编号	名称	用料做法	使用部位	备注
屋面	屋	灰色黏土瓦屋面	1. 钢筋混凝土面板 2. 20mm 厚 1:3 水泥砂浆找平 3. 基层处理剂 4. 铺 4mm 厚高聚物改性沥青防水卷材 5. 满铺 0.5mm 厚聚乙烯薄膜一层 6. 35mm 厚 C20 细石混凝土（配 Φ6@500mm×500mm 钢筋网）找平 7. 顺水条 35mm×35mm，中距 600mm 8. 挂瓦条 35mm×25mm，中距按瓦规格（满铺铝箔） 9. 铺灰色黏土瓦	坡屋面	4mm 厚高聚物改性沥青防水卷材
地面	地 1	环氧树脂自流平地面	1. 0.5~1.5mm 厚无溶剂环氧面涂层 2. 0.5~1.5mm 厚无溶剂环氧中涂层 3. 无溶剂环氧底涂一遍 4. 40mm 厚 C25 细石混凝土，随打随抹光 5. 素水泥浆结合层一遍 6. 20mm 厚 1:2.4 水泥砂浆掺入水泥用量 5%的防水剂 7. 80mm 厚 C15 混凝土 8. 素土夯实	用于生化处理室	
	地 2	陶瓷地砖地面	1. 8~10mm 厚地砖铺实拍平，水泥浆擦缝 1:1 水泥 2. 20mm 厚 1:4 干硬性水泥砂浆 3. 素水泥浆结合层一遍 4. 素土夯实	用于除生化处理室外所有地面	
楼面	楼 1	陶瓷地砖地面	1. 8~10mm 厚玻化地砖 600mm×600mm 铺实拍平，水泥浆擦缝或 1:1 水泥砂浆填缝 2. 30mm 厚 1:4 干硬性水泥砂浆	用于卫生间以外部位	
	楼 2	陶瓷地砖地面	1. 8~10mm 厚玻化地砖 600mm×600mm 铺实拍平 2. 20mm 厚 1:1 水泥砂浆填缝 3. 40mm 厚 C20 细石混凝土找坡 3% 4. 炉渣回填	用于卫生间	
外墙面	外墙 1	涂料	1. 喷或滚刷涂料两遍（涂料为丙烯酸系列） 2. 喷或滚刷底涂料两遍 3. 5mm 厚抗裂砂浆 4. 12mm 厚 1:3 水泥砂浆 5. 安装塑料锚栓，挂钢丝网（双向@≤500mm） 6. 墙体表面清扫干净，涂刷外墙涂料	见立面图	颜色见立面图
	外墙 2	面砖外墙面	1. 墙装饰面砖，白水泥砂浆擦缝 2. 15mm 厚专用抹灰砂浆，分两次抹灰 3. 素水泥砂浆一遍 4. 4~5mm 厚 1:1 水泥砂浆加水重 20%建筑胶镶贴 5. 8~10mm 厚面砖，1:1 水泥砂浆勾缝或水泥浆擦缝	见立面图	颜色见立面图

续表

类别	编号	名称	用料做法	使用部位	备注
内墙面	内墙1	釉面砖墙面	1. 墙装饰面砖，白水泥浆擦缝 2. 3～4mm 厚 1:1 水泥砂浆加水重20%建筑胶镶贴 3. 挂钢丝网水泥浆拉毛 4. 刷1.5mm 厚 JS 防水涂膜地面，防水沿墙面高为1800mm 5. 刷素水泥浆一遍 6. 15mm 厚1:3 水泥砂浆 7. 200mm 厚水泥砖	用于卫生间内墙面	铺贴高度26000mm
	内墙2	乳胶漆封面	1. 乳胶漆两遍 2. 刷底漆一遍 3. 满刮腻子一遍 4. 5mm 厚 1:2 水泥砂浆 5. 15mm 厚 1:3 水泥砂浆	用于除卫生间外所有内墙面	
天棚面	天棚1	乳胶漆墙面	1. 乳胶漆两遍，满刮腻子两道 2. 5mm 厚 1:0.5:3 水泥石灰砂浆 3. 7mm 厚 1:1:4 水泥石灰砂浆 4. 钢筋混凝土板底面清扫干净	用于除卫生间外所有内墙面	
	天棚2	铝扣板吊顶	1. 铝扣板吊顶 300mm×300mm 2. U 形轻钢龙骨	用于卫生间内墙面	
散水	散	水泥砂浆散水	1. 20mm 厚1:2.5 水泥砂浆抹面压光 2. 100mm 厚 C15 混凝土 3. 素土夯实，向外找坡4%	散水	
踢脚	踢1	水泥砂浆踢脚	1. 刷专用界面剂一遍 2. 15mm 厚2:1:8 水泥砂浆，分两次抹灰 3. 10mm 厚1:2 水泥砂浆抹面压光	用于生化处理室	
	踢2	面砖踢脚	1. 刷专用界面剂一遍 2. 15mm 厚2:1:8 水泥石灰砂浆，分两次抹灰 3. 3～4mm 厚 1:1 水泥砂浆加水重20%建筑胶镶贴 4. 8～10mm 厚面砖，水泥浆擦缝	用于除生化处理室外所有踢脚	
坡道	坡	水泥砂浆坡道	1. 1:2 金刚砂防滑条 2. 20mm 厚1:2 水泥砂浆抹面 3. 素水泥结合层一遍 4. 100mm 厚 C15 混凝土 5. 300mm 厚3:7 灰土 6. 素土夯实	坡道	
台阶	台阶	混凝土贴火烧板台阶	1. 20mm 厚火烧板，缝宽 5～8mm，1:1 水泥砂浆填缝 2. 25mm 厚1:4 干硬性水泥砂浆 3. 素水泥浆结合一遍 4. 60mm 厚 C15 混凝土台阶（厚度不包括台阶三角部分）随打随抹，撒1:1水泥砂浆压实赶光 5. 300mm 厚三七灰土 6. 素土夯实	台阶	
勒脚	勒脚	涂料	刷灰色丙烯酸涂料	详见立面图示	颜色见立面图

5. 施工图

本工程项目涉及的施工图（建施01～建施05、结施06～结施08）。

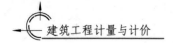

6. 工程量清单表与清单计价表

建筑工程量清单表

<u>某办公大厦</u>　工程

招标工程量清单

招 标 人：＿＿＿＿＿＿＿＿＿＿＿＿＿　　　　造价咨询人：＿＿＿＿＿＿＿＿＿＿＿＿＿

　　　　　　　　(单位盖章)　　　　　　　　　　　　　　　　　(单位资质专用章)

法定代表人　　　　　　　　　　　　　　　　法定代表人

或其授权人：＿＿＿＿＿＿＿＿＿＿＿＿＿　　　或其授权人：＿＿＿＿＿＿＿＿＿＿＿＿＿

　　　　　　　　(签字或盖章)　　　　　　　　　　　　　　　(签字或盖章)

编 制 人：＿＿＿＿＿＿＿＿＿＿＿＿＿　　　复 核 人：＿＿＿＿＿＿＿＿＿＿＿＿＿

　　　　　　(造价人员签字盖专用章)　　　　　　　　　(造价工程师签字盖专用章)

编制时间：　　年 月 日　　　　　　　　复核时间：　　年 月 日

扉-1

总 说 明

工程名称：某办公大厦　　　　　　　　　　　　　　　　　　第 1 页 共 1 页

一、工程名称：某办公大厦

二、建设单位：略

三、设计单位：略

四、工程概况：

本招标范围为某设计院设计的《某办公大厦》施工图纸内容。

1. 土建部分：总建筑面积为 764m^2，框架结构，地上二层，斜屋面。

2. 装饰部分：不含。

3. 安装部分：不含。

五、编制依据：

1. 本招标范围为某设计院设计的《某办公大厦》施工图纸内容。

2.《建设工程工程量清单计价规范》(GB 50500—2013)。

表-01

分部分项工程和单价措施项目清单与计价表

工程名称：某办公大厦　　　　　　　　标段：　　　　　　　　　　　　第 1 页 共 7 页

序号	项目编码	项目名称	项目特征描述	计量单位	工程量	金额（元）		
						综合单价	合价	其中
								暂估价
	A.1	土石方工程						
1	010101001001	平整场地	1．土壤类别：根据现场踏勘及地质报告自行判断 2．弃土运距：根据现场踏勘自行判断 3．取土运距：根据现场踏勘自行判断	m^2	461.05			
2	010101003001	挖沟槽土方	1．土壤类别：三类土 2．基础类型：基槽 3．挖土深度：2m 内 4．弃土运距：根据现场踏勘自行判断	m^3	18.00			
3	010101004001	挖基坑土方	1．土壤类别：根据现场踏勘及地质报告自行判断 2．基础类型：基坑土方 3．挖土深度：2m 内 4．弃土运距：根据现场踏勘自行判断	m^3	167.40			
4	010103001001	回填方	1．土质要求：三类素土 2．夯填（碾压）：夯填 3．运输距离：根据现场踏勘自行判断	m^3	83.90			
5	010103001002	房心回填土	1．土质要求：三类素土 2．夯填（碾压）：夯填 3．运输距离：根据现场踏勘自行判断	m^3	151.36			
		分部小计						
		本页小计						

注：为计取规费等的使用，可在表中增设其中"定额人工费"。

表-08

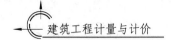

分部分项工程和单价措施项目清单与计价表

工程名称：某办公大厦　　　　　　　　标段：　　　　　　　　　　第　2　页　共　7　页

序号	项目编码	项目名称	项目特征描述	计量单位	工程量	金额（元）		
						综合单价	合价	其中
								暂估价
	A.4	砌筑工程						
6	010402001001	砌块墙	1．墙体厚度：250mm 2．砌块品种：加气混凝土砌块 3．砂浆强度等级：M5混合砂浆	m³	177.13			
7	010402001002	砌块墙	1．墙体厚度：120mm 2．砌块品种：加气混凝土砌块 3．砂浆强度等级：M5混合砂浆	m³	1.58			
		分部小计						
	A.5	混凝土及钢筋混凝土工程						
8	010501001001	垫层	混凝土强度等级：C15商品混凝土	m³	25.59			
9	010501003001	独立基础	混凝土强度等级：C30商品混凝土	m³	66.86			
10	010502001001	矩形柱	混凝土强度等级：C25商品混凝土	m³	33.99			
11	010502001002	矩形柱(TZ)	混凝土强度等级：C25商品混凝土	m³	0.43			
12	010502002001	构造柱	混凝土强度等级：C20商品混凝土	m³	9.66			
13	010503001001	基础梁	混凝土强度等级：C30商品混凝土	m³	29.90			
		分部小计						
		本页小计						

注：为计取规费等的使用，可在表中增设其中"定额人工费"。

表-08

分部分项工程和单价措施项目清单与计价表

工程名称：某办公大厦　　　　　　　　　　标段：　　　　　　　　　　第 3 页 共 7 页

序号	项目编码	项目名称	项目特征描述	计量单位	工程量	综合单价	合价	其中 暂估价
							金额（元）	
14	010503004001	圈梁 卫生间翻边 200mm 宽	混凝土强度等级：C20 商品混凝土	m³	1.34			
15	010503004002	圈梁 卫生间翻边 100mm 宽	混凝土强度等级：C20 商品混凝土	m³	0.10			
16	010503005001	过梁	混凝土强度等级：C20 商品混凝土	m³	1.36			
17	010504004001	挡土墙	混凝土强度等级：C25 商品混凝土	m³	19.41			
18	010505001001	有梁板	混凝土强度等级：C25 商品混凝土	m³	55.81			
19	010505001002	有梁板（斜板）	混凝土强度等级：C25 商品混凝土	m³	99.69			
20	010505003001	平板	混凝土强度等级：C25 商品混凝土	m³	1.08			
21	010506001001	直形楼梯	混凝土强度等级：C25 商品混凝土	m²	11.58			
22	010507001001	散水	1. 混凝土强度等级：20mm 厚 1：2.5 水泥砂浆收光 2. 100mm 厚 C15 混凝土 3. 素土夯实	m²	93.66			
23	010507001002	坡道	1. 混凝土强度等级：20mm 厚 1：2.5 水泥砂浆收光 2. 100mm 厚 C15 混凝土 3. 300mm 厚三七灰土 4. 素土夯实	m²	18.90			
		本页小计						

注：为计取规费等的使用，可在表中增设其中"定额人工费"。

表-08

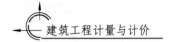建筑工程计量与计价

分部分项工程和单价措施项目清单与计价表

工程名称：某办公大厦　　　　　　　　标段：　　　　　　　　第 4 页 共 7 页

序号	项目编码	项目名称	项目特征描述	计量单位	工程量	综合单价	合价	其中 暂估价
24	010507004001	台阶	1.混凝土强度等级：25mm厚1：4干硬性水泥砂浆，20mm厚火烧板 2. 60mm厚C15混凝土 3. 300mm厚三七灰土 4．素土夯实	m²	2.220			
25	010507004002	台阶（平台）	1.混凝土强度等级：25mm厚1：4干硬性水泥砂浆，20mm厚火烧板 2. 60mm厚C15混凝土 3. 300mm厚三七灰土 4．素土夯实	m²	8.120			
26	010515001001	现浇构件钢筋	钢筋种类、规格：圆钢φ6.5	t	0.908			
27	010515001002	现浇构件钢筋	钢筋种类、规格：圆钢φ8	t	5.575			
28	010515001003	现浇构件钢筋	钢筋种类、规格：圆钢φ10	t	0.615			
29	010515001004	现浇构件钢筋	钢筋种类、规格：三级螺纹钢φ10	t	0.131			
30	010515001005	现浇构件钢筋	钢筋种类、规格：三级螺纹钢φ12	t	5.470			
31	010515001006	现浇构件钢筋	钢筋种类、规格：三级螺纹钢φ14	t	1.892			
32	010515001007	现浇构件钢筋	钢筋种类、规格：三级螺纹钢φ16	t	4.033			
33	010515001008	现浇构件钢筋	钢筋种类、规格：三级螺纹钢φ18	t	2.664			
			本页小计					

注：为计取规费等的使用，可在表中增设其中"定额人工费"。

表-08

分部分项工程和单价措施项目清单与计价表

工程名称：某办公大厦　　　　　　　　　标段：　　　　　　　　　第 5 页 共 7 页

序号	项目编码	项目名称	项目特征描述	计量单位	工程量	综合单价	合价	其中
								暂估价
34	010515001009	现浇构件钢筋	钢筋种类、规格：三级螺纹钢 φ20	t	3.094			
35	010515001010	现浇构件钢筋	钢筋种类、规格：三级螺纹钢 φ22	t	2.274			
36	010515001011	现浇构件钢筋	钢筋种类、规格：三级螺纹钢 φ25	t	1.269			
37	010516003001	机械连接	II直螺纹接头	个	552			
		分部小计						
	A.8	门窗工程						
38	010801001001	木质门	1. 门类型：实木门 2. 含锁具及其他五金	m²	44.94			
39	010803001001	金属卷帘（闸）门	电动卷闸门	m²	19.08			
40	010807001001	金属（塑钢、断桥）窗	1. 门类型：铝合金 2. 玻璃：6mm＋(12)mm＋6mm 3. 含锁具及其他五金	m²	114.54			
		分部小计						
	A.9	屋面及防水工程						
41	010901001001	瓦屋面	1. 铺灰色黏土瓦 2. 挂瓦条35mm×25mm，顺水条，35mm×35mm，中距 600mm，铝箔 3. 35mm 厚 C20 细石混凝土（配 φ6@500mm×500mm） 4. 满铺 0.5mm 厚聚乙烯薄膜一层 5. 20mm 厚 1∶3 水泥砂浆找平 6. 钢筋混凝土面板	m²	519.25			
		本页小计						
		合计						

注：为计取规费等的使用，可在表中增设其中"定额人工费"。

表-08

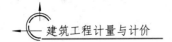

分部分项工程和单价措施项目清单与计价表

序号	项目编码	项目名称	项目特征描述	计量单位	工程量	金额（元）			
						综合单价	合价	其中	
								暂估价	
42	010902001001	屋面卷材防水	满铺 4mm 厚高聚物改性沥青防水卷材	m²	519.25				
		分部小计							
		措施项目							
43	011701001001	综合脚手架		m²	764				
44	011702001001	基础		m²	105.81				
45	011702001002	基础 垫层		m²	70.59				
46	011702002001	矩形柱		m²	264.16				
47	011702003001	构造柱		m²	78.96				
48	011702005001	基础梁		m²	235.28				
49	011702008001	圈梁		m²	10.52				
50	011702009001	过梁		m²	10.26				
51	011702011001	直形墙		m²	130.08				
52	011702014001	有梁板		m²	489.32				
53	011702014002	有梁板（斜板）		m²	810.59				
54	011702016001	平板		m²	14.76				
		本页小计							
		合计							

注：为计取规费等的使用，可在表中增设其中"定额人工费"。

表-08

分部分项工程和单价措施项目清单与计价表

工程名称：某办公大厦　　　　　　　　标段：　　　　　　　　第 7 页 共 7 页

序号	项目编码	项目名称	项目特征描述	计量单位	工程量	金额（元）			
						综合单价	合价	其中	
								暂估价	
55	011702024001	楼梯		m²	11.58				
56	011702027001	台阶		m²	10.34				
57	011702029001	散水		m²	93.66				
58	011702029002	坡道		m²	18.90				
59	011703001001	垂直运输		m²	764				
60	011705001001	大型机械设备进出场及安拆		台次	1				
		分部小计							
		本页小计							
		合计							

注：为计取规费等的使用，可在表中增设其中"定额人工费"。

表-08

345

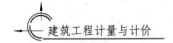

总价措施项目清单与计价表

工程名称：某办公大厦   标段：   第 1 页 共 1 页

项目编码	项目名称	计算基础	费率（%）	金额（元）	调整费率（%）	调整后金额（元）	备注
1.1	安全文明施工费						
011707001001	安全文明施工费［房屋建筑工程（12层以下或檐高≤40m）］						
01B994	扬尘污染防治增加费［房屋建筑工程（12层以下或檐高≤40m）］						
01B995	扬尘污染防治增加费（装饰工程）						
01B996	扬尘污染防治增加费（土石方工程）						
1.2	夜间施工增加费						
011707002001	夜间施工增加费（房屋建筑工程）						
011707002002	夜间施工增加费（装饰工程）						
011707002003	夜间施工增加费（土石方工程）						
1.3	二次搬运费						
011707004001	二次搬运费（房屋建筑工程）						按施工组织设计
1.4	冬雨季施工增加费						
011707005001	冬雨季施工增加费（房屋建筑工程）						
011707005002	冬雨季施工增加费（装饰工程）						
011707005003	冬雨季施工增加费（土石方工程）						
1.5	工程定位复测费						
01B997	工程定位复测费（房屋建筑工程）						
01B998	工程定位复测费（装饰工程）						
01B999	工程定位复测费（土石方工程）						
1.6	其他						
	合计						

编制人（造价人员）：   复核人（造价工程师）：

注：1. "计算基础"中安全文明施工费可为"定额基价"、"定额人工费"或"定额人工费＋定额机械费"，其他项目可为"定额人工费"或"定额人工费＋定额机械费"。

　　2. 按施工方案计算的措施费，若无"计算基础"和"费率"的数值，也可只填"金额"数值，但应在备注栏说明施工方案出处或计算方法。

表-11

其他项目清单与计价汇总表

工程名称：某办公大厦 　　　　　　　　　　标段：　　　　　　　　　　　第 1 页 共 1 页

序号	项目名称	金额（元）	结算金额（元）	备注
1	暂列金额	30000		明细详见表12-1
2	暂估价			
2.1	材料暂估价	—		
2.2	专业工程暂估价			
3	计日工			
4	总承包服务费			
5	索赔与现场签证	—		
		合计	30000		—

注：材料（工程设备）暂估单价进入清单项目综合单价，此处不汇总。

表-12

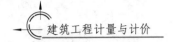

暂列金额明细表

工程名称：某办公大厦　　　　　　　　　　　　　标段：　　　　　　　　　　第 1 页 共 1 页

序号	项目名称	计量单位	暂定金额（元）	备注
1	暂列金额	项	30000	
	合计		30000	

注：此表由招标人填写，如不能详列，也可只列暂列金额总额，投标人应将上述暂列金额计入投标总价中。

表-12-1

规费、税金项目计价表

工程名称：某办公大厦　　　　　　　　　标段：　　　　　　　　　第 1 页 共 2 页

序号	项目名称	计算基础	计算基数	计算费率（%）	金额（元）
1	规费				
1.1	社会保险费				
1.1.1	养老保险费				
1.1.1.1	房屋建筑工程				
1.1.1.2	装饰工程				
1.1.1.3	土石方工程				
1.1.2	失业保险费				
1.1.2.1	房屋建筑工程				
1.1.2.2	装饰工程				
1.1.2.3	土石方工程				
1.1.3	医疗保险费				
1.1.3.1	房屋建筑工程				
1.1.3.2	装饰工程				
1.1.3.3	土石方工程				
1.1.4	工伤保险费				
1.1.4.1	房屋建筑工程				
1.1.4.2	装饰工程				
1.1.4.3	土石方工程				
1.1.5	生育保险费				
1.1.5.1	房屋建筑工程				
1.1.5.2	装饰工程				
1.1.5.3	土石方工程				
1.2	住房公积金				
1.2.1	房屋建筑工程				
1.2.2	装饰工程				
1.2.3	土石方工程				
1.3	工程排污费				
1.3.1	房屋建筑工程				
1.3.2	装饰工程				
1.3.3	土石方工程				

编制人（造价人员）：　　　　　　　　　　　　复核人（造价工程师）：

表-13

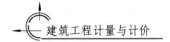
建筑工程计量与计价

规费、税金项目计价表

工程名称：某办公大厦　　　　　　　　　　标段：　　　　　　　　　　第 2 页 共 2 页

序号	项目名称	计算基础	计算基数	计算费率（%）	金额（元）
2	增值税				
3	安全技术服务费				
		合计			

编制人（造价人员）：　　　　　　　　　　　　　　　　　复核人（造价工程师）：

表-13

建筑工程工程量清单计价表

某办公大厦　工程

招标控制价

招标控制价　　（小写）：　　1010966.35

　　　　　　　（大写）：　　壹佰零壹万零玖佰陆拾陆元叁角伍分

招 标 人：_____　　　造价咨询人：_____

　　　　　　　（单位盖章）　　　　　　　　　　　　　（单位资质专用章）

法定代理人　　　　　　　　　　　　　法定代理人

或其授权人：_____　　或其授权人：_____

　　　　　　　（签字或盖章）　　　　　　　　　　　　（签字或盖章）

编 制 人：_____　　　复 核 人：_____

　　　（造价人员签字盖专用章）　　　　　　　（造价工程师签字盖专用章）

编制时间：　　　年 月 日　　　　　　　复核时间：　　　年 月 日

扉-2

总 说 明

工程名称：某办公大厦　　　　　　　　　　　　　　　　　第 1 页 共 1 页

一、工程名称：某办公楼

二、建设单位：略

三、设计单位：略

四、工程概况：

本招标范围为某设计院设计的《某办公楼》施工图纸内容。

1. 土建部分：总建筑面积为 764m², 框架结构，地上二层，斜屋面。

2. 装饰部分：不含。

3. 安装部分：不含。

五、编制依据：

1. 本招标范围为某设计院设计的《某办公楼》施工图纸内容。

2.《建设工程工程量清单计价规范》（GB 50500—2013）。

3.《湖北省房屋建筑与装饰工程消耗量定额及全费用基价表》（2018）。

4. 取费标准按鄂建《湖北省建筑安装工程费用定额》（2018）及有关文件执行。

表-01

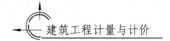

单位工程招标控制价汇总表

工程名称：某办公大厦   标段：   第 1 页 共 1 页

序号	汇总内容	金额(元)	其中：暂估价（元）
1	分部分项工程费	822663.55	—
1.1	人工费	177268.58	
1.2	施工机具使用费	22153.82	
2	措施项目合计	26329.04	
2.1	单价措施项目费		
2.1.1	人工费		
2.1.2	施工机具使用费		
2.2	总价措施项目费	26329.04	
2.2.1	安全文明施工费	24815.00	
2.2.2	其他总价措施项目费	1514.04	
3	其他项目费	30000.00	
3.1	人工费		
3.2	施工机具使用费		
4	规费	48499.47	
5	增值税	8347.29	
6	甲供费用（单列不计入造价)		
7	含税工程造价	1010966.35	
	招标控制价合计：	1010966.35	0

注：本表适用于单位工程招标控制价或投标报价的汇总，如无单位工程划分，单项工程也使用本表汇总。

表-04

分部分项工程和单价措施项目清单与计价表

工程名称：某办公大厦　　　　　　　　　标段：　　　　　　　　　第 1 页　共 7 页

序号	项目编码	项目名称	项目特征描述	计量单位	工程量	金额（元）		
						综合单价	合价	其中 暂估价
	A.1	土石方工程						
1	010101001001	平整场地	1. 土壤类别：三类土	m²	461.05	2.60	1198.73	
2	010101003001	挖沟槽土方	1. 土壤类别：三类土 2. 基础类型：基槽 3. 挖土深度：2m 内 4. 弃土运距：弃土运距5km	m³	18.00	51.25	922.50	
3	010101004001	挖基坑土方	1. 土壤类别：三类土 2. 基础类型：基坑土方 3. 挖土深度：2m 内 4. 弃土运距：弃土运距5km	m³	167.40	94.90	15886.26	
4	010103001001	回填方	1. 土质要求：三类素土 2. 夯填（碾压）：夯填 3. 运输距离：回填土运距 5km	m³	83.90	80.57	6759.82	
5	010103001002	房心回填土	1. 土质要求：三类素土 2. 夯填（碾压）：夯填 3. 运输距离：回填土运距 5km	m³	151.36	35.91	5435.34	
			本页小计				30202.65	

注：为计取规费等的使用，可在表中增设其中"定额人工费"。

表-08

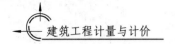

建筑工程计量与计价

分部分项工程和单价措施项目清单与计价表

工程名称：某办公大厦　　　　　　　　　标段：　　　　　　　　　第 2 页 共 7 页

序号	项目编码	项目名称	项目特征描述	计量单位	工程量	金额（元）		
						综合单价	合价	其中
								暂估价
	A.4	砌筑工程						
6	010402001001	砌块墙	1. 墙体厚度：250mm 2. 砌块品种：加气混凝土砌块 3. 砂浆强度等级：M5 混合砂浆	m³	177.13	416.44	73764.02	
7	010402001002	砌块墙	1. 墙体厚度：120mm 2. 砌块品种：加气混凝土砌块 3. 砂浆强度等级：M5 混合砂浆	m³	1.58	432.18	682.84	
		分部小计					74446.86	
	A.5	混凝土及钢筋混凝土工程						
8	010501001001	垫层	混凝土强度等级：商品混凝土 C15	m³	25.59	403.24	10318.91	
9	010501003001	独立基础	混凝土强度等级：商品混凝土 C30	m³	66.86	424.68	28394.10	
10	010502001001	矩形柱	混凝土强度等级：商品混凝土 C25	m³	33.99	472.27	16052.46	
11	010502001002	矩形柱（TZ）	混凝土强度等级：商品混凝土 C25	m³	0.43	472.25	203.07	
12	010502002001	构造柱	混凝土强度等级：商品混凝土 C20	m³	9.66	530.63	5125.89	
13	010503001001	基础梁	混凝土强度等级：商品混凝土 C30	m³	29.90	427.06	12769.09	
		本页小计					147310.38	

注：为计取规费等的使用，可在表中增设其中"定额人工费"。

表-08

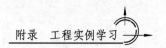

分部分项工程和单价措施项目清单与计价表

工程名称：某办公大厦　　　　　　　　标段：　　　　　　　　　　第 3 页　共 7 页

序号	项目编码	项目名称	项目特征描述	计量单位	工程量	金额（元）		
						综合单价	合价	其中
								暂估价
14	010503004001	圈梁 卫生间翻边200mm宽	混凝土强度等级：商品混凝土 C20	m³	1.34	509.95	683.33	
15	010503004002	圈梁 卫生间翻边100mm宽	混凝土强度等级：商品混凝土 C20	m³	0.10	510.00	51.00	
16	010503005001	过梁	混凝土强度等级：商品混凝土 C20	m³	1.36	544.74	740.85	
17	010504004001	挡土墙	混凝土强度等级：商品混凝土 C25	m³	19.41	424.17	8233.14	
18	010505001001	有梁板	混凝土强度等级：商品混凝土 C25	m³	55.81	408.00	22770.48	
19	010505001002	有梁板（斜板）	混凝土强度等级：商品混凝土 C25	m³	99.69	440.84	43947.34	
20	010505003001	平板	混凝土强度等级：商品混凝土 C25	m³	1.08	437.74	472.76	
21	010506001001	直形楼梯	混凝土强度等级：商品混凝土 C25	m²	11.58	136.19	1577.08	
22	010507001001	散水	1. 混凝土强度等级：20mm 1∶2.5 水泥砂浆收光 2. 100mm 厚 C15 混凝土 3. 素土夯实	m²	93.66	82.33	7711.03	
23	010507001002	坡道	1. 混凝土强度等级：20mm 1∶2.5 水泥砂浆收光 2. 100mm 厚 C15 混凝土 3. 300mm 厚三七灰土 4. 素土夯实	m²	18.90	117.25	2216.03	
24	010507004001	台阶	1. 混凝土强度等级：25mm 1∶4 干硬性水泥砂浆, 20mm 厚火烧板 2. 60mm 厚 C15 混凝土 3. 300mm 厚三七灰土 4. 素土夯实	m²	2.22	353.10	783.88	
			本页小计				89186.92	

注：为计取规费等的使用，可在表中增设其中"定额人工费"。

表-08

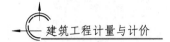

分部分项工程和单价措施项目清单与计价表

工程名称：某办公大厦　　　　　　　　　　标段：　　　　　　　　　　

序号	项目编码	项目名称	项目特征描述	计量单位	工程量	金额（元）		
						综合单价	合价	其中
								暂估价
25	010507004002	台阶（平台）	1．混凝土强度等级：25mm 1∶4 干硬性水泥砂浆，20mm 厚火烧板 2．60mm 厚 C15 混凝土 3．300mm 厚三七灰土 4．素土夯实	m²	8.120	353.10	2867.17	
26	010515001001	现浇构件钢筋	钢筋种类、规格：圆钢 φ6.5	t	0.908	4699.85	4267.46	
27	010515001002	现浇构件钢筋	钢筋种类、规格：圆钢 φ8	t	5.575	4699.85	26201.66	
28	010515001003	现浇构件钢筋	钢筋种类、规格：圆钢 φ10	t	0.615	4699.85	2890.41	
29	010515001004	现浇构件钢筋	钢筋种类、规格：三级螺纹钢 φ10	t	0.131	4593.67	601.77	
30	010515001005	现浇构件钢筋	钢筋种类、规格：三级螺纹钢 φ12	t	5.470	4574.53	25022.68	
31	010515001006	现浇构件钢筋	钢筋种类、规格：三级螺纹钢 φ14	t	1.892	4513.03	8538.65	
32	010515001007	现浇构件钢筋	钢筋种类、规格：三级螺纹钢 φ16	t	4.033	4441.28	17911.68	
			本页小计				88301.48	

注：为计取规费等的使用，可在表中增设其中"定额人工费"。

表-08

分部分项工程和单价措施项目清单与计价表

工程名称：某办公大厦　　　　　　　　　　　　　标段：　　　　　　　　　　　　　　　第 5 页　共 7 页

序号	项目编码	项目名称	项目特征描述	计量单位	工程量	金额（元）		
						综合单价	合价	其中 暂估价
33	010515001008	现浇构件钢筋	钢筋种类、规格：三级螺纹钢 φ18	t	2.664	4390.03	11695.04	
34	01051500109	现浇构件钢筋	钢筋种类、规格：三级螺纹钢 φ20	t	3.094	3988.19	12339.46	
35	010515001010	现浇构件钢筋	钢筋种类、规格：三级螺纹钢 φ22	t	2.274	3988.19	9069.14	
36	010515001011	现浇构件钢筋	钢筋种类、规格：三级螺纹钢 φ25	t	1.269	4039.44	5126.05	
37	010516003001	机械连接	Ⅱ直螺纹接头	个	552	8.49	4686.48	
		分部小计					293268.09	
	A.8	门窗工程						
38	010801001001	木质门	1. 门类型：实木门 2. 含锁具及其他五金	m²	44.94	505.53	22718.52	
39	010803001001	金属卷帘（闸）门	电动卷闸门	m²	19.08	266.92	5092.83	
40	010807001001	金属（塑钢、断桥）窗	1. 门类型：铝合金 2. 玻璃：6mm+（12）mm+6mm 3. 含锁具及其他五金	m²	114.54	459.01	52575.01	
		分部小计					80386.36	
	A.9	屋面及防水工程						
41	010901001001	瓦屋面	1. 铺灰色黏土瓦 2. 挂瓦条 35mm×25mm，顺水条，35mm×35mm，中距 600mm，铝箔 3. 35mm 厚 C20 细石混凝土（配 φ6@500mm×500mm） 4. 满铺 0.5mm 厚聚乙烯薄膜一层 5. 20mm 厚 1:3 水泥砂浆找平 6. 钢筋混凝土面板	m²	519.25	199.88	103787.69	
		本页小计					227090.22	

注：为计取规费等的使用，可在表中增设其中"定额人工费"。

表-08

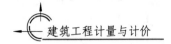

分部分项工程和单价措施项目清单与计价表

工程名称：某办公大厦　　　　　　　　　标段：　　　　　　　　　　　

序号	项目编码	项目名称	项目特征描述	计量单位	工程量	金额（元）		
						综合单价	合价	其中 暂估价
42	010902001001	屋面卷材防水	1. 满铺 4mm 厚高聚物改性沥青防水卷材	m²	519.25	51.98	26990.62	
		分部小计					130778.31	
		措施项目						
43	011701001001	综合脚手架		m²	764.00	46.97	35885.08	
44	011702001001	基础		m²	105.81	62.00	6560.22	
45	011702001002	基础垫层		m²	70.59	51.23	3616.33	
46	011702002001	矩形柱		m²	264.16	67.13	17733.06	
47	011702003001	构造柱		m²	78.96	52.41	4138.29	
48	011702005001	基础梁		m²	235.28	60.13	14147.39	
49	011702008001	圈梁		m²	10.52	68.17	717.15	
50	011702009001	过梁		m²	10.26	86.96	892.21	
51	011702011001	直形墙		m²	130.08	63.14	8213.25	
52	011702014001	有梁板		m²	489.32	65.77	32182.58	
		本页小计					151076.18	

注：为计取规费等的使用，可在表中增设其中"定额人工费"。

表-08

分部分项工程和单价措施项目清单与计价表

工程名称：某办公大厦　　　　　　标段：　　　　　　第 7 页　共 7 页

序号	项目编码	项目名称	项目特征描述	计量单位	工程量	金额（元）		其中
						综合单价	合价	暂估价
53	011702014002	有梁板（斜板）		m²	810.59	75.53	61223.86	
54	011702016001	平板		m²	14.76	63.23	933.27	
55	011702024001	楼梯		m²	11.58	168.86	1955.40	
56	011702027001	台阶		m²	10.34	70.40	727.94	
57	011702029001	散水		m²	93.66	51.23	4798.20	
58	011702029002	坡道		m²	18.90	51.23	968.25	
59	011703001001	垂直运输		m²	764.00	23.21	17732.44	
60	011705001001	大型机械设备进出场及安拆		台次	1	1156.36	1156.36	
		分部小计					213581.28	
		本页小计					89495.72	
		合计					822663.55	

注：为计取规费等的使用，可在表中增设其中"定额人工费"。

表-08

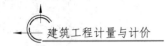

总价措施项目清单与计价表

工程名称：某办公大厦　　　　　　　　　标段：　　　　　　　　　　第 1 页　共 1 页

项目编码	项目名称	计算基础	费率（%）	金额（元）	调整费率（%）	调整后金额（元）	备注
1.1	安全文明施工费			24815.00			
011707001001	安全文明施工费（房屋建筑工程）	建筑人工费＋建筑机械费	13.64	22827.88			
011707001002	安全文明施工费（装饰工程）	装饰人工费＋装饰机械费	5.39	555.30			
011707001003	安全文明施工费（土石方工程）	土石方人工费＋土石方机械费	6.58	1431.82			
1.2	夜间施工增加费			351.83			
011707002001	夜间施工增加费（房屋建筑工程）	建筑人工费＋建筑机械费	0.16	267.78			
011707002002	夜间施工增加费（装饰工程）	装饰人工费＋装饰机械费	0.14	14.42			
011707002003	夜间施工增加费（土石方工程）	土石方人工费＋土石方机械费	0.32	69.63			
1.3	二次搬运费						
1.4	冬雨季施工增加费			858.97			
011707005001	冬雨季施工增加费（房屋建筑工程）	建筑人工费＋建筑机械费	0.40	669.44			
011707005002	冬雨季施工增加费（装饰工程）	装饰人工费＋装饰机械费	0.34	35.03			
011707005003	冬雨季施工增加费（土石方工程）	土石方人工费＋土石方机械费	0.71	154.50			
1.5	工程定位复测费			303.24			
01B997	工程定位复测费（房屋建筑工程）	建筑人工费＋建筑机械费	0.14	234.30			
01B998	工程定位复测费（装饰工程）	装饰人工费＋装饰机械费	0.12	12.36			
01B999	工程定位复测费（土石方工程）	土石方人工费＋土石方机械费	0.26	56.58			
1.6	其他						
合计				26329.04			

编制人（造价人员）：　　　　　　　　　　　　　复核人（造价工程师）：

注：1. "计算基础"中安全文明施工费可为"定额基价"、"定额人工费"或"定额人工费＋定额机械费"，其他项目可为"定额人工费"或"定额人工费＋定额机械费"。

　　2. 按施工方案计算的措施费，若无"计算基础"和"费率"的数值，也可只填"金额"数值，但应在备注栏说明施工方案出处或计算方法。

表-11

其他项目清单与计价汇总表

工程名称：某办公大厦   标段：   第 1 页 共 1 页

序号	项目名称	金额（元）	结算金额（元）	备注
1	暂列金额	30000		明细详见表 12-1
2	暂估价			
2.1	材料暂估价	—		
2.2	专业工程暂估价	—		
3	计日工	—		
4	总承包服务费	—		
5	索赔与现场签证	—		
	合计	30000		—

注：材料（工程设备）暂估价进入清单项目综合单价，此处不汇总。

表-12

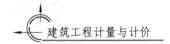

规费、税金项目计价表

工程名称：某办公大厦　　　　　　　　　标段：　　　　　　　　　　第 1 页　共 2 页

序号	项目名称	计算基础	计算费率（%）	金额（元）
1	规费	社会保险费＋住房公积金＋工程排污费		48499.47
1.1	社会保险费	养老保险费＋失业保险费＋医疗保险费＋工伤保险费＋生育保险费		36269.03
1.1.1	养老保险费	房屋建筑工程＋装饰工程＋土石方工程		22917.59
1.1.1.1	房屋建筑工程	建筑人工费＋建筑机械费＋其他项目建筑工程人工费＋其他项目建筑工程机械费	12.68	21221.23
1.1.1.2	装饰工程	装饰人工费＋装饰机械费＋其他项目装饰工程人工费＋其他项目装饰工程机械费	4.87	501.73
1.1.1.3	土石方工程	土石方人工费＋土石方机械费＋其他项目土石方工程人工费＋其他项目土石方工程机械费	5.49	1194.63
1.1.2	失业保险费	房屋建筑工程＋装饰工程＋土石方工程		2294.60
1.1.2.1	房屋建筑工程	建筑人工费＋建筑机械费＋其他项目建筑工程人工费＋其他项目建筑工程机械费	1.27	2125.47
1.1.2.2	装饰工程	装饰人工费＋装饰机械费＋其他项目装饰工程人工费＋其他项目装饰工程机械费	0.48	49.45
1.1.2.3	土石方工程	土石方人工费＋土石方机械费＋其他项目土石方工程人工费＋其他项目土石方工程机械费	0.55	119.68
1.1.3	医疗保险费	房屋建筑工程＋装饰工程＋土石方工程		7251.63
1.1.3.1	房屋建筑工程	建筑人工费＋建筑机械费＋其他项目建筑工程人工费＋其他项目建筑工程机械费	4.02	6727.86
1.1.3.2	装饰工程	装饰人工费＋装饰机械费＋其他项目装饰工程人工费＋其他项目装饰工程机械费	1.43	147.32
1.1.3.3	土石方工程	土石方人工费＋土石方机械费＋其他项目土石方工程人工费＋其他项目土石方工程机械费	1.73	376.45
1.1.4	工伤保险费	房屋建筑工程＋装饰工程＋土石方工程		2668.39
1.1.4.1	房屋建筑工程	建筑人工费＋建筑机械费＋其他项目建筑工程人工费＋其他项目建筑工程机械费	1.48	2476.93

编制人（造价人员）：　　　　　　　　　　　　　　　复核人（造价工程师）：

表-13

规费、税金项目计价表

工程名称：某办公大厦　　　　　　　　标段：　　　　　　　　第 2 页　共 2 页

序号	项目名称	计算基础	计算费率（%）	金额（元）
1.1.4.2	装饰工程	装饰人工费＋装饰机械费＋其他项目装饰工程人工费＋其他项目装饰工程机械费	0.57	58.72
1.1.4.3	土石方工程	土石方人工费＋土石方机械费＋其他项目土石方工程人工费＋其他项目土石方工程机械费	0.61	132.74
1.1.5	生育保险费	房屋建筑工程＋装饰工程＋土石方工程		1136.82
1.1.5.1	房屋建筑工程	建筑人工费＋建筑机械费＋其他项目建筑工程人工费＋其他项目建筑工程机械费	0.63	1054.37
1.1.5.2	装饰工程	装饰人工费＋装饰机械费＋其他项目装饰工程人工费＋其他项目装饰工程机械费	0.23	23.70
1.1.5.3	土石方工程	土石方人工费＋土石方机械费＋其他项目土石方工程人工费＋其他项目土石方工程机械费	0.27	58.75
1.2	住房公积金	房屋建筑工程＋装饰工程＋土石方工程		9546.24
1.2.1	房屋建筑工程	建筑人工费＋建筑机械费＋其他项目建筑工程人工费＋其他项目建筑工程机械费	5.29	8853.33
1.2.2	装饰工程	装饰人工费＋装饰机械费＋其他项目装饰工程人工费＋其他项目装饰工程机械费	1.91	196.78
1.2.3	土石方工程	土石方人工费＋土石方机械费＋其他项目土石方工程人工费＋其他项目土石方工程机械费	2.28	496.13
1.3	工程排污费	房屋建筑工程＋装饰工程＋土石方工程		2684.20
1.3.1	房屋建筑工程	建筑人工费＋建筑机械费＋其他项目建筑工程人工费＋其他项目建筑工程机械费	1.48	2476.93
1.3.2	装饰工程	装饰人工费＋装饰机械费＋其他项目装饰工程人工费＋其他项目装饰工程机械费	0.66	68.00
1.3.3	土石方工程	土石方人工费＋土石方机械费＋其他项目土石方工程人工费＋其他项目土石方工程机械费	0.64	139.27
2	增值税	分部分项工程费＋措施项目合计－税后包干价＋其他项目费＋规费	9.00	83474.29
合计				131973.76

编制人（造价人员）：　　　　　　　　　　　　　　复核人（造价工程师）：

表-13

分部分项工程和单价措施项目清单综合单价分析表

工程名称：某办公大厦

第 1 页 共 5 页

序号	项目编码	项目名称	单位	数量	综合单价（元）				
					人工费	材料费	机械费	管理费和利润	小计
1	010101001001	平整场地	m²	461.05	2.08			0.52	2.60
	G1-283	平整场地	100m²	4.6105	207.83			51.63	
2	010101003001	挖沟槽土方	m³	18.00	2.02	13.66	28.09	7.48	51.25
	G1-123	挖掘机挖沟槽、基坑土方（装车）三类土	1000m³	0.04117	882.28	1259.11	3977.16	1207.09	
	G1-212	自卸汽车运土方（载重 8t 以内）运距 1km 以内	1000m³	0.04117			2189.33	3803.87	944.88
	G1-213×4	自卸汽车运土方（载重 8t 以内）30km 以内每增加 1km 单价×4	1000m³	0.04117			2523.22	4500	1117.80
3	010101004001	挖基坑土方	m³	167.40	58.08	7	12.33	17.49	94.90
	G1-19	人工挖基坑土方（坑深）三类土≤2m	10m³	24.861	391.09			97.15	
	G1-212	自卸汽车运土方（载重 8t 以内）运距 1km 以内	1000m³	0.24861			2189.33	3803.87	944.88
	G1-213×4	自卸汽车运土方（载重 8t 以内）30km 以内每增加 1km 单价×4	1000m³	0.24861			2523.22	4500.00	1117.80
4	010103001001	回填方	m³	83.90	37.35	10.69	18.63	13.90	80.57
	G1-212	自卸汽车运土方（载重 8t 以内）运距 1km 以内	1000m³	0.18827			2189.33	3803.87	944.88
	G1-213×4	自卸汽车运土方（载重 8t 以内）30km 以内每增加 1km 单价×4	1000m³	0.18827			2523.22	4500.00	1117.80
	G1-329	回填土 夯填土 人工 槽坑	10m³	18.827	166.43	0.53		41.34	
5	010103001002	房心回填土	m³	151.36	16.64	4.77	8.30	6.20	35.91
	G1-212	自卸汽车运土方（载重 8t 以内）运距 1km 以内	1000m³	0.15136			2189.33	3803.87	944.88
	G1-213×4	自卸汽车运土方（载重 8t 以内）30km 以内每增加 1km 单价×4	1000m³	0.15136			2523.22	4500.00	1117.80
	G1-329	回填土 夯填土 人工 槽坑	10m³	15.136	166.43	0.53		41.34	
6	010402001001	砌块墙	m³	177.13	216.25	2.02	64.93	133.24	416.44
	A1-28 换	小型空心砌块墙 墙厚 240mm 换为 M5 水泥混合砂浆	10m³	17.713	1332.41	2162.54	20.23	649.27	
7	010402001002	砌块墙	m³	1.5800	144.60	215.34	1.91	70.33	432.18
	A1-30 换	小型空心砌块墙 墙厚 120mm 换为 M5 水泥混合砂浆	10m³	0.158	1446.03	2153.41	19.11	703.27	
8	010501001001	垫层	m³	25.59	41.95	341.15		20.14	403.24
	A2-1	现浇混凝土 垫层	10m³	2.559	419.5	3411.48		201.38	
9	010501003001	独立基础	m³	66.86	31.75	377.68		15.25	424.68
	A2-5 换	现浇混凝土 独立基础 混凝土换为 C30 预拌混凝土	10m³	6.686	317.52	3776.77		89.76	

分部分项工程和单价措施项目清单综合单价分析表

工程名称：某办公大厦 　　　　　　　　　　　　　　　　　　　　　第 2 页　共 5 页

序号	项目编码	项目名称	单位	数量	综合单价（元）				
					人工费	材料费	机械费	管理费和利润	小计
10	010502001001	矩形柱	m³	33.99	74.30	362.31		35.66	472.27
	A2-11 换	现浇混凝土 矩形柱换为 C25 预拌混凝土	10m³	3.399	742.99	3623.09		356.63	
11	010502001002	矩形柱（TZ）	m³	0.43	74.30	362.30		35.65	472.25
	A2-11 换	现浇混凝土 矩形柱换为 C25 预拌混凝土	10m³	0.043	742.99	3623.09		356.63	
12	010502002001	构造柱	m³	9.66	124.40	346.52		59.71	530.63
	A2-12	现浇混凝土 构造柱	10m³	0.966	1244.03	3465.20		597.14	
13	010503001001	基础梁	m³	29.90	30	382.66		14.40	427.06
	A2-16 换	现浇混凝土 基础梁换为 C30 预拌混凝土	10m³	2.99	299.99	3826.60		144.00	
14	010503004001	圈梁 卫生间翻边 200mm 宽	m³	1.34	104.73	354.96		50.27	509.96
	A2-19	现浇混凝土 圈梁	10m³	0.134	1047.32	3549.62		502.72	
15	010503004002	圈梁 卫生间翻边 100mm 宽	m³	0.10	104.70	355		50.27	509.97
	A2-19	现浇混凝土 圈梁	10m³	0.01	1047.32	3549.62		502.72	
16	010503005001	过梁	m³	1.36	120.48	366.43		57.83	544.74
	A2-20	现浇混凝土 过梁	10m³	0.136	1204.77	3664.23		578.29	
17	010504004001	挡土墙	m³	19.41	41.86	362.22		20.09	424.17
	A2-27 换	现浇混凝土 挡土墙换为 C25 预拌混凝土	10m³	1.941	418.60	3622.22		200.93	
18	010505001001	有梁板	m³	55.81	34.37	357.01	0.08	16.54	408.00
	A2-30	现浇混凝土 有梁板	10m³	5.581	343.73	3570.07	0.77	165.36	
19	010505001002	有梁板（斜板）	m³	99.69	39.44	382.27	0.13	19.00	440.84
	A2-37 换	现浇混凝土 斜板、坡屋面板换为 C25 预拌混凝土	10m³	9.969	394.35	3822.75	1.32	189.93	
20	010505003001	平板	m³	1.08	39.82	378.66	0.09	19.17	437.74
	A2-32 换	现浇混凝土 平板 换为 C25 预拌混凝土	10m³	0.108	398.23	3786.62	0.97	191.61	
21	010506001001	直形楼梯	m²	11.58	27.55	95.41		13.23	136.19
	A2-46 换	现浇混凝土 楼梯 直形换为 C25 预拌混凝土	10m²	1.158	275.50	954.05		132.24	
22	010507001001	散水	m²	93.66	11.37	64.76	0.50	5.70	82.33
	A2-1	现浇混凝土 垫层	10m²	9.366	71.78	306.44	5.00	36.86	
	A2-49	现浇混凝土 散水	10m³	0.9366	419.54	3411.48		201.38	
23	010507001002	坡道	m²	18.90	29.72	73.88	0.83	12.82	117.25
	A1-70	垫层 灰土	10m³	0.567	549.86	1022.83	6.45	267.03	
	A2-1	现浇混凝土 垫层	10m³	0.189	419.54	3411.48		201.38	
	A9-10 换	整体面层 干混砂浆楼地面 混凝土或硬基层上 20mm 换为 1:4 水泥砂浆	100m²	0.189	902.99	908.00	63.69	278.69	
24	010507004001	台阶	m²	2.22	69.16	256.52	1.12	26.30	353.10
	A1-70	垫层 灰土	10m³	0.0666	549.86	1022.83	6.45	267.03	
	A2-50 换	现浇混凝土 台阶换为 C15 预拌混凝土	10m²	0.222	148.06	425.14		71.07	

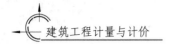

分部分项工程和单价措施项目清单综合单价分析表

工程名称：某办公大厦   第 3 页   共 5 页

序号	项目编码	项目名称	单位	数量	综合单价（元）				
					人工费	材料费	机械费	管理费和利润	小计
	A9-135 换	台阶装饰 石材 砂浆 换为 1：4水泥砂浆 换为大理石磨光板	100m²	0.0222	3786.00	18332.19	92.35	1118.13	
25	010507004002	台阶（平台）	m²	8.120	69.16	256.52	1.12	26.30	353.10
	A1-70	垫层 灰土	10m³	0.2436	549.86	1022.83	6.45	267.03	
	A2-50 换	现浇混凝土 台阶换为 C15 预拌混凝土	10m²	0.812	148.06	425.14		71.07	
	A9-135 换	台阶装饰 石材 砂浆 换为 1：4水泥砂浆 换为大理石磨光板	100m²	0.0812	3786.00	18332.19	92.35	1118.13	
26	010515001001	现浇构件钢筋	t	0.908	1066.56	3096.37	16.87	520.05	4699.85
	A2-64 换	现浇构件圆钢筋 HPB300 直径≤10mm 换为 φ6.5 钢筋 HPB300	t	0.908	1066.56	3096.37	16.87	520.05	
27	010515001002	现浇构件钢筋	t	5.575	1066.56	3096.37	16.87	520.05	4699.85
	A2-64 换	现浇构件圆钢筋 HPB300 直径≤10mm 换为 φ8 钢筋 HPB300	t	5.575	1066.56	3096.37	16.87	520.05	
28	010515001003	现浇构件钢筋	t	0.615	1066.56	3096.37	16.87	520.05	4699.85
	A2-64 换	现浇构件圆钢筋 HPB300 直径≤10mm 换为 φ10 钢筋 HPB300	t	0.615	1066.56	3096.37	16.87	520.05	
29	010515001004	现浇构件钢筋	t	0.131	886.64	3255.73	17.33	433.97	4593.67
	A2-68 换	现浇构件带肋钢筋 HRB400 以内 直径≤10mm 换为 φ10 钢筋 HRB400	t	0.131	886.67	3255.70	17.34	433.92	
30	010515001005	现浇构件钢筋	t	5.470	763.67	3297.98	98.86	414.02	4574.53
	A2-69 换	现浇构件带肋钢筋 HRB400 以内 直径≤18mm 换为 φ12 钢筋 HRB400	t	5.470	763.67	3297.98	98.86	414.02	
31	010515001006	现浇构件钢筋	t	1.892	763.67	3236.48	98.86	414.02	4513.03
	A2-69 换	现浇构件带肋钢筋 HRB400 以内 直径≤18mm 换为 φ14 钢筋 HRB400	t	1.892	763.67	3236.48	98.86	414.02	
32	010515001007	现浇构件钢筋	t	4.033	763.67	3164.73	98.86	414.02	4441.28
	A2-69 换	现浇构件带肋钢筋 HRB400 以内 直径≤18mm 换为 φ16 钢筋 HRB400	t	4.033	763.67	3164.73	98.86	414.02	
33	010515001008	现浇构件钢筋	t	2.664	763.67	3113.48	98.86	414.02	4390.03
	A2-69 换	现浇构件带肋钢筋 HRB400 以内 直径≤18mm 换为 φ18 钢筋 HRB400	t	2.664	763.67	3113.48	98.86	414.02	
34	010515001009	现浇构件钢筋	t	3.094	479.01	3080.66	69.79	263.43	3892.89
	A2-66 换	现浇构件圆钢筋 HPB300 直径≤25mm 换为 φ20 钢筋 HRB400	t	3.094	479.01	3080.66	69.79	263.43	

分部分项工程和单价措施项目清单综合单价分析表

工程名称：某办公大厦 　　　　　　　　　　　　　　　　　　　　　　

序号	项目编码	项目名称	单位	数量	人工费	材料费	机械费	管理费和利润	小计
					综合单价（元）				
35	010515001010	现浇构件钢筋	t	2.274	479.01	3080.66	69.79	263.43	3892.89
	A2-66 换	现浇构件圆钢筋 HPB300 直径≤25mm 换为 Φ22 钢筋 HRB400	t	2.274	479.01	3080.66	69.79	263.43	
36	010515001011	现浇构件钢筋	t	1.269	479.01	3131.91	69.79	263.43	3944.14
	A2-66 换	现浇构件圆钢筋 HPB300 直径≤25mm 换为 Φ25 钢筋 HRB400	t	1.269	479.01	3131.91	69.79	263.43	
37	010516003001	机械连接	个	552	3.50	3.25	0.04	1.70	8.49
	A2-114	直螺纹钢筋接头 钢筋直径≤16mm	10 个	27.5	33.29	32.23	0.40	16.17	
	A2-115	直螺纹钢筋接头 钢筋直径≤20mm	10 个	18.8	35.74	32.61	0.46	17.37	
	A2-116	直螺纹钢筋接头 钢筋直径≤25mm	10 个	8.9	38.99	32.98	0.51	18.96	
38	010801001001	木质门	m²	44.94	15.04	483.27		7.22	505.53
	A5-1 换	成品木门扇安装 换为木质防火门	100m²	0.4494	1504.11	48327.10		721.97	
39	010803001001	金属卷帘（闸）门	m²	19.08	57.60	181.18	0.33	27.81	266.92
	A5-27	卷帘（闸）镀锌钢板	100m²	0.1908	5760.27	18118.05	33.11	2780.82	
40	010807001001	金属（塑钢、断桥）窗	m²	114.54	19.49	430.16		9.36	459.01
	A5-81 R×0.8	隔热断桥铝合金 普通窗安装 推拉 当设计为普通铝合金型材时 人工×0.8	100m²	1.1454	1949.24	43015.99		935.64	
41	010901001001	瓦屋面	m²	519.25	35.91	147.88	1.65	14.44	199.88
	A6-1	块瓦屋面 普通黏土瓦屋面板上或椽子挂瓦条上铺设	100m²	5.1925	671.99	922.55	0.94	323.01	
	A4-29 换	檩木上钉屋面板油毡挂瓦条 换为铝箔	100m²	5.1925	459.71	7169.68		220.66	
	A9-1 换	平面砂浆找平层 混凝土或硬基层上20mm 换为DP M15 干混抹灰砂浆	100m²	5.1925	678.08	959.16	63.69	213.86	
	A9-4	细石混凝土地面找平层30mm	100m²	5.1925	956.95	1046.35	83.07	299.84	
	A9-5	细石混凝土地面找平层每增减 5mm	100m²	5.1925	76.05	174.17	13.84	25.92	
	A6-52 换	改性沥青卷材 热熔法一层 平面 换为1.2mm聚氯乙烯防水卷材	100m²	5.1925	529.10	3879.17		253.97	
	A2-64 换	现浇构件圆钢筋 HPB300 直径≤10mm 换为 Φ6.5 钢筋 HPB300	t	1.06816	1066.56	3096.37	16.87	520.05	
42	010902001001	屋面卷材防水	m²	519.25	4.40	45.47		2.11	51.98
	A6-62	高聚物改性沥青自粘卷材 自粘法一层 平面	100m²	5.1925	439.81	4546.69		211.10	
43	011701001001	综合脚手架	m²	764.00	5580.79	25625.94	1354.95	3329.13	35890.81
	A17-7	多层建筑综合脚手架 檐高 20m 以内	100m²	7.64	730.47	3354.18	177.35	435.75	

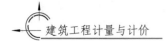

分部分项工程和单价措施项目清单综合单价分析表

工程名称：某办公大厦 第 5 页 共 5 页

序号	项目编码	项目名称	单位	数量	综合单价（元）				
					人工费	材料费	机械费	管理费和利润	小计
44	011702001001	基础	m²	105.81	23.79	26.76	0.02	11.43	62.00
	A16-19	独立基础 胶合板模板 木支撑	100m²	1.0581	2378.83	2676.03	1.99	1142.80	
45	011702001002	基础 垫层	m²	70.95	15.84	27.78		7.61	51.23
	A16-1	基础垫层 胶合板模板	100m²	0.7059	1583.72	2778.36	0.32	760.34	
46	011702002001	矩形柱	m²	264.16	28.24	25.30	0.02	13.57	67.13
	A16-50	矩形柱 胶合板模板 钢支撑 3.6m 以内	100m²	2.6416	2824.24	2529.57	1.65	1356.43	
47	011702003001	构造柱	m²	78.96	20.34	22.25	0.04	9.78	52.41
	A16-52	构造柱 胶合板模板 钢支撑 3.6m 以内	100m²	0.7896	2033.74	2225.13	4.25	978.24	
48	011702005001	基础梁	m²	235.28	22.85	26.28	0.02	10.98	60.13
	A16-65	基础梁 胶合板模板 钢支撑	100m²	2.3528	2285.08	2627.57	1.99	1097.79	
49	011702008001	圈梁	m²	10.52	29.64	24.28	0.02	14.23	68.17
	A16-71	圈梁 直形 胶合板模板 3.6m 以内钢支撑	100m²	0.1052	2964.44	2427.68	1.65	1423.72	
50	011702009001	过梁	m²	10.26	41.08	26.08	0.05	19.75	86.96
	A16-74	过梁 胶合板模板 3.6m 以内钢支撑	100m²	0.1026	4108.49	2608.19	4.68	1974.32	
51	011702011001	直形墙	m²	130.08	22.25	30.20	0.01	10.68	63.14
	A16-84	直形墙 胶合板模板 3.6m 以内钢支撑	100m²	1.3008	2224.81	3019.71	1.04	1068.41	
52	011702014001	有梁板	m²	489.32	27.64	24.82	0.03	13.28	65.77
	A16-101	有梁板 胶合板模板 3.6m 以内钢支撑	100m²	4.8932	2764.45	2482.16	2.51	1328.14	
53	011702014002	有梁板（斜板）	m²	810.59	32.70	27.07	0.04	15.72	75.53
	A16-108	斜板、坡屋面板胶合板模板 3.6m 以内钢支撑	100m²	8.1059	3270.12	2707.22	4.07	1571.61	
54	011702016001	平板	m²	14.76	25.59	25.29	0.04	12.31	63.23
	A16-106	平板胶合板模板 3.6m 以内钢支撑	100m²	0.1476	2559.47	2528.64	4.07	1230.50	
55	011702024001	楼梯	m²	11.58	85.52	42.23	0.04	41.07	168.86
	A16-130	楼梯 直形 胶合板模板 钢支撑	100m²	0.1158	8552.15	4223.02	3.99	4106.95	
56	011702027001	台阶	m²	10.34	18.38	43.17	0.02	8.83	70.40
	A16-136	台阶 胶合板模板 木支撑	100m²	0.1034	1837.55	4317.06	1.60	882.79	
57	011702029001	散水	m²	93.66	15.84	27.78		7.61	51.23
	A16-1	基础垫层 胶合板模板	100m²	0.9366	1583.72	2778.36	0.32	760.34	
58	011702029002	坡道	m²	18.90	15.84	27.78		7.61	51.23
	A16-1	基础垫层 胶合板模板	100m²	0.1890	1583.72	2778.36	0.32	760.34	
59	011703001001	垂直运输	m²	764.00		1.07	14.96	7.18	23.21
	A18-4	檐高20m 以内 卷扬机施工	100m²	7.6400		107.46	1496.07	718.11	
60	011705001001	大型机械设备进出场及安拆	台次	1	96.56	238.58	523.56	297.66	1156.36
	G5-16	常用大型机械场外运输费用(25km 以内) 履带式挖掘机 1m³ 以内	台次	1	96.56	238.58	523.56	297.66	

编制人： 审核人： 编制日期：

7. 定额计价表

本工程项目的定额计价表如下。

定额计价表

工程名称：　某办公大厦

工程预算编制书

建设单位：

编制单位：

编 制 人：　　　　　　　　　　　　　　编制人证号：

审 核 人：　　　　　　　　　　　　　　审核人证号：

工程总造价（小写）：　　1024543.51 元

工程总造价（大写）：　　壹佰零贰万肆仟伍佰肆拾叁元伍角壹分

编 制 说 明

工程名称：某办公大厦	
建筑类型：	建筑面积（m^2）：
工程总造价（元）1024543.51	单位工程单方造价：　　　　（元/m^2）
工程总造价（大写）：壹佰零贰万肆仟伍佰肆拾叁元伍角壹分	

编制说明

1. 工程概况：建设单位、工程名称、工程范围、工程地点、建筑面积、建筑高度、占地面积、经济指标、层高、层数、结构形式、基础形式、装饰标准等

2. 特殊材料、设备情况说明。

3. 编制依据（计价办法的采用、图纸、规范）

4. 特殊材料、设备情况说明。

5. 其他需特殊说明的问题。

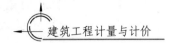

工程费用汇总表

工程名称：某办公大厦　　　　　　　　　　　　　　　　　　第 1 页　　共 1 页

序号	费用名称	取费基数	费用金额
1	分部分项工程和单价措施项目费	分部分项合计（含包干）＋单价措施（含包干）	1024543.51
1.1	人工费	分部分项人工费＋单价措施人工费	183395.82
1.2	材料费	分部分项材料费＋分部分项主材费＋分部分项设备费＋单价措施材料费＋单价措施主材费＋单价措施设备费	562794.77
1.3	施工机具使用费	分部分项机械费＋单价措施机械费	21519.15
1.4	费用	分部分项费用＋单价措施费用	172238.17
1.4.1	安全文明施工费	安全文明施工费	29500.34
1.5	增值税	分部分项增值税＋单价措施增值税	84595.60
1.6	包干价	税前包干价＋税后包干价＋其他包干价	
2	其他项目费	其他项目合计	
2.1	总承包服务费	总承包服务费	
2.2	索赔与现场签证费	索赔与现场签证	
2.3	增值税	其他项目增值税	
3	甲供费用（单列不计入造价)	甲供材料费＋甲供主材费＋甲供设备费	
4	含税工程造价	分部分项工程和单价措施项目费＋其他项目费	1024543.51

编制人：　　　　　　　　审核人：　　　　　　　　　　　　编制日期：

单位工程直接费表

工程名称：某办公大厦　　　　　　　　　　　　　　　　　　　　第 1 页　共 3 页

序号	编号	定额名称	单位	工程量	单价（元）	其中（元）			合价（元）	其中（元）		
						人工费	材料费	机械费		人工费	材料费	机械费
1	A1-28 换	小型空心砌块墙 墙厚 240mm 现拌砂浆	10m³	17.710	5065.22	1391.05	1977.87	2.82	89720.00	24639.70	35034.01	49.95
2	A1-30 换	小型空心砌块墙 墙厚 120mm 现拌砂浆	10m³	0.158	5296.48	1501.41	1979.00	2.66	836.84	237.22	312.68	0.42
3	A1-70	垫层 灰土	10m³	2.924	2276.04	549.86	1022.83	6.45	6655.10	1607.79	2990.75	18.86
4	A2-1	现浇混凝土 垫层	10m³	13.820	4594.20	419.54	3411.48		63469.00	5795.95	47129.60	
5	A2-5 换	现浇混凝土 独立基础 混凝土换为C30预拌混凝土	10m³	6.686	4779.41	317.52	3776.77		31955.00	2122.94	25251.48	
6	A2-11 换	现浇混凝土 矩形柱 换为 C25 预拌混凝土	10m³	3.442	5499.97	742.99	3623.09		18931.00	2557.37	12470.68	
7	A2-12	现浇混凝土 构造柱	10m³	0.966	6373.67	1244.03	3465.20		6157.00	1201.73	3347.38	
8	A2-16 换	现浇混凝土 基础梁 换为 C30 预拌混凝土	10m³	2.990	4797.16	299.99	3826.60		14344.00	896.97	11441.53	
9	A2-19	现浇混凝土 圈梁	10m³	0.144	6055.10	1047.32	3549.62		871.93	150.81	511.15	
10	A2-20	现浇混凝土 过梁	10m3	0.136	6508.65	1204.77	3664.23		885.18	163.85	498.34	
11	A2-27 换	现浇混凝土 挡土墙 换为 C25 预拌混凝土	10m³	1.941	4821.95	418.60	3622.22		9359.40	812.50	7030.73	
12	A2-30	现浇混凝土 有梁板	10m³	5.581	4610.43	343.73	3570.07	0.77	25731.00	1918.36	19924.56	4.30
13	A2-32 换	现浇混凝土 平板 换为 C25 预拌混凝土	10m³	0.108	4960.64	398.23	3786.62	0.97	535.75	43.01	408.95	0.10
14	A2-37 换	现浇混凝土 斜板、坡屋面 板换为 C25 预拌混凝土	10m³	9.969	4992.67	394.35	3822.75	1.32	49772.00	3931.28	38108.99	13.16
15	A2-46	现浇混凝土 楼梯 直形	10m²	1.158	1568.41	275.50	911.35		1816.20	319.03	1055.34	
16	A2-49	现浇混凝土 散水	10m²	9.366	494.30	71.78	306.44	5.00	4629.60	672.29	2870.12	46.83
17	A2-50 换	现浇混凝土 台阶 换为 C15 预拌混凝土	10m²	1.034	772.43	148.06	425.14		798.69	153.09	439.59	
18	A2-64 换	现浇构件圆钢筋 HPB300 直径≤10mm 换为 φ6.5 钢筋 HPB300	t	1.068	5636.41	1066.56	3096.37	16.87	6020.60	1139.26	3307.42	18.02
19	A2-64 换	现浇构件圆钢筋 HPB300 直径≤10mm 换为 φ8 钢筋 HPB300	t	5.575	5636.41	1066.56	3096.37	16.87	31423.00	5946.07	17262.26	94.05

编制人：　　　　　　　　审核人：　　　　　　　　　　　　编制日期：

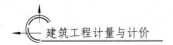

单位工程直接费表

工程名称：某办公大厦

序号	编号	定额名称	单位	工程量	单价（元）	其中（元）			合价（元）	其中（元）		
						人工费	材料费	机械费		人工费	材料费	机械费
20	A2-64 换	现浇构件圆钢筋 HPB300 直径≤10mm 换为 Φ10 钢筋 HPB300	t	0.615	5636.41	1066.56	3096.37	16.87	3466.40	655.93	1904.27	10.38
21	A2-68 换	现浇构件带肋钢筋 HRB400以内 直径≤10mm 换为 Φ10 钢筋 HRB400	t	0.131	5435.61	886.67	3255.70	17.34	712.06	116.15	426.50	2.27
22	A2-69 换	现浇构件带肋钢筋 HRB400以内 直径≤18mm 换为 Φ12 钢筋 HRB400	t	5.470	5395.12	763.67	3297.98	98.86	29511.00	4177.27	18039.95	540.76
23	A2-69 换	现浇构件带肋钢筋 HRB400以内 直径≤18mm 换为 Φ14 钢筋 HRB400	t	1.892	5328.08	763.67	3236.48	98.86	10081.00	1444.86	6123.42	187.04
24	A2-69 换	现浇构件带肋钢筋 HRB400以内 直径≤18mm 换为 Φ16 钢筋 HRB400	t	4.033	5249.88	763.67	3164.73	98.86	21173.00	3079.88	12763.36	398.70
25	A2-69 换	现浇构件带肋钢筋 HRB400以内 直径≤18mm 换为 Φ18 钢筋 HRB400	t	2.664	5194.01	763.67	3113.48	98.86	13837.00	2034.42	8294.31	263.36
26	A2-70 换	现浇构件带肋钢筋 HRB400以内 直径≤25mm 换为 Φ20 钢筋 HRB400	t	3.094	4634.32	524.59	3091.55	81.25	14339.00	1623.08	9565.26	251.39
27	A2-70 换	现浇构件带肋钢筋 HRB400以内 直径≤25mm 换为 Φ22 钢筋 HRB400	t	2.274	4634.32	524.59	3091.55	81.25	10538.00	1192.92	7030.18	184.76
28	A2-70 换	现浇构件带肋钢筋 HRB400以内 直径≤25mm 换为 Φ25 钢筋 HRB400	t	1.269	4690.18	524.59	3142.80	81.25	5951.80	665.70	3988.21	103.11
29	A2-114	直螺纹钢筋接头 钢筋直径≤16mm	10 个	27.500	105.44	33.29	32.23	0.40	2899.60	915.48	886.33	11.00
30	A2-115	直螺纹钢筋接头 钢筋直径≤20mm	10 个	18.800	111.10	35.74	32.61	0.46	2088.70	671.91	613.07	8.65
31	A2-116	直螺纹钢筋接头 钢筋直径≤25mm	10 个	8.900	118.40	38.99	32.98	0.51	1053.80	347.01	293.52	4.54
32	A4-29 换	檩木上钉屋面板油毡挂瓦条 换为铝箔	100m²	5.193	8774.48	459.71	7169.68		45561.00	2387.04	37228.56	
33	A5-1 换	成品木门扇安装 换为木质防火门	100m²	0.449	55816.00	1504.11	48327.10		25084.00	675.95	21718.20	

编制人：　　　　　　　　　审核人：　　　　　　　　　编制日期：

单位工程直接费表

工程名称：某办公大厦　　　　　　　　　　　　　　　　　　　　　　　第 3 页　共 3 页

序号	编号	定额名称	单位	工程量	单价（元）	其中（元）			合价（元）	其中（元）		
						人工费	材料费	机械费		人工费	材料费	机械费
34	A5-27	卷帘(闸) 镀锌钢板	100m²	0.191	31840.80	5760.27	18118.10	33.11	6075.2	1099.06	3456.92	6.32
35	A5-81 R ×0.8	隔热断桥铝合金普通窗安装 推拉 当设计为普通铝合金型材时 人工×0.8	100m²	1.145	50956.00	1949.24	43016.00		58365.0	2232.66	49270.51	
36	A6-1	块瓦屋面 普通黏土瓦屋面 板上或椽子挂瓦条上铺设	100m²	5.193	2410.16	671.99	922.55	0.94	12515.0	3489.31	4790.34	4.88
37	A6-52 换	改性沥青卷材 热熔法一层 平面 换为 1.2 聚氯乙烯防水卷材	100m²	5.193	5332.66	529.10	3879.17		27690.0	2747.35	20142.59	
38	A6-62	高聚物改性沥青自粘卷材 自粘法一层 平面	100m²	5.183	5873.89	439.81	4546.69		30441.0	2279.32	23563.22	
39	A9-1 换	平面砂浆找平层 混凝土或硬基层上20mm 现拌砂浆	100m²	5.193	1864.92	788.84	559.43	5.48	9683.6	4096.05	2904.84	28.45
40	A9-4	细石混凝土地面找平层 30mm	100m²	5.193	2783.94	956.95	1046.35	83.07	14456.0	4968.96	5433.17	431.34
41	A9-5	细石混凝土地面找平层每增减 5mm	100m²	5.193	331.92	76.05	174.17	13.84	1723.50	394.89	904.38	71.86
42	A9-10 换	整体面层 干混砂浆楼地面 混凝土或硬基层上 20mm 现拌砂浆 换为1∶4 水泥砂浆	100m²	0.270	2192.44	1013.75	533.82	5.48	592.40	273.92	144.24	1.48
43	A9-135 换	台阶装饰 石材 砂浆 现拌砂浆换为大理石磨光板	100m²	0.103	25705.00	3946.75	17849.70	7.82	2657.90	408.09	1845.65	0.81
44	G1-19	人工挖基坑土方(坑深) 三类土≤2m	10m³	24.860	615.07	391.09			15291.00	9722.89		
45	G1-123	挖掘机挖沟槽、基坑土方(装车) 三类土	1000m³	0.041	9014.64	882.28	1259.11	3977.16	371.13	36.32	51.84	163.74
46	G1-212	自卸汽车运土方(载重 8t 以内) 运距 1km 以内	1000m³	0.629	8368.52		2189.33	3803.87	5267.20		1377.99	2394.19
47	G1-213 ×4	自卸汽车运土方(载重 8t 以内) 30km 以内每增加 1km 单价×4	1000m³	0.629	9827.24		2523.22	4500.00	6185.40		1588.14	2832.35
48	G1-318	人工场地平整	100m²	4.611	326.87	207.83			1507.00	958.20		
49	G1-329	回填土 夯填土 人工 槽坑	10m³	33.960	262.32	166.43	0.53		8909.20	5652.46	18.00	
		总计							751937.00	112656.00	473762.50	8147.07

编制人：　　　　　　　　　审核人：　　　　　　　　　　　　编制日期：

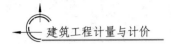

措施项目分项汇总表

工程名称：某办公大厦 　　　　　　　　　　　　　　　　　　　　　　第 1 页　共 1 页

序号	定额编码	子目名称	工程量		价值（元）		其中（元）		
			单位	数量	单价	合价	人工费合价	材料费合价	机械费合价
1	A16-1	基础垫层 胶合板模板	100m²	0.6881	6334.70	4358.91	1089.76	1911.79	0.22
2	A16-1	基础垫层 胶合板模板 散水	100m²	0.9366	6334.70	5933.08	1483.31	2602.21	0.30
3	A16-1	基础垫层 胶合板模板 坡道	100m²	0.1890	6334.70	1197.26	299.32	525.11	0.06
4	A16-19	独立基础 胶合板模板 木支撑	100m²	1.0581	7886.24	8344.43	2517.04	2831.51	2.11
5	A16-50	矩形柱 胶合板模板 3.6m以内钢支撑	100m²	2.6416	8655.54	22864.47	7460.51	6682.11	4.36
6	A16-52	构造柱 胶合板模板 3.6m以内钢支撑	100m²	0.7896	6679.17	5273.87	1605.84	1756.96	3.36
7	A16-65	基础梁 胶合板模板 钢支撑	100m²	2.3528	7637.73	17970.05	5376.34	6182.15	4.68
8	A16-71	圈梁 直形 胶合板模板 3.6m以内钢支撑	100m²	0.1052	8837.12	929.67	311.86	255.39	0.17
9	A16-74	过梁 胶合板模板 3.6m以内钢支撑	100m²	0.1026	11428.09	1172.52	421.53	267.60	0.48
10	A16-84	直形墙 胶合板模板 3.6m以内钢支撑	100m²	1.3008	7937.37	10324.93	2894.03	3928.04	1.35
11	A16-101	有梁板胶合板模板 3.6m以内钢支撑	100m²	4.8932	8480.85	41498.50	13527.01	12145.71	12.28
12	A16-106	平板胶合板模板 3.6m以内钢支撑	100m²	0.1476	8106.94	1196.58	377.78	373.23	0.60
13	A16-108	斜板、坡屋面板胶合板模板 3.6m以内钢支撑	100m²	8.1059	9784.90	79315.42	26507.27	21944.45	32.99
14	A16-130	楼梯直形胶合板模板钢支撑	100m²	0.1170	22461.82	2628.03	1000.60	494.09	0.47
15	A16-136	台阶胶合板模板木支撑	100m²	0.1034	8544.34	883.48	190.00	446.38	0.17
16	A17-7	多层建筑综合脚手架 檐高20m以内	100m²	7.6400	5550.89	42408.80	5580.79	25625.94	1354.95
17	A18-4	檐高20m以内 卷扬机施工	100m²	7.6400	3239.76	24751.77	0.00	820.99	11429.97
18	G5-16	常用大型机械场外运输费用(25km以内) 履带式挖掘机1m³以内	台次	1.0000	1554.41	1554.41	96.56	238.58	523.56
本页合计						272606.18	70739.55	89032.24	13372.08
合计						272606.18	70739.55	89032.24	13372.08

编制人：　　　　　　　　　审核人：　　　　　　　　　　　　　　编制日期：

8. 工程计算表

本工程项目工程量计算表如下。

工程量计算表

工程名称：某办公大厦

序号	项目编码	项目名称	计量单位	工程数量	计算式
	附录A				土（石）方工程
1	010101001001	平整场地 土壤类别：三类土	m²	461.05	①～②轴/Ⓐ～Ⓕ轴=(6.3+0.25)×(12.6+0.25)=84.17 ②～⑤轴/Ⓕ～Ⓓ轴=(15.6−0.25)×(8.1+0.25)=128.17 ⑤～⑥轴/Ⓐ～Ⓗ轴=(9.6+0.25)×(25.0+0.25)=248.71 小计：461.05
2	010101003001	挖沟槽土方 土壤类别：三类土 基础类型：独立基础	m³	18.00	JL1=5.7×2×(0.25+0.20)×0.13（①轴/Ⓑ～Ⓕ轴）=0.67 JL2=5.75×2×(0.25+0.2)×0.13（②轴/Ⓑ～Ⓕ轴）=0.67 JL3=(5.775+1.375)×(0.25+0.2)×0.23×2（③～④轴/Ⓐ～⑭轴）=1.48 JL4=(25−0.375×2−0.5×3)×(0.25+0.2)×0.13（⑤轴/Ⓐ～Ⓗ轴）=1.33 JL5=(7.175+4.1+5.8+5.675)×(0.25+0.2)×0.13（⑤轴/Ⓐ～Ⓗ轴）=1.33 JL6=8.85×(0.3+0.2)×0.4（Ⓐ轴/⑤～⑥轴）=1.77 JL7=(5.7+5.85+2.55+5.85)×(0.3+0.2)×0.33（Ⓑ轴/①～⑤轴）=3.29 JL8=(2.7+2.8+2.8+2.9+2.6+2.825×2+8.975)×(0.25+0.2)×0.13（Ⓓ轴/①～⑥轴）=1.66 JL9=(2.9×3+2.8+2.55+2.8+2.9)×(0.25+0.2)×0.13(⑩轴/①～⑤轴)=1.16 JL10=8.975×(0.25+0.2)×0.13×2(Ⓔ、Ⓖ轴/⑤～⑥轴)=1.05 JL11=(2.65+2.85)×(0.25+0.2)×0.13(Ⓕ轴/①～②轴)=0.32 JL12=8.975×(0.25+0.2)×0.28(Ⓗ轴/⑤～⑥轴)=1.13 JCL1=(6.3×2−0.15−0.25×2−0.125)×(0.25+0.2)×0.08(⑪轴/Ⓑ～Ⓕ轴)=0.43 JCL2=7.8×(0.25+0.2)×0.08×2(⑫轴、⑭轴/Ⓐ～⑩轴)=0.56 JCL3=9.35×(0.25+0.2)×0.13(⑱轴/⑤～⑥轴)=0.55 JCL4=(1.5+2.925−0.15−0.125)×(0.25+0.2)×0.08(⑮轴/Ⓐ～Ⓒ轴)=0.15 JCL6=(3.0−0.25)×(0.25+0.2)×0.08(⑰轴/③～④轴)=0.10 小计：18.00
3	010101004001	挖基坑土方 土壤类别：三类土 基础类型：独立基础 挖土深度：1.15m	m³	167.40	DJⱼ−01=(9.2+0.2)×(1.5+0.2)×(1.6−0.45)=18.38 DJⱼ−02=(3.4+0.2)×(2.4+0.2)×1.15×2=21.53 DJⱼ−03=(3+0.2)×(2.2+0.2)×1.15=8.83 DJⱼ−04=(1.8+0.2)×(1.8+0.2)×1.15=4.60 DJⱼ−05=(2.2+0.2)×(2+0.2)×1.15×4=24.29 DJⱼ−06=(2.8+0.2)×(3+0.2)×1.15×2=22.08 DJⱼ−07=(3.2+0.2)×(2.8+0.2)×1.15=11.73 DJⱼ−08=(3+0.1)×(2.4+0.1)×1.15×2=17.83 DJⱼ−09=(2.4+0.2)×(2.4+0.2)×1.15=7.77 DJⱼ−10=(2+0.2)×(3.4+0.2)×1.15=9.11 DJⱼ−11=(1.6+0.2)×(4.2+0.2)×1.15=9.11 DJⱼ−12=(1.4+0.2)×(6.4+0.2)×1.15=12.14 小计：167.40

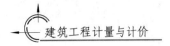

续表

序号	项目编码	项目名称	计量单位	工程数量	计算式
4	010103001001	基础回填 土质要求：不得含有树根、草皮、腐殖物的土和淤泥质土 夯填： 分层压实，压实系数不小于0.94	m³	83.89	$V_{挖}$—室外设计地坪以下构筑物的体积＝18＋167.4－101.51＝83.89 应扣除室外设计地坪以下构筑物的体积 ① 垫层：25.52 ② 独立基础：67.02 ③ 基础梁：4.08 ④ 矩形柱 KZ－1＝(1.5－0.6－0.03)×0.5×0.5 (①轴/⑧轴)＝0.22 KZ－2＝(1.5－0.45－0.03)×0.45×0.45 (①轴/⑩轴)＝0.21 KZ－3＝(1.5－0.45－0.03)×0.5×0.5 (①轴/⑤轴)＝0.26 KZ－4＝(1.5－0.55－0.03)×0.45×0.45×2 (⑧轴/③轴、④轴) 　　＝0.37 KZ－5＝(1.5－0.5－0.03)×0.45×0.45　(②轴/⑩轴)＝0.20 KZ－6＝(1.5－0.45－0.03)×0.45×0.45 (②轴/⑤轴)＝0.21 KZ－7＝(1.5－0.45－0.03)×0.5×0.5 ×2(⑩轴/③轴、④轴)＝0.51 KZ－8＝(1.5－0.45－0.03)×0.45×0.45×2 (⑩轴/③轴、④轴) 　　＝0.41 KZ－9＝(1.5－0.5－0.03)×0.5×0.5 (⑤轴/⑧轴)＝0.24 KZ－10＝(1.5－0.5－0.03)×0.5×0.5 (⑤轴/⑩轴)＝0.24 KZ－11＝(1.5－0.45－0.03)×0.5×0.5×2 (⑤轴/⑤轴、⑥轴) 　　＝0.51 KZ－12＝(1.5－0.45－0.03)×0.5×0.5 (⑤轴/⑥轴)＝0.26 KZ－13＝(1.5－0.55－0.03)×0.5×0.5 (⑥轴/⑧轴)＝0.23 KZ－14＝(1.5－0.55－0.03)×0.5×0.5 (⑥轴/⑩轴)＝0.23 KZ－15＝(1.5－0.65－0.03)×0.5×0.5 (⑥轴/⑤轴)＝0.21 KZ－16＝(1.5－0.65－0.03)×0.5×0.5 (⑥轴/⑥轴)＝0.21 KZ－17＝(1.5－0.65－0.03)×0.5×0.5 (⑥轴/⑥轴)＝0.21 KZ－18…… 矩形柱合计体积＝4.89 小计：应扣除体积＝101.51
5	010103001002	室内回填 土质要求：不得含有树根、草皮、腐殖物的土和淤泥质土 夯填：分层压实，压实系数不小于0.94	m³	151.36	地1 主墙间净面积＝(9.6－0.25)×(25－2.925－1.5－0.125) 　　　　　　　　＝191.21 地2 主墙间净面积＝4.25×2.9×2＋6.05×2.9×2＋(6.05×6.05 　　　　　　　　－6.05×0.25)×2＋2.75×6.3＋4.55×4.225 　　　　　　　　×2＋1.55×21.65＝219.25 地1 回填土厚度＝0.45－0.14＝0.31 地2 回填土厚度＝0.45－0.03＝0.42 室内回填体积＝191.21×0.31＋219.25×0.42＝151.36

序号	项目编码	项目名称	计量单位	工程数量	计算式
附录 D					砌筑工程
1	010304001001	砌块墙 墙体厚度：250mm 砌块品质、强度等级：B05级加气混凝土砌块 砂浆强度等级：M5混合砂浆	m³	177.13	首层 ①轴/Ⓑ～Ⓕ轴＝[5.7×2×(2.8－0.55)－1.2×1.25×3－2.4×1.25]×0.25＝4.54 ⑴轴/Ⓑ～Ⓕ轴＝(6.05＋4.25)×(2.8－0.45)×0.25＝6.05 ②轴/Ⓑ～Ⓕ轴＝[(5.725＋4.05)×(2.8－0.55)－2.4×1.25]×0.25＝4.75 ⑴²轴/Ⓑ～Ⓓ轴＝6.05×(2.8－0.45)×0.25×2＝7.11 ③～④轴/Ⓑ～Ⓓ轴＝5.775×(2.8－0.55)×0.25×2＝6.50 ⑤轴/Ⓐ～Ⓗ轴＝[(1＋5.725)×(2.8－0.65)＋(4.1＋5.8)×(2.8－0.55) ＋5.675×2.8－3.6×2.8－2.4×1.35×2－1.8×2.1)] ×0.25＝5.62 ⑴⁵轴/A～⑴⁸轴＝4.05×(2.8－0.6)×0.25＝2.23 ⑥轴/A～Ⓗ轴＝[7.175×(2.8－0.65)＋(4.1＋5.8＋5.675)×(2.8 －0.55)]×0.25＝12.62 ⑴⁸轴＝(9.6－0.25)×2.8×0.25－(2.7×1.45×2－0.9×2.1×2) ×0.25－0.25×0.6×0.25＝5.50 Ⓓ轴/①～⑴⁴轴＝((5.75＋5.85＋2.825)×(2.8－0.55)－1×2.1×4 －1.2×1.35×4－1.35×2.1))×0.25＝3.69 ⑴⁷轴/①～⑤轴＝[(12.25＋2.55＋5.95)×(2.8－0.55)－0.9×2.1×2 －1.8×2.1－2.4×1.35×4)]×0.25＝6.54 Ⓕ轴/①～②轴＝5.6×(2.8－0.55)×0.25＝3.15 Ⓗ轴/⑤～⑥轴…… 小计：72.77 二层 Ⓐ轴＝8.85×(2.8＋4)×0.5×0.25＝7.52 Ⓑ轴＝[(5.7×(2.8＋4)×0.5×0.25＋(5.85×2＋5.85)×(2.8－0.55) －1.5×1.35×6－1.2×1.35)]×0.25＝7.64 Ⓒ轴＝(2.8＋1.02)×(2.9＋4.5)×0.25＋4.8×2.8×0.25＋4.8×1.02 ×0.5×0.25－(0.9×2.1×3－2.7×1.45×2)×0.25＝11.58 Ⓓ轴＝(2.825×2.8－1.35×2.1)×0.25＋2.825×(1.2－0.45)×0.5×0.25 ＋[(2.975＋5.875＋2.825＋8.975)×(4－0.45)－0.9×2.1×4]×0.25 ＝17.97 ⑴⁸轴＝(6.05×2.8＋6.05×0.65×0.5－0.9×2.1×2)×0.25＋(5.925＋ 2.55＋5.95)×(2.8－0.55)×0.25－(1.8×1.35＋2.4×1.35×4) ×0.25＝8.05 Ⓕ轴＝5.6×2.8×0.25＋5.6×(1.2－0.55)×0.25＝4.83 Ⓗ轴＝8.975×2.8×0.25＋8.975×(1.2－0.8)×0.5×0.25＝6.73 ①轴＝[(5.7×2×(2.8－0.55)－2.4×1.25－1.2×1.25×3)]×0.25＝4.54 ⑴⑴轴＝(6.05＋4.25)×(4－0.5)×0.25＝9.01 ②轴＝[(5.725×2.85＋4.05×(2.8－0.55)－2.4×1.25)]×0.25 ＝5.61 ⑴²轴＝{6.05×[(2.8＋4)×1/2－0.45]}×0.25＝4.46 ③、④轴＝{5.775×[(2.8＋4)×1/2－0.45]}×0.25×2＝8.52 ⑤轴＝(1＋2.675＋5.8)×(2.8－0.65)×0.25＋(2.675＋5.8)×[(2.8＋4) ×0.5－0.65]×0.25＋5.675×(2.8－0.9)×0.25－(1.8×1.35 ＋2.4×1.25×2＋3.6×1.9)×0.25－(1.8×1.35＋2.4×1.25×2 ＋3.6×1.9)×0.25＝5.98 ⑴⁵轴＝5.835×(4－0.6)×0.25＝4.96 ⑥轴…… 二层小计：116.58 外墙体积＝72.77＋116.58－过梁体积(1.36)－卫生间翻边体积(1.2) －构造柱体积（9.66）＝177.13

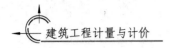

续表

序号	项目编码	项目名称	计量单位	工程数量	计算式
2	010304001002	砌块墙 墙体厚度：120mm 砌块品质、强度等级：B05级加气混凝土砌块 砂浆强度等级：M5混合砂浆	m³	1.58	卫生间隔墙体积＝[(2.9×(2.8－0.45)－0.8×2.1)]×0.12＋[2.9×(2.8＋4)×0.5－0.8×2.1]×0.12－1.3×0.12×0.12＝1.58
	附录E				混凝土及钢筋混凝土工程
1	010501001001	垫层 混凝土强度等级：C15商品混凝土	m³	25.59	$DJ_J-01=(9.2+0.2)×(1.5+0.2)×0.1=1.60$ $DJ_J-02=(3.4+0.2)×(2.4+0.2)×0.1×2=1.87$ $DJ_J-03=(3+0.2)×(2.2+0.2)×0.1=0.77$ $DJ_J-04=(1.8+0.2)×(1.8+0.2)×0.1=0.40$ $DJ_J-05=(2.2+0.2)×(2+0.2)×0.1×4=2.11$ $DJ_J-06=(2.8+0.2)×(3+0.2)×0.1×2=1.92$ $DJ_J-07=(3.2+0.2)×(2.8+0.2)×0.1=1.02$ $DJ_J-08=(3+0.2)×(2.4+0.2)×0.1×2=1.66$ $DJ_J-09=(2.4+0.2)×(2.4+0.2)×0.1=0.68$ $DJ_J-10=(2+0.2)×(3.4+0.2)×0.1=0.79$ $DJ_J-11=(1.6+0.2)×(4.2+0.2)×0.1=0.79$ $DJ_J-12……$ $JL1=5.7×2×(0.25+0.2)×0.1=0.51$ $JL2=5.75×2×(0.25+0.2)×0.1=0.52$ $JL3=(5.775+1.375)×(0.25+0.2)×0.1×2=0.64$ $JL4=0.1×(0.3+0.2)+(5.725+4.1+5.8+5.675)×(0.25+0.2)×0.1=1.00$ $JL5=(7.175+4.1+5.8+5.675)×(0.25+0.2)×0.1=1.02$ $JL6=8.85×(0.3+0.2)×0.1=0.44$ $JL7=(5.7+5.85+2.55+5.85)×(0.3+0.2)×0.1=0.99$ $JL8=(5.75+5.875+5.85+2.6+8.975)×(0.25+0.2)×0.1=1.31$ $JL9=(6.05+5.95+2.55+5.95)×(0.25+0.2)×0.1=0.92$ $JL10=8.975×(0.25+0.2)×0.1×2=0.81$ $JL11=5.7×(0.25+0.2)×0.1=0.26$ $JL12=8.975×(0.25+0.2)×0.1=0.40$ $JCL1=11.85×(0.25+0.2)×0.1=0.53$ $JCL2=7.6×(0.25+0.2)×0.1×2=0.68$ $JCL3=9.35×(0.25+0.2)×0.1=0.42$ $JCL4=4.175×(0.25+0.2)×0.1=0.19$ $JCL5=2.9×(0.25+0.2)×0.1=0.13$ $JCL6……$ 小计：25.59

序号	项目编码	项目名称	计量单位	工程数量	计算式
2	010501003001	独立基础 混凝土强度等级： C30 商品混凝土	m³	66.86	DJ_J－01＝9.2×1.5×0.55＝7.59 DJ_J－02＝3.4×2.4×0.65×2＝10.61 DJ_J－03＝3×2.2×0.65＝4.29 DJ_J－04＝1.8×1.8×0.45＝1.46 DJ_J－05＝2.2×2×0.45×4＝7.92 DJ_J－06＝2.8×3×0.5×2＝8.4 DJ_J－07＝3.2×2.8×0.5＝4.48 DJ_J－08＝3×2.4×0.45×2＝6.48 DJ_J－09＝2.4×2.4×0.45＝2.59 DJ_J－10＝2×3.4×0.6＝4.08 DJ_J－11＝1.6×4.2×0.6＝4.03 DJ_J－12＝1.4×6.4×0.55＝4.93 小计：66.86
3	010502001001	矩形柱 混凝土强度等级： C25 商品混凝土	m³	33.99	KZ－1＝(1.5－0.6＋5.57)×0.5×0.5(①轴/⑧轴)＝1.62 KZ－2＝(1.5－0.45＋5.57)×0.45×0.45(①轴/⑩轴)＝1.34 KZ－3＝(1.5－0.45＋5.57)×0.5×0.5(①轴/⑥轴)＝1.66 KZ－4＝(1.5－0.55＋5.57)×0.45×0.45×2(⑧轴/③轴、④轴) 　　＝2.64 KZ－5＝(1.5－0.5＋6.103)×0.45×0.45(②轴/⑩轴)＝1.44 KZ－6＝(1.5－0.45＋5.57)×0.45×0.45(②轴/⑥轴)＝1.34 KZ－7＝(1.5－0.45＋5.57)×0.5×0.5×2(⑩轴/③轴、④轴)＝3.31 KZ－8＝(1.5－0.45＋5.57)×0.45×0.45×2(⑩轴/③轴、④轴) 　　＝2.68 KZ－9＝(1.5－0.5＋5.57)×0.5×0.5(⑤轴/⑧轴)＝1.64 KZ－10＝(1.5－0.5＋6.103)×0.5×0.5(⑤轴/⑩轴)＝1.78 KZ－11＝(1.5－0.45＋5.57)×0.5×0.5×2(⑤轴/⑥轴、⑥轴) 　　＝3.31 KZ－12＝(1.5－0.45＋5.57)×0.5×0.5(⑤轴/⑪轴)＝1.66 KZ－13＝(1.5－0.55＋5.57)×0.5×0.5(⑥轴/⑧轴)＝1.63 KZ－14＝(1.5－0.55＋5.57)×0.5×0.5(⑥轴/⑩轴)＝1.63 KZ－15＝(1.5－0.65＋5.57)×0.5×0.5(⑥轴/⑥轴)＝1.61 KZ－16＝(1.5－0.65＋5.57)×0.5×0.5(⑥轴/⑥轴)＝1.61 KZ－17＝(1.5－0.65＋5.57)×0.5×0.5(⑥轴/⑪轴)＝1.61 KZ－18…… 小计：33.99
4	010502001002	矩形柱（TZ） 混凝土强度等级： C25 商品混凝土	m³	0.43	首层 TZ1 体积＝(2.8－0.4)×0.25×0.25×2＝0.30 首层 TZ2 体积＝(1.4－0.4)×0.25×0.25×2＝0.13 小计：体积＝0.43
5	010502002001	构造柱 混凝土强度等级： C20 商品混凝土	m³	9.66	首层 GZ1 ①轴＝0.25×0.31×(2.8－0.55)＝0.17 ⑩轴＝0.34×0.25×(2.8－0.45)×3＋0.25×0.31×(2.8－0.45)＝0.78 ②轴＝0.34×0.25×(2.8－0.55)＋0.31×0.25×(2.8－0.55)＝0.37 ⑫轴＝0.34×0.25×(2.8－0.45)＋0.25×0.31×(2.8－0.45)×2 　　＝0.56 ⑭轴＝0.34×0.25×(2.8－0.45)＋0.25×0.31×(2.8－0.45)×2 　　＝0.56 ⑤轴＝0.31×0.25×(2.8－0.65)＋0.31×0.25×(2.8－0.55)＋0.31 　　×0.25×2.8＝0.56 ⑱轴＝0.34×0.25×(2.8－0.6)×2＝0.37 ⑥轴＝0.34×0.25×(2.8－0.65)＋0.31×0.25×(2.8－0.55)×2＝0.53m³ ⑪轴＝0.31×0.25×(2.8－0.8)＝0.16 二层 GZ1 ①轴＝0.25×0.31×(2.8－0.55)＝0.17

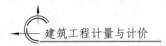

序号	项目编码	项目名称	计量单位	工程数量	计算式
5	010502002001	构造柱 混凝土强度等级：C20 商品混凝土	m³	9.66	①/①轴=0.34×0.25×(2.8+1.2−0.45)×3+0.25×0.31×(2.8+1.2−0.45)=1.18 ②轴=0.31×0.25×(2.8+1.18−0.55)+0.34×0.25×(2.8−0.55)=0.46 ①/②轴=0.34×0.25×(2.8−0.45)+0.25×0.31×(2.8−0.45)+0.31×0.25×(2.8+1.18−0.45)=0.66 ③～④轴=0.31×0.25×(2.8+1.18−0.55)×2=0.53 ①/④轴=0.34×0.25×(2.8−0.55)+0.34×0.25×(2.8+1.02−0.45)+0.31×0.25×(2.8−0.55)=0.65 ⑤轴=0.34×0.25×(2.8+1.02−0.65)+0.31×0.25×(2.8−0.65)×2=0.60 ①/⑤轴=0.34×0.25×(2.8+1.2−0.6)×2=0.58 ⑥轴=0.34×0.25×(2.8−0.65)+0.31×0.25×(2.8−0.65)×2=0.52 Ⓗ轴=0.31×0.25×(2.8+1.2−0.8)=0.25 小计：9.66
6	010503001001	基础梁 梁顶标高：−0.03m 混凝土强度等级：C30 商品混凝土	m³	29.90	JL1=5.7×2×0.25×0.45=1.28 JL2=5.75×2×0.25×0.45=1.29 JL3=(5.775+1.375)×0.25×0.55×2=1.97 JL4=0.3×0.65×(1.5−0.375−0.125)+0.25×0.45×(23.5−0.375−0.5×3−0.375)=2.59 JL5=(7.175+4.1+5.8+5.675)×0.25×0.45=2.56 JL6=8.85×0.3×0.8=2.12 JL7=(5.7+5.85+2.55+5.85)×0.3×0.65=3.89 JL8=(5.75+5.875+5.85+2.6+8.975)×0.25×0.45=3.27 JL9=(6.05+5.95+2.55+5.95)×0.25×0.45=2.31 JL10=8.975×0.25×0.45×2=2.02 JL11=5.7×0.25×0.45=0.64 JL12=8.975×0.25×0.6=1.35 JCL1=(6.3×2−0.15−0.25×2−0.125)×0.25×0.4=1.18 JCL2=(6.3+1.8−0.15−0.25−0.125)×0.25×0.4×2=1.52 JCL3=9.35×0.25×0.45=1.05 JCL4=4.175×0.25×0.4=0.42 JCL5=2.9×0.25×0.35=0.25 JCL6…… 小计：29.90
7	010503004001	圈梁（卫生间翻边） 混凝土强度等级：C20 商品混凝土	m³	1.34	首层体积=(2.715+1.2+0.36−0.375+2.715+1.2+3.6-0.125)×0.2×0.25×2=1.13 二层体积=(2.715+1.2+0.36)×0.2×0.25=0.21 小计：1.34
8	010503004002	圈梁（卫生间翻边） 混凝土强度等级：C20 商品混凝土	m³	0.10	首层体积=0.12×0.2×(2.9−0.8)=0.05 二层体积=0.12×0.2×(2.9−0.8)=0.05 小计：0.10
9	010503005001	过梁 混凝土强度等级：C20 商品混凝土	m³	1.36	M1=0.1×0.12×(0.8+0.25)×2=0.03 M2=0.25×0.12×(0.9+0.25)×2+0.25×0.12×(0.9+0.25×2)×16=0.74 M3=0.25×0.12×(1.8+0.25×2)×2=0.14 M4=0.25×0.12×(3.6+0.25×2)×1=0.12 门洞=0.25×0.12×(1.35+0.25×2)×2=0.11 C2=0.25×0.10×(1.2+0.25)×4+0.25×0.1×(1.2+0.25)×2=0.22 小计：1.36

序号	项目编码	项目名称	计量单位	工程数量	计算式
10	010504004001	挡土墙 混凝土强度等级： C25 商品混凝土	m³	19.41	(5.7＋5.85＋2.55＋5.84)×0.3×(2.8－0.55)＋8.85×0.3×(2.8－0.8) ＋1.0×0.3×(2.8－0.65)＝19.41
11	010505001001	有梁板 板顶标高：2.770m 板厚度：100mm 混凝土强度等级： C25 商品混凝土	m³	55.81	KL1(2)体积＝5.7×2×0.25×0.55＝1.57 KL2(2)体积＝5.75×2×0.25×0.55＝1.58 KL3(2A)体积＝(5.775＋1.375＋1.4)×0.25×0.55＝1.18 KL4(2A)体积＝(5.75＋1.35＋4.05)×0.25×0.55＝1.53 KL5(4)体积＝(4.1＋5.8)×0.25×0.55＋(1＋5.725)×0.25×0.65 　　　＝2.45 KL6(4)体积＝7.175×0.25×0.65＋(4.1＋5.8＋5.675)×0.25×0.55 　　　＝3.31 KL7(1)体积＝8.85×0.25×0.8＝1.77 KL8(4)体积＝(5.7＋5.85＋2.55＋5.85)×0.25×0.55＝2.74 KL9(5)体积＝(5.7＋5.875＋2.6＋5.85＋8.975)×0.25×0.55＝3.99 KL10(4)体积＝(12.25＋2.55＋5.95)×0.25×0.55＝2.85 KL11(1)体积＝5.7×0.25×0.55＝0.78 KL12(1)体积…… L1(3)体积＝(6.05＋1.55＋4.25)×0.25×0.45＝1.33 L2(2)体积＝(6.05＋1.55)×0.25×0.45＝0.86 L3(1A)体积＝(6.05＋1.55)×0.25×0.45＝0.86 L4(1)体积＝7.55×0.2×0.6＝0.91 L5(3)体积＝(2.9＋9.1)×0.25×0.45＝1.35 L6(1)体积…… 小计：31.05 100mm 厚板体积＝(2.9×4.025－0.25×0.25)×0.12＋(6.05×2.9 　　　＋1.55×2＋2.9×1.775＋4.25×2.9×2－0.25 　　　×0.25－0.2×0.1×4－0.1×0.1×2)×0.1(①～② 　　　轴/⑧～⑤轴)＋(6.05×2.9＋2.9×1.55)×0.1×2 　　　－(0.2×0.1×2＋0.1×0.1×3＋0.075×0.075×2) 　　　×0.1(②～③轴/⑧～⑩轴)＋2.75×1.55×0.1－(0.1 　　　×0.1×2＋0.075×0.075×2)×0.1(③～④轴/⑩～ 　　　⑰轴)＋(6.05×2.9＋2.9×1.55×2＋2.9×1.45 　　　＋2.9×4.3－0.1×0.1×1－0.075×0.075×2－ 　　　0.125×0.125×2－0.2×2×0.1)×0.1(④～⑤轴/ 　　　⑧～⑰轴)＋(5.85×4.55－0.25×0.25)×0.13 　　　×2＋(4.55×1.45－0.125×0.125)×0.1×2(⑤～ 　　　⑥轴/④～⑩轴)＋1.4×2.75×0.12＋2.75×0.1 　　　×0.12(雨篷板)＋(1.775×2.75－0.075×0.075 　　　×2)×0.1(楼梯处)＝24.76 小计：55.81
12	010505001002	有梁板（斜屋面） 板顶标高：5.57～ 6.77m 板厚度：120mm 混凝土强度等级： C25 商品混凝土	m³	99.69	WKL1(2)体积＝5.7×2×0.25×0.55＝1.57 WKL2(3)体积＝(3.79＋2.01＋1.54＋4.05)×0.25×0.55＝1.57 WKL3(3)体积＝(3.79＋2.04＋1.47)×0.25×0.55×2＝2.01 WKL4(7)体积＝(1＋3.79＋1.99＋1.52＋2.55＋5.8)×0.25×0.65 　　　＋5.675×0.25×0.9＝3.98 WKL5(4)体积＝(7.15＋4.1＋5.8＋5.675)×0.25×0.65＝3.69 WKL6(1B)体积＝4.46×2×0.25×0.8＋0.875×0.25×0.4×2 　　　＝1.96

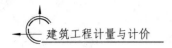

序号	项目编码	项目名称	计量单位	工程数量	计算式
12	010505001002	有梁板（斜屋面）板顶标高：5.57～6.77m 板厚度：120mm 混凝土强度等级：C25 商品混凝土	m³	99.69	WKL7(5)体积=(2.9+3.04+5.85×2+2.55)×0.25×0.55=2.78 WKL8(3)体积=(5.875+2.6+5.85)×0.25×0.55=1.97 WKL9(5)体积=(3.13×2+5.95+2.55+5.95)×0.25×0.55=2.85 WKL10(1)体积=(4.58+4.46)×0.25×0.8=1.81 WKL11(1B)体积=(2.91+3.04+0.875+0.775)×0.25×0.55 　　=1.05 WKL12(1)体积=(4.58+4.46)×0.25×0.8=1.81 WKL13(2B)体积=(4.58+4.46)×0.25×0.8+(0.875+0.75)×0.25 　　×0.4=1.97 WL1(2)体积=12.85×0.25×0.5=1.61 WL2(2)体积=(3.98+2.11+1.64)×0.25×0.45=0.87 WL3(2)体积=(3.98+2.11+1.64)×0.25×0.45=0.87 WL4(4)体积=25.25×0.25×0.6=3.79 WL5(2)体积=(5.3+4.8)×0.25×0.45=1.14 WL6(7)体积=(3.13×2+15.85)×0.25×0.45+(4.55+4.71)×0.25 　　×0.6=3.88 WL7(2)体积=4.71×2×0.25×0.6=1.41 WL8(2)体积=4.71×2×0.25×0.6=1.41 WL9(2)体积=4.71×2×0.25×0.6=1.41 WL10(1)体积=4.66×0.25×0.45=0.52 WL11(1)体积=6.07×0.25×0.6=0.91 小计：框架梁体积=46.82 120mm 厚板体积=(3.13×3.8×2+3.13×4.25×2+3.01×3.56×0.5 　　×2+3.8×3.13-0.25×0.25×2-0.45×0.2 　　-0.2×0.1×2-0.45×0.1)×0.12(①～②轴/Ⓑ～Ⓕ 　　轴)+(2.9×3.98×4+2.75×3.98+2.9×2.11×4 　　+2.75×2.11+2.9×1.64×4+2.75×1.64-0.2 　　×0.1×6-0.1×0.1×6-0.075×0.075×8-0.125 　　×0.125×2)×0.12(②～⑤轴/Ⓑ～Ⓓ轴)+[(5.3 　　×2.25+5.3×2.21+4.8×2.25+4.8×2.21+4.7 　　×(5.267+1.615)×0.5+3.736×4.7×0.5+4.7 　　×(4.656+0.817)×0.5+3.656×4.7×0.5+1.55 　　×4.7×2+2.95×4.7×2+2.85×4.7×2+2.9 　　×4.7×4-0.25×0.25×3-0.125×0.25×5-0.5 　　×0.125×2-0.125×0.125×4)]×0.12(⑤～⑥轴/ 　　Ⓐ～Ⓗ轴)+0.618×0.12×(12.425+0.3+21.175 　　+0.3×2+0.7+0.3+3.65+0.3+14.15+0.6 　　+14.55+0.3)(檐口)=52.87 小计：99.69
13	010505003001	空调板板厚度：100mm 混凝土强度等级：C25 商品混凝土	m³	1.08	体积=0.6×1×0.1×18=1.08
14	010506001001	直形楼梯 混凝土强度等级：C25 商品混凝土	m²	11.58	水平投影面积=(3-0.25)×4.21=11.58
15	010507001001	散水 垫层：100mm 厚C15 混凝土面层 厚度：20mm 厚 1：2.5 水泥砂浆收光	m²	93.66	散水面积=[(31.5+0.25)+(25.0+0.25)+4.5]×2×0.8+0.8×0.8×4-(2.5+2.425+4.2)×0.8=93.66

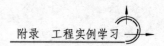

续表

序号	项目编码	项目名称	计量单位	工程数量	计算式
16	010507001002	坡道 垫层：300mm 厚三七灰土、100mm 厚 C15 混凝土 面层厚度：20mm 1∶2.5 水泥砂浆收光	m²	18.90	面积=4.5×4.2=18.90
17	010507003001	台阶 垫层：300mm 厚三七灰土、60mm 厚 C15 混凝土 面层厚度：25mm 1∶4 干硬性水泥砂浆，20 厚火烧板	m²	2.22	台阶水平投影面积=2.5×0.45+2.425×0.45=2.22
18	010507003002	台阶平台 垫层：300mm 厚三七灰土、60mm 厚 C15 混凝土 面层厚度：25mm 1∶4 干硬性水泥砂浆，20 厚火烧板	m²	8.12	平台水平投影面积=2.5×2.1+2.425×2.1-2.22=8.12
19	A2－440	现浇构件圆钢筋 Φ6	t	0.908	0.908
20	A2－441	现浇构件圆钢筋 Φ8	t	5.575	5.575
21	A2－442	现浇构件圆钢筋 Φ10	t	0.615	0.615
22	A2－440	现浇构件三级钢筋 Φ6	t	0.099	0.099
23	A2－442	现浇构件三级钢筋 Φ10	t	0.131	0.131
24	A2－454	现浇构件三级钢筋 Φ12	t	5.47	5.470
25	A2－455	现浇构件三级钢筋 Φ14	t	1.892	1.892
26	A2－456	现浇构件三级钢筋 Φ16	t	4.033	4.033
27	A2－457	现浇构件三级钢筋 Φ18	t	2.664	2.664
28	A2－458	现浇构件三级钢筋 Φ20	t	3.094	3.094
29	A2－459	现浇构件三级钢筋 Φ22	t	2.274	2.274

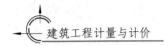

续表

序号	项目编码	项目名称	计量单位	工程数量	计算式
30	A2－460	现浇构件三级钢筋 φ25	t	1.269	1.269
31	010516003001	直螺纹连接	个	552	552
	附录 H				门窗工程
1	010801001001	木质门	m²	44.94	M1=0.8×2.1×2=3.36 M2=0.9×2.1×18=34.02 M3=1.8×2.1×2=7.56 小计：44.94
2	010803001001	金属卷帘（闸）门	m²	19.08	M4=3.6×(4.7+0.6)=19.08
3	010807001001	金属（塑钢、断桥）窗	m²	114.54	C1=1.5×1.25×6=11.25 C2=1.2×1.25×7=10.50 C3=1.2×1.35×6=9.72 C4=1.5×1.35×6=12.25 C5=1.8×1.35×2=4.86 C6=2.4×1.35×10=32.40 C7=2.7×1.45×4=15.63 C8=2.4×1.25×6=18.00 小计：114.54
	附录 I				屋面工程
1	010901001001	瓦屋面 瓦品种：灰色黏土瓦 20mm 厚 1：3 水泥砂浆找平 基层材料：钢筋混凝土屋面板	m²	519.25	屋面①～②轴/Ⓐ～Ⓕ轴=$(1+0.381^2)^{0.5}$=1.07 [(6.3+1.2)×(12.6+0.6-0.125)-(8.1+1.2)×(3.15+0.6)/2]×1.07=86.27 屋面②～⑤轴/Ⓑ～Ⓜ轴=$(1+0.296^2)^{0.5}$=1.04 [(8.1+1.2)×(15.6-1.2)+(8.1+1.2)×(3.15+0.6)×0.5+(8.1+1.2)×(4.8+0.6)×0.5)]×1.04=183.53 屋面⑤～⑥轴/Ⓐ～Ⓗ轴=$(1+0.25^2)^{0.5}$=1.03 [(9.6+1.2)×(25-0.125×2)-(8.1+1.2)×(4.8+0.6)×0.5]×1.03=249.46 小计：519.25
2	010901002001	屋面卷材防水卷材：4mm 厚 SBC 改性沥青防水卷材	m²	519.25	屋面①～②轴/Ⓐ～Ⓕ轴=$(1+0.381^2)^{0.5}$=1.07 [(6.3+1.2)×(12.6+0.6-0.125)-(8.1+1.2)×(3.15+0.6)/2]×1.07=86.27 屋面②～⑤轴/Ⓑ～Ⓜ轴=$(1+0.296^2)^{0.5}$=1.04 [(8.1+1.2)×(15.6-1.2)+(8.1+1.2)×(3.15+0.6)×0.5+(8.1+1.2)×(4.8+0.6)×0.5)]×1.04=183.53 屋面⑤～⑥轴/Ⓐ～Ⓗ轴=$(1+0.25^2)^{0.5}$=1.03 [(9.6+1.2)×(25-0.125×2)-(8.1+1.2)×(4.8+0.6)×0.5]×1.03=249.46 小计：519.25
	附录 Q				措施项目
1	011702001001	独立基础	m²	105.81	DJ_J－01=(9.2+1.5)×2×0.55=11.77 DJ_J－02=(3.4+2.4)×2×0.65×2=15.08 DJ_J－03=(3+2.2)×2×0.65=6.76 DJ_J－04=(1.8+2)×2×0.45=3.42 DJ_J－05=(2.2+2)×2×0.45×4=15.12 DJ_J－06=(2.8+3)×2×0.5×2=11.6 DJ_J－07=(3.2+2.8)×2×0.5=6.00 DJ_J－08=(3+2.4)×2×0.45×2=9.72 DJ_J－09=(2.4+2.4)×2×0.45=4.32 DJ_J－10=(2+3.4)×2×0.6=6.48 DJ_J－11=(1.6+4.2)×2×0.6=6.96 DJ_J－12=(1.4+6.4)×2×0.55=8.58 小计：105.81

续表

序号	项目编码	项目名称	计量单位	工程数量	计算式
2	011702001002	基础垫层	m²	70.59	$DJ_J-01=(9.2+0.2+1.5+0.2)\times2\times0.1=2.22$ $DJ_J-02=(3.4+0.2+2.4+0.2)\times2\times0.1\times2=2.48$ $DJ_J-03=(3+0.2+2.2+0.2)\times2\times0.1=1.12$ $DJ_J-04=(1.8+0.2+1.8+0.2)\times2\times0.1=0.80$ $DJ_J-05=(2.2+0.2+2+0.2)\times2\times0.1\times4=3.68$ $DJ_J-06=(2.8+0.2+3+0.2)\times2\times0.1\times2=2.48$ $DJ_J-07=(3.2+0.2+2.8+0.2)\times2\times0.1=1.28$ $DJ_J-08=(3+0.2+2.4+0.2)\times2\times0.1\times2=2.32$ $DJ_J-09=(2.4+0.2+2.4+0.2)\times2\times0.1=1.04$ $DJ_J-10=(2+0.2+3.4+0.2)\times2\times0.1=1.16$ $DJ_J-11=(1.6+0.2+4.2+0.2)\times2\times0.1=1.24$ $DJ_J-12=(1.4+0.2+6.4+0.2)\times2\times0.1=1.64$ $JL1=(6.3-0.375-0.225)\times2\times0.1\times2=2.28$ $JL2=(6.3-0.375-0.225+1.8+4.5-0.225-0.325)\times0.1\times2=2.29$ $JL3=(6.3-0.375-0.2+1.8-0.2-0.225)\times2\times0.1\times2=2.84$ $JL4=1\times0.3\times2+(5.725+4.1+5.8+5.675)\times0.1\times2-0.45\times0.1=4.82$ $JL5=(7.175+4.1+5.8+5.675)\times2\times0.1-0.45\times0.1=4.51$ $JL6=8.85\times2\times0.1-0.45\times0.1=1.73$ $JL7=(5.7+5.85+2.55+5.85)\times2\times0.1-0.45\times0.1\times3=3.86$ $JL8=(5.75+5.875+5.85+2.6+8.975)\times2\times0.1=5.81$ $JL9=(6.05+5.95+2.55+5.95)\times2\times0.1=4.10$ $JL10=8.975\times2\times0.1\times2=3.59$ $JL11=5.7\times2\times0.1=1.14$ $JL12=8.975\times2\times0.1=1.80$ $JCL1=11.85\times0.1\times2-0.45\times0.1\times5=2.15$ $JCL2=7.6\times0.1\times2\times2-0.45\times0.1\times4=2.86$ $JCL3=9.35\times0.1\times2-0.45\times0.1=1.83$ $JCL4=4.175\times0.1\times2=0.84$ $JCL5=2.9\times0.1\times2=0.58$ JCL6…… 小计：70.59
3	011702002001	矩形柱	m²	264.16	$KZ-1=(1.5-0.6+5.57)\times0.5\times4-0.3\times0.65-0.25\times0.45-0.25$ $\qquad\times0.55\times4-(0.25+0.25)\times0.1\times2-(0.25+0.25)\times0.12\times2$ $\qquad=11.86$ $KZ-2=(1.5-0.45+5.57)\times0.45\times4-0.25\times0.55\times5-0.25\times0.45$ $\qquad\times3-(0.2+0.1)\times0.1-(0.2\times2+0.45)\times0.12=10.76$ $KZ-3=(1.5-0.5+5.57)\times0.5\times4-0.25\times0.45\times2-0.25\times0.55\times4$ $\qquad-(0.25+0.25)\times0.1-0.5\times0.12=12.26$ $KZ-4=(1.5-0.55+5.57)\times0.45\times4\times2-0.3\times0.65\times4-0.25\times0.55$ $\qquad\times14-(0.25+0.1)\times0.1-(0.25+0.25)\times0.12\times4=20.49$ $KZ-5=(1.5-0.5+5.57)\times0.45\times4-0.25\times0.45\times4-0.25\times0.55\times7$ $\qquad-(0.1+0.1)\times0.1\times4-(0.1\times2+0.45+0.1\times4)\times0.12$ $\qquad=10.21$ $KZ-6=(1.5-0.45+5.57)\times0.45\times4-0.25\times0.45\times2-0.25\times0.55$ $\qquad\times5-(0.2+0.1)\times0.1-(0.2+0.1)\times0.12=10.94$ $KZ-7=(1.5-0.4+6.103)\times0.4\times4\times2-0.25\times0.45\times4-0.25\times0.55$ $\qquad\times20-(0.075+0.075)\times6\times0.1-(0.075+0.075)\times8\times0.12$ $\qquad=19.62$

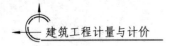

序号	项目编码	项目名称	计量单位	工程数量	计算式
3	011702002001	矩形柱	m²	264.16	KZ－8＝(1.5－0.45＋5.57)×0.45×4×2－0.25×0.45×4－0.25 　　×0.55×16－(0.1＋0.1)×6×0.1－(0.1＋0.1)×4×0.12 　　＝20.97 KZ－9＝(1.5－0.5＋5.57)×0.5×4－0.3×0.65×2－0.25×0.45 　　－0.25×0.55×3－0.25×0.65×2－(0.25＋0.25)×0.1 　　－(0.25＋0.25)×0.12＝11.79 KZ－10＝(1.5－0.5＋6.103)×0.5×4－0.25×0.45×4－0.25×0.55 　　×4－0.25×0.65×2－(0.125＋0.125)×4×0.1－[(0.125 　　＋0.125)×2＋(0.125×2＋0.5)]×0.12＝12.63 KZ－11＝(1.5－0.45＋5.57)×0.5×4×2－0.25×0.45×6－0.25×0.55 　　×2－0.25×0.65×4－0.25×0.8×2－(0.125＋0.125)×0.12 　　×4＝24.36 KZ－12＝(1.5－0.45＋5.57)×0.5×4－0.25×0.45－0.25×0.6－0.25 　　×0.8×2－0.25×0.65－0.25×0.4－(0.125＋0.25)×0.12 　　＝12.27 KZ－13＝(1.5－0.55＋5.57)×0.5×4－0.3×0.8－0.25×0.45－(0.25 　　×0.8＋0.25×0.65)×2－0.25×0.4－(0.25＋0.25)×0.1 　　－(0.25＋0.25)×0.12＝11.75 KZ－14＝(1.5－0.55＋5.57)×0.5×4－0.25×0.45×3－0.25×0.55×3 　　－0.25×0.65×3－(0.125＋0.125)×0.1－(0.25＋0.25＋0.5) 　　×0.12＝11.66 KZ－15＝(1.5－0.65＋5.57)×0.5×4－0.25×0.45×3－0.25×0.55 　　×2－0.25×0.65×2－0.25×0.8－(0.125＋0.25)×0.12×2 　　＝11.66 KZ－16＝(1.5－0.65＋5.57)×0.5×4－0.25×0.45×3－0.25×0.55 　　×2－0.25×0.65×2－0.25×0.8－(0.125＋0.25)×0.12×2 　　＝11.66 KZ－17＝(1.5－0.65＋5.57)×0.5×4－0.25×0.6－0.25×0.45－0.25 　　×0.8×2－0.25×0.55－0.25×0.65－(0.25＋0.25)×0.12 　　＝11.82 KZ－18…… TZ＝(2.8－0.4＋1.5－0.4)×0.25×4×2－0.25×0.4×2×2＝6.60 小计：264.16
4	011702002001	构造柱	m²	78.96	首层 GZ1 ①轴＝(0.37＋0.18＋0.06×2)×(2.8－0.55)＝1.51 ⑴/⑴轴＝[(0.37＋0.06×4)×3＋(0.37＋0.18＋0.06×2)]×(2.8－0.45) 　　＝5.22 ②轴＝(0.37＋0.06×4＋0.37×2)×(2.8－0.55)＝3.04 ⑴/②轴＝[(0.37＋0.37)×2＋(0.37＋0.06×4)]×(2.8－0.45)＝4.91 ⑴/④轴＝[(0.37＋0.37)×2＋(0.37＋0.06×4)]×(2.8－0.45)＝4.91 ⑤轴＝(0.37＋0.37)×(2.8－0.65)＋(0.37＋0.37)×(2.8－0.55)＋0.37 　　×2×2.8＝5.33 ⑴/⑤轴＝(0.37＋0.06×4)×(2.8－0.6)×2＝2.68 ⑥轴＝(0.37＋0.06×4)×(2.8－0.65)＋(0.37＋0.37)×(2.8－0.55)×2 　　＝4.64 Ⓗ轴＝(0.37＋0.37)×(2.8－0.8)＝4.64 二层 GZ1 ①轴＝(0.37＋0.18＋0.06×2)×(2.8－0.55)＝1.51 ⑴/⑴轴＝[(0.37＋0.06×4)×3＋(0.37＋0.18×0.06×2)]×(2.8＋1.2 　　－0.45)＝7.89 ②轴＝(0.37＋0.06×4)×(2.8－0.55)＋0.37×2×(2.8＋1.18－0.55) 　　＝3.91 ⑴/②轴＝(0.37＋0.06×4)×(2.8－0.45)×0.37×2×(2.8＋1.18－0.45) 　　＋0.37×2×(2.8－0.45)＝5.78 ③～④轴＝(0.37＋0.37)×(2.8＋1.18－0.55)×2＝5.08 ⑴/④轴＝(0.37＋0.06×4)×(2.8－0.55)＋(0.37＋0.06×4)×(2.8＋1.02 　　－0.45)＋0.37×2×(2.8－0.55)＝5.09 ⑤轴＝(0.37＋0.06×4)×(2.8＋1.02－0.65)＋(0.37×2)×(2.8－0.65) 　　＝3.52 ⑴/⑤轴＝(0.37＋0.06×4)×(2.8＋1.2－0.6)×2＝4.15 ⑥轴＝(0.37＋0.06×4)×(2.8－0.65)＋(0.37＋0.37)×(2.8－0.65)×2 　　＝5.94 Ⓗ轴＝0.37×2×(2.8＋1.2－0.8)＝2.37 小计：78.96

续表

序号	项目编码	项目名称	计量单位	工程数量	计算式
5	011702005001	基础梁	m²	235.28	JL1=0.45×2×(6.3×2−0.375−0.45−0.375)−0.25×0.35 　　−0.25×0.45=10.06 JL2=0.45×2×(6.3×2−0.375−0.45−0.325)−0.25×0.45×2 　　=10.08 JL3=(5.775+1.375)×0.55×2×2−0.25×0.4×2=15.53 JL4=0.65×2×(1.5−0.375−0.125)+0.45×2×(23.5−0.375−0.5 　　×3−0.375)−0.25×0.45×2=20.20 JL5=(7.175+4.1+5.8+5.675)×0.45×2−0.25×0.45=20.36 JL6=8.85×0.8×2−0.25×0.4=14.06 JL7=(5.7+5.85+2.55+5.85)×0.65×2−0.25×0.4×3=25.64 JL8=(5.75+5.875+5.85+2.6+8.975)×0.45×2=26.15 JL9=0.45×2×(6.3×3+3−0.125×2−0.25−0.45×2)−0.25×0.4 　　×4=18.05 JL10=8.975×0.45×2×2=16.16 JL11=5.7×0.45×2=5.13 JL12…… JCL1=11.85×0.45×2=10.67 JCL2=7.6×0.55×2×2−0.25×0.45×4=16.27 JCL3=9.35×0.45×2−0.25×0.45=8.30 JCL4=4.175×0.4×2=3.34 JCL5=2.9×0.35×2=2.03 JCL6…… 小计：235.28
6	011702008001	圈梁	m²	10.52	首层=2×0.2×(2.775+3.9+4.275)+2×0.2×(2.9−0.8) 　　+0.1×0.2×2=5.26 二层=2×0.2×(2.775+3.9+4.275)+2×0.2×(2.9−0.8) 　　+0.1×0.2×2=5.26 小计：10.52
7	011702009001	过梁	m²	10.26	M1=2×0.12×(0.8+0.25)×2=0.504 M2=2×0.12×(0.9+0.25)×2+2×0.12×(0.9+0.25×2)×16=5.930 M3=2×0.12×(1.8+0.25×2)×2=1.104 M4=2×0.12×(3.6+0.25×2)×1=0.984 C3=2×0.1×(1.2+0.25)×4+2×0.1×(1.2+0.25)×2=1.740 小计：10.26
8	011702011001	直形墙	m²	130.08	(5.7+5.85+2.55+5.84)×2×(2.8−0.55)+8.85×2×(2.8−0.8)+1.0 ×2×2.8−0.65)=130.08
9	011702014001	有梁板	m²	489.32	KL1(2)=(5.7+1.945)×(0.25+0.55+0.45)+3.775×(0.25+0.55 　　+0.43)−0.25×0.45−0.25×0.35−0.1×1=13.90 KL2(2)=(5.75+1.45)×(0.25+0.45+0.45)+4.05×(0.25+0.55 　　+0.45)=13.34 KL3(2A)=(5.75+1.375)×(0.25+0.45+0.45)+1.45×(0.25+0.55 　　+0.55)=10.15 KL4(2A)=(5.75+1.35)×(0.25+0.45+0.45)+1.45×(0.25+0.55 　　+0.55)=10.12 KL5(4)=1×(0.25+0.65+0.53)+4.1×(0.25+0.55+0.43)+(1.575 　　+1.675)×(0.25+0.45×2)+(2.375+5.8)×(0.25+0.55 　　+0.45)−0.25×0.45−0.25×0.35×2−(2.425+5.8)×0.1 　　=19.32

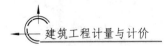

续表

序号	项目编码	项目名称	计量单位	工程数量	计算式
9	011702014001	有梁板	m²	489.32	KL6(4)＝5.55×(0.25＋0.65＋0.53)＋1.575×(0.25＋0.55＋0.65)＋(4.1＋5.8＋5.675)×(0.25＋0.45＋0.55)−0.25×0.35−1×0.1＝29.50 KL7(1)＝8.85×(0.25＋0.8＋0.68)＝15.31 KL8(4)＝2.65×(0.25＋0.55＋0.43)＋1.575×(0.25＋0.55＋0.65)＋(3.05＋5.85＋2.55＋5.85)×(0.25＋0.45＋0.55)−0.25×0.35×3−0.775×0.1×3−0.1×1×2−0.5×0.1＝26.42 KL9(5)＝(5.7＋5.875＋2.6＋5.85)×(0.25＋0.45×2)＋8.975×(0.25＋0.45＋0.55)−0.25×0.35×6＝33.72 KL10(4)＝6.05×(0.25＋0.45＋0.45)＋(5.9×2＋2.55)×(0.25＋0.45＋0.55)−0.25×0.35×4−(2.875＋2.775)×0.1×2＝23.42 KL11(1)＝5.7×(0.25＋0.55＋0.45)−0.25×0.35＝7.04 KL12(1)…… L1(3)＝(5.7＋1.945)×(0.25＋0.35＋0.35)＋3.775×(0.25＋0.33＋0.35)−0.25×0.45×2−0.25×0.35＝10.46 L2(2)＝(6.05＋1.55)×(0.25＋0.35×2)＝7.22 L3(1A)＝(6.05＋1.55)×(0.25＋0.35×2)−0.25×0.35×3＝6.96 L4(1)＝5.85×(0.25＋0.48×2)＋1.45×(0.25＋0.48×2)−0.25×0.35×2＝8.66 L5(3)＝2.9×(0.25＋0.45×2)＋9.35×(0.25＋0.35＋0.33)−0.25×0.48−0.25×0.5＝11.79 L6(1)…… 小计：梁 264.71 100mm 厚板面积＝2.9×4.025−0.25×0.25＋6.05×2.9＋1.55×2＋2.9×1.775＋4.25×2.9×2−0.25×0.25−0.2×0.1×4−0.1×0.1×2(①～②轴/Ⓑ～Ⓕ轴)＋(6.05×2.9＋2.9×1.55)×2−(0.2×0.1×2＋0.1×0.1×3＋0.075×0.075×2)(②～③轴/Ⓑ～D轴)＋2.9×1.55−(0.1×0.1×2＋0.075×0.075×2)(③～④轴/Ⓓ～Ⓜ轴)＋(6.05×2.9＋2.9×1.55×2＋2.9×1.45＋2.9×4.3−0.1×0.1×1−0.075×0.075×2−0.125×0.125×2−0.2×2×0.1)(④～⑤轴/Ⓑ～Ⓜ轴)＋(5.85×4.55−0.25×0.25)×2＋(4.55×1.45−0.125×0.125)×2(雨篷板)＋(1.775×2.75−0.075×0.075×2)(楼梯处)＝224.61 小计：489.32
10	011702014001	有梁板(斜板)	m²	810.59	WKL1(2)＝(5.7＋5.7)×(0.25＋0.43＋0.43)−0.25×0.55×2＝12.38 WKL2(3)＝(3.79＋2.01＋1.54＋4.05)×(0.25＋0.43＋0.43)＝12.64 WKL3(3)＝(3.79＋2.04＋1.47)×(0.25＋0.43＋0.43)×2＝16.21 WKL4(7)＝(1＋3.79＋1.99＋1.52＋2.55＋5.8)×(0.25＋0.53＋0.53)＋5.675×(0.25＋0.78＋0.78)−0.25×0.6＝31.93 WKL5(4)＝(7.15＋4.1＋5.8＋5.675)×(0.25＋0.53＋0.53)−0.25×0.6×4＝29.17 WKL6(1B)＝4.46×2×(0.25＋0.68＋0.68)＋0.875×(0.25＋0.4＋0.4)×2−0.24×0.48−0.25×0.33＋0.2×0.4×2−0.6×0.1×2＝15.08 WKL7(5)＝(2.9＋3.04＋5.85×2＋2.55)×(0.25＋0.43＋0.43)＝22.41

序号	项目编码	项目名称	计量单位	工程数量	计算式
10	011702014001	有梁板(斜板)	m²	810.59	WKL8(3)＝(5.875＋2.6＋5.85)×(0.25＋0.43＋0.43)－0.25×0.33×4 　　＝15.57 WKL9(5)＝(3.13×2＋5.95＋2.55＋5.95)×(0.25＋0.43＋0.43)－0.25 　　×0.33×2＝22.82 WKL10(1)＝(4.58＋4.46)×(0.25＋0.68＋0.68)＝14.55 WKL11(1B)＝(2.91＋3.04)×(0.25＋0.43＋0.43)＋(0.875＋0.775) 　　×(0.25＋0.55＋0.55)×2＋0.25×0.55×2－0.6×0.1 　　×2＝11.21 WKL12(1)＝(4.58＋4.46)×(0.25＋0.68＋0.68)＝14.55 WKL13(2B)＝(4.58＋4.46)×(0.25＋0.68＋0.68)＋(0.875＋0.75) 　　×(0.25＋0.4×2)＋0.25×0.4－0.6×0.1×2＝16.24 WL1(2)＝12.85×(0.25＋0.38×2)－0.25×0.55×6－0.25×0.45 　　＝12.04 WL2(2)＝(3.98＋2.11＋1.64)×(0.25＋0.33＋0.33)＝7.03 WL3(2)＝(3.98＋2.11＋1.64)×(0.25＋0.33＋0.33)＝7.03 WL4(4)＝24.75×(0.25＋0.48＋0.48)＋0.25×0.6×2－0.25×0.6×13 　　＝28.30 WL5(2)＝(5.3＋4.8)×(0.25＋0.33×2)＋0.25×33＝17.44 WL6(7)＝(3.13×2＋15.85)×0.25×0.45＋(4.55＋4.71)×0.25×0.6 　　＝3.88 WL7(2)＝4.71×2×(0.25＋0.48＋0.48)＝11.40 WL8(2)＝4.71×2×(0.25＋0.48＋0.48)＝11.40 WL9(2)＝4.71×2×(0.25＋0.48＋0.48)＝11.40 WL10(1)＝4.66×(0.25＋0.33＋0.33)＝4.24 WL11(1)…… 小计：370.02 120mm 厚板体积＝(3.13×3.8×2＋3.13×4.25×2＋3.01×3.56×0.5 　　×2＋3.8×3.13－0.25×0.25×2－0.45×0.2－0.2 　　×0.1×2－0.45×0.1)(①～②轴/⑧～⑤轴)＋(2.9 　　×3.98×4＋2.75×3.98＋2.9×2.11×4＋2.75 　　×2.11＋2.9×1.64×4＋2.75×1.64－0.2×0.1×6 　　－0.1×0.1×6－0.075×0.075×8－0.125×0.125 　　×2)(②～⑤轴/⑧～⑩轴)＋[(5.3×2.25＋5.3×2.21 　　＋4.8×2.25＋4.8×2.21＋4.7×(5.267＋1.615) 　　×0.5＋3.736×4.7×0.5＋4.7×(4.656＋0.817) 　　×0.5＋3.656×4.7×0.5＋1.55×4.7×2＋2.95 　　×4.7×2＋2.85×4.7×2＋2.9×4.7×4－0.25 　　×0.25×3－0.125×0.25×5－0.5×0.125×2 　　－0.125×0.125×4)](⑤～⑥轴/⑧～⑭轴)＋0.618 　　×(12.425＋0.3＋21.175＋0.3×2＋0.7＋0.3 　　＋3.65＋0.3＋14.15＋0.6＋14.55＋0.3)(檐口) 　　＝440.57 小计：810.59
11	011702016001	平板	m²	14.76	0.6×1×18＋(0.6×2＋1)×0.1×18＝14.76
12	011702024001	楼梯	m²	11.58	水平投影面积＝(3－0.25)×4.21＝11.58

参 考 文 献

二级造价师职业资格考试培训教材编审委员会，2019．建设工程计量与计价实务（土木建筑工程）[M]．北京：中国建材工业出版社.

规范编制组，2013.2013建设工程计价计量规范辅导[M]．北京：中国计划出版社.

湖北省建设工程标准定额管理总站，2018．湖北省房屋建筑与装饰工程消耗量定额及全费用基价表[M]．武汉：长江出版社.

湖北省建设工程标准定额管理总站，2018．湖北省建设工程公共专业消耗量定额及全费用基价表[M]．武汉：长江出版社.

湖北省建设工程标准定额管理总站，2018．湖北省建筑安装工程费用定额[M]．武汉：长江出版社.

全国二级造价工程师职业资格考试培训教材编审委员会，2019．建筑工程计量与计价实物[M]．北京：中国建筑工业出版社.

全国造价工程师职业资格考试培训教材编审委员会，2019．建设工程计价[M]．北京：中国计划出版社.

全国造价工程师职业资格考试培训教材编审委员会，2019．建设工程技术与计量（土木建筑工程）[M]．北京：中国计划出版社.

中华人民共和国住房和城乡建设部，2013．房屋建筑与装饰工程工程量计算规范：GB 50854—2013[S]．北京：中国计划出版社.

中华人民共和国住房和城乡建设部，2013．建筑工程建筑面积计算规范：GB/T 50353—2013[S]．北京：中国计划出版社.

中华人民共和国住房和城乡建设部，中华人民共和国国家质量监督检验检疫总局，2013．建设工程工程量清单计价规范：GB 50500—2013[S]．北京：中国计划出版社.